高职高专环境教材
编审委员会

普通高等教育"十一五"国家级规划教材

环境工程原理

第二版

张柏钦　王文选　主编

化学工业出版社

·北京·

本书以环境工程科学中所采用的单元操作过程为对象，系统阐述了其原理、基本概念、基本理论、典型设备、典型工艺及其在环境工程中的应用，主要内容包括流体流动、流体输送机械、沉降与过滤、吸收、吸附、液-液萃取、膜分离技术及其他传质分离方法。每章附有例题、思考题、习题及知识点小结，并于附录列出相关内容所涉及的物性参数、设备型号、管子规格等图表，便于读者使用。

本书自2003年出版以来先后重印三次，得到了广大读者的认可和好评。在此基础上，第二版适应新形势、新要求，本着必需、够用的原则，对相关内容进行了必要调整和修正。

本书为高职高专环境类专业教材，也可供相关科技、生产、管理人员参考。

图书在版编目（CIP）数据

环境工程原理/张柏钦，王文选主编．—北京：
化学工业出版社，2008.5（2024.1 重印）
普通高等教育"十一五"国家级规划教材
高职高专规划教材
ISBN 978-7-122-02691-0

Ⅰ．环⋯　Ⅱ．①张⋯②王⋯　Ⅲ．环境工程
学-高等学校：技术学院-教材　Ⅳ．X5

中国版本图书馆 CIP 数据核字（2008）第 056923 号

责任编辑：王文峡　　　　　　　　　文字编辑：丁建华
责任校对：战河红　　　　　　　　　装帧设计：尹琳琳

出版发行：化学工业出版社（北京市东城区青年湖南街 13 号　邮政编码 100011）
印　　装：大厂聚鑫印刷有限责任公司
787mm×1092mm　1/16　印张 19¼　字数 468 千字　2024 年 1 月北京第 2 版第 15 次印刷

购书咨询：010-64518888　　售后服务：010-64518899
网　　址：http://www.cip.com.cn
凡购买本书，如有缺损质量问题，本社销售中心负责调换。

定　　价：42.00 元

第二版前言

本书第一版作为高职高专规划教材于 2003 年 8 月出版，并先后印刷了三次。在使用中发现有些内容对高职高专的学生偏难，如多级萃取的计算；有些内容在环境工程中应用还不是很普遍，如气体膜分离技术；还有些内容较陈旧，如吸收一章吸收设备的介绍中有些设备已被新型设备所取代等。这次再版对本书的部分内容做了调整，删除了一些不必要的内容，并对有些欠妥乃至错误的地方进行了修正，以使本书更适合高职高专教学使用。

在本书的修订中，对参编人员作了调整。第一章由王小宝编写；第二章由冷士良编写；第三章、第八章由王文选编写；绪论由张柏钦编写；第五章、第六章由王壮坤编写；第四章、第七章由石钢编写；附录由王小宝、冷士良、王壮坤共同编写。全书由张柏钦统稿。

因编写人员水平和经验所限，书中不完善之处敬请专家和读者批评指正。

编　者
2008 年 2 月

第一版前言

人类社会的发展，特别是近百年来工业的发展和科学技术的突飞猛进，在给人类社会创造物质和精神财富的同时，也给人类的生存环境带来了严重的威胁和灾难，保护人类生存环境已引起了全世界的普遍关注。特别是自1992年联合国环境与发展会议之后，中国政府重视自己承担的国际义务，出台了《中国21世纪议程——中国21世纪人口、环境与发展白皮书》，把实现可持续发展作为一项"基本国策"，并在全民中进行环境意识教育。

本书结合环境工程的特点，比较系统、完整地介绍了环境治理工程中所应用的一些单元操作，为环境专业高职学生的入门教材。全书共分八章，重点阐述了"三废"污染控制技术所涉及的基本理论、典型设备、工艺流程及应用。并以阅读材料的形式向读者介绍了与本课程相关的知识：环境治理中的新工艺、绿色生产及可持续发展等新内容。

本书着眼于环境专业生产、服务、管理一线高级技术应用性人才的培养，力求做到章节层次分明、内容重点突出、应用实例丰富，贴近生产实际。并为环保专业学生学习后续课程打下坚实的基础。同时也可作为其他相关专业（化工、石油、生物工程、制药、冶金、食品等）的教材或参考书，也可供有关部门的科研及生产一线技术人员阅读参考。

本书由张柏钦、王文选主编。第一章由王小宝编写；第二章由冷士良编写；第三章、第八章由王文选编写；绪论、第四章、第七章由张柏钦编写；第五章、第六章由王壮坤编写；附录由王小宝、冷士良、王壮坤共同编写。全书由张柏钦统稿，周立雪主审。参加本书审定工作的还有张洪流教授，在此致以诚挚的谢意。

因编写人员水平、时间及经验所限，书中不完善之处敬请专家和读者批评指正。

编　者
2003 年 4 月

目　录

绪　论

一、人类与环境

人类社会是在同环境的斗争中发展起来的。人类在出现以后很长的岁月里，只是自然食物的采集者和捕食者，对环境的影响与动物区别不大。生产对于自然环境的依赖性十分突出，而很少有意识改变环境。如果说那时也发生环境问题的话，那主要是因为人口的自然增长和像动物那样无知，乱采乱捕，滥用资源，从而造成生活资料缺乏引起的饥荒。为了解除这一环境威胁，人类曾被迫学吃一切可以吃的东西，或是被迫扩大自己的生活领域，学会适应在新的环境中生活的本领，逐步认识到发展生产力、改革生产方式、提高生产率的必要，开始有意识地改造环境，以创造更加丰富的物质财富。

几千年来，人类为了追求更加美好的生活，不断地改造自然，从而大大地改变了世界。进入 20 世纪以来，随着人口、工农业生产和科学技术的飞速发展，特别是近半个世纪以来，人类改造自然的规模空前扩大，从自然界获取的资源也越来越多，随之排放的废弃物也越来越多。对环境的污染与破坏不仅限于某些工业发达的国家，已发展成为全球性环境问题。诸如土地荒漠化、森林资源过度砍伐、水资源的短缺、物种的消失、酸雨危害、臭氧层破坏、温室效应引起的全球气候变暖等。人与自然的矛盾显著激化，这不仅表现为地球上人口过多，资源短缺，生产成本提高，经济发展受阻，还表现为各种突发性环境灾难频繁发生，危害人类的安全和生产生活。更为可怕的是各种有害物质随着空气、土壤、水体和食物链源源不断地进入人体，日积月累，损害着人类的体质和机能。

在西方发达国家，环境问题的警钟鸣响了半个世纪。第三世界国家的环境问题虽出现略晚，但是来势十分凶猛，惨痛的环境教训不断出现。1985 年英国威尔士饮用水污染，200 万居民的饮水遭到污染，44％的人中毒；1984 年印度中央邦博帕尔农药厂泄漏，2500 人死亡，20 多万人不同程度地中毒，其中 10 万人可能终身残废；1986 年前苏联切尔诺贝利核电站泄漏，致使 31 人当即死亡，因事故而直接或间接死亡的人数难以估算，直接损失 30 亿美元，专家预测，这次事故

1

的后果要经过 100 多年才能完全消除；1986 年瑞士巴塞尔市化学公司仓库起火，剧毒物流入河中，造成莱茵河污染，事故发生段生物绝迹，480 公里内的水不能饮用……这些全球性大范围的环境问题严重威胁人类的生存和发展，不论是广大公众还是政府官员，也不论是发达国家还是发展中国家，都普遍对此表示不安。

环境安全是人类最基本的安全，保护环境是人类文明的重要内容。目前部分发达国家及科技界对资源与环境的态度，已从盲目开发利用逐步转变为保护和协调；资源与环境问题已上升为资源与环境安全；环境科学研究的重点，已从理论研究发展为制定行动措施上来；研究方法由静态发展为动态过程，并从自然过程和人为过程的结合上探讨重大环境问题的时空耦合过程。环境问题已成为举世瞩目的问题。

二、环境科学与环境工程学

环境这个词是相对于人类的存在而言的，是人类进行生产和生活的场所，是人类生存和发展的基础。人类与环境之间是一个有着相互作用、相互影响、相互依存关系的对立统一体。人类的生产和生活活动作用于环境，会对环境产生影响，引起环境质量的变化；反过来，污染了的环境也会对人类的身心健康和经济发展等造成不利的影响。

当代社会的发展使人与环境之间的作用与反作用不断加剧。现在人类所及的范围，上至太空，下至海底。人类活动对环境的影响空前强化，环境污染和生态环境的破坏已达到危险的程度，环境和环境问题已向人们提出了挑战。

环境科学是在现代社会经济和科学发展过程中逐步形成的一门新兴的综合性学科。它的主要任务是研究在人类活动的影响下，环境质量变化规律和环境变化对人类生存的影响，以及保护和改善环境质量的理论、技术和方法。

环境科学所涉及的内容非常之广，包括自然科学和社会科学的诸多方面，因而形成了与有关学科之间相互渗透、相互交叉的许多分支学科，如环境地学、环境生物学、环境化学、环境物理学、环境医学、环境工程学、环境管理学、环境法学等。这些分支学科虽然各有特点，但又相互关联、相互依存。它们是环境科学这个整体不可分割的组成部分。

环境工程学是在人类保护和改善生存环境并同环境污染做斗争的过程中逐步形成的，是一门既有悠久历史又正在新兴发展的工程技术学科，是环境科学的一个分支，又是工程学的一个重要组成部分。它运用环境科学、工程学和其他有关学科的理论和方法，研究保护和合理利用自然资源，控制和防治环境污染，以改善环境质量，使人类得以健康和舒适地生存，使经济得以可持续发展。

因此，环境工程学有着两个方面的任务：既要保护环境，使其免受和消除人类活动对它的有害影响；又要保护人类免受不利环境因素对健康和安全的损害。

三、环境工程原理课程的性质、内容和任务

（1）性质　环境工程原理是建立在数学、物理、物理化学、制图和计算机技术等学科基础上的一门技术基础课。

（2）内容　环境工程原理课程以环境工程学中所采用的一些物理过程（也称单元操作）为研究对象，研究这些物理过程的原理、基本概念、基本理论、典型设备、典型工艺以及在环境工程中的应用。为后续课程环境治理工程的学习打下坚实的基础。

（3）任务　环境工程原理课程的主要任务是使学生获得单元操作过程的基本原理、基本

理论和应用能力。

①　能正确理解单元操作的基本原理，了解典型设备的构造、性能和操作方法，根据各单元操作在技术和经济上的特点进行"过程和设备"的选择，以经济有效地满足特定生产过程的要求。

②　熟悉各单元操作过程及设备的计算方法，能正确使用各种常用的工程计算图表、工具书和资料。

③　掌握各个单元操作的基本规律，并正确运用于环境工程中。

④　能根据生产的不同要求进行操作和调整，对操作中发生的故障，能够作出正确的判断。有选择适宜操作条件、探索强化过程的途径和提高设备效能的初步能力。有用工程观念分析解决单元操作中的一般问题的能力。

⑤　了解环境工程学中所用单元操作的新发展、新技术、新工艺及相关学科的新发展。

四、环境工程原理课程的特点

本课程是一门理论与实践联系非常密切的学科，不仅广泛应用于环境治理工程中，而且还广泛应用于化工、冶金、电子、医药、轻工、航空等行业和部门，其内容是从上述行业当中许多具体的生产过程中抽象概括出来的。本课程的目的是应用这些一般性的基本原理、基本概念和知识，针对不同场合和不同生产对象具体解决某个特定的实际过程所涉及的单元操作、流程、设备的选择。这些问题具有很强的工程性。

（1）过程影响因素多　对于每一个单元操作其影响因素可分为以下三类。

①　物性因素　同一类分离设备可用于不同的物系，物料的物理性质和化学性质必然对过程发生影响。

②　操作因素　设备的各种操作条件，如温度、压力、流量、流速、物料组成等，在工业实际过程中，它们经常发生变化并影响过程的结果。

③　结构因素　设备内部与物料接触的各种构件的形状、尺寸和相对位置等因素，它们影响并改变物料的流动状态，直接或间接地影响过程的结果。

（2）过程制约条件多　在工业上要实现一个具体的生产过程，客观上存在许多制约条件，如原料的来源、设备的结构、材料的质量和规格等。同时设备在流程中的位置也制约了设备的进出口条件。

（3）安全因素要考虑　生产过程是否安全，设备安装、维修是否方便等也对过程提出要求。

（4）效益是评价工程合理性的最终判据　进行工业过程的目的是为了最大限度地取得经济效益和社会效益，这是合理地组织一个工业过程的出发点，也是评价过程是否成功的标志。

（5）理论分析、工业性实验与经验数据并重　由于工业过程的复杂性，许多情况下单纯依靠理论分析有时只能给出定性的判断，往往要结合工业性实验，或采用经验数据才能得出定量的结果。

因此，要应用环境工程原理去解决工程实际问题，需了解工程实际问题的特点，从工程实际出发，全方位考虑问题，这也是本课程学习的一项重要任务。

流体流动

●了解流体流动在工业生产及环境治理中的应用，牛顿黏性定律，流体阻力及其产生的原因；流体在圆管内流动时的速度分布，流动边界层概念；管路的构成及分类。

●理解雷诺实验；稳定流动与不稳定流动的基本概念；影响摩擦系数的因素。

●掌握流体的密度、黏度的定义、影响因素和求取方法；压力的表示方法及单位换算；静力学基本方程、连续性方程、伯努利方程及其应用；流体的流动形态及判定方法；管道内流体的流动阻力及计算；能熟练应用伯努利方程解决工程实际问题，树立工程观念。

流体具有流动性，包括液体和气体两大类。在工业生产和环境治理过程中所处理的物料，大多为流体。在处理这些物料的过程中，要涉及流体的输送，而流体输送过程进行的好坏、生产中的操作费用及设备投资等都与流体的流动状态有密切关系。因此，流体流动在工业生产和环境治理过程中占有重要的地位，同时也是学习本课程的基础。

本章主要讨论流体流动的基本原理及流体在管内的流动规律，并应用这些原理和规律解决流体输送过程中的一些问题，具体有以下几个方面。

(1) 流体的输送 在流体输送过程中，需要选择适宜的流动速度，以确定输送管路的直径；流体输送时常要用到输送机械，需要确定流体输送机械所需功率，为选用输送设备提供依据。

(2) 压强的测量 为了了解和控制生产过程，需要对设备和管道内的压强等一系列参数进行测定，以便合理地选用和安装测量仪表。

(3) 为强化设备提供适宜的操作条件 许多工业生产及环境治理过程是在流体流动的情况下进行的，设备的操作效率与流体流动状态有密切关系。因此，研究流体流动的规律对寻找设备的强化途径具有重要意义。

在研究流体流动规律时，通常把流体看成是由无数分子集团所组成的连续介质，把每个分子集团称为质点，其大小与容器和管路相比是微不足道的。认为流体充满其占据的空间，这样就摆脱了复杂的分子运动，只研究流体在外力作用下的宏观机械运动。

第一节　流体的基本物理量

在研究流体的流动规律时，要涉及流体的许多基本物理量，以下介绍主要的几种。

一、流体的密度

单位体积流体所具有的质量称为流体的密度，其表达式为

$$\rho = \frac{m}{V} \tag{1-1}$$

式中　ρ——流体的密度，kg/m^3；

m——流体的质量，kg；

V——流体的体积，m^3。

单位质量流体所具有的体积，称为流体的比容，用 υ 表示，单位为 m^3/kg，即

$$\upsilon = \frac{1}{\rho} \tag{1-2}$$

显然，比容与密度互为倒数。

在用仪器测量液体的密度时，或在很多检索密度数据的过程中，常常会遇到相对密度的概念。某液体的密度 ρ 与标准大气压下 4℃（277K）时纯水密度 $\rho_水$ 的比值，称为相对密度，无量纲，以 s 表示，即

$$s = \frac{\rho}{\rho_水} \tag{1-3}$$

水在标准大气压下 4℃时的密度为 $1000kg/m^3$。

流体的密度通常可以从《化学工程手册》或《物理化学手册》等文献查取，本书附录也列出了某些常见气体和液体的密度数值，供大家查用。

流体的密度与温度和压力有关。但压力对液体的密度影响很小，一般可以忽略，所以常称液体为不可压缩流体。温度对液体的密度有一定的影响，对大多数液体而言，温度升高，其密度下降。如纯水的密度在 4℃（277K）时为 $1000kg/m^3$，而在 100℃（373K）时则为 $958.4kg/m^3$。因此，在选用密度数据时，要注明该液体所处的温度。

对于液体混合物，当混合前后的体积变化不大时，工程计算中其密度可由下式计算，即

$$\frac{1}{\rho} = \frac{w_1}{\rho_1} + \frac{w_2}{\rho_2} + \cdots + \frac{w_i}{\rho_i} + \cdots + \frac{w_n}{\rho_n} = \sum_{i=1}^{n} \frac{w_i}{\rho_i} \tag{1-4}$$

式中　ρ——液体混合物的密度，kg/m^3；

ρ_i——构成液体混合物的各组分密度，kg/m^3；

w_i——混合物中各组分的质量分数。

气体是可压缩流体，其密度随压力和温度而变化，因此气体的密度必须标明其状态。从手册或附录中查得的气体密度往往是某一指定条件下的数值，使用时要将查得的密度值换算成操作条件下的密度。在工程计算中，当压力不太高、温度不太低时，可把气体（或气体混合物）按理想气体处理。

由理想气体状态方程式

$$pV = \frac{m}{M}RT$$

可得密度计算式为
$$\rho = \frac{pM}{RT}$$
(1-5)

式中 　ρ——气体在压力 p 、温度 T 时的密度，kg/m^3；

　　　p——气体的压力，kPa；

　　　M——气体的摩尔质量，$kg/kmol$；

　　　R——通用气体常数，$R = 8.314kJ/(kmol \cdot K)$；

　　　T——气体的温度，K。

如果是气体混合物，式(1-5)中的 M 用气体混合物的平均摩尔质量 M_m 代替。平均摩尔质量 M_m 由下式计算

$$M_m = M_1 y_1 + M_2 y_2 + M_i y_i + \cdots + M_n y_n = \sum_{i=1}^{n} M_i y_i$$
(1-6)

式中 　M_i——构成气体混合物的各组分的摩尔质量，$kg/kmol$；

　　　y_i——混合物中各组分的摩尔分数。

当气体混合物中各组分的密度已知时，可以根据气体混合前后质量不变的原理，用下式计算气体混合物的密度

$$\rho = \rho_1 \varphi_1 + \rho_2 \varphi_2 + \cdots + \rho_i \varphi_i + \cdots + \rho_n \varphi_n = \sum_{i=1}^{n} \rho_i \varphi_i$$
(1-7)

式中 　φ_i——混合物中各组分的体积分数，理想气体的体积分数等于其压力分数，也等于其摩尔分数。

【例 1-1】 已知乙醇水溶液中各组分的质量分数为乙醇 0.6，水 0.4。试求该溶液在 293K 时的密度。

解 已知 $w_1 = 0.6$，$w_2 = 0.4$；查本书附录得 293K 时乙醇的密度 $\rho_1 = 789kg/m^3$，水的密度 $\rho_2 = 998.2kg/m^3$。

据式(1-4)，可得

$$\frac{1}{\rho} = \frac{w_1}{\rho_1} + \frac{w_2}{\rho_2} = \frac{0.6}{789} + \frac{0.4}{998.2} = 0.001161$$

所以

$$\rho = 861kg/m^3$$

即该混合液在 293K 时的密度为 $861kg/m^3$。

【例 1-2】 已知某混合气体的组成（均为体积分数）为：55% 的 H_2，18% 的 N_2 和 27% 的 CO_2。求该混合气体在 500kPa 和 298K 时的密度。

解 已知 $M_1 = 2kg/kmol$，$M_2 = 28kg/kmol$，$M_3 = 44kg/kmol$

$$\varphi_1 = y_1 = 0.55，\quad \varphi_2 = y_2 = 0.18，\quad \varphi_3 = y_3 = 0.27$$

根据式(1-6)算出

$$M_m = M_1 y_1 + M_2 y_2 + M_3 y_3 = 2 \times 0.55 + 28 \times 0.18 + 44 \times 0.27 = 18.02 \ (kg/kmol)$$

根据式(1-5)算出

$$\rho_m = \frac{pM_m}{RT} = \frac{500 \times 18.02}{8.314 \times 298} = 3.64 \ (kg/m^3)$$

二、流体的压强

1. 压强的定义

流体内部任一点处均会受到周围流体对它的作用力，该力的方向总是与界面垂直。流体垂直作用在单位面积上的力（即压应力）称为流体的压强，也称静压强，实际生产中常称其为压力。本书如无特别说明，均称为压力，其定义式为

$$p = \frac{F}{A} \tag{1-8}$$

式中　p——流体的压力，Pa；

　　　F——垂直作用于面积 A 上的力，N；

　　　A——流体的作用面积，m^2。

流体压力具有下列两个重要特征。

第一个特性　流体压力的方向总是和所作用的面垂直，并指向所考虑的那部分流体的内部，即沿着作用面的内法线方向。这个特性不仅适用于流体内部，而且也适用于流体与固体接触的表面，即不论器壁的方向和形状如何，流体压力总是垂直于器壁。

第二个特征　静止流体内部任何一点处的流体压力，在各个方向都是相等的。

压力的单位除以 Pa（N/m^2）表示外，习惯上还常采用标准大气压（atm）、工程大气压（at）或间接以液柱高度来表示（如 mH_2O 或 mmHg 等）。这些单位在工程应用和手册文献中经常出现，因此要能够进行这些压力单位之间的换算。常见的换算关系如下。

$$1atm = 1.033kgf/cm^2 = 1.013 \times 10^5 Pa = 760mmHg = 10.33mH_2O$$

$$1at = 1kgf/cm^2 = 9.807 \times 10^4 Pa = 735.6mmHg = 10mH_2O$$

2. 压力的表示方法

流体压力的大小可以用不同的基准来表示，一是绝对真空，另一是大气压力。因此压力有不同的表示方法：以绝对真空为基准测得的压力称为绝对压力，它是流体的真实压力；以大气压力为基准测得的压力称为表压力或真空度，此时流体压力可用测压仪表来测量。

当被测流体的绝对压力大于外界大气压力时，所用的测压仪表称为压力表。压力表上的读数表示被测流体的绝对压力比大气压力高出的数值，称为表压力。因此

$$表压力 = 绝对压力 - 大气压力$$

当被测流体的绝对压力小于外界大气压力时，所用的测压仪表称为真空表。真空表上的读数表示被测流体的绝对压力低于大气压力的数值，称为真空度。因此

$$真空度 = 大气压力 - 绝对压力$$

显然，真空度为表压的负值，并且设备内流体的真空度愈高，它的绝对压力就愈低。

绝对压力、表压力与真空度之间的关系可用图 1-1 表示。

必须指出，大气压力的数值不是固定不变的，它随大气的温度、湿度和所在地海拔高度而定，计算时应以当时、当地大气压为准。此外，为了避免绝对压力、表压力和真空度三者之间相互混淆，当压力以表压或真空度表示时，应用括号注明，如未加注明，则视为绝对压力。

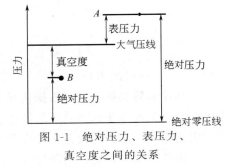

图 1-1　绝对压力、表压力、
真空度之间的关系

3. 压力的计算

【例 1-3】 如果蒸汽压力为 6kgf/cm²，已知当地大气压力为 100kPa，那么压力表上的读数为多少？

解 表压力＝绝对压力－大气压力

$$=6×9.807×10^4-100×10^3=4.88×10^5(N/m^2)=4.88×10^5(Pa)$$

【例 1-4】 安装在某生产设备进口处的真空表读数为 60mmHg，出口处的压力表读数为 78.8kPa，试求该设备进出口的压力差。

解 设备进出口的压力差＝出口压力－进口压力

$$=(大气压＋表压)-(大气压－真空度)$$
$$=表压＋真空度$$
$$=78.8+\frac{60}{760}×101.3=86.8(kPa)$$

三、流体的流量与流速

在工业生产中，流量与流速是描述流体流动规律的基本参数。

（1）流量　流体在管内流动时，单位时间内流经管道任一截面的流体量，称为流体的流量。如果用流体体积来计量，则称为体积流量，以 q_v 表示，单位为 m³/s。如果用流体质量来计量，则称为质量流量，以 q_m 表示，单位为 kg/s。体积流量和质量流量的关系为：

$$q_m=q_v\rho \tag{1-9}$$

由于气体的体积随压力和温度变化，因此应用气体体积流量时，必须注明其状态。

（2）流速　单位时间内流体在流动方向上所流过的距离，称为流体的流速，以 u 表示，单位为 m/s。实验证明，流体在管内流动时，管道任一截面上各点的流速沿管径而变化，在管道截面中心处最大，在管壁处为零。在工程计算上为方便起见，流体的流速通常是指整个管道截面上的平均流速。其表达式为

$$u=\frac{q_v}{A} \tag{1-10}$$

式中　A——与流体流动方向相垂直的管道截面积，即流通截面积，m²。

对于圆形管路

$$A=\frac{\pi}{4}d^2$$

由式（1-10）可得

$$u=\frac{q_v}{\frac{\pi}{4}d^2}$$

于是

$$d=\sqrt{\frac{4q_v}{\pi u}} \tag{1-11}$$

式中　d——管道的内径，m。

流体输送管路的直径可根据流量和流速由式（1-11）进行计算。流量一般为生产任务所决定，所以关键在于选择合适的流速。若流速选择过大，管径虽然可以减小，但流体流过管道的阻力增大，动力消耗高，操作费用随之增加。反之，流速选择过小，操作费用可以相应减小，但管径增大，管路的基建费用随之增加。所以需根据具体情况通过经济权衡来确定适

8

宜的流速。某些流体在管路中的常用流速范围见表1-1。

表 1-1　某些流体在管道中的常用流速范围

流体的类别及情况	流速范围/(m/s)	流体的类别及情况	流速范围/(m/s)
水及低黏度液体(0.1～1.0MPa)	1.5～3.0	一般气体(常压)	10～20
工业供水(0.8MPa 以下)	1.5～3.0	离心泵排出管(水一类液体)	2.5～3.0
锅炉供水(0.8MPa 以下)	>3.0	液体自流速度(冷凝水等)	0.5
饱和蒸汽	20～40	真空操作下气体流速	<10

应用式(1-11)算出管径后，还需从有关手册或本书附录中选用标准管径。选用标准管径后，再核算流体在管内的实际流速。

【例1-5】　用内径为50mm的管道输送98％的硫酸（293K），要求输送量为12t/h，试求该管路中硫酸的体积流量和流速。

解　从本书附录查得293K时98％硫酸的密度 $\rho = 1836 \text{kg/m}^3$。

据式(1-9)，可得

$$q_v = \frac{q_m}{\rho} = \frac{12 \times 1000/3600}{1836} = 1.816 \times 10^{-3} \ (\text{m}^3/\text{s})$$

据式(1-10)，可得

$$u = \frac{q_v}{A} = \frac{q_v}{\frac{\pi}{4}d^2} = \frac{1.816 \times 10^{-3}}{0.785 \times (50 \times 10^{-3})^2} = 0.93 \ (\text{m/s})$$

【例1-6】　某厂精馏塔进料量为50000kg/h，该料液的性质与水相近，其密度为960kg/m³，试选择进料管的管径。

解　据式(1-9)，可得

$$q_v = \frac{q_m}{\rho} = \frac{50000/3600}{960} = 0.0145 \ (\text{m}^3/\text{s})$$

因料液的性质与水相近，参考表 1-1，选取 $u = 1.8 \text{m/s}$。

据式(1-11)，可得

$$d = \sqrt{\frac{4q_v}{\pi u}} = \sqrt{\frac{4 \times 0.0145}{3.14 \times 1.8}} = 0.101 \ (\text{m})$$

根据本书附录的管子规格表，选用 $\phi 108 \times 4\text{mm}$ 的无缝钢管，其内径为

$$d = 108 - 4 \times 2 = 100 \ (\text{mm})$$

则实际流速为

$$u = \frac{q_v}{A} = \frac{q_v}{\frac{\pi}{4}d^2} = \frac{0.0145}{0.785 \times (100 \times 10^{-3})^2} = 1.85 \ (\text{m/s})$$

流体在管内的实际流速为1.85m/s，仍在适宜流速范围内，因此所选管子可用。

四、流体的黏度

1. 牛顿黏性定律

流体在通道内流动时，流通截面上各点的流速并不相等。圆管内，流速在管壁处为零，至管中心达到最大值。因此在圆管内流动的流体，一定条件下可视为被分割成无数极薄的圆筒层，一层套着一层，各层以不同的速度向前流动，如图 1-2 所示。对任何相邻的两层来说，靠近管中心的速度较大，靠近管壁的速度较小，前者对后者起带动作用，后者对前者起

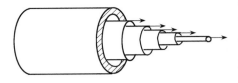

图 1-2　流体在圆管内分层流动示意

拖曳作用。这种作用于运动着的流体内部相邻平行流体层间、方向相反、大小相等的相互作用力称为流体的内摩擦力。单位流层面积上的内摩擦力称为剪应力。内摩擦力总是起着阻止流体层间发生相对运动的作用，流体流动时为克服这种内摩擦力需消耗能量。

流体流动时产生内摩擦力的原因是流体具有黏性。黏性是流体的固有属性，流体无论是静止还是流动，都具有黏性。衡量流体黏性大小的物理量称为动力黏度或绝对黏度，简称黏度。

为了对黏度建立一个定量的概念，可设想有上下两块平行放置且面积很大而相距很近的平板，板间充满了某种液体，如图 1-3 所示。若将下板固定，而对上板施加一个恒定的外力，上板就以恒定速度 u 沿 x 方向运动。此时，两板间的液体就会分成无数平行的薄层而运动，粘附在上板底面的一薄层液体也以速度

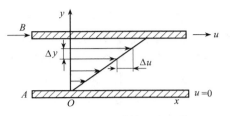

图 1-3　平板间液体速度变化

u 随上板运动，其下各层液体的速度依次降低，粘附在下板表面的液层速度为零。

实验证明，对于一定的液体，上下两板间沿 y 方向的速度变化率 $\Delta u/\Delta y$ 越大，作用的剪应力 τ 也越大。流体在圆管内流动时，u 与 y 的关系是曲线关系，上述变化率应写成 $\mathrm{d}u/\mathrm{d}y$，称为速度梯度，即

$$\tau = \mu \frac{\mathrm{d}u}{\mathrm{d}y} \tag{1-12}$$

上式称为牛顿黏性定律，即流体层间的剪应力与速度梯度成正比。式中比例系数 μ，称为黏度，流体的黏性越大，μ 值便越大。

服从牛顿黏性定律的流体，称为牛顿型流体，所有气体和大多数液体都属于这一类。不服从牛顿黏性定律的流体，称为非牛顿型流体，如某些高分子溶液、胶体溶液及泥浆等都属于这一类。本章只限于对牛顿型流体进行讨论。

2. 黏度

式(1-12) 可以写成

$$\mu = \frac{\tau}{\dfrac{\mathrm{d}u}{\mathrm{d}y}} \tag{1-13}$$

黏度的物理意义是促使流体流动产生单位速度梯度时的剪应力。黏度是表征流体黏性大小的物理量，是流体的重要物理性质之一，其值由实验测定。流体的黏度是流体的种类及状态（温度、压力）的函数，液体的黏度随温度升高而减小，气体的黏度随温度升高而增大。压力变化时，液体的黏度基本不变，气体的黏度随压力增加而增加得很少，一般工程计算中可以忽略。

10　某些常用流体的黏度，可以从有关手册和本书附录中查得。在 SI 制中，黏度的单位是 Pa•s，在工程上或文献中黏度的单位常用泊（P）或厘泊（cP）表示。它们之间的关系是

$$1\mathrm{Pa} \cdot \mathrm{s} = 10\mathrm{P} = 1000\mathrm{cP}$$

此外，流体的黏性还可用黏度（动力黏度）μ 与密度 ρ 的比值来表示，称为运动黏度，

以 ν 表示，即

$$\nu = \frac{\mu}{\rho} \tag{1-14}$$

在 SI 制中，运动黏度的单位为 m^2/s；在物理单位制中，运动黏度的单位为 cm^2/s，称为斯托克斯，简称为沲，以 St 表示。它们之间的关系为

$$1St = 100cSt(厘沲) = 1 \times 10^{-4}\,m^2/s$$

在工业生产中常遇到各种流体的混合物。混合物的黏度，如缺乏实验数据时，可参阅有关资料，选用适当的经验公式进行估算。

第二节　流体静力学

流体静力学是研究静止流体在重力场中受重力和压力作用下的平衡规律。流体静力学原理应用很广，本节主要讨论流体静力学基本方程及其应用。

一、流体静力学基本方程式

1. 静力学基本方程式的导出

现在讨论相对静止流体内部压力变化的规律，用于描述这一规律的数学表达式，称为流体静力学基本方程式。此方程可通过以下方法简单推导。

图 1-4 所示的容器中盛有密度为 ρ 的静止液体。现于液体内部取一个底面积为 dA 的垂直液柱，以容器底为基准水平面，则液柱的上、下端面与基准水平面的垂直距离分别为 z_1 和 z_2。

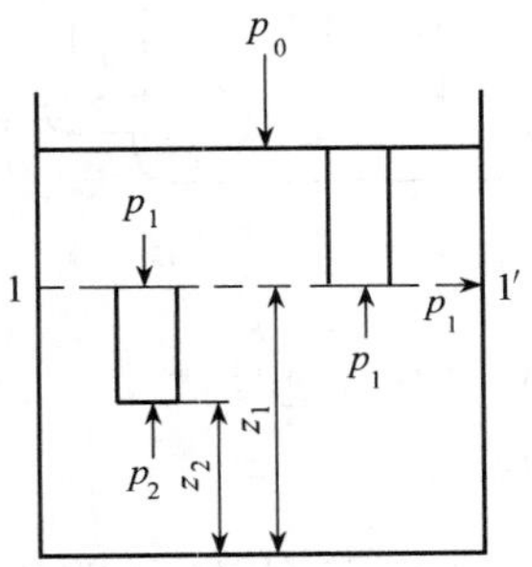

在垂直方向上作用于液柱上的力有：

① 作用于上端面的力 F_1，方向向下；
② 作用于下端面的力 F_2，方向向上；
③ 液柱所受的重力 F_g，方向向下。

取向上的作用力为正值，则

$$F_1 = -p_1 dA$$
$$F_2 = p_2 dA$$
$$F_g = -\rho g dA(z_1 - z_2)$$

图 1-4　静力学方程的推导

液柱处于静止状态时，在垂直方向各力的代数和应为零，即

$$p_2 dA - p_1 dA - \rho g dA(z_1 - z_2) = 0$$

整理可得

$$p_2 = p_1 + \rho g(z_1 - z_2) \tag{1-15}$$

若将液柱的上端面取在容器的液面上，设液面上方的压力为 p_0，液柱上下端面距离为 h，作用于下端面的压力为 p，则上式可整理为

$$p = p_0 + \rho g h \tag{1-16}$$

式(1-15) 和式(1-16) 均称为流体静力学基本方程式，表明了在重力作用下静止液体内部压力的变化规律。

2. 静力学基本方程式的讨论

① 当容器液面上方的压力 p_0 一定时，静止液体内部任一点压力 p 的大小与液体本身的密度 ρ 和该点距液面的深度 h 有关。因此在静止的、连通的同一液体内部，处于同一水平面

上各点压力都相等。通常将压力相等的水平面称为等压面。

② 当液面上方的压力 p_0 变化时，液体内部各点的压力 p 也发生相应的变化。

③ 式(1-16)可改写为

$$\frac{p - p_0}{\rho g} = h$$

该式说明压力差的大小可以用一定高度的液体柱来表示。同此，压力的大小也可以用一定高度的液体柱来表示，这就是前面所介绍的压力可以用 mmHg、mH_2O 等单位来计量的依据。当用液柱高度来表示压力或压力差时，必须注明是何种液体。

流体静压力基本方程式也适用于气体，但在实际应用中，这种变化可以忽略。

【例 1-7】 本题附图所示的开口容器内盛有油和水。油层高度 $h_1 = 0.7\text{m}$，密度 $\rho_1 = 800\text{kg/m}^3$；水层高度（指油、水界面与小孔中心的距离）$h_2 = 0.6\text{m}$，密度 $\rho_2 = 1000\text{kg/m}^3$。（1）判断下列两关系式是否成立，即 $p_A = p_A'$、$p_B = p_B'$。（2）计算水在玻璃管内的高度 h。

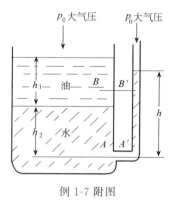

例 1-7 附图

解 （1）判断两关系式是否成立

$p_A = p_A'$ 的关系式成立。因为 A 点和 A' 点在静止的、连通着的同一种流体内，并在同一水平面上。

$p_B = p_B'$ 的关系式不成立。因为 B 点和 B' 点虽在静止流体的同一水平面上，但不是连通着的同一种流体。

（2）计算玻璃管内水的高度 h

由上面讨论知 $p_A = p_A'$，液面上方的压力 p_0 为大气压力，而 p_A 与 p_A' 都可以用流体静力学方程计算，即

$$p_A = p_0 + \rho_1 g h_1 + \rho_2 g h_2$$

$$p_A' = p_0 + \rho_2 g h$$

于是可得

$$p_0 + \rho_1 g h_1 + \rho_2 g h_2 = p_0 + \rho_2 g h$$

简化并代入已知值

$$800 \times 0.7 + 1000 \times 0.6 = 1000h$$

解得

$$h = 1.16\text{m}$$

二、流体静力学基本方程式的应用

1. 压力的测量

运用流体静力学基本原理测定流体的压力差或表压力的仪器统称为液柱压差计，其结构简单，使用方便。常见的有正 U 形管压差计、倒 U 形管压差计、双液柱微差计和斜管压差计等，以下分别介绍。

（1）正 U 形管压差计　正 U 形管压差计是液柱式测压计中常用的一种，其结构如图 1-5 所示，它是一个两端开口的垂直 U 形玻璃管，中间配有读数标尺，管内装有液体作为指示液。要求指示液与被测流体不互溶，不起化学反应，而且其密度要大于被测流体的密度。通常采用的指示液有着色水、四氯化碳及水银等。

若 U 形管内的指示液上方和大气相通，即两支管内指示液液面的压力相等，由于 U 形管下面连通，所以两支管内指示液液面在同一水平面上。

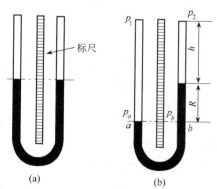

图 1-5　正 U 形管压差计

若在 U 形玻璃管内装有密度为 ρ_A 的指示液 A（一般指示液装入量约为 U 形管总高的一半），U 形管两端口与被测流体 B 的测压点相连接，连接管内与指示液液面上均充满流体 B，a、b 点取在同一水平面上。

若 $p_1 > p_2$，则左管内指示液液面下降，右管内指示液液面上升，直至在标尺上显示出读数 R。R 值的大小随压力差（$p_1 - p_2$）的变化而变化，当 $p_1 - p_2$ 为一定值时，R 值也为定值，即处于相对静止状态。因为 a、b 两点都在连通着的同一种静止流体内，并且在同一水平面上，所以这两点的压力相等，即 $p_a = p_b$。根据流体静力学基本方程式，可得

$$p_a = p_1 + \rho_B g(h + R)$$

$$p_b = p_2 + \rho_B gh + \rho_A gR$$

因为 $\qquad\qquad\qquad\qquad\qquad p_a = p_b$

所以 $\qquad\qquad\qquad p_1 + \rho_B g(h + R) = p_2 + \rho_B gh + \rho_A gR$

上式简化后即得 $\qquad\qquad p_1 - p_2 = (\rho_A - \rho_B)gR$ $\qquad\qquad\qquad\qquad$ (1-17)

从上式可以看出，$p_1 - p_2$ 只与读数 R、ρ_A 及 ρ_B 有关，而 U 形管的粗细、长短对所测结果并无影响。

若被测流体为气体，因为气体的密度要比液体的密度小得多，所以 $\rho_A - \rho_B \approx \rho_A$，上式简化为 $\qquad\qquad\qquad\qquad p_1 - p_2 \approx \rho_A gR$ $\qquad\qquad\qquad\qquad\qquad$ (1-17a)

U 形管压差计也可用来测量流体的表压力。若 U 形管的一端通大气，另一端与设备或管道的某一截面相连，如图 1-6 所示，则（$\rho_A - \rho_B$）gR（或 $\rho_A gR$）即反映设备或管道内的绝对压力与大气压力之差，也就是表压力。

如将 U 形管压差计的一端通大气，另一端与负压部分接通，如图 1-7 所示，则可测得设备或管道内的真空度。

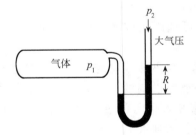

图 1-6　测量表压

指示剂密度为 ρ_A，气体的密度为 ρ_B

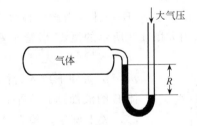

图 1-7　测量真空度

【例 1-8】　如本题附图所示，水在 293K 时流经某管道，在导管两端相距 20m 处装有两个测压孔，如在 U 形管压差计上水银柱读数为 5cm，试求水通过这一段管道时的压力差。

解　已知 $\rho_{Hg} = 13600\text{kg/m}^3$，$R = 5\text{cm}$

从附录查得 $\qquad\qquad\qquad\qquad \rho_{H_2O} = 998.2\text{kg/m}^3$

据式(1-17)，得

$$p_1 - p_2 = (\rho_{Hg} - \rho_{H_2O})gR = (13600 - 998.2) \times 9.807 \times 0.05$$
$$= 6.18 \times 10^3 (\text{N/m}^2) = 6.18 \times 10^3 (\text{Pa})$$

即水通过这一管段时的压力差为 $6.18 \times 10^3 \text{Pa}$。

【例 1-9】　水在本题附图所示的管道内流动。在管道某截面处连接一 U 形管压差计，指示液为水银，读数 $R = 200\text{mm}$，$h = 1000\text{mm}$。当地大气压力为 760mmHg，取水的密度为

13

1000kg/m³，水银的密度为 13600kg/m³，试求流体在该截面处的压力为多少？

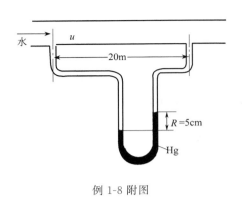

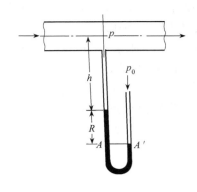

例 1-8 附图　　　　　　　　　　　例 1-9 附图

解　已知 $p_0 = 760 \text{mmHg} = 1.013 \times 10^5 \text{N/m}^2$，$\rho_{H_2O} = 1000 \text{kg/m}^3$

$\rho_{Hg} = 13600 \text{kg/m}^3$，$h = 1\text{m}$，$R = 0.2\text{m}$

过 U 形管右侧的水银面作水平面 $A\text{-}A'$，根据流体静力学原理，可得

$$p_A = p'_A = p_0$$

由流体静力学基本方程式可得　　$p_A = p + \rho_{H_2O}gh + \rho_{Hg}gR$

整理得　　$p = p_A - \rho_{H_2O}gh - \rho_{Hg}gR$

$$= 1.013 \times 10^5 - 1000 \times 9.807 \times 1 - 13600 \times 9.807 \times 0.2$$

$$= 6.482 \times 10^4 (\text{N/m}^2) = 6.482 \times 10^4 \text{ (Pa)}$$

由计算结果可知，流体在该截面处的绝对压力小于大气压力，故真空度为

$$1.013 \times 10^5 - 6.482 \times 10^4 = 3.648 \times 10^4 (\text{N/m}^2) = 3.648 \times 10^4 \text{ (Pa)}$$

（2）倒 U 形管压差计　当被测流体为液体时，也可选用比被测液体密度小的流体作指示剂，采用如图 1-8 所示的倒 U 形管压差计进行测量。

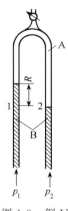

测量前，先打开压差计上端旋塞，将两管端口与待测液体 B 连通，在 $p_1 = p_2$ 条件下放入待测液体 B，约占管子总高的一半，使左、右管内的液体 B 的液面达到水平；然后通过旋塞充入指示剂 A，使 A 充满 U 形管上部，关上旋塞，检查 A、B 分界面是否达到水平。

当 $p_1 > p_2$ 时，管子左端的液面将升高而右端液面降低，出现如图 1-8 所示的高度差 R。取过左端液面的水平面为流体 A 的等压面，运用流体静力学基本方程，可得

$$p_1 - p_2 = (\rho_B - \rho_A)gR \tag{1-18}$$

当指示剂 A 选用气体（一般为空气时），由于空气密度远小于液体的密度，所以

图 1-8　倒 U 形管
压差计

$$p_1 - p_2 \approx \rho_B gR$$

14

（3）双液柱微差计　由式(1-17)可以看出，若所测量的压力差很小，U 形管压差计的读数 R 也就很小而不够精确。为了把读数 R 值放大，除了在选用指示液时，尽可能地使其密度 ρ_A 与被测流体的密度 ρ_B 相接近外，还可采用双液柱微差计，如图 1-9 所示。

双液柱微差计内装有两种密度接近，且不互溶的指示液 A 和 C，而指示液 C 与被测流体

B 也不互溶。为了读数方便，在 U 形管的两侧顶端各装有扩大室，扩大室内径与 U 形管内径之比应大于 10。这样，扩大室的截面积比 U 形管的截面积大得很多，即使 U 形管内指示液 A 的液面落差 R 很大，两扩大室内的指示液 C 的液面变化仍很微小，可以认为维持等高。

取 A 的低端液面为等压面，可得

$$p_1 - p_2 = (\rho_A - \rho_C)gR \tag{1-19}$$

显然，当 $p_1 - p_2$ 值很小时，为获得较大的读数 R，应当选择密度接近的指示液 A 和 C。

（4）斜管压差计　当所测量的压力差很小时，为了放大压差计读数，也可采用如图 1-10 所示的倾斜 U 形管压差计，倾角 α 越小，读数 R' 越大，R' 与 R 的关系为

$$R' = R/\sin\alpha$$

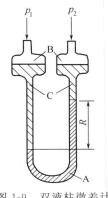

图 1-9　双液柱微差计

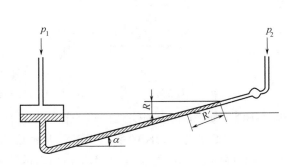

图 1-10　斜管压差计

2. 液位的测量

在工业生产中为了了解各种贮槽或计量槽等容器内的物料贮存量，或需要控制设备内的液位，都要使用液位计进行液位的测量。许多液位计的作用原理是以流体静力学基本方程式为依据的。

图 1-11(a) 所示为最简单的液位测量方法，它是工厂中常见的一些常压容器或贮罐所使用的玻璃管液位计，这种液位计是运用静止液体连通器内同一水平面上各点压力相等的原理来操作的。它是于容器底部壁及液面上方器壁处各开一小孔，两孔间用玻璃管相连。玻璃管内所示的液面高度即为容器内的液面高度。

图 1-11(b) 所示为利用液柱压差计来测量液位

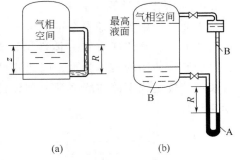

图 1-11　液位的测量

的，在 U 形管底部装入指示液 A，左端与被测液体 B 的容器底部相连（$\rho_A > \rho_B$），右端上方接一扩大室（称平衡室），与容器液面上方的气相支管（称气相平衡管）相连，平衡室中装入一定量的液体 B，使其在扩大室内的液面高度维持在容器液面允许的最高位置。测量时，压差计中读数 R 就可指示容器内相应的液位高度。显然容器内达到最高允许液位时，压差计读数 R 应为零，随着容器内液位的降低，读数 R 将随之增加。

图 1-12 所示为一种用来进行远距离测量液位的装置。压缩氮气经调节阀 1 以极小的流速通入，以至氮气在鼓泡观察器 2 内仅有气泡慢慢地逸出，因而气体在通过吹气管 4 内的流

15

第一章　流体流动

动阻力可以忽略不计，吹气管出口处的压力 p_a 近似等于 U 形管压差计 b 处的压力 p_b，即

$$p_a = p_b$$

则

$$\rho gh = \rho_B gR$$

所以

$$h = \frac{\rho_B}{\rho}R \qquad (1\text{-}20)$$

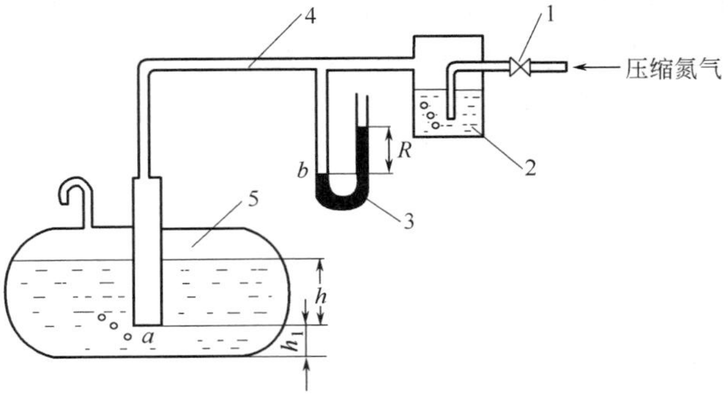

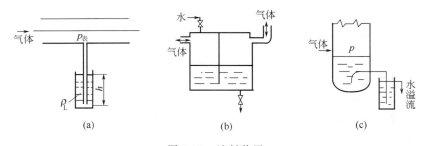

图 1-12　远距离测量液位

1—调节阀；2—鼓泡观察器；3—U 形管压差计；4—吹气管；5—贮槽

【例 1-10】　如图 1-12 所示的液位计，U 形管压差计中的指示液为水银，读数 $R=$ 150mm，贮槽内装的是 293K 的邻二甲苯，其密度为 880kg/m³，贮罐上方与大气相通，出气管距贮槽底部高 $h_1 = 0.2$m。试求该贮槽内的液位高度。

解　设贮槽的液位高为 z，则 $z = h + h_1$，水银的密度为 13600kg/m³

据式(1-20)，可得

$$h = \frac{\rho_B}{\rho}R = \frac{13600 \times 0.15}{880} = 2.32 \text{（m）}$$

故

$$z = h + h_1 = 2.32 + 0.2 = 2.52 \text{（m）}$$

3. 液封高度的计算

在工业生产中为保证安全正常生产，经常使用液封装置把气体封闭在设备或管道中，以防止气体泄漏、倒流或有毒气体逸出，有时则是为防止压力过高而起泄压作用，以保护设备。由于通常使用的液体为水，因此液封常被称为水封或安全水封。

液封装置是根据流体静力学原理设计的，如图 1-13 所示。根据液封的作用不同，大体可分为三类。

图 1-13　液封装置

（1）安全水封　如图 1-13(a) 所示，从气体主管道上引出一根垂直支管，插到充满水的液封槽内，插入口以上的液面高度 h 应足以保证在正常操作压力下气体不会由支管逸出。当

由于某种不正常原因，系统内气体压力突然升高时，气体可由此处冲破液封泄出并卸压，以保证设备和管道的安全。另外，这种水封还有排除气体管中冷凝液的作用。

【例 1-11】 如本题附图所示，为了控制设备内的压力不超过 80mmHg（表压），在设备外装有安全水封装置，其作用是当炉内压力超过规定值时，气体从水封管排出，求此炉的安全水封应插入水槽内水面以下的深度。

解 安全操作时，水封槽水面的高度保持 h（m），计算液封管插入槽内水面下的深度应按炉内允许的最高压力。

过液封管口作基准水平面 0-0′，在其上取 1、2 两点

例 1-11 附图

则　　$p_1 = $ 炉内压力

$$p_1 = p_a + \frac{80}{760} \times 1.013 \times 10^5 \quad (\text{N/m}^2)$$

$$p_2 = p_a + \rho g h$$

因为　　　　　　　　$p_1 = p_2$

代入数据　　$\frac{80}{760} \times 1.013 \times 10^5 = 1000 \times 9.807h$

解得　　　　　　　　$h = 1.09\text{m}$

为了安全起见，实际安装时管子插入深度应略小于 1.09m。

（2）切断水封　工业生产中，有时在常压可燃气体贮罐前后安装切断水封以代替笨重易漏的截止阀，如图 1-13（b）所示。正常操作时，水封不充水，气体可以顺利绕过隔板出入贮罐。需要切断时（如设备或管道检修），往水封内注入一定高度的水，使隔板浸入水中的深度大于水封两侧最大可能的压差值即可。

（3）溢流水封　许多用水（或其他液体）洗涤气体的设备内，通常需维持在一定压力下操作，水在不断流入的同时必须不断排出，为了防止气体随水一起泄出设备，可采用图 1-13（c）所示的溢流水封装置。

第三节　稳定流动系统的能量衡算

前已述及，工业生产及环境治理过程许多是在流体流动的情况下进行的，而流体输送更是必不可少，因此必须研究流体流动的规律，尤其是流体在管内流动的规律，本节主要讨论这些问题。

一、稳定流动与不稳定流动

根据流体流动过程中各种参数的变化情况，可以将流体的流动状况分为稳定流动和不稳定流动。

如图 1-14（a），由于进入恒位槽流体的流量大于流出流体的流量，多余的流体就会从溢流管流出，从而保证了恒位槽内液位的恒定。在流体流动过程中，任一截面上流体的压力、流量、流速等流动参数只与位置有关，而不随时间变化。像这种流动参数只与空间位置有关而与时间无关的流动，称为稳定流动。

如图 1-14（b），由于没有流体的补充，贮槽内的液位将随着流体流动的进行而不断下降。从而导致流体在流动时任一截面上的压力、流量、流速等流动参数不仅与位置有关，

17

而且与时间有关。像这种流动参数既与空间位置有关又与时间有关的流动，称为不稳定流动。

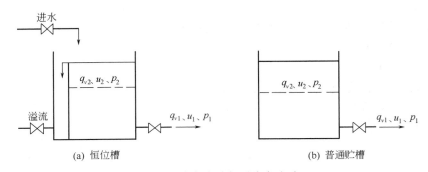

(a) 恒位槽   (b) 普通贮槽

图 1-14　稳定流动与不稳定流动

工业生产中的连续操作过程，如生产条件控制正常，则流体流动多属于稳定流动。连续操作的开车、停车过程及间歇操作过程属于不稳定流动。本章所讨论的流体流动为稳定流动过程。

二、稳定流动系统的物料衡算——连续性方程

当流体在流动系统中作稳定流动时，根据质量守恒定律，每单位时间内通过流动系统任一截面的流体质量（即质量流量）都应相等，这就是流体流动时的质量守恒。因为流体可被视为连续性介质，所以质量守恒原理又称为连续性原理，并把反映这个原理的物料衡算关系式称为连续性方程式。

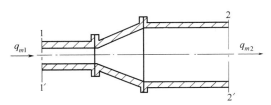

图 1-15　流体流动的连续性

连续性方程式可采用不同的方法进行推导，本节是通过物料衡算进行推导的。在稳定流动系统中，对直径不同的管段作物料衡算，如图 1-15 所示。以管内壁、截面 1-1′ 与 2-2′ 为衡算范围。把流体视为连续性介质，即流体充满管道，并连续不断地从截面 1-1′ 流入，从截面 2-2′ 流出。

对于稳定流动系统，物料衡算的基本关系仍为输入量等于输出量，即进入截面 1-1′ 的流体质量流量与流出截面 2-2′ 的流体质量流量相等。

若以单位时间为衡算基准，则物料衡算式为

$$q_{m1} = q_{m2}$$

因为 $q_m = uA\rho$，故上式可写成

$$q_m = u_1 A_1 \rho_1 = u_2 A_2 \rho_2 \tag{1-21}$$

若将上式推广到管路上任何一个截面，即

$$q_m = u_1 A_1 \rho_1 = u_2 A_2 \rho_2 = \cdots = u_n A_n \rho_n = 常数 \tag{1-21a}$$

若流体为不可压缩流体，即 $\rho =$ 常数，则

$$q_v = u_1 A_1 = u_2 A_2 = \cdots = u_n A_n = 常数 \tag{1-21b}$$

式(1-21b)说明不可压缩流体不仅流经各截面的质量流量相等，而且它们的体积流量也相等。

以上三式均为管内稳定流动的连续性方程。它反映了在稳定流动系统中，流量一定时管路各截面上流速的变化规律，而此规律与管路的安排以及管路上是否装有管件、阀门或输送设备等无关。

【例 1-12】 如图 1-15 所示的串联变径管路中，已知小管规格为 $\phi 57 \times 3mm$，大管规格为 $\phi 89 \times 3.5mm$，均为无缝钢管，水在小管内的平均流速为 2.5m/s，水的密度可取为 $1000kg/m^3$。试求：(1) 水在大管中的流速；(2) 管路中水的体积流量和质量流量。

解 (1) 小管直径 $d_1 = 57 - 2 \times 3 = 51$（mm），$u_1 = 2.5$m/s

大管直径 $d_2 = 89 - 2 \times 3.5 = 82$（mm）

据式(1-21b)，可得

$$u_2 = u_1 \frac{A_1}{A_2} = u_1 \left(\frac{d_1}{d_2}\right)^2 = 2.5 \times \left(\frac{51}{82}\right)^2 = 0.967 \text{（m/s）}$$

(2) 据式(1-21b)，可得

$$q_v = u_1 A_1 = u_1 \frac{\pi}{4} d_1^2 = 2.5 \times 0.785 \times 0.051^2 = 0.0051 \text{（m}^3\text{/s）}$$

$$q_m = q_v \rho = 0.0051 \times 1000 = 5.1 \text{（kg/s）}$$

三、流动系统的能量

在任一流动系统中，总能量包括两部分，流体本身所具有的能量及系统与外界交换的能量。

1. 流体本身所具有的能量

如图 1-16 所示，流动系统中任一位置（如图中的 B-B' 截面处），流体均具有一定的能量。尽管由于其位置、状况等因素不同，不同截面上的流体所具有的能量数值不同，但能量的形式只有如下几种。

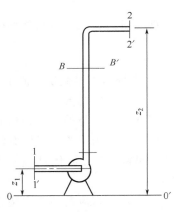

(1) 内能　内能是贮存于物质内部的能量，指物体内部如分子、原子、电子等所含的能量总和。其数量的大小取决于流体的状态，因此与流体的温度有关，压力的影响一般可以忽略。单位质量（1kg）流体的内能用 U 表示，其单位为 J/kg。

图 1-16　流体的管路输送系统

(2) 位能　位能是流体处于地球重力场中而具有的能量。计算位能时常规定一个基准水平面，如图 1-16 上的 0-0′ 面。若质量为 m 的流体与基准水平面的垂直距离为 z，则位能等于将质量为 m（单位：kg）的流体在重力场中自基准水平面升举到高度为 z（单位：m）时所做的功，即

$$位能 = mgz$$

1kg 流体的位能则为

$$\frac{mgz}{m} = gz \quad \text{（J/kg）}$$

显然，位能是相对值，其大小随基准水平面的位置而定。若不选基准水平面，只讲位能绝对值是没有意义的。

(3) 动能　动能是流体按一定速度流动而具有的能量。m（单位：kg）流体，当其流速为 u（单位：m/s）时具有的动能为

$$动能 = \frac{1}{2}mu^2 \quad (J)$$

1kg 流体所具有的动能为

$$\frac{1}{2} \times \frac{mu^2}{m} = \frac{1}{2}u^2 \quad (J/kg)$$

（4）静压能　固体运动时只需考虑位能和动能，但是流体还具有另一种能量——静压

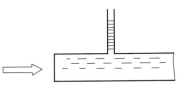

图 1-17　静压能示意

能。静止流体内部任一处都有一定的压力，而流动着的流体内部也具有一定的压力。如果管内有液体在流动，在管壁上开一小孔并接上一个垂直的玻璃管，液体就会在玻璃管内升起一定的高度，如图 1-17 所示。这一流体柱的高度便是运动着的流体在该截面处静压力大小的表现。

　　如图 1-16 所示的管路系统，1-1′ 截面上具有的压力为 p_1，流体要流入 1-1′ 截面，必须克服该截面上的压力而做功，称为流动功。也就是说，流体在 p_1 下进入 1-1′ 截面时必然增加了与此流动功数量相当的能量，流动流体具有的这部分能量称为静压能。

　　m(kg)流体在 1-1′ 截面处的体积为 V_1，将此体积的流体推过截面积为 A_1 的 1-1′ 截面，则此过程所需的作用力为 $p_1 A_1$；而流体通过此截面所流过的距离为 V_1/A_1；所以，此过程的流动功，即流体带入系统的静压能为

$$力 \times 距离 = p_1 A_1 V_1 / A_1 = p_1 V_1$$

即质量为 m(kg)的流体所带入的静压能大小为 $p_1 V_1$。对 1kg 流体，所带入的静压能为

$$\frac{p_1 V_1}{m} = \frac{p_1}{\rho_1} \quad (J/kg)$$

　　2. 系统与外界交换的能量

　　实际生产中的流动系统，除设备和管道外，还经常装有输送设备和各种不同类型的换热器。因此，系统与外界交换的能量主要有功、热和损失能量。

　　（1）功　当系统中安装有流体输送设备时，它将对系统做功，即将外部的能量转化为流体的机械能。1kg 流体从输送机械中所获得的能量称为外加功，用 W_e 表示，其单位为 J/kg。

　　（2）热　当流动系统中装有换热器时，流体通过换热器将要吸收或放出热量。1kg 流体在流动过程中所吸收或放出的热量用 Q_e 表示，其单位为 J/kg。

　　（3）损失能量　由于流体具有黏性，在流动过程中要克服各种阻力，使一部分能量转化为热能而无法继续利用。从实用的角度考虑，这部分能量是损失掉了，故称为损失能量。1kg 流体的损失能量用 $\sum h_f$ 表示，其单位为 J/kg。

　　上面所介绍的各种能量又可分为两大类。一类是机械能，包括位能、动能、静压能、外加功和损失能量。另一类则为非机械能，包括内能和热，由于在流体流动过程中，参与转换的内能和热能从工程上讲是可以忽略的，因此本章只讨论机械能的守恒及其转换。

四、稳定系统的能量衡算式——伯努利方程

　　1. 伯努利方程的导出

　　如图 1-16 所示，不可压缩流体在系统中作稳定流动，流体从截面 1-1′ 经泵输送到截面 2-2′，由于截面 1-1′ 和截面 2-2′ 位置不同，因此这两个截面上流体的能量是不一样的。设

0-0′面为基准水平面，两个截面距基准水平面的垂直距离分别为 z_1、z_2，两截面处的流速分别为 u_1、u_2，两截面处的压力分别为 p_1、p_2，流体在两截面处的密度为 ρ，1kg 流体从泵所获得的外加功为 W_e，1kg 流体从截面 1-1′流到截面 2-2′的全部能量损失为 $\sum h_f$。

根据能量守恒定律，稳定流动系统中的能量是守恒的，即

输入流动系统的能量＝输出流动系统的能量＋系统内的能量积累

对于稳定流动系统，系统内的能量积累为零，所以按照能量守恒定律，可以得到

$$gz_1 + \frac{p_1}{\rho} + \frac{1}{2}u_1^2 + W_e = gz_2 + \frac{p_2}{\rho} + \frac{1}{2}u_2^2 + \sum h_f \qquad (1\text{-}22)$$

式(1-22) 称为伯努利方程，适用条件是不可压缩流体作稳定流动。它反映了流体流动过程中各种能量的转化和守恒规律，这一规律在流体流动和流体输送中具有重要意义。

式中各项单位均为 J/kg，应注意，gz、$\frac{1}{2}u^2$、$\frac{p}{\rho}$ 是指在某截面上 1kg 流体本身所具有的能量，而 W_e、$\sum h_f$ 是指流体在两截面之间所获得和所消耗的能量。

W_e 是选择流体输送设备的重要数据。单位时间内输送设备所做的有效功称为有效功率，以 P_e 表示，单位为 W 或 J/s。即

$$P_e = W_e q_m \qquad (1\text{-}23)$$

式中　q_m——流体的质量流量，kg/s。

2. 伯努利方程的讨论

（1）理想流体的伯努利方程　若流体流动时不产生流动阻力，则流体的能量损失 $\sum h_f = 0$，这种流体称为理想流体。对于理想流体，稳定流动过程中无外功加入时（即 $W_e = 0$），式(1-22) 便可简化为

$$gz_1 + \frac{1}{2}u_1^2 + \frac{p_1}{\rho} = gz_2 + \frac{1}{2}u_2^2 + \frac{p_2}{\rho} \qquad (1\text{-}24)$$

式(1-24) 为理想流体的伯努利方程，表示了理想流体在管内作稳定流动而又没有外功加入时，1kg 流体在任一截面上所具有的位能、动能与静压能之和为一常数。通常把位能、动能与静压能之和称为总机械能，以 E 表示，其单位为 J/kg。

$$E = gz_1 + \frac{1}{2}u_1^2 + \frac{p_1}{\rho} = 常数 \qquad (1\text{-}25)$$

式(1-25) 反映了理想流体在流动系统的各截面上所具有的总机械能相等，而每一种形式的机械能不一定相等，但各种形式的机械能可以相互转换。

（2）静止流体的伯努利方程　如果流体是静止的，则 $u_1 = u_2 = 0$，$\sum h_f = 0$，若无外功加入，即 $W_e = 0$。于是式(1-22) 可变为

$$gz_1 + \frac{p_1}{\rho} = gz_2 + \frac{p_2}{\rho}$$

整理可得

$$p_2 = p_1 + \rho g(z_1 - z_2) = p_1 + \rho gh$$

上式即为流体静力学方程式。由此可见，伯努利方程式除了表示流体的流动规律外，还表示了流体静止状态的规律，而静止流体是流体流动的一种特殊形式。

（3）可压缩流体伯努利方程　对于可压缩流体，若流动系统两截面间的绝对压力变化较小时（常规定为 $\frac{p_1 - p_2}{p_1} < 20\%$），仍可用式(1-22) 和式(1-24) 进行计算，但流体密度 ρ 应以

两截面间流体的平均密度 ρ_m 来代替。

（4）以单位重量（1N）流体为计算基准的伯努利方程　将式（1-22）中的各项除以 g，则可得

$$z_1+\frac{p_1}{\rho g}+\frac{u_1^2}{2g}+\frac{W_e}{g}=z_2+\frac{p_2}{\rho g}+\frac{u_2^2}{2g}+\frac{\sum h_f}{g}$$

令

$$H_e=\frac{W_e}{g},\quad H_f=\frac{\sum h_f}{g}$$

则

$$z_1+\frac{p_1}{\rho g}+\frac{u_1^2}{2g}+H_e=z_2+\frac{p_2}{\rho g}+\frac{u_2^2}{2g}+H_f \qquad (1\text{-}26)$$

式中　H_e——1N 流体在截面 1-1′ 与截面 2-2′ 间所获得的外加功，m；

H_f——1N 流体从截面 1-1′ 流到截面 2-2′ 的能量损失，m。

上式中各项均表示 1N 流体所具有的能量，单位为 J/N，化简为 J/N＝N·m/N＝m。m 的物理意义是：1N 流体所具有的机械能，可以把它自身从基准水平面升举的高度。因此，常把 z、$\frac{u^2}{2g}$、$\frac{p}{\rho g}$ 与 H_f 分别称为位压头、动压头、静压头与压头损失，而 H_e 则被称为输送设备对流体所提供的有效压头。

五、伯努利方程的应用

1. 解题要点

伯努利方程和连续性方程，是描述流体流动规律的基本方程，其应用范围很广。在应用伯努利方程解题时，应注意以下几点：

（1）作图与确定衡算范围　根据题意画出流动系统的示意图，并指明流体的流动方向，定出上、下游截面，以明确流动系统的衡算范围。

（2）截面的选取　两截面均应与流动方向相垂直，并且在两截面间的流体必须是连续的。所求的未知量应在截面上或在两截面之间反映出来，且截面上有关物理量，除了所需求取的未知量外，都应该是已知的或能通过其他关系计算出来。

（3）基准水平面的选取　选取基准水平面的目的是为了确定流体位能的大小，实际上在伯努利方程式中所反映的是位能差（$\Delta z=z_2-z_1$）的数值。所以，基准水平面可以任意选取，但必须与地面平行。z 值是指截面中心点与基准水平面间的垂直距离。为了计算方便，通常取基准水平面为通过所选两个截面中的任一个截面。如该截面与地面平行，则基准水平面与该截面重合；如衡算系统为水平管道，则基准水平面通过管道的中心线。

（4）单位必须统一　在用伯努利方程式之前，应把有关物理量统一为 SI 制单位，然后进行计算。两截面的压力除要求单位一致外，还要求表示方法一致。在应用伯努利方程式时，式中两截面的压力应为绝对压力，但由于式中所反映的是压力差（$\Delta p=p_2-p_1$）的数值，因此两截面的压力也可以同时用表压力来表示。

2. 应用举例

（1）确定管道中流体的流量

【例 1-13】　如本题附图所示，水槽液面至水出口管垂直距离保持在 6.2m，水管全长 330m，全管段的管径为 106mm，若在流动过程中压头损失为 6m 水柱（不包括出口压头损

失），试求导管中每小时之流量 m^3/h。

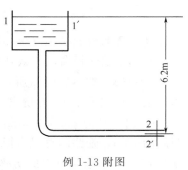

例 1-13 附图

解 取水槽的液面为截面 1-1′，管路出口的内侧为截面 2-2′并以出口管道中心线所在的水平面为基准水平面。在两截面间列伯努利方程式，即

$$gz_1 + \frac{p_1}{\rho} + \frac{1}{2}u_1^2 + W_e = gz_2 + \frac{p_2}{\rho} + \frac{1}{2}u_2^2 + \sum h_f$$

式中 $z_1 = 6.2m$，$z_2 = 0$；$p_1 = p_2 = 0$（表压）

水槽截面比管道截面要大得多，在流量相同情况下，槽内流速比管内流速就小得多，所以槽内流速可以忽略不计，即 $u_1 \approx 0$。

又
$$\sum h_f = gH_f = 9.807 \times 6 = 58.84 \text{ (J/kg)}$$
$$W_e = 0$$

将数值代入伯努利方程式，并简化得

$$9.807 \times 6.2 = \frac{1}{2}u_2^2 + 58.84$$

解得
$$u_2 = 1.98m/s$$

因此，水的流量为

$$q_v = 3600 \times \frac{\pi}{4}d^2 u_2$$
$$= 3600 \times 0.785 \times 0.106^2 \times 1.98$$
$$= 62.9 \text{ (}m^3/h\text{)}$$

注意此题截面 2-2′必须选在管子出口内侧，这样才与题意给出不包括出口的压头损失相适应。

（2）确定设备的相对位置

【例 1-14】 如本题附图所示，为了能以均匀的速度向精馏塔中加料，而使料液从高位槽自动流入精馏塔中。高位槽液面维持不变，塔内压力为 $0.4kgf/cm^2$（表压）。问高位槽中的液面需高出塔的进料口多少，才能使液体的进料量维持在 $50m^3/h$。已知原料液密度为 $900kg/m^3$，连接管及其入口和出口处的阻力之和为 2.22m 液柱，连接管的规格为 $\phi108 \times 4.0mm$。

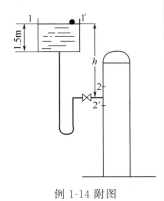

例 1-14 附图

解 选高位槽的液面为截面 1-1′，精馏塔加料口的外侧为截面 2-2′，并取过精馏塔加料口中心线的水平面为基准水平面。在两截面间列伯努利方程式

$$z_1 + \frac{u_1^2}{2g} + \frac{p_1}{\rho g} + H_e = z_2 + \frac{u_2^2}{2g} + \frac{p_2}{\rho g} + H_f$$

式中 $z_1 = h$，$z_2 = 0$；

$p_1 = 0$（表压），$p_2 = 0.4kgf/cm^2 = 39228N/m^2$（表压）；

$u_1 \approx 0$，$u_2 = 0$；

$\rho = 900kg/m^3$；$H_e = 0$；$H_f = 2.22m$ 液柱

将上述数值代入伯努利方程式得

$$h=\frac{39228}{900\times 9.807}+2.22=6.66\ (\text{m})$$

即高位槽的液面必须高出加料口 6.66m。

（3）确定输送设备的有效功率

【例 1-15】 如本题附图所示，有一用水吸收混合气中氨的常压逆流吸收塔，水由水池用离心泵送至塔顶经喷头喷出。泵入口管为 $\phi108\times4$mm 无缝钢管，管中流体的流量为 $40\text{m}^3/\text{h}$，出口管为 $\phi89\times3.5$mm 的无缝钢管。池内水深为 2m，池底至塔顶喷头入口处的垂直距离为 20m。管路的总阻力损失为 40J/kg，喷头入口处的压力为 120kPa（表压）。设泵的效率为 65%。试求泵所需的功率？

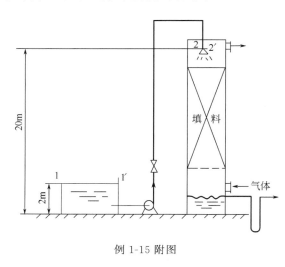

例 1-15 附图

解 取水池液面为截面 1-1′，喷头入口处为截面 2-2′，并取截面 1-1′ 为基准水平面。在截面 1-1′ 和截面 2-2′ 间列伯努利方程，即

$$gz_1+\frac{p_1}{\rho}+\frac{1}{2}u_1^2+W_e=gz_2+\frac{p_2}{\rho}+\frac{1}{2}u_2^2+\sum h_f$$

式中 $z_1=0$，$z_2=20-2=18\ (\text{m})$；$u_1\approx0$

泵入口管内径 $d_1=108-2\times4=100\ (\text{mm})$

泵出口管内径 $d_2=89-2\times3.5=82\ (\text{mm})$

泵出口管内流速

$$u_2=\frac{q_v}{\frac{\pi}{4}d_2^2}=\frac{40/3600}{0.785\times0.082^2}=2.11\ (\text{m/s})$$

$p_1=0$（表压），$p_2=120$kPa（表压）

$$\sum h_f=40\text{J/kg}$$

将上述已知量代入伯努利方程得

$$W_e=g(z_2-z_1)+\frac{p_2-p_1}{\rho}+\frac{u_2^2-u_1^2}{2}+\sum h_f$$

$$=9.807\times18+\frac{120\times10^3}{1000}+\frac{2.11^2}{2}+40$$

$$=338.75\ (\text{J/kg})$$

质量流量

$$q_m=A_2u_2\rho=\frac{\pi}{4}d_2^2u_2\rho$$

$$=0.785\times0.082^2\times2.11\times1000$$

$$=11.14\ (\text{kg/s})$$

有效功率 $P_e=W_eq_m=338.75\times11.14=3774\ (\text{W})$

泵的效率是单位时间内流体从泵获得的机械能与泵的输入功率之比，即

$$\eta=\frac{P_e}{P}$$

则

$$P=\frac{P_e}{\eta}=\frac{3774\times10^{-3}}{0.65}=5.81\ (\text{kW})$$

（4）确定管路中流体的压力 工业生产中，有些液体的腐蚀性很强，用泵输送时，这些液体对泵的腐蚀性很大，泵的寿命较短，所以有时可用压缩空气来输送。

【例 1-16】 某厂用压缩空气来压送 98% 的浓硫酸，压送装置如本题附图所示。采用分批间断操作，每批输送量为 0.4m³，要求在 10min 内压送完毕。硫酸温度为 20℃，输送管为无缝钢管，规格为 $\phi38\times3$mm，管子出口在硫酸贮槽液面上垂直距离为 10m，设硫酸流经全部管路的能量损失为 15J/kg（不包括出口处能量损失）。试求开始压送时，所需压缩空气的压力。

解 取硫酸罐内液面为截面 1-1′，硫酸出口管内侧为截面 2-2′，并以截面 1-1′ 为基准水平面。在两截面间列伯努利方程，得

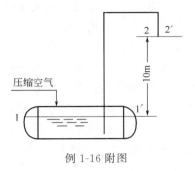

例 1-16 附图

$$gz_1+\frac{p_1}{\rho}+\frac{1}{2}u_1^2+W_e=gz_2+\frac{p_2}{\rho}+\frac{1}{2}u_2^2+\sum h_f$$

式中 $z_1=0$，$z_2=10$m；$u_1\approx0$

又 $$d=38-2\times3=32\text{（mm）}$$

所以 $$u_2=\frac{q_v}{A}=\frac{0.4}{10\times60\times0.785\times0.032^2}=0.83\text{（m/s）}$$

$$p_2=0\text{（表压）}，\sum h_f=15\text{J/kg}$$

从本书附录查得 98% 硫酸的密度 $\rho=1836$kg/m³
将以上数值代入公式，得

$$\frac{p_1}{1836}=10\times9.807+\frac{0.83^2}{2}+15$$

通过计算后，得出

$$p_1=2.08\times10^5\text{Pa（表压）}$$

即压送每一批料液时，压缩空气的压力在开始时最小为 $p_1=2.08\times10^5$Pa（表压）。

第四节 流体在管内流动时的摩擦阻力

流体在流动时会产生流动阻力，为克服阻力而消耗的能量称为能量损失。从伯努利方程可以看出，只有在能量损失已知的情况下，才能进行管路计算。因此流体流动阻力的计算是十分重要的。

一、流动阻力产生的原因——内摩擦

已介绍过内摩擦力的概念，它是由于流体的黏性而产生的，这种内摩擦力总是起着阻止流体层间发生相对运动的作用。因为流体具有黏性，所以流体在流动时会产生流动阻力，因此，黏性是流体流动时阻力产生的根本原因。黏度作为表征黏性大小的物理量，其值越大，说明在同样流动条件下，流体阻力就会越大。于是，不同流体在同一条管路中流动时，流动阻力的大小是不同的。但研究也发现，同一种流体在同一条管路中流动时，流动阻力的大小也是不同的。因此，决定流动阻力大小的因素除了黏性和流动的边界条件外，还取决于流体的流动状况，即流体的流动型形态。

二、流体的流动类型

1. 流动类型的划分

25

（1）雷诺实验　　在讨论牛顿黏性定律时，认为板间流体是分层流动的，互相之间没有宏观的扰动。实际上流体的流动形态并不都是分层流动的，为了直接观察流体流动时内部质点的运动情况及各种因素对流动状态的影响，可做如下雷诺实验。雷诺实验揭示了流体流动的两种截然不同的流动形态。

图1-18为雷诺实验装置示意。设贮水槽中液位保持恒定，水槽下部插入一根带喇叭口的水平玻璃管，管内水的流速可用下游阀门调节。着色水从高位槽通过沿玻璃管轴平行安装的针形细管在玻璃管中心流出，其流量可通过小阀调节，使着色水的流出速度与管内水的流速基本一致。

实验开始时，保持贮水槽内液位恒定，打开出水管上的控制阀，使水进行稳定流动，将细管上的阀门也打开，使着色水从细管流出。实验结果表明，在水温一定的情况下，当管内水的流速较小时，着色水在管内沿轴线方向成一条清晰的细直线，如图1-19(a)所示；当开大调节阀，水流速度逐渐增至某一定值时，可以观察到着色细线开始呈现波浪形，但仍保持较清晰的轮廓，如图1-19(b)所示；再继续开大阀门，可以观察到着色细流与水流混合，当水的流速再增大到某值以后，着色水一进入玻璃管即与水完全混合，如图1-19(c)所示。

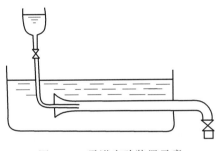

图1-18　雷诺实验装置示意

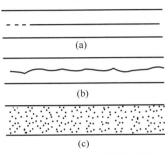

图1-19　雷诺实验结果比较

（2）两种流动类型　　从雷诺实验可以看出，流体有不同的流动形态，通常认为流体的流动形态有两种，即层流与湍流。

① 层流（又称滞流）　　如图1-19(a)所示，流体质点沿管子的轴线方向作直线运动，不具有径向的速度，即与周围的流体间无宏观的碰撞和混合。所以实验中着色水只沿管中心轴作直线运动，整个管内流体如同一层层的同心薄圆筒平行地分层向前流动，这种分层流动状态称为层流。由于这种情况主要发生在流速较小的时候，因此也称为滞流。

层流时，流体各薄层间依靠分子的随机运动传递动量、热量和质量。自然界和工程上会遇到许多层流流动的情况，如管内流体的低速流动、高黏度液体的流动、毛细管和多孔介质中的流体流动等。

② 湍流（又称紊流）　　如图1-19(c)所示，在这类流动状态下，流体不再是分层流动的，流体内部充满了大小不一的、在不断运动变化着的旋涡，流体质点除沿轴线方向作主体流动外，还在各个方向有剧烈的碰撞，即存在径向的运动。因此流体质点的运动是杂乱无章的，运动速度的大小与方向时刻都在发生变化。在湍流条件下，既通过分子的随机运动，又通过流体质点的随机运动来传递动量、热量和质量。它们的传递速率比层流时要高得多，所以实验中的着色水与水迅速混合。自然界和工程上遇到的流动大多为湍流。

而图1-19(b)所示的不是一种独立的流动形态，可以看成是不完全的湍流，或不稳定的层流，或者是两者交替出现，随外界条件而定。

2．流体流动形态的判定

（1）雷诺数　为了确定流体的流动形态，雷诺通过改变实验介质、管材及管径、流速等实验条件，做了大量的实验，并对实验结果进行了归纳总结。流体的流动形态主要与流体的密度 ρ、黏度 μ、流速 u 和管内径 d 等四个因素有关，并可以用这四个物理量组成一个数群，称为雷诺数，用来判定流动形态。

雷诺数（又称雷诺准数），用 Re 表示，即

$$Re = \frac{du\rho}{\mu} \qquad (1\text{-}27)$$

其单位为

$$[Re] = \left[\frac{du\rho}{\mu}\right] = \frac{\text{m} \cdot (\text{m/s}) \cdot (\text{kg/m}^3)}{\text{kg/(m} \cdot \text{s})} = \text{m}^0 \cdot \text{kg}^0 \cdot \text{s}^0$$

雷诺数无量纲，称为特征数。对于特征数来说，计算时要采用同一单位制下的单位，无论采用哪种单位制，特征数的计算结果都是一样的。

（2）流动形态的判断　大量实验结果表明，当 $Re < 2000$ 时，流体的流动形态总是层流；当 $Re > 4000$ 时，流动为稳定的湍流；当 $Re = 2000 \sim 4000$ 时，不能确定流动是层流还是湍流，即可能是层流也可能是湍流，为过渡状态。在过渡区域，流动形态受外界条件的干扰而变化，如管道形状的变化、外来的轻微振动等都易促成湍流的发生，在一般工程计算中，$Re > 2000$ 可作湍流处理。另外，就湍流而言，Re 越大，流体湍动程度越剧烈，流体中的旋涡和流体质点的随机运动就越剧烈。

【例 1-17】　在 20℃ 条件下，煤油在圆形直管内流动，其流量为 $6\text{m}^3/\text{h}$，管子规格为 $\phi 57 \times 3.5\text{mm}$，试计算雷诺数值，并判断其流动形态。已知 20℃ 时煤油的密度为 810kg/m^3，黏度为 $3\text{mPa} \cdot \text{s}$。

解　已知 $\rho = 810\text{kg/m}^3$，$\mu = 3\text{mPa} \cdot \text{s} = 3 \times 10^{-3}\text{Pa} \cdot \text{s}$

$$d = 57 - 2 \times 3.5 = 50(\text{mm}) = 0.05 \ (\text{m})$$

煤油在管内的流速为

$$u = \frac{q_v}{\frac{\pi}{4}d^2} = \frac{6/3600}{0.785 \times 0.05^2} = 0.849 \ (\text{m/s})$$

据式(1-27)，得

$$Re = \frac{du\rho}{\mu} = \frac{0.05 \times 0.849 \times 810}{3 \times 10^{-3}} = 1.146 \times 10^4$$

因为 $Re > 4000$，所以该流动形态为湍流。

三、圆管中的速度分布与流动边界层概念

1．圆管中的速度分布

流体在管内流动时，无论是层流还是湍流，在管道任意截面上各点的速度均随该点与管中心的距离而变。由于流体具有黏性，从而在管壁处速度为零，离开管壁以后速度渐增，到管中心处速度最大，这种变化关系称为速度分布。速度在管道截面上的分布规律因流体的流动类型而异。

（1）流体在圆管中作层流时的速度分布　层流时流体服从牛顿黏性定律，根据此定律可导出层流时圆管内的速度分布表达式为

$$u_r = u_{max}\left(1 - \frac{r^2}{R^2}\right) \qquad (1-28)$$

式中　　u_r——流体在半径为 r 处的流速，m/s；

　　　　u_{max}——管中心处的最大流速，m/s；

　　　　r——管截面上某处的半径，m；

　　　　R——管子的内径，m。

式（1-28）表明，流体在圆形直管内作层流流动时，其速度分布曲线呈抛物线形，截面上各点的速度是轴对称的，如图 1-20 所示。在壁面处，$r = R$，$u_r = 0$；在管中心处，$r = 0$，$u_r = u_{max}$。通过推导，可以得出截面上的平均流速 u_m 的表达式为

$$u_m = \frac{1}{2}u_{max}$$

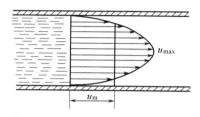

图 1-20　层流时圆管内的速度分布

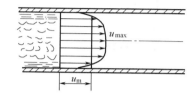

图 1-21　湍流时圆管内的速度分布

（2）流体在圆管中作湍流时的速度分布　由于湍流流动时流体质点的运动要复杂得多，目前还不能完全用理论分析方法得出湍流时的速度分布规律，所以其速度分布曲线一般通过实验测定。如图 1-21 所示，湍流流动时，流体靠近管壁处速度变化较大，管中心附近速度分布较均匀，这是由于湍流主体中质点的强烈碰撞和混合，大大加强了湍流核心部分的动量传递，于是各点的速度差别不大。管内流体的雷诺数 Re 值越大，湍动程度越强，曲线顶部越平坦。在通常流体输送情况下，湍流时管内流体的平均速度为

$$u_m \approx 0.82 u_{max}$$

由湍流时速度分布图可以看出，靠近管壁处的流体薄层速度很低，仍然保持层流流动，这个薄层称为层流内层。自层流内层向管中心推移，速度渐增，又出现一个区域，其中的流动形态即非层流亦非完全湍流，这个区域称为过渡层，再往管中心才是湍流主体。层流内层的厚度随雷诺数 Re 的增大而减薄，如流体在内径为 100mm 的光滑圆管内流动，当 $Re = 1 \times 10^4$ 时，其层流内层厚度约 2mm；当 $Re = 1 \times 10^5$ 时，其层流内层厚度约 0.3mm。层流内层的存在，对传热与传质过程都有很大的影响。

2．流动边界层的概念

当流速均匀的流体与一个平板固体界面接触时，由于壁面的阻滞，与壁面直接接触的流体其速度为零。在层间剪应力的影响下，产生了垂直于流体流动方向上的速度梯度，于是可将平板上方的流动分成两个区域。

① 板面附近流速变化较大（即存在速度梯度）的区域，称为流动边界层（或简称边界层），流体阻力集中在此区域内。

② 边界层以外流体流速基本不变的区域称为主流区，此区内的速度梯度为零。

图 1-22 所示的虚线与平板间的区域即为边界层区域。一般以主流流速的 99% 处作为两个区域的分界线，因此边界层的内侧速度为零，而外侧速度为 $0.99u_{max}$。

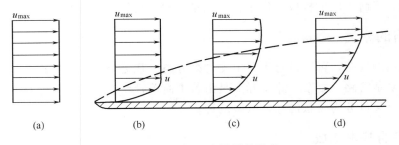

图 1-22　平板上边界层的形成

实验证明，从平板前缘开始的一段长度内，边界层内总是处于层流状态，称为层流边界层；随着平板前缘的距离增加，层流边界层逐渐加厚，当距离达到某一临界值 x_0 时，边界层厚度突然增加，壁面的阻力也突然增加，边界层的流动由层流转变为湍流，如图 1-23 所示。

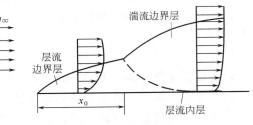

图 1-23　平板上边界层的发展

当实际流体以稳定均匀流速平行流入圆管时，在其入口处也开始在壁面附近形成边界层，随入口距离的增大，边界层也逐渐增厚，从管壁开始的边界层环状区域也逐渐增大，最后边界层在管中部汇合而占据了全部管截面。若汇合处的边界层为层流边界层，则以后发展的管流为稳定层流；若汇合处流动已发展为湍流边界层，则此后的管流为稳定湍流。从管入口至边界层汇合处的距离称为稳定段长度（或称进口段长度），此后的管内速度分布才发展成稳定流动，此时的速度分布并不再随距离而变，如图 1-24 所示。

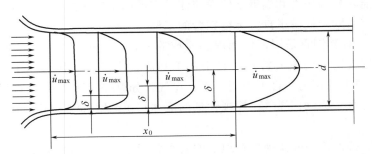

图 1-24　圆管入口段边界层的发展

$\dot{u}_{max}$ 表示圆管内中心处的速度，当发展为稳定流动时 $\dot{u}_{max}$ 即为 u_{max}

当稳定均匀流动的流体流过流道逐渐扩大的壁面或流道形状和尺寸突然改变时，原来紧贴壁面前进（壁面处速度为零）的边界层会离开壁面，形成一个以零速度为标志的间断面，间断面的一侧为主流区，另一侧则会生成许多额外的旋涡并引起很大的机械能损失，这种现象称为边界层分离。

第五节　管　　路

管路是化工、石油、环保等许多行业生产中所涉及的各种管路形式的总称，是这些生产装置不可缺少的部分，只有管路通畅，阀门调节得当，才能保证各车间及整个工厂生产的正常进行。因此，了解管路的构成与作用、合理布置和安装管路，是非常重要的。

一、管路的分类

工程上使用的管路，可以按是否分出支管来分类。凡无分支的管路称为简单管路，有分支的管路称为复杂管路。复杂管路实际上是由若干简单管路按一定方式连接而成的，根据其连接方式不同，又可分为树状网和环状网两种。

二、管路的基本构成

管路是由管子、管件和阀门等按一定的排列方式构成，也包括一些附属于管路的管架、管卡、管撑等辅件。由于生产中输送的流体是各种各样的，输送条件与输送量也各不相同，因此，管路也必然是各不相同的。工程上，为了避免混乱、方便制造与使用，实现了管路的标准化。

1. 管子

管子是管路的主体，通常按制造管子所使用的材料来进行分类。生产上使用的管子按管材不同可分为金属管、非金属管和复合管，其中以金属管占绝大部分。复合管指的是金属与非金属两种材料复合得到的管子，最常见的形式是衬里。

管子的规格通常用"ϕ外径×壁厚"来表示，如$\phi 38 \times 2.5mm$表示此管子的外径是38mm，壁厚是2.5mm。但也有些管子是用内径来表示其规格的，使用时要注意。管子的长度主要有3m、4m和6m，有些可达9m、12m，但以6m长的管子最为普遍。

（1）钢管　钢管按结构可分为无缝钢管和有缝钢管两种。

① 无缝钢管　无缝钢管是用棒料钢材经穿孔热轧或冷拔制成的，它没有接缝。工业生产中，无缝钢管能在各种压力和温度下输送流体，广泛用于输送高压、有毒、易燃易爆和强腐蚀性流体等。书后附录摘录了部分无缝钢管的规格。

② 有缝钢管　有缝钢管是用低碳钢焊接而成的钢管，又称为焊接管。有缝钢管主要有水管和煤气管。这类钢管的主要特点是易于加工制造、价格低，但因为有焊缝而不适宜在0.8MPa（表压）以上的压力条件下使用。水、煤气管分镀锌管和黑铁管（不镀锌管）两种，目前主要用于输送水、蒸汽、煤气、腐蚀性低的液体和压缩空气等。书后附录摘录了部分焊接钢管的规格。

（2）铸铁管　铸铁管一般作为埋在地下的给水总管、煤气管及污水管等，也可以用来输送碱液及浓硫酸等。铸铁管价廉而耐腐蚀，但强度低，气密性也差，不能用于输送有压力的蒸汽、爆炸性及有毒性气体等。铸铁管的规格常用ϕ内径表示。

（3）有色金属管　有色金属管是用有色金属制造的管子总称，主要有铜管、黄铜管、铅管和铝管。在工业生产上，有色金属管主要用于一些特殊用途场合。

① 铜管与黄铜管　由紫铜或黄铜制成。由于铜的导热性好，适用于制造换热器的管子；由于铜的延展性好，易于弯曲成型，故常用于油压系统、润滑系统来输送有压液体；铜管还适用于低温管路，黄铜管在海水管路中也广泛使用。铜管的尺寸标注方法均以ϕ外径×壁厚表示。

② 铅管　铅管因抗腐蚀性好，能抗硫酸及10%以下的盐酸，故工业生产上主要用于硫酸及稀盐酸的输送，但不适用于浓盐酸、硝酸和乙酸的输送。其最高工作温度是413K。由于铅管机械强度差、性软而笨重、导热能力小，目前正被合金管及塑料管所取代。铅管的规格习惯上用ϕ内径×壁厚表示。

③ 铝管　铝管也有较好的耐酸性，其耐酸性主要由其纯度决定，但耐碱性差。工业生产上，铝管广泛用于输送浓硫酸、浓硝酸、甲酸和醋酸等。小直径铝管可以代替铜管来输送有压流体，但当温度超过 433K 时，不宜在较高的压力下使用。

（4）非金属管　非金属管是用各种非金属材料制作而成的管子的总称，常用的有以下几类。

① 陶瓷管　陶瓷管的特点是耐腐蚀，除氢氟酸外，对其他物料均是耐腐蚀的，但性脆、机械强度低，不耐压及不耐温度剧变。因此，工业生产上主要用于输送压力小于 0.2MPa，温度低于 423K 的腐蚀性流体。

② 塑料管　是以树脂为原料经加工制成的管子，主要有聚乙烯管、聚氯乙烯管、酚醛塑料管、ABS 塑料管和聚四氟乙烯管等。塑料管的共同特点是抗腐蚀性强、质量轻、易于加工，有的塑料管还能任意弯曲和加工成各种形状。但都强度低、不耐压和耐热性差。塑料管的用途越来越广，很多原来用金属管的场合逐渐被塑料管所代替，如下水管等。

③ 水泥管　水泥管主要用做下水道的排污水管，一般用于无压流体输送。无筋水泥管内径范围在 100～900mm，有筋水泥管内径范围在 100～1500mm。水泥管的规格均以 ϕ 内径×壁厚表示。

④ 玻璃管　用于工业生产中的玻璃管主要是由硼玻璃和石英玻璃制成的。玻璃管具有透明、耐腐蚀、易清洗、阻力小和价格低廉的优点。缺点是性脆、热稳定性差和不耐力，但玻璃管对氢氟酸、热浓磷酸和热碱外的绝大多数物料均具有良好的耐腐蚀性。

2. 常用管件

管件是用来连接管子、改变管路方向或直径、接出支路和封闭管路的管路附件的总称。一种管件可以起到上述作用中的一个或多个，例如弯头既是连接管路的管件，又是改变管路方向的管件。图 1-25 所示为普通铸铁管件，主要有弯头、三通、四通和异径管等，使用时主要采用承插式连接、法兰连接和混合连接等。工业生产中的管件类型很多，还有塑料管件、耐酸陶瓷管件和电焊钢管管件等，已经标准化，可以从有关手册中查取，在此不详述。

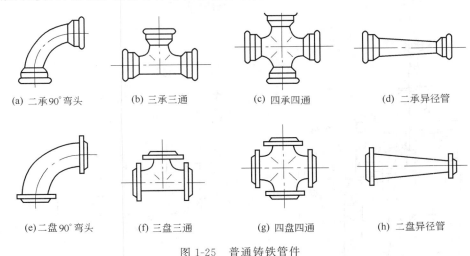

(a) 二承90°弯头　　(b) 三承三通　　(c) 四承四通　　(d) 二承异径管

(e) 二盘90°弯头　　(f) 三盘三通　　(g) 四盘四通　　(h) 二盘异径管

图 1-25　普通铸铁管件

3. 阀门

阀门是用来开启、关闭和调节流量及控制安全的机械装置。工业生产中，通过阀门可以调节流量、调节系统压力、调节流体流动方向，从而确保工艺条件的实现与安全生产。

阀门种类繁多，如图 1-26 所示，常用的有以下几种。

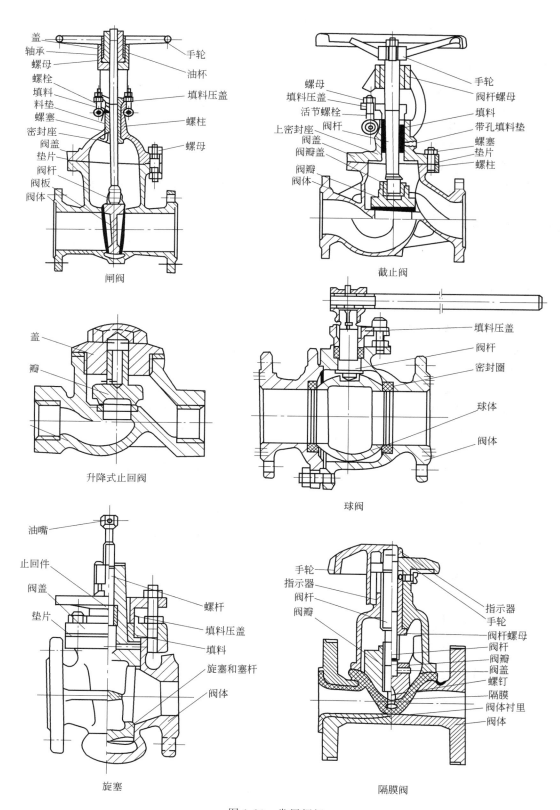

图 1-26 常用阀门

（1）闸阀　主要部件为一闸板，通过闸板的升降以启闭管路。这种阀门全开时流体阻力小，全闭时较严密，多用于大直径管路上作启闭阀，在小直径管路中也有用作调节阀的。这种阀门不宜用于输送含有固体颗粒或物料易于沉积的流体，以免引起密封面的磨损和影响闸板的闭合。

（2）截止阀　主要部件为阀盘与阀座，流体自下而上通过阀座，其构造比较复杂，流体阻力较大，但密闭性与调节性能较好，也不宜用于黏度大且含有易沉淀颗粒的介质。

如果将阀座孔径缩小配以长锥形或针状阀芯插入阀座，则在阀芯上下运动时，阀座与阀芯间的流体通道变化比较缓慢而均匀，即构成调节阀或节流阀，后者可用于高压气体管路的流量和压强调节。

（3）止回阀　止回阀是一种根据阀前、后的压力差自动启闭的阀门，其作用是使介质只作一定方向的流动，它分为升降式和旋启式两种。升降式止回阀密封性较好，但流动阻力大，旋启式止回阀用摇板来启闭。止回阀一般适用于清洁介质，安装时应注意介质的流向与安装方向。

（4）球阀　阀芯呈球状，中间为一与管内径相近的连通孔，结构比闸阀和截止阀简单，启闭迅速，操作方便，体积小，质量轻，零部件少，流体阻力也小。适用于低温高压及黏度大的介质，但不宜用于调节流量。

（5）旋塞　其主要部分为一可转动的圆锥形旋塞，中间有孔，当旋塞旋转至90°时，流动通道即全部封闭。这种阀门的主要优点与球阀类似，但由于阀芯与阀体的接触面比球阀大，需要较大的转动力矩；温度变化大时容易卡死，也不能用于高压。

（6）隔膜阀　阀的启闭件是一块橡胶隔膜，位于阀体和阀盖之间，隔膜中间突出部分固定在阀杆上，阀体内衬有橡胶，由于介质不进入阀盖内腔，因此不需要填料箱。这种阀结构简单，密封性能好，便于维修，流体阻力小，可用于温度小于200℃、压力小于10MPa的各种与橡胶膜无相互作用的介质和含悬浮物的介质。

（7）安全阀　是为了管道设备的安全保险而设置的截断装置，它能根据工作压力而自动启闭，从而将管道设备的压力控制在某一数值以下，从而保证其安全。主要用在蒸汽锅炉及高压设备上。

（8）减压阀　减压阀是为了降低管道设备的压力，并维持出口压力稳定的一种机械装置，常用在高压设备上。如高压钢瓶出口都要接减压阀，以降低出口的压力，满足后续设备的压力要求。

除此以外，还有蝶阀、疏水阀等，它们都各有自己的特殊构造与作用。

三、管路的布置与安装

1. 管路的布置原则

工业上的管路布置既要考虑到工艺要求，又要考虑到经济要求，还要考虑到操作方便与安全，在可能的情况下还要尽可能美观。因此，布置管路时应遵守以下原则。

① 在工艺条件允许的前提下，应使管路尽可能短，管件和阀门应尽可能少，以减少投资，使流体阻力减到最低。

② 应合理安排管路，使管路与墙壁、柱子或其他管路之间应有适当的距离，以便于安装、操作、巡查与检修。

③ 管路排列时，通常使热的在上，冷的在下；无腐蚀的在上，有腐蚀的在下；输气的

在上，输液的在下；不经常检修的在上，经常检修的在下；高压的在上，低压的在下；保温的在上，不保温的在下；金属的在上，非金属的在下；在水平方向上，通常使常温管路、大管路、振动大的管路及不经常检修的管路靠近墙或柱子。

④ 管子、管件与阀门应尽量采用标准件，以便于安装与维修。

⑤ 对于温度变化较大的管路需采取热补偿措施，有凝液的管路要安排凝液排出装置，有气体积聚的管路要设置气体排放装置。

⑥ 管路通过人行道时高度不得低于 2m，通过公路时不得小于 4.5m，与铁轨的净距离不得小于 6m，通过工厂主要交通干线高度一般为 5m。

⑦ 一般情况下，管路采用明线安装，但上下水管及污水管采用埋地铺设，埋地安装深度应当在当地冰冻线以下。

在布置管路时，应参阅有关资料，依据上述原则制订方案，确保管路的布置科学、经济、合理、安全。

2. 管路的安装原则

（1）管路的连接　管子与管子、管子与管件、管子与阀件、管子与设备之间连接的方式主要有四种，即螺纹连接、法兰连接、承插式连接及焊接连接等。

① 螺纹连接　依靠刻出的螺纹把管子与管路附件连接在一起，连接方式主要有内牙管、长外牙管及活接头等。通常用于小直径管路、水煤气管路、压缩空气管路、低压蒸汽管路等的连接。安装时，为了保证连接处的密封，常在螺纹上涂上胶黏剂或包上填料。

② 法兰连接　是最常用的连接方法，其主要特点是已经标准化，装拆方便，密封可靠，适应的管径、温度及压力范围均很大，但费用较高。连接时，为了保证接头处的密封，需在两法兰盘间加垫（巴金垫），并用螺丝将其拧紧。

③ 承插式连接　是将管子的一端插入另一管子的钟形插套内，并在形成的空隙中装填料（丝麻、油绳、水泥、胶黏剂、熔铅等）加以密封的一种连接方法。主要用于水泥管、陶瓷管和铸铁管的连接，其特点是安装方便，对各管段中心重合度要求不高，但拆卸困难，不能耐高压。

④ 焊接连接　焊接连接是一种方便、价廉而且不漏但却难以拆卸的连接方法，广泛使用于钢管、有色金属管及塑料管的连接。主要用在长管路和高压管路中，但当管路需要经常拆卸时，或在不允许动火的车间，不宜采用焊接法连接管路。

（2）管路的热补偿　工业生产中的管路两端通常是固定的，当温度发生较大变化时，管路就会因管材的热胀冷缩而承受压力或拉力，严重时将造成管子弯曲、断裂或接头松脱。因此必须采取热补偿方式。热补偿的主要方法有两种，其一是依靠弯管的自然补偿，通常当管路转角不大于 150° 时，均能起到一定的补偿作用；其二是利用补偿器进行补偿，主要有方形、波形及填料三种补偿器。

（3）管路的保温与涂色　为了维持生产需要的高温或低温条件，节约能源，保证劳动条件，必须减少管路与环境的热量交换，即管路的保温。保温的方法是在管道外包上一层或多层保温材料，参见有关书籍。工厂中的管路是很多的，为了方便操作者区别各种类型的管路，常在管外（保护层外或保温层外）涂上不同的颜色，称为管路的涂色。常见管路的颜色可参阅有关手册。

（4）管路的防静电措施　静电是一种常见的带电现象，流体输送过程中产生的静电如不及时消除，就容易因产生电火花而引起火灾或爆炸。管路的抗静电措施主要是静电接地和控制流体的流速，可参阅管路安装手册。

第六节　流体在管内流动时的能量损失

前面已经说到，实际流体流动时，会因为流体自身不同质点之间以及流体与管壁之间的相互摩擦而产生阻力，造成能量损失，这种在流体流动过程中因为克服阻力而消耗的能量叫流动阻力。流体在管路中流动时的阻力分为直管阻力和局部阻力两种。直管阻力是流体流经一定管径的直管时，由于流体的内摩擦而产生的阻力。局部阻力是流体流经管路中的管件、阀门及截面的突然扩大和突然缩小等局部地方所引起的阻力。

伯努利方程式中的 $\sum h_f$ 项是指管路系统的总能量损失或称总阻力损失，它等于通过直管和各个局部障碍处的阻力损失这两大部分的总和。即

$$\sum h_f = h_f + \sum h_f' \tag{1-29}$$

式　中　h_f——管路系统中直管阻力，J/kg；

　　　　h_f'——管路系统中各局部阻力，J/kg。

一、流体在直管中的流动阻力

流体在管径不变的管路中流动时，由于流体与管壁之间，以及流体质点之间的摩擦而造成的能量损失，称为直管阻力，也叫沿程阻力。直管阻力通常由范宁公式计算，其表达式为

$$h_f = \lambda \frac{l}{d} \times \frac{u^2}{2} \tag{1-30}$$

式　中　h_f——直管阻力，J/kg；

　　　　λ——摩擦系数，也称摩擦因数，无量纲；

　　　　l——直管的长度，m；

　　　　d——直管的内径，m；

　　　　u——流体在管内的流速，m/s。

二、摩擦系数

1. 管壁粗糙度

工业生产上所使用的管道，按其材料的性质和加工情况，大致可分为光滑管与粗糙管。通常把玻璃管、铜管和塑料管等列为光滑管，把钢管和铸铁管等列为粗糙管。实际上，即使是同一种材质的管子，由于使用时间的长短与腐蚀结垢的程度不同，管壁的粗糙度也会发生很大的变化。

管壁的粗糙度可用绝对粗糙度与相对粗糙度来表示。绝对粗糙度是指管壁突出部分的平均高度，以 ε 表示，表 1-2 所列为某些工业管道的绝对粗糙度数值。在选取管壁的绝对粗糙度 ε 值时，必须考虑到流体对管壁的腐蚀性，流体中的固体杂质是否会粘附在管壁上以及使用情况等因素。

相对粗糙度是指绝对粗糙度与管道内径的比值，即 ε/d。管壁粗糙度对摩擦系数 λ 的影响程度与管径的大小有关，所以在流动阻力的计算中，要考虑相对粗糙度的大小。

2. 层流时摩擦系数

摩擦系数 λ 的数值可由实验测定，测定时可以使用各种流体以不同流速通过不同管径和

35

不同粗糙度的圆形直管，从已知的流体性质和实验条件，计算出摩擦系数。

表 1-2　某些工业管道的绝对粗糙度

管道类别	绝对粗糙度 ε/mm	管道类别	绝对粗糙度 ε/mm
无缝黄铜管、铜管及铝管	0.01～0.05	具有重度腐蚀的无缝钢管	0.5 以上
新的无缝钢管或镀锌铁管	0.1～0.2	旧的铸铁管	0.85 以上
新的铸铁管	0.3	干净玻璃管	0.0015～0.01
具有轻度腐蚀的无缝钢管	0.2～0.3	很好整平的水泥管	0.33

流体作层流流动时，摩擦系数 λ 与雷诺数的关系式，可用理论分析方法推导而得

$$\lambda = \frac{64}{Re} \tag{1-31}$$

3. 湍流时摩擦系数

由于湍流时流体质点运动情况比较复杂，目前还不能完全用理论分析方法求算湍流时摩擦系数 λ 的公式，而是通过实验测定，获得经验的计算式。比较常用的一种为柏拉修斯公式，即

$$\lambda = \frac{0.316}{Re^{0.25}} \tag{1-32}$$

该公式适用于光滑管，适用范围为 $Re = 5 \times 10^3 \sim 1 \times 10^5$。

为了计算方便，通常将摩擦系数 λ 对 Re 与 ε/d 的关系曲线标绘在双对数坐标上，如图 1-27 所示，该图称为莫狄（Moody）图。这样就可以方便地根据 Re 与 ε/d 值从图中查得各种情况下的 λ 值。

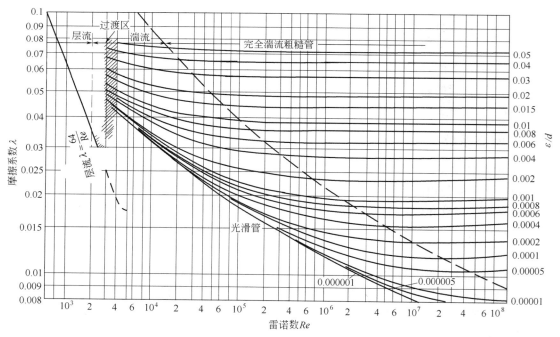

图 1-27　λ 对 Re 与 ε/d 的关系曲线

根据雷诺数的不同，可在图 1-27 中分出四个不同的区域。

① 层流区　当 $Re < 2000$ 时，λ 与 Re 为一直线关系，与相对粗糙度无关，阻力损失与 u 的一次方成正比。

② 过渡区　当 $Re=2000\sim4000$ 时，管内流动类型随外界条件影响而变化，λ 也随之波动。工程上一般按湍流处理，λ 可从相应的湍流时的曲线延伸查取。

③ 湍流区　当 $Re>4000$ 且在图 1-27 中虚线以下区域时，对于一定的 ε/d，λ 随 Re 数值的增大而减小。

④ 完全湍流区　即图 1-27 中虚线以上的区域，λ-Re 曲线几乎成水平线，说明 λ 与 Re 的数值无关，只取决于 ε/d；当管子的 ε/d 一定时，λ 为定值。在这个区域内，阻力损失与 u^2 成正比，故又称为阻力平方区。由图可见，ε/d 值越大，达到阻力平方区的 Re 值越低。

【例 1-18】　20℃时 98% 的硫酸在内径为 50mm 的铅管内流动，其流速为 0.5m/s，已知硫酸密度为 1836kg/m³，黏度为 23×10^{-3}Pa·s。试求其流过 100m 直管时的流动阻力。

解　依题意知 $\rho=1836\text{kg/m}^3$，$\mu=23\times10^{-3}\text{Pa·s}$

$$d=0.05\text{m}, \quad l=100\text{m}, \quad u=0.5\text{m/s}$$

据式(1-27)得

$$Re=\frac{du\rho}{\mu}=\frac{0.05\times0.5\times1836}{23\times10^{-3}}=1996$$

据式(1-31)得

$$\lambda=\frac{64}{Re}=\frac{64}{1996}=0.032$$

将上述数值代入式(1-30)，得硫酸流过 100m 直管时的流动阻力为

$$h_\text{f}=\lambda\frac{l}{d}\times\frac{u^2}{2}=0.032\times\frac{100}{0.05}\times\frac{0.5^2}{2}=8\text{（J/kg）}$$

【例 1-19】　20℃的水，以 1m/s 速度在钢管中流动，钢管规格为 $\phi60\times3.5\text{mm}$，试求水通过 100m 长的直管时，压头损失为多少？

解　从本书附录中查得水在 20℃时的 $\rho=998.2\text{kg/m}^3$，$\mu=1.005\times10^{-3}\text{Pa·s}$

$$d=60-3.5\times2=53\text{(mm)}, \quad l=100\text{m}, \quad u=1\text{m/s}$$

据式(1-27)可得

$$Re=\frac{du\rho}{\mu}=\frac{0.053\times1\times998.2}{1.005\times10^{-3}}=5.26\times10^4$$

取钢管的管壁绝对粗糙度 $\varepsilon=0.2\text{mm}$，则

$$\frac{\varepsilon}{d}=\frac{0.2}{53}=0.004$$

据 Re 与 ε/d 值，可以从图 1-27 上查出摩擦系数 $\lambda=0.03$

将上述数值代入式(1-30)可得

$$h_\text{f}=\lambda\frac{l}{d}\times\frac{u^2}{2}=0.03\times\frac{100}{0.053}\times\frac{1^2}{2}=28.3\text{（J/kg）}$$

所以

$$H_\text{f}=\frac{h_\text{f}}{g}=\frac{28.3}{9.807}=2.89\text{（mH}_2\text{O）}$$

4. 流体在非圆形直管内的流动阻力

前面所讨论的都是流体在圆管内的流动。在工业生产中，有时还会遇到流体在非圆形管道内的流动，如流体在两根成同心圆的套管之间的环隙内流动。此时在计算雷诺数和直管阻力的公式之中，直径 d 的确定方法通常采用当量直径 d_e 来代替。其计算公式为

$$d_\text{e}=\frac{4\times\text{流通截面积}}{\text{润湿周边长度}} \tag{1-33}$$

如边长为 a 和 b 的矩形管，当量直径 d_e 计算式为

$$d_e = \frac{4 \times \text{流通截面积}}{\text{润湿周边长度}} = \frac{4ab}{2(a+b)} = \frac{2ab}{a+b}$$

对于同心套管环隙中的流动，其当量直径计算式为

$$d_e = \frac{4 \times \text{流通截面积}}{\text{润湿周边长度}} = \frac{4 \times \frac{\pi}{4}(d_2^2 - d_1^2)}{\pi(d_2 + d_1)} = d_2 - d_1$$

式中 d_2——同心套管的外管内径，m；

d_1——同心套管的内管外径，m。

必须注意，在计算过程中不能用当量直径 d_e 来计算非圆形管的截面积。

研究表明，当量直径用于湍流阻力计算时结果较为可靠，而用于层流阻力计算时则误差较大，此时要进行校正，可参见有关书籍。

三、局部阻力

流体在管路的进口、出口、弯头、阀门、突然扩大、突然缩小或流量计等局部流过时，必然发生流体的流速和流动方向的突然变化，流动受到干扰、冲击或引起边界层分离，产生旋涡并加剧湍动，使流动阻力显著增加，这类流动阻力统称为局部阻力。局部阻力一般有两种计算方法，即阻力系数法和当量长度法。

1. 阻力系数法

克服局部阻力所引起的能量损失，可以表示为动能 $\frac{u^2}{2}$ 的一个倍数，即按下式计算

$$h_f' = \zeta \frac{u^2}{2} \tag{1-34}$$

式中，ζ 称为局部阻力系数，其值根据局部部件的具体情况由实验测定，常见的局部阻力系数值列于表 1-3；u 表示管内流体的平均流速，应当注意，当局部部件发生截面变化时，u 应该采用较小截面处的流体流速。如突然扩大和突然缩小等处，流速 u 均应采用小管中的流体流速。

流体自容器进入管内，可以看成是流体从很大的截面突然进入很小截面，此时 $A_2/A_1 \approx 0$，从表 1-3 可查出局部阻力系数 $\zeta_\text{进} = 0.5$，这种损失常常被称为进口损失，相应的阻力系数 $\zeta_\text{进}$ 称为进口阻力系数。

表 1-3   管件和阀门的局部阻力系数 ζ 值

管件和阀件名称	ζ 值						
标准弯头	$45°, \zeta = 0.35$			$90°, \zeta = 0.75$			
90°方形弯头	1.3						
180°回弯头	1.5						
活管接口	0.4						

弯管	φ R/d	30°	45°	60°	75°	90°	105°	120°
	1.5	0.08	0.11	0.14	0.16	0.175	0.19	0.20
	2.0	0.07	0.10	0.12	0.14	0.15	0.16	0.17

38

管件和阀件名称	ζ 值

突然扩大

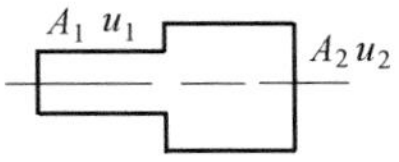

$A_1\ u_1$
$A_2\ u_2$

$\zeta=(1-A_1/A_2)^2 \quad h_f=\zeta u_1^2/2$

A_1/A_2	0	0.1	0.2	0.3	0.4	0.5	0.6	0.7	0.8	0.9	1.0
ζ	1	0.81	0.64	0.49	0.36	0.25	0.16	0.09	0.04	0.01	0

突然缩小

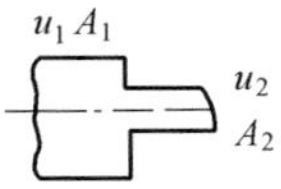

$u_1\ A_1$
u_2
A_2

$\zeta=0.5(1-A_2/A_1) \quad h_f=\zeta u_2^2/2$

A_2/A_1	0	0.1	0.2	0.3	0.4	0.5	0.6	0.7	0.8	0.9	1.0
ζ	0.5	0.45	0.40	0.35	0.30	0.25	0.20	0.15	0.10	0.05	0

流入大容器的出口

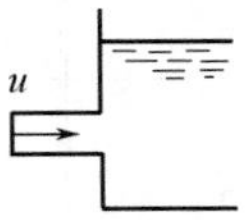

u

ζ = 1 （用管中流速）

入管口（容器→管）

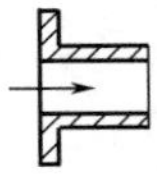

ζ = 0.5

水泵进口

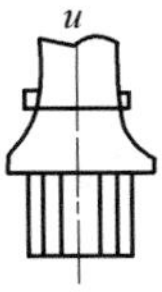

u

没有底阀	2～3							
有底阀	d/mm	40	50	75	100	150	200	250	300
	ζ	12	10	8.5	7.0	6.0	5.2	4.4	3.7

闸阀	全开	3/4 开	1/2 开	1/4 开
	0.17	0.9	4.5	24

标准截止阀（球心阀）	全开 ζ=6.4	1/2 开 ζ=9.5

蝶阀

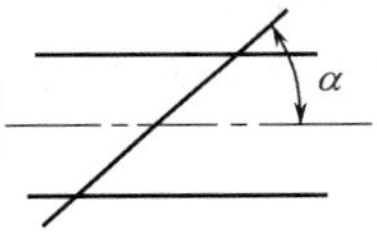

α

α	5°	10°	20°	30°	40°	45°	50°	60°	70°
ζ	0.24	0.52	1.54	3.91	10.8	18.7	30.6	118	751

旋塞

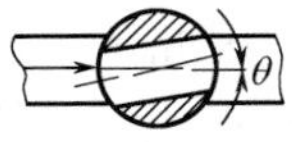

θ

θ	5°	10°	20°	40°	60°
ζ	0.05	0.29	1.56	17.3	206

角阀（90°）	5	
单向阀	摇板式 ζ=2	球形式 ζ=70
水表（盘形）	7	

流体自管子进入容器或从管子直接排放到管外空间，可以看成是流体自很小的截面突然扩大到很大的截面，即 $A_1/A_2\approx0$，从表 1-3 可查出局部阻力系数 $\zeta_{出}=1$，这种损失常被称为出口损失，相应的阻力系数 $\zeta_{出}$ 称为出口阻力系数。

流体从管子直接排放到管外空间时，管出口内侧截面上的压力可取与管外空间相同，出口截面上的动能应与出口阻力损失相等。此处应指出，在应用伯努利方程时，如果选择的截面在管出口的内侧，表示流体未离开管路，截面上的流体仍具有动能，此时出口损失不应计入系统的总能量损失 $\sum h_f$ 内，即 $\zeta_{出}=0$。若截面选在管出口外侧，则表示流体已离开管路，截面上的动能为零，但出口损失应计入系统的总能量损失内，此时 $\zeta_{出}=1$。

2. 当量长度法

此法是将流体流过局部部件时所产生的局部阻力，折合成相当于流体流过长度为 l_e 的同直径管道时所产生的阻力，此折合的管道长度 l_e 称为当量长度。这些局部部件的流动阻力可按下式计算

$$h_f' = \lambda \frac{l_e}{d} \times \frac{u^2}{2} \tag{1-35}$$

当量长度值 l_e 通常由实验测定，其单位为 m，有的实验结果也用 l_e/d 值来表示，表 1-4 所列为一些管件、阀门及流量计等以管径计的当量长度（l_e/d）。

表 1-4　各种管件、阀门及流量计等以管径计的当量长度

名　　　称	$\dfrac{l_e}{d}$	名　　　称	$\dfrac{l_e}{d}$
45°标准弯头	15	截止阀(标准式)(全开)	300
90°标准弯头	30～40	角阀(标准式)(全开)	145
90°方形弯头	60	闸阀(全开)	7
180°弯头	50～75	闸阀(3/4 开)	40
三通管(标准)		闸阀(1/2 开)	200
	40	闸阀(1/4 开)	800
		带有滤水器的底阀(全开)	420
流向	60	止回阀(旋启式)(全开)	135
		蝶阀(6in 以上)(全开)	20
		盘式流量计(水表)	400
	90	文氏流量计	12
		转子流量计	200～300
		由容器入管口	20

注：1in=0.0254m。

在湍流情况下，某些管件与阀门的当量长度也可以从图 1-28 查得。先于图左侧的垂直线上找出与所求管件或阀门的相应的点，再于图右侧的标尺上定出与管内径相当的一点，而后将上述两点连一直线，此直线与图中间的标尺相交，交点在标尺上的读数即为所求的当量长度 l_e。

上面所介绍的局部阻力系数和当量长度的数值，由于管件及阀门的构造细节与制造加工情况差别很大，所以其数值变化范围也大，甚至同一管件或阀门也不一致，因此从手册上查的 ζ 值与 l_e 值只是粗略值，即局部阻力 h_f' 的计算只是一种粗略的估算。另外，由于数据不全，有时需两种方法结合使用。

四、系统的总能量损失

管路系统的总阻力包括了所选两截面间的全部直管阻力和所有局部阻力之和，即伯努利方程式中的 $\sum h_f$。

当用阻力系数法计算局部阻力时，其总阻力计算式为

$$\sum h_f = \left(\lambda \frac{l}{d} + \sum \zeta \right) \frac{u^2}{2} \tag{1-36}$$

40 式中　$\sum \zeta$——管件与阀门等的局部阻力系数之和。

当用当量长度法计算局部阻力时，其总阻力计算式为

$$\sum h_f = \lambda \frac{l + \sum l_e}{d} \times \frac{u^2}{2} \tag{1-37}$$

式中　$\sum l_e$——管路全部管件与阀门等的当量长度之和，m。

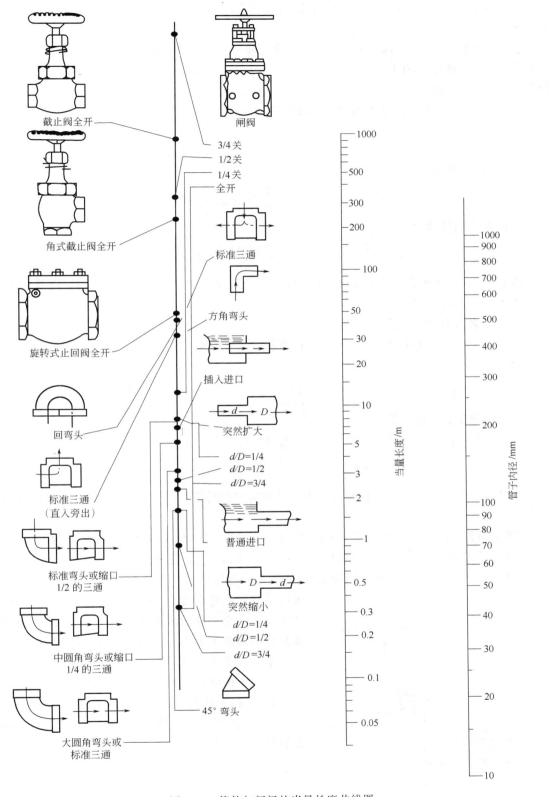

截止阀全开

角式截止阀全开

旋转式止回阀全开

回弯头

标准三通
（直入旁出）

标准弯头或缩口
1/2 的三通

中圆角弯头或缩口
1/4 的三通

大圆角弯头或
标准三通

闸阀

3/4 关
1/2 关
1/4 关
全开

标准三通

方角弯头

插入进口

突然扩大
$d/D=1/4$
$d/D=1/2$
$d/D=3/4$

普通进口

突然缩小
$d/D=1/4$
$d/D=1/2$
$d/D=3/4$

45° 弯头

当量长度 /m

1000
500
300
200

100

50
30
20

10

5

3
2

1

0.5

0.3
0.2

0.1

0.05

管子内径 /mm

1000
900
800
700
600

500

400

300

200

100
90
80
70
60
50

40

30

20

10

图 1-28　管件与阀门的当量长度共线图

41

应当注意，当管路由若干直径不同的管段组成时，管路的总能量损失应分段计算，然后再求和。

【例 1-20】 20℃的水以 $16m^3/h$ 的流量流过某一管路，管子规格为 $\phi57\times3.5mm$。管路上装有 90°的标准弯头两个、闸阀（1/2 开度）一个，直管段长度为 30m。试计算流体流经该管路的总阻力损失。

解 查得 20℃下水的密度为 $998.2kg/m^3$，黏度为 $1.005mPa\cdot s$。

管子内径为

$$d=57-2\times3.5=50(mm)=0.05(m)$$

水在管内的流速为

$$u=\frac{q_v}{A}=\frac{q_v}{0.785d^2}=\frac{16/3600}{0.785\times0.05^2}=2.26(m/s)$$

流体在管内流动时的雷诺数为

$$Re=\frac{du\rho}{\mu}=\frac{0.05\times2.26\times998.2}{1.005\times10^{-3}}=1.12\times10^5$$

查表 1-2，取管壁的绝对粗糙度 $\varepsilon=0.2mm$，则 $\varepsilon/d=0.2/50=0.004$，由 Re 值及 ε/d 值查图 1-27 得 $\lambda=0.0285$。

（1）用阻力系数法计算

查表 1-3 得：90°标准弯头，$\zeta=0.75$；闸阀（1/2 开度），$\zeta=4.5$。

所以

$$\sum h_f=\left(\lambda\frac{l}{d}+\sum\zeta\right)\frac{u^2}{2}=\left[0.0285\times\frac{30}{0.05}+(0.75\times2+4.5)\right]\times\frac{2.26^2}{2}=59.0(J/kg)$$

（2）用当量长度法计算

查表 1-4 得：90°标准弯头，$l/d=30$；闸阀（1/2 开度），$l/d=200$。

$$\sum h_f=\lambda\frac{l+\sum l_e}{d}\times\frac{u^2}{2}=0.0285\times\frac{30+(30\times2+200)}{0.05}\times\frac{2.26^2}{2}=62.6(J/kg)$$

从以上计算可以看出，用两种局部阻力计算方法的计算结果差别不大，在工程计算中是允许的。

【例 1-21】 用泵将 20℃的苯从地下贮槽送至高位槽（见本题附图），流量为 $18m^3/s$，高位槽液面比贮罐液面高 10m。泵吸入管用 $\phi89\times4mm$ 的无缝钢管，直管长度为 15m，管路上装有一个底阀（按旋转式止回阀全开计），一个标准弯头。泵排出管用 $\phi57\times3.5mm$ 的无缝钢管，直管长度为 50m，管路上装有一个全开的闸阀，一个全开的截止阀和三个标准弯头。贮罐及高位槽液面上方均为大气压，设贮罐液面维持恒定，泵的效率为 70%，试求泵的轴功率。

解 根据题意，画出流程示意图。

取贮罐液面为截面 1-1′，高位槽液面为截面 2-2′，并以截面 1-1′为基准水平面。在两截面间列柏努利方程，即

$$gz_1+\frac{u_1^2}{2}+\frac{p_1}{\rho}+W_e=gz_2+\frac{u_2^2}{2}+\frac{p_2}{\rho}+\sum h_f$$

式中　$z_1=0$，$z_2=10m$；

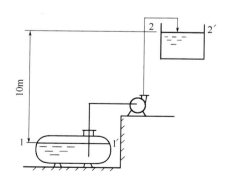
例 1-21 附图

$p_1 = p_2$；

$u_1 \approx 0$，$u_2 \approx 0$

所以伯努利方程式可简化为

$$W_e = gz_2 + \sum h_f = 9.807 \times 10 + \sum h_f = 98.07 + \sum h_f$$

一般泵的进、出口以及泵体内的能量损失均计在泵的效率内。因为吸入管与排出管的管路直径不同，所以其能量损失应分段计算。

（1）吸入管路上的能量损失 $\sum h_{f1}$

$$\sum h_{f1} = h_{f1} + \sum h'_{f1} = \left(\lambda_1 \frac{l_1 + \sum l_{e_1}}{d_1} + \zeta_{进} \right) \frac{u_1^2}{2}$$

式中　$d_1 = 89 - 2 \times 4 = 81$（mm），$l_1 = 15$m

由图 1-28 可查出各部件的当量长度分别为：底阀（按旋转式止回阀全开计）6.3m；标准弯头 2.7m。

故　　　　　　　　　　　$\sum l_{e_1} = 6.3 + 2.7 = 9$（m）

进口阻力系数 $\zeta_{进} = 0.5$

$$u_1 = \frac{q_v}{A} = \frac{18/3600}{0.785 \times 0.081^2} = 0.97 \text{（m/s）}$$

从本书附录查得 20℃时，苯的密度为 879kg/m^3，黏度为 $0.65 \text{mPa} \cdot \text{s}$

此时

$$Re_1 = \frac{d_1 u_1 \rho}{\mu} = \frac{0.081 \times 0.97 \times 879}{0.65 \times 10^{-3}} = 1.06 \times 10^5$$

查表 1-2，取管壁的绝对粗糙度 $\varepsilon = 0.3$mm，则 $\varepsilon/d = 0.3/81 = 0.0037$，由 Re 值及 ε/d 值查图 1-27 得 $\lambda = 0.029$。

故

$$\sum h_{f1} = \left(\lambda_1 \frac{l_1 + \sum l_{e_1}}{d_1} + \zeta_{进} \right) \frac{u_1^2}{2} = \left(0.029 \times \frac{15+9}{0.081} + 0.5 \right) \times \frac{0.97^2}{2} = 4.28 \text{（J/kg）}$$

（2）排出管路上的能量损失

$$\sum h_{f2} = h_{f2} + \sum h'_{f2} = \left(\lambda_2 \frac{l_2 + \sum l_{e_2}}{d_2} + \zeta_{出} \right) \frac{u_2^2}{2}$$

式中　$d_2 = 57 - 2 \times 3.5 = 50$（mm），$l_2 = 50$m

由图 1-28 可查出各部件的当量长度分别为：全开的闸阀 0.33m；全开的截止阀 17m；三个标准弯头 $1.6 \times 3 = 4.8$（m）。

故　　　　　　　　　　　$\sum l_{e_2} = 0.33 + 17 + 4.8 = 22.13$（m）

出口阻力系数 $\zeta_{出} = 1$

$$u_2 = \frac{q_v}{A} = \frac{18/3600}{0.785 \times 0.05^2} = 2.55 \text{（m/s）}$$

此时

$$Re_2 = \frac{d_2 u_2 \rho}{\mu} = \frac{0.05 \times 2.55 \times 879}{0.65 \times 10^{-3}} = 1.72 \times 10^5$$

仍取管壁的绝对粗糙度 $\varepsilon = 0.3$mm，则 $\varepsilon/d = 0.3/50 = 0.006$，由 Re 值及 ε/d 值查图 1-27 得 $\lambda = 0.033$。

故

$$\sum h_{f2} = \left(\lambda_2 \frac{l_2 + \sum l_{e_2}}{d_2} + \zeta_{\text{出}} \right) \frac{u_2^2}{2} = \left(0.033 \times \frac{50 + 22.13}{0.05} + 1 \right) \times \frac{2.55^2}{2} = 158.03 \ (\text{J/kg})$$

（3）管路系统的总能量损失

$$\sum h_f = \sum h_{f1} + \sum h_{f2} = 4.28 + 158.03 = 162.31 \ (\text{J/kg})$$

所以

$$W_e = 98.07 + \sum h_f = 98.07 + 162.31 = 260.38 \ (\text{J/kg})$$

苯的质量流量为

$$q_m = q_v \rho = \frac{18}{3600} \times 879 = 4.395 \ (\text{kg/s})$$

泵的有效功率为

$$P_e = W_e q_m = 260.38 \times 4.395 = 1144 \ (\text{W}) \approx 1.14 \ (\text{kW})$$

泵的轴功率为

$$P = \frac{P_e}{\eta} = \frac{1.14}{0.7} = 1.63 \ (\text{kW})$$

 阅读材料

管路设计中的经济学

在化工和环境治理过程中，同一种生产工艺或生产操作差不多总有好几个方案可供选择。在设计过程中，当然要采用能够产生最佳效果的设备和方法。这其中最好的方法就是总费用最少的方法，这也就是最佳经济设计的依据。最佳经济设计的一个最典型实例，就是从一个地点把给定量液体用泵输送到另一个地点时如何选定管道的直径。这里，达到同样的结果（即在两个给定地点之间用泵输送给定量的液体），可以采用多种不同的管道直径，但是经过经济平衡，可以表明其中某一特定的管道直径能够使总费用最少。当然在考虑总费用之外，还有必要考虑产品质量和操作性能。

工程设计人员在设计中不可忘记实际条件的约束，确定一个准确的管道直径作为最佳经济设计是可以的，但这并不意味着在最终设计中必须采用这个准确尺寸，应该选择一种能够以正常的市场价格买到的标准尺寸的管子。

配管费用是指直接用于生产的全部配管安装完毕的费用，其中包括人工、阀门、管件、管子、支架等费用。配管包括用于原材料、中间产品、最终产品、蒸汽、水、空气、排污和其他工艺的配管。管道是化工厂的一项主要费用，因为工厂的配管费用可高达设备购置费用的80%，或总固定投资的20%，所以估算方法不适当将影响估算的精确度。

配管费用的估算方法，可以按照详细图纸和流程图所示的配管进行估算；在没有这些资料时，则采用系数法进行估算。按设备购置费用的百分数或固定投资的百分数来估算，是一种严格按照以前类似化工和环境类企业配管费用估算中所得经验的办法。估算管道费用主要有两种基本方法，即安装完毕设备百分比法和材料人工分别估算法。在文献中出现了这两种方法的好几种变通方法。

安装完毕设备百分比法是用于初步费用估算亦即数量级费用估算的快速方法。在有经验的费用估算人员手中，这个方法可能是相当准确的方法，对重复建设类型的工程项目尤其准确。对有了变化的工程项目以及安装完毕总费用较少的工程项目，不推荐使用这个方法。

在要求误差不超过10%的最终估算中，建议使用材料人工分别估算法。在使用这个方法时，通常要提出管路图，并提出规格、材料费用、制作和安装的人工费、试验费以及对附件、支架和油漆等方面的要求。根据图纸进行分别估算时，要求数据尽可能精确，因为这是确定材料和人工费用的依据。在进行现有装置改造时，必须充分弄清现场的工作条件及其可能对费用造成的影响。

虽然管子、阀门和管道系统附件的准确费用只能以市场报价为依据，但一般能够作出令人满意的估算。

管道人工费用包括切割、组对、焊接或丝扣接合以及现场组装等。这个费用常常高达材料费用的200%。人工费用通常用"直径英寸"法或"直线英尺"法。用直径英寸法时，计算所有接头的数目（焊接接头或丝扣接头）并乘以管子的公称直径。得到的这一直径英寸因子乘以人工因子（即工时/直径英寸），即得到制造和安装这个管道系统的工时。对任何尺寸的管道和各种复杂条件来说，这个方法所需要的数据都比较少。在采用直线英尺法时，管道安装费用的估算要利用下列各个工序所需的工时，这些工序是管道的架设（考虑管道系统的长度），阀门、管件、附件的安装，以及管道各个部件的焊接或丝扣接合。如果要取得准确的估算值，这种方法要求管道系统的设计接近完成，因而在材料的估算中可以利用管道流程图、立面图、立体图等图纸。

本章主要内容及知识内在联系

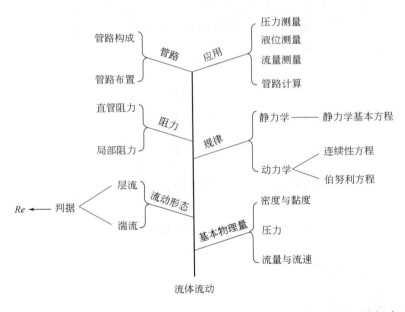

流体流动是工业生产过程中常见单元操作之一，与很多生产过程都有密切的联系，要充分认识流体流动的基本规律，并能运用这些规律去观察、分析和解决实际问题。

① 密度、黏度、流量、流速、压力等均是工业生产和环境治理过程中常用的参数，要掌握这些参数的定义、使用及获得方法等，学会正确表示与单位换算等。

② 在应用流体静力学基本方程时，一定要掌握等压面的概念，在计算过程中能够确定等压面，这样才能够方便地进行计算。

③ 连续性方程揭示了流体在管道内流动时流速与截面积的变化规律。伯努利方程的实质是能量守恒定律在流体流动过程中的应用，要学会进行工程计算，明确其工程应用。

④ 流体有两种流动形态，要明确两种形态下流体质点的运动特点，掌握雷诺数及流动形态的判别方法。

⑤ 流体阻力的存在对生产过程有着重要的影响，要了解阻力产生的原因，掌握阻力的计算，更重要的是要明确生产中如何设法减小阻力，提高生产效率。

复习与思考题

1. 什么是理想流体？什么是不可压缩性流体？

2. 何谓绝对压力、表压、真空度？它们之间的关系是什么？压力计算时应注意什么问题？

3. 表示压力的常用单位有哪几种？其关系如何？

4. 何谓稳定流动与不稳定流动？

5. 流体有哪几种流动类型？特点各是什么？怎样判断？判据是什么？

6. 静力学基本方程的依据和使用条件是什么？应如何选择等压面？

7. 在稳定状态下，气体通过如下图所示的管道，试问 1-1 和 2-2 截面处气体的质量流量、体积流量、流速有何变化？

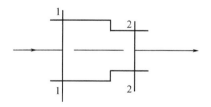

8. 连续性方程和伯努利方程的依据和应用条件是什么？应用伯努利方程时，怎样选取计算截面和基准面？

9. 在一连续、稳定的黏性流体流动系统中，当系统与外界无能量交换时，系统的机械能是否守恒？为什么？

10. 试述减少流动阻力的途径。

46

习　　题

1-1　若空气的压力为 1.1MPa，温度为 323K。试计算其密度。

1-2　某混合气体压力为 0.11MPa，温度为 40℃，各组分的体积分数见本题附表。

气体种类	CO	CO_2	N_2	H_2	CH_4
体积分数	0.30	0.09	0.22	0.38	0.01

试计算该混合气体的密度。

1-3 苯和甲苯的混合液中，苯的质量分数为 0.4，试求混合液在 293K 时的密度。设苯-甲苯混合液为理想溶液。

1-4 某生产设备上真空表的读数为 100mmHg，试计算设备内的绝对压力与表压力。已知该地区大气压力为 101.3kPa。

1-5 在大气压力为 100kPa 的地区，某蒸馏塔塔顶的真空表读数为 90kPa。若在大气压力为 87kPa 的地区，仍要求塔顶绝对压力维持在原来的数值下操作，则真空表的读数应为多少?

1-6 某水泵进口管处真空表读数为 650mmHg，出口管处压力表读数为 250kPa。试求水泵前后水的压力差。

1-7 管子内径为 100mm，当 277K 的水流速为 2m/s 时，试求水的体积流量和质量流量。

1-8 某塔高为 30m，现进行水压试验，离塔底 10m 高处的压力表读数为 500kPa。当地大气压力为 101.3kPa，求塔底及塔顶处水的压力。

1-9 当大气压力为 100kPa 时，问位于水面下 6m 深处的绝对压力是多少? 设水的密度为 1000kg/m³。

1-10 用 U 形管压差计测定管道两点间的压力差。管道中气体的密度为 2kg/m³，压差计中指示液为水，指示液读数为 500mm。试计算此管道两个测压点的压力差。设水的密度为 1000kg/m³。

1-11 在某管道中设置一水银 U 形管压差计，以测量管道两点间的压力差。指示液的读数最大值为 2cm，现因读数值太小而影响测量的精确度，要使最大读数放大 20 倍，试问应选择密度为多少的液体为指示液?

1-12 用 U 形管压差计测量某密闭容器中密度为 1100kg/m³ 的液体液面上的压力，压差计内指示液为水银，其一端与大气相通，如本题附图所示。已知 $H = 4m$，$h_1 = 1m$，$h_2 = 1.3m$。试求液面上的压力为多少? 已知大气压力为 101.3kPa。

1-13 本题附图所示的测压管分别与三个设备 A、B、C 相连通，连通管的下部是水银、上部是水，三个设备内液面在同一水平面上。问：(1) 1、2、3 三处压力是否相等? (2) 4、5、6 三处压力是否相等? (3) 若 $h_1 = 100mm$，$h_2 = 200mm$，且知设备 A 直接通大气 (大气压力为 101.3kPa)，求 B、C 两设备内水面上方的压力。

1-14 硫酸流经由大小管组成的串联管路，其密度为 1836kg/m³，流量为 10m³/h，大小管规格分别为 $\phi76 \times 4mm$ 和 $\phi57 \times 3.5mm$。试分别求硫酸在大管和小管中的 (1) 质量流量; (2) 平均流速。

1-15 水以 17m³/h 的流量经一水平扩大管段，小管内径 $d_1 = 40mm$，大管内径 $d_2 = 80mm$。如本题附图所示的倒 U 形管压差计上的读数 R 为 170mm。求水流经 1-1'、2-2' 截面间扩大管段的阻力损失。

47

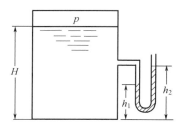

习题 1-12 附图

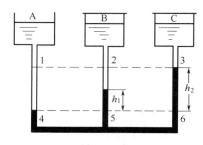

习题 1-13 附图

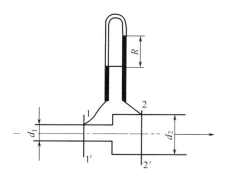

习题 1-15 附图

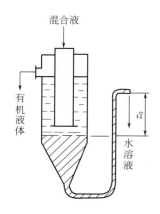

习题 1-16 附图

1-16 如本题附图所示，用连续液体分离器分离互不相溶的混合液。混合液由中心管进入，依靠两液体的密度差在器内分层，密度为 $860kg/m^3$ 的有机液体通过上液面溢流口流出，密度为 $1050kg/m^3$ 的水溶液通过 U 形水封管排出。若要求维持两液层分离面离溢流口的距离为 2m，计算液封高度 z_0。

1-17 水经过内径为 200mm 的管子由水塔内流向各用户。水塔内的水面高于排出管端 25m，且维持水塔中水位不变。设管路全部能量损失为 $24.5mH_2O$，试求管路中水的体积流量。

1-18 如本题附图所示，密度为 $850kg/m^3$ 的料液从高位槽送入塔中，高位槽内的液面维持恒定。塔内表压力为 $0.1kgf/cm^2$，进料量为 $5m^3/h$。连接管为 $\phi38 \times 2.5mm$

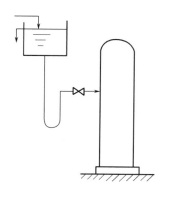

习题 1-18 附图

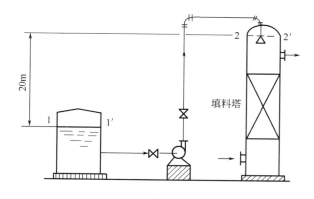

习题 1-19 附图

的钢管，料液在连接管内流动时的能量损失为 30J/kg（不包括出口的能量损失）。计算高位槽内的液面应比塔的进料口高出多少米？

1-19 本题附图所示为 CO_2 水洗塔供水系统。贮槽水面绝对压力为 $300kN/m^2$，塔内水管与喷头连接处高于水面 20m，管路为 $\phi57\times2.5mm$ 的钢管，送水量为 $15m^3/h$。塔内水管与喷头连接处的绝对压力为 $2250kN/m^2$。设损失能量为 49J/kg。试求水泵的有效功率。

1-20 用压缩空气将封闭贮槽中的硫酸输送到高位槽。在输送结束时，两槽的液面为 4m，硫酸在管中的流速为 1m/s，管路的能量损失为 15J/kg，硫酸的密度为 $1836kg/m^3$。求贮槽中应保持的压力。

1-21 如本题附图所示，20℃的水以 2.5m/s 的流速流过直径 $\phi38\times2.5mm$ 的水平管，此管通过变径与另一规格为 $\phi57\times3mm$ 的水平管相接。现在两管的 A、B 处分别装一垂直玻璃管，用以观察两截面处的压力。设水从截面 A 流到截面 B 处的能量损失为 1.5J/kg，试求两截面处竖管中的水位差。

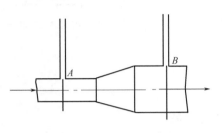

习题 1-21 附图

1-22 283K 的水在内径为 25mm 的钢管中流动，流速 1m/s。试计算其雷诺数 Re 值并判定其流动形态。

1-23 在套管换热器中，已知内管规格为 $\phi25\times1.5mm$，外管规格为 $\phi45\times2mm$。套管环隙间通以冷却用盐水，其流量为 2500kg/h，密度为 $1150kg/m^3$，黏度为 1.2cP。试判断盐水的流动形态。

1-24 某油品输送管为无缝钢管，其规格为 $\phi159\times4.5mm$。该油品的相对密度为 0.86，运动黏度为 $0.2m^2/s$。当流量为 15.5t/h 时，试求管路总长度为 1000m 时的直管阻力。

1-25 水在 $\phi38\times1.5mm$ 的水平钢管内流过，温度是 293K，流速是 2.5m/s，管长是 100m。取管壁绝对粗糙度 $\varepsilon=0.3mm$，试求直管阻力。

1-26 一定量的液体在圆形直管内作滞流流动，若管长及液体物性不变，而管径减至原来的 $1/2$，问因流动阻力而产生的能量损失为原来的多少倍？

1-27 如本题附图所示，将冷却水从水池送到冷却塔，已知水池比地面低 2m，从水池到泵的吸入口为长 10m 的 $\phi114\times4mm$ 钢管，在吸入管线中有一个 90°弯头，一个吸滤阀。从泵的出口到塔顶喷嘴是总长 36m 的 $\phi114\times4mm$ 钢管，管线中有 2 个 90°弯头，一个闸阀（1/2 开）。喷嘴与管子连接处离地面高 24m，要求流量 $56m^3/h$。已知水温 293K，塔内压力 $700mmH_2O$（表压），喷嘴进口处的压力比塔内压力高 $0.1kgf/cm^2$，输水管的绝对粗糙度为 0.2mm。求泵所需的理论功率。

1-28 如本题附图所示，有一输水系统，高位槽水面高于地面 8m，输水管为普通无缝钢管，其规格为 $\phi108\times4mm$，埋于地面以下 1m 处，出口管管口高出地面 2m。已知水流动时的阻力损失可按 $\sum h_f = 45\left(\dfrac{u^2}{2}\right)$ 计算，式中 u 为管内流速。试求：

(1) 输水管中水的体积流量；（2）欲使水体积流量增加 10%，应将高位槽增高多少米？设在两种情况下高位槽内液面均维持恒定。

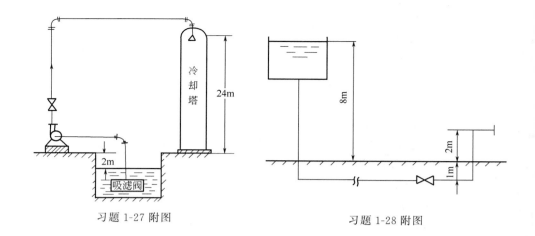

习题 1-27 附图　　　　　　　　　习题 1-28 附图

符号说明

英文字母

A——流通截面积，m^2；

d——直径，m；

d_e——当量直径，m；

g——重力场强度，m/s^2；

H_e——输送设备对流体所提供的有效压头，m；

H_f——压头损失，m；

h——高度，m；

h_f——直管阻力，J/kg；

h_f'——局部阻力，J/kg；

$\sum h_f$——总能量损失，J/kg；

l——直管的长度，m；

l_e——管件及阀门等局部的当量长度，m；

M——流体的摩尔质量，kg/kmol；

M_m——混合流体的平均摩尔质量，kg/kmol；

m——流体的质量，kg；

P_e——输送机械的有效功率，W；

P——输送机械的轴功率，W；

q_v——体积流量，m^3/s；

q_m——质量流量，kg/s；

p——流体的压力，Pa；

R——U 形管压差计中指示液的读数，m；通用气体常数，8.314kJ/(kmol·K)；

r——半径，m

Re——雷诺数，无量纲；

T——热力学温度，K；

t——摄氏温度，℃；

U——单位质量（1kg）流体的内能，J/kg；

u——流体的流速，m/s；

u_{max}——流动截面上的最大流速，m/s；

u_r——流动截面上某点的局部流速，m/s；

V——流体的体积，m³；

w_i——混合物中各组分的质量分数；

W_e——外加功，J/kg；

z——高度，距离，m。

希腊字母

ε——绝对粗糙度，m；

ζ——局部阻力系数，无量纲；

η——效率；

λ——摩擦系数，也称摩擦因数，无量纲；

μ——动力黏度，Pa·s；

ν——运动黏度，m²/s；

ρ——流体的密度，kg/m³；

ρ_i——混合物中各组分的密度，kg/m³；

φ_i——混合物中各组分的体积分数；

τ——剪应力，N/m²。

学习目标

● 了解流体输送机械在工业生产及环境治理中的应用；各种类型泵的工作原理、特性；离心压缩机，罗茨鼓风机，各种真空泵的结构、工作原理。

● 理解影响离心泵性能的主要因素；往复泵的结构、工作原理及性能参数；往复压缩机的工作原理。

● 掌握离心泵的结构、工作原理、主要性能参数、特性曲线，流量调节、安装高度、操作及选型；离心通风机的主要性能参数、特性曲线及选型。

第一节　概　　述

为了使环境永远为人类社会持续、协调、稳定地发展提供良好的支持和保证，必须重视环境保护，在工业生产及环境治理过程中经常需要将流体从一个设备输送到另一个设备，从一个车间输送到另一个车间及改变系统的压力等。图 2-1 所示为美国 Dow 化学公司开发的一种用乙醇胺法回收烟道气中 CO_2 的所谓 FT 技术，在该流程中，烟气压缩机是用来提高烟气压力及输送烟气的，回流泵是用来实现再生塔的回流的，升压泵是提高吸收剂的压力的。

工程上把完成上述任务的机械装置统称为流体输送机械，其作用是对流体做功。由于这类机械广泛使用于国民经济的各个行业，因此，也被称做通用机械。通常输送液体的机械叫泵，输送和压缩气体的机械叫气体压送机械，根据用途不同，压送机械可分为风机、压缩机及真空泵等。

由于输送任务不同、流体种类多样、工艺条件复杂多变，流体输送机械是多种多样的，流体输送机械的分类方法也各不相同，在此仅按照工作原理分类，见表 2-1。

尽管流体输送机械多种多样，但都必须满足以下基本要求：①生产工艺对流量和能量的需要；②被输送流体性质的需要；③结构简单，价格低廉，质量小；④运行可靠，维护方便，效率高，操作费用低。选用时应综

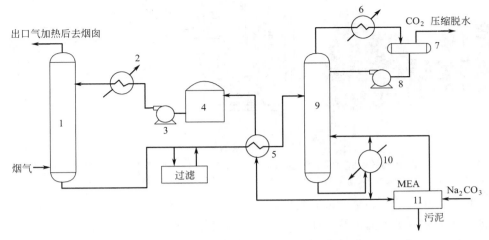

图 2-1 乙醇胺法回收烟道气中 CO_2 的流程

1—吸收塔；2—贫胺冷却器；3—升压泵；4—贮罐；5—热交换器；6—冷凝器；

7—回流液贮槽；8—回流泵；9—再生塔；10—再沸器；11—回流器

表 2-1 流体输送机械的类型

分 类	离 心 式	往 复 式	旋 转 式	流体作用式
液体输送机械	离心泵 、旋涡泵	往复泵、隔膜泵 计量泵、柱塞泵	齿轮泵、螺杆泵 轴流泵	喷射泵、酸蛋 空气升液器
气体输送机械	离心通风机 离心鼓风机 离心压缩机	往复压缩机 往复真空泵 隔膜压缩机	罗茨通风机 液环压缩机 水环真空泵	蒸汽喷射泵 水喷射泵

合考虑，全面衡量，其中最重要的是满足流量与能量的要求。

对于同一工作原理的气体输送机械与液体输送机械，它们的基本结构与主要特性都相似，但由于气体易于压缩，而液体难以压缩，因此，在设计与制造中，两种机械还是有一定差异性的，因此，常将两者分开讨论。在本章中，以生产中最常见的离心泵作为讨论重点，对其他输送机械只作简单介绍，请读者注意类比。

第二节 离 心 泵

离心泵是依靠高速旋转的叶轮所产生的离心力对液体做功的流体输送机械。由于它具有结构简单、操作调节方便、性能稳定、适应范围广、体积小、流量均匀、故障少、寿命长等优点，在环境保护及国民经济的其他行业中应用十分广泛。

一、离心泵的主要部件及工作原理

1. 离心泵的主要部件

离心泵的主要构件有叶轮、泵壳和轴封，有些还有导轮等，其结构如图 2-2 所示。在蜗牛形泵壳内，装有一个叶轮，叶轮与泵轴连在一起，可以与轴一起旋转，泵壳上有两个接口，一个在轴向，接吸入管，一个在切向，接排出管。通常，在吸入管口装有一个单向底阀，在排出管口装有一调节阀，用来调节流量。

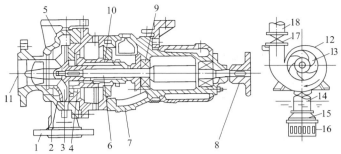

图 2-2　离心泵的结构

1—泵体；2—叶轮；3—密封环；4—轴套；5—泵盖；6—泵轴；7—托架；8—联轴器；9—轴承；10—轴封装置；
11—吸入口；12—蜗形泵壳；13—叶片；14—吸入管；15—底阀；16—滤网；17—调节阀；18—排出管

（1）叶轮　叶轮是离心泵的核心构件，是在一圆盘上设置 4～12 个叶片构成的。其主要功能是将原动机械的机械能传给液体，使液体的动能与静压能均有所增加。

根据叶轮是否有盖板可以将叶轮分为三种形式，即开式、半开（闭）式和闭式，如图 2-3 所示，其中（a）为开式叶轮，（b）为半开式（或称半闭式）叶轮，（c）为闭式叶轮。通常，闭式叶轮的效率要比开式的高，而半开式叶轮的效率介于两者之间，因此应尽量选用闭式叶轮，但由于闭式叶轮在输送含有固体杂质的液体时，容易发生堵塞，故在输送含有固体的液体时，多使用开式或半开式叶轮。对于闭式与半闭式叶轮，在输送液体时，由于叶轮的吸入口一侧是负压，而在另一侧则是高压，因此在叶轮两侧存在着压力差，从而存在对叶轮的轴向推力，将叶轮沿轴向吸入口窜动，造成叶轮与泵壳的接触磨损，严重时还会造成泵的振动，为了避免这种现象，常常在叶轮的盖板上开若干个小孔，即平衡孔。但平衡孔的存在降低了泵的容积效率。其他消除轴向推力的方法是安装平衡管、安装止推轴承或将单吸式叶轮改为双吸式叶轮；对于耐腐蚀泵，也有在叶轮后盖板背面上加设副叶片的；对多级式离心泵，各级轴向推力的总和是很大的，常常在最后一级加设平衡盘或平衡鼓来消除轴向推力。

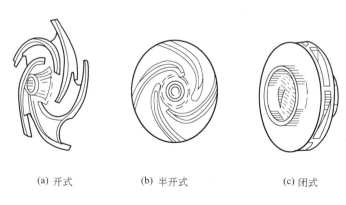

(a) 开式　　　　　　　 (b) 半开式　　　　　　　 (c) 闭式

图 2-3　离心泵的叶轮

54　　根据叶轮的吸液方式可以将叶轮分为两种，即单吸式叶轮与双吸式叶轮，如图 2-4 所示，其中（a）是单吸式叶轮，（b）是双吸式叶轮，显然，双吸式叶轮完全消除了轴向推力，而且具有相对较大的吸液能力。

叶轮上的叶片是多种多样的，有前弯叶片、径向叶片和后弯叶片三种。由于后弯叶片相对于另外两种叶片的效率高，更有利于动能向静压能的转换，因此，生产中离心泵的叶片主要为后弯叶片。由于两叶片间的流动通道是逐渐扩大的，因此能使液体的部分动能转化为静压能，叶片是一种转能装置。

（2）泵壳　泵壳的形状像蜗牛，因此又称为蜗壳。这种特殊的结构，使叶轮与泵壳之间的流动通道沿着叶轮旋转的方向逐渐增大并将液体导向排出管。因此，泵壳的作用就是汇集被叶轮甩出的液体，并在将液体导向排出口的过程中实现部分动能向静压能的转换。泵壳是一种转能装置。

为了减少液体离开叶轮时直接冲击泵壳而造成的能量损失，常常在叶轮与泵壳之间安装一个固定不动的导轮，如图2-5所示。导轮带有前弯叶片，叶片间逐渐扩大的通道使进入泵壳的液体的流动方向逐渐改变，从而减少了能量损失，使动能向静压能的转换更加有效彻底。导轮也是一个转能装置。通常，多级离心泵均安装导轮。

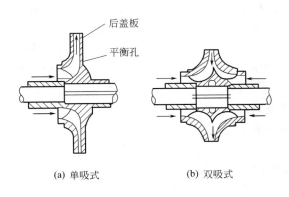

(a) 单吸式　　　(b) 双吸式

图 2-4　离心泵的吸液方式

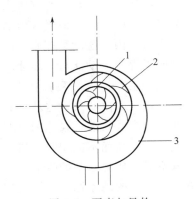

图 2-5　泵壳与导轮

1—叶轮；2—导轮；3—泵壳

（3）轴封装置　由于泵壳固定而泵轴是转动的，因此在泵轴与泵壳之间存在一定的空隙，为了防止泵内液体沿空隙漏出泵外或空气沿相反方向进入泵内，需要对空隙进行密封处理。用来实现泵轴与泵壳间密封的装置称为轴封装置。常用的密封方式有两种，即填料函密封与机械密封，如图2-6所示。

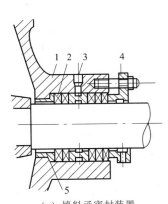

（a）填料函密封装置

1—填料函壳；2—软填料；3—液封圈；
4—填料压盖；5—内衬套

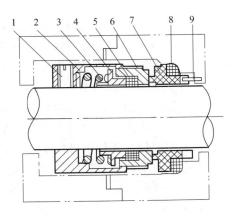

（b）机械密封装置

1—螺钉；2—传动座；3—弹簧；4—推环；5—动环密封圈；
6—动环；7—静环；8—静环密封圈；9—防转销

图 2-6　密封示意

55

填料函密封是用浸油或涂有石墨的石棉绳（或其他软填料）填入泵轴与泵壳间的空隙来实现密封目的的；机械密封是通过一个安装在泵轴上的动环与另一个安装在泵壳上的静环来实现密封目的的，工作时，借助弹力使两环密切接触达到密封。两种方式相比较，前者结构简单，价格低，但密封效果差，后者结构复杂，精密，造价高，但密封效果好。因此，机械密封主要用在一些密封要求较高的场合，如输送酸、碱、易燃、易爆、有毒、有害等液体的场合。

近年来，随着磁防漏技术的日益成熟，借助加在泵内的磁性液体来达到密封与润滑作用的技术正在越来越引起人们的关注。

2．离心泵的工作原理

在离心泵工作前，先灌满被输送液体，当离心泵启动后，叶轮在泵轴的带动下高速旋转，受叶轮上叶片的约束，泵内流体与叶轮一起旋转，在离心力的作用下，液体被迫从叶轮中心向叶轮外缘运动，叶轮中心（吸入口）处因液体空出而呈负压状态，这样，在吸入管的两端就形成了一定的压差，即吸入液面压力与泵吸入口压力之差，只要这一压差足够大，液体就会被吸入泵体内，这就是离心泵的吸液原理；另一方面，被叶轮甩出的液体，在从中心向外缘运动的过程中，动能与静压能均增加了，流体进入泵壳后，泵壳内逐渐增大的蜗形通道既有利于减少阻力损失，又有利于部分动能转化为静压能，达到泵出口处时压力达到最大，于是液体被压出离心泵，这就是离心泵的排液原理。

如果在启动离心泵前，泵体内没有充满液体，由于气体密度比液体的密度小得多，产生的离心力就很小，从而不能在吸入口形成必要的真空度，在吸入管两端不能形成足够大的压差，于是就不能完成离心泵的吸液。这种因为泵体内充满气体（通常为空气）而造成离心泵不能吸液（空转）的现象称为气缚现象。因此，离心泵是一种没有自吸能力的泵，在启动离心泵前必须灌泵。

在生产中，有时虽灌泵，却仍然存在不能吸液的现象，可能是由以下原因造成的：①吸入管路的连接法兰不严密，漏入空气；②灌而未满，未排净空气，泵壳或管路中仍有空气存在；③吸入管底阀失灵或关不严，灌液不满；④吸入管底阀或滤网被堵塞；⑤吸入管底阀未打开或失灵等，可根据具体情况采取相应的措施克服。

二、离心泵的主要性能参数与特性曲线

为了根据具体任务需要选用适宜规格的离心泵并使之高效运转，必须了解离心泵的性能及这些性能之间的关系。离心泵的主要性能参数有送液能力、扬程、功率和效率等，这些性能与它们之间的关系在泵出厂时会标注在铭牌或产品说明书上，供使用者参考。

1．离心泵的主要性能参数

（1）送液能力　指单位时间内从泵内排出的液体体积，用 Q 表示，单位 m^3/s，也称生产能力或流量。离心泵的流量与离心泵的结构、尺寸（叶轮的直径及叶片的宽度等）和转速有关。离心泵的流量在操作中可以变化，其大小可以通过实验用流量计测定。离心泵铭牌上的流量是离心泵在最高效率下的流量，称为设计流量或额定流量。

（2）扬程　指离心泵对 1N 流体所做的功，它是 1N 流体在通过离心泵时所获得的能量，用 H 表示，单位 m，也叫压头。离心泵的扬程与离心泵的结构、尺寸、转速和流量有关。通常，流量越大，扬程越小，两者的关系由实验测定。离心泵铭牌上的扬程是离心泵在额定流量下的扬程。必须指出，离心泵的扬程与被输送液体的升扬高度（被输送液体在输送过程中被提升的高度）是不同的，前者是泵做功的能力，而后者则是由输送任务决定的几何高度。

【例2-1】 用如附图系统核定某离心泵的扬程，实验条件为：介质清水；温度20℃；压力98.1kPa；转速2900r/min。实验测得的数据为：流量计的读数45m³/h；泵吸入口处压力表的读数255kPa；泵排出口处真空表读数27kPa；两测压口间的垂直距离为0.4m。若吸入管路与排出管路的直径相同，试求该泵的扬程。

解 在压力表及真空表所在截面1-1和2-2间应用伯努利方程，得

$$z_1 + \frac{p_1}{g\rho} + \frac{u_1^2}{2g} + H = z_2 + \frac{p_2}{g\rho} + \frac{u_2^2}{2g} + H_{f,1-2}$$

式中，令 $z_1 = 0$，则 $z_2 = 0.4$m

而　$p_1 = -27$kPa（表压）；$p_2 = 255$kPa（表压）

$u_1 = u_2$（吸入管与排出管管径相同）

$H_{f,1-2} = 0$（两截面间距很短，故忽略阻力）

又查得20℃清水的密度为 1000kg/m³

所以　该泵的扬程为

$$H = 0.4 + \frac{255 \times 1000 + 27 \times 1000}{1000 \times 9.807} = 29.2 \ (\text{m})$$

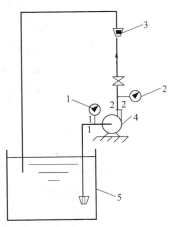

例2-1 附图
1—压力表；2—真空表；3—流量计；4—泵；5—贮槽

（3）功率　离心泵在单位时间内对流体所做的功称为离心泵的有效功率，用 P_e 表示，单位W，有效功率由下式计算，即

$$P_e = HQ\rho g \tag{2-1}$$

离心泵从原动机械那里所获得的能量称为离心泵的轴功率，用 P 表示，单位 W，由实验测定，是选取电动机的依据。离心泵铭牌上的轴功率是离心泵在最高效率下的轴功率。

【例2-2】 某离心泵采用直联方式与电动机相连，功率表测得电动机的功率为6.2kW，若电动机的效率为0.94，试求离心泵的轴功率。

解 泵的轴功率为泵从原动机械（此例是电动机）那里接受的功率，功率表测得的功率为电动机的输入功率，而

电动机的输出功率＝输入功率×效率＝6.2×0.94＝5.83（kW）

泵的轴功率＝电动机的输出功率×传动效率

因为采用直联方式连接，所以传动效率可以取1，所以该离心泵的轴功率等于电动机的输出功率，即5.83kW。

（4）效率　效率是反映离心泵利用能量情况的参数。由于机械摩擦、流体阻力和泄漏等原因，离心泵的有效功率总是小于其轴功率，两者的差别用效率来表征，效率用 η 表示，其定义式为

$$\eta = \frac{P_e}{P} \tag{2-2}$$

离心泵效率的高低既与泵的类型、尺寸及加工精度有关，也与流体的性质有关，还与泵的流量有关。一般地，小型泵的效率为50%～70%，大型泵的效率要高些，有的可达90%。离心泵铭牌上列出的效率是一定转速下的最高效率。

2. 离心泵的特性曲线

理论及实验均表明，离心泵的扬程、功率及效率等主要性能均与流量有关。为了便于使用者更好地了解和利用离心泵的性能，常把它们与流量（Q）之间的关系用图表示出来，这

就构成了所谓的离心泵的特性曲线。

图 2-7 所示为 IS 100-80-125 型离心泵特性曲线，从图中可以看出，离心泵的各主要性能及相互关系一目了然。

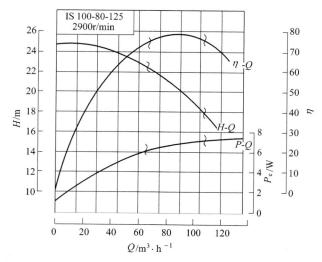

图 2-7　IS 100-80-125 型离心泵特性曲线

必须指出，不同型号的离心泵的特性曲线各不相同，但其呈现出的各性能间的关系却是相似的。

（1）扬程-流量曲线　扬程随流量的增加而减少。少数泵在流量很少时会有例外。

（2）轴功率-流量曲线　轴功率随流量的增加而增加，也就是说当离心泵处在零流量时消耗的功率最小。因此，离心泵开车和停车时，都要关闭出口阀，以达到降低功率，保护电机的目的。

（3）效率-流量曲线　离心泵在流量为零时，效率为零，随着流量的增加，效率也增加，当流量增加到某一数值后，再增加，效率反而下降。通常，把最高效率点称为泵的设计点，或额定状态，对应的性能参数称为最佳工况参数，铭牌上标出的参数就是最佳工况参数。显然，泵在最高效率下运行最为经济，但在实际操作中不易做到，应尽量维持在高效区（效率不低于最高效率的 92％的区域）工作。性能曲线上常用波折号（⸙）将高效区标出，如图 2-7 所示。

离心泵在指定转速下的特性曲线由泵的生产厂家提供，标在铭牌或产品手册上。需要指出的是，性能曲线是在 293K 和 98.1kPa 下以清水作为介质测定的，因此，当被输送液体的性质与水相差较大时，必须校正。

三、影响离心泵性能的主要因素

离心泵样本中提供的性能是以水作为介质，在一定的条件下测定的。当被输送液体的种类、转速和叶轮直径改变时，离心泵的性能将随之改变。

58

1. 流体物性对离心泵性能的影响

（1）密度　密度对流量、扬程和效率没有影响，但对轴功率有影响，轴功率可以用式（2-3）校正

$$\frac{P_1}{P_2}=\frac{QH\rho_1 g/\eta}{QH\rho_2 g/\eta}=\frac{\rho_1}{\rho_2} \tag{2-3}$$

式中　P_1——密度为 ρ_1 时，离心泵的轴功率；

　　　P_2——密度为 ρ_2 时，离心泵的轴功率。

（2）黏度　当液体的黏度增加时，液体在泵内运动时的能量损失增加，从而导致泵的流量、扬程和效率均下降，但轴功率增加。因此黏度的改变会引起泵的特性曲线的变化。当液体的运动黏度大于 $2.0 \times 10^{-6} \ m^2/s$ 时，离心泵的性能必须按下式校正

$$Q_1 = c_Q Q \qquad H_1 = c_H H \qquad \eta_1 = c_\eta \eta \qquad (2\text{-}4)$$

式中　Q_1, H_1, η_1——分别为操作状态下的流量、扬程、效率；

　　　Q, H, η——分别为实验状态下的流量、扬程、效率；

　　　c_Q, c_H, c_η——分别为流量、扬程、效率的校正系数，可从手册上查取。

2. 转速对离心泵性能的影响

当效率变化不大时，转速变化引起流量、压头和功率的变化符合比例定律，即

$$\frac{Q_1}{Q_2} = \frac{n_1}{n_2} \qquad \frac{H_1}{H_2} = \left(\frac{n_1}{n_2}\right)^2 \qquad \frac{P_1}{P_2} = \left(\frac{n_1}{n_2}\right)^3 \qquad (2\text{-}5)$$

式中　Q_1, H_1, P_1——分别为转速 n_1 下的流量、扬程、功率；

　　　Q_2, H_2, P_2——分别为转速 n_2 下的流量、扬程、功率。

3. 叶轮直径对离心泵性能的影响

在转速相同时，叶轮直径的变化也将导致离心泵性能的改变。研究表明，如果叶轮切削率不大于 20%，则叶轮直径变化引起流量、压头和功率的变化符合切割定律，即

$$\frac{Q_1}{Q_2} = \frac{D_1}{D_2} \qquad \frac{H_1}{H_2} = \left(\frac{D_1}{D_2}\right)^2 \qquad \frac{P_1}{P_2} = \left(\frac{D_1}{D_2}\right)^3 \qquad (2\text{-}6)$$

式中　Q_1, H_1, P_1——分别为叶轮直径 D_1 下的流量、扬程、功率；

　　　Q_2, H_2, P_2——分别为叶轮直径 D_2 下的流量、扬程、功率。

必须指出，虽然可以通过叶轮直径的切削来改变离心泵的性能，而且工业生产中有时也采用这一方法，但过多减少叶轮直径，会导致泵工作效率的下降。

四、离心泵的汽蚀现象与安装高度

1. 离心泵的吸上高度

通常把离心泵吸入口截面 1-1 距吸入液面 0-0 的垂直距离称做离心泵的吸上高度，用 $H_吸$ 表示。如图 2-8 所示。

离心泵的工作原理表明，吸入液体是以吸入液面与吸入口间的压力差作为推动力的，显然，在一定输送条件下，这一压差是有最大值的，因此，吸上高度也存在最大值。也就是说，泵的吸上高度是有限制的。从图 2-8 可以看出，吸上高度取决于泵的安装位置，因此，泵的安装高度不能超过吸上高度的极限。

可见，研究吸上高度的极限，对于安装使用离心泵具有重要指导意义。

2. 离心泵的汽蚀现象与危害

（1）汽蚀现象　如前所述，离心泵的吸液是靠吸入液面与吸入口间的压差完成的。根据静力学规律可知，当此压差大于吸入管内液柱产生的压差时，液体能够被吸入泵内，而当吸入液面压

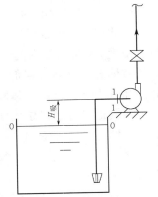

图 2-8　离心泵的
吸上高度示意

59

力一定时，吸入管路越高，吸上高度越大，则吸入口处的压力将越小。当吸入口处压力小于操作条件下被输送液体的饱和蒸气压时，液体将会汽化产生气泡，含有气泡的液体进入泵体后，在旋转叶轮的作用下，进入高压区，气泡在高压的作用下，又会凝结为液体，由于原气泡位置的空出造成局部真空，使周围液体在高压的作用下迅速填补原气泡所占空间。这种高速冲击频率很高，可以达到每秒几千次，冲击压强可以达到数百个大气压甚至更高，这种高强度高频率的冲击，轻的能造成叶轮的疲劳，重的则可以将叶轮与泵壳破坏，甚至能把叶轮打成蜂窝状。这种因为被输送液体在泵体内汽化再液化而造成离心泵不能正常工作的现象叫离心泵的汽蚀现象，应在离心泵的操作中避免。

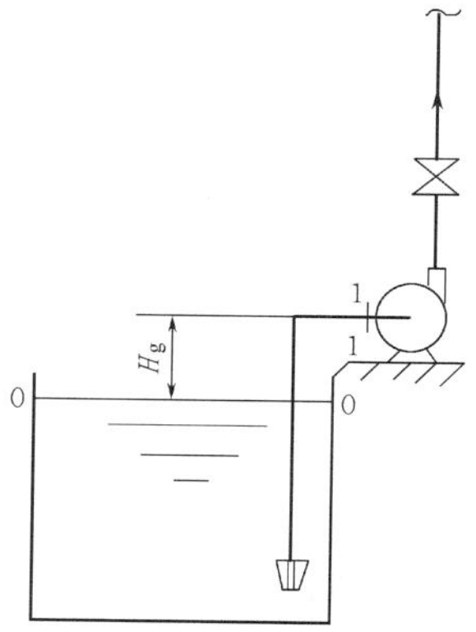

图 2-9　离心泵的允许安装（吸上）高度

（2）汽蚀的危害　汽蚀现象发生时，会产生噪声和引起振动，流量、扬程及效率均会迅速下降，严重时不能吸液。工程上规定，当泵的扬程下降3%时，认为进入了汽蚀状态。

工程上从根本上避免汽蚀现象的方法是限制泵的安装高度。避免离心泵汽蚀现象发生的最大安装高度，称为离心泵的允许安装高度，也叫允许吸上高度。

3. 离心泵的允许安装（吸上）高度

（1）允许安装高度（或允许吸上高度）分析　如前所述，离心泵的允许安装高度是指在一定条件下，避免离心泵发生汽蚀现象的最大安装高度，用 H_g 表示，单位为 m。如图 2-9 所示，假定离心泵安装的位置正好处在最大安装高度，则此时的吸上高度就是允许安装（吸上）高度，于是，可以通过在图 2-9 中的 0-0 截面和 1-1 截面间列伯努利方程求得，即

$$H_g = \frac{p_0 - p_1}{\rho g} - \frac{u_1^2}{2g} - \sum H_{f,0-1} \tag{2-7}$$

式中　H_g——允许安装高度，m；

p_0——吸入液面压力，Pa；

p_1——吸入口允许的最低压力，Pa；

u_1——吸入口处的流速，m/s；

ρ——被输送液体的密度，kg/m³；

$\sum H_{f,0-1}$——流体流经吸入管的阻力，m。

从式（2-7）可以看出，允许安装高度与吸入液面上方的压力 p_0、吸入口最低压力 p_1、液体密度 ρ、吸入管内的动能及阻力有关。因此，增加吸入液面的压力，减小液体的密度、降低液体温度（通过降低液体的饱和蒸气压来降低 p_1）、增加吸入管直径（从而使流速降低）和减少吸入管内流体阻力均有利于允许安装高度的提高。

在其他条件都确定的情况下，如果流量增加，将造成动能及阻力的增加，安装高度会减少，汽蚀的可能性增加。

60　　通常，为了减少吸入管路的阻力，吸入管要尽量简化安装，尽量少用或不用管件阀件，采用较粗的管路。

当输送温度较高的流体时，可以在泵前对流体冷却。

（2）离心泵的允许安装高度计算　工业生产中，计算离心泵的允许安装高度有两种方法，即允许吸上真空高度法和允许汽蚀余量法。下面对两法均简要介绍，但目前前者已经基

本淘汰，主要采用第二种方法。

① 允许吸上真空高度法　工程上，离心泵吸入口的最低压力 p_1 用真空度表示时，称为允许吸上真空高度，用 H_s' 表示，即

$$H_s' = \frac{p_a - p_1}{\rho g} \tag{2-8}$$

式中　H_s'——允许吸上真空高度，mH_2O；

　　　　p_a——大气的压力，Pa。

将式(2-8)代入式(2-7)得

$$H_g = H_s' - \frac{u_1^2}{2g} - \sum H_{f.0-1} \tag{2-9}$$

由式(2-9)可以看出，允许吸上真空高度作为离心泵的抗汽蚀指数，其值越大，则允许安装越高。泵在出厂前，厂家已经在98.1kPa和293K的条件下，以水作为介质测出其允许吸上真空高度，并列在产品手册上，供使用时查取。

从泵的产品手册中查取 H_s'，代入式(2-9)即可计算泵的允许安装高度。

当输送条件与实验条件不一致时，需校正允许吸上真空高度后再代入式(2-9)计算。校正公式为

$$H_s = \left[H_s' + (H_a - 10) - (H_v - 0.24) \right] \times \frac{1000}{\rho} \tag{2-10}$$

式中　H_s——操作条件下泵的允许吸上真空高度，m 液柱；

　　　　H_s'——产品手册提供的泵的允许吸上真空高度，mH_2O；

　　　　H_a——操作条件下的大气压力，mH_2O，不同海拔高度的值可以查表2-2；

　　　　H_v——操作条件下液体的饱和蒸气压头，mH_2O，可查图表获得；

　　　　ρ——操作条件下被输送液体的密度，kg/m^3，可查图表获得。

表 2-2　不同海拔高度的大气压力

海拔高度/m	0	100	200	300	400	500	600	700	800	1000	1500	2000	2500
大气压力/mH_2O	10.33	10.2	10.1	9.95	9.85	9.74	9.60	9.50	9.39	9.19	8.64	8.15	7.62

【例 2-3】　欲用一台离心泵输送温度为313K的清水。已知水面压力为101.3kPa，吸入管的总流体阻力为1.5m(含入口处的动能)，泵铭牌上的允许吸上真空高度为5m，试确定该泵的安装高度。

解　操作条件与实验条件不一致，需要校核允许吸上真空高度，即

$$H_s = \left[H_s' + (H_a - 10) - (H_v - 0.24) \right] \times \frac{1000}{\rho}$$

式中　$H_s' = 5m$，$H_a = 10.33m$

又查附录得，水在313K下的密度 $\rho = 992kg/m^3$，饱和蒸汽压为 $p_v = 7.37kPa$

所以

$$H_v = \frac{p_v}{1000 \times 9.81} = \frac{7.37 \times 1000}{1000 \times 9.81} = 0.75 \text{ (m)}$$

代入公式得

$$H_s = \left[5 + (10.33 - 10) - (0.75 - 0.24) \right] \times \frac{1000}{992} = 4.86 \text{ (m)}$$

因此，泵的安装高度不应高于

$$H_g = H_s - \frac{u_1^2}{2g} - \sum H_{f,0-1} = 4.86 - 1.5 = 3.36 \text{（m）}$$

② 允许汽蚀余量法　离心泵的抗汽蚀性能参数也用允许汽蚀余量来表示。泵吸入口处动能与静压能之和比被输送液体的饱和蒸气压头高出的数值，叫汽蚀余量，用 NPSH（net positive suction head）表示，而高出的最低数值称为允许汽蚀余量，用 $(NPSH)_r$ 表示，即

$$(NPSH)_r = \frac{p_1}{\rho g} + \frac{u_1^2}{2g} - \frac{p_v}{\rho g} \tag{2-11}$$

将式（2-11）代入式（2-7）得

$$H_g = \frac{p_0}{\rho g} - \frac{p_v}{\rho g} - (NPSH)_r - \sum H_{f,0-1} \tag{2-12}$$

式中　$(NPSH)_r$——允许汽蚀余量，m，由泵的生产厂家提供；

$\qquad p_v$——操作温度下液体的饱和蒸气压，Pa，可查图表得到。

同样，泵的生产厂家提供的允许汽蚀余量是在 98.1kPa 和 293K 下以水为介质测得的，当输送条件不同时，应该对其校正，校正方法参见有关专用书。

【例 2-4】 拟用 IS 65-40-200 离心水泵输送 323K 水。已知，泵的铭牌上标明的转速为 2900r/min，流量为 25m³/h，扬程为 50m，允许汽蚀余量为 2.0m，液体在吸入管的全部阻力损失为 2m，当地大气压力为 100kPa。求泵的允许安装高度。

解　泵的允许安装高度

$$H_g = \frac{p_0}{\rho g} - \frac{p_v}{\rho g} - (NPSH)_r - \sum H_{f,0-1}$$

式中　$p_0 = 100kPa$，$(NPSH)_r = 2.0m$，$\sum H_{f,0-1} = 2m$

又查附录得，水在 323K 下的密度为 988.1kg/m³，饱和蒸汽压为 12.34kPa

所以
$$H_g = \frac{100 \times 1000 - 12.34 \times 1000}{988.1 \times 9.81} - 2.0 - 2 = 5.04 \text{（m）}$$

因此，泵的安装高度不应高于 5.04m

五、离心泵的工作点与流量调节

1. 管路的特性曲线

正如离心泵的流量与压头之间存在一定的关系一样，对于给定的管路，其输送任务（流量）与完成任务所需要的压头之间也存在一定的关系，这种关系称为管路特性，表示在压头与流量的关系图上，称为管路的特性曲线。如图 2-10 所示，离心泵的管路特性可以通过在吸入液面及压出液面间列伯努利方程得到

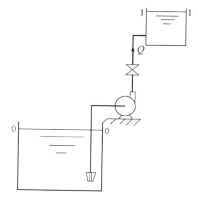

$$z_0 + \frac{p_0}{g\rho} + \frac{u_0^2}{2g} + H_e = z_1 + \frac{p_1}{g\rho} + \frac{u_1^2}{2g} + H_{f,0-1}$$

或
$$H_e = (z_1 - z_0) + \frac{p_1 - p_0}{g\rho} + \frac{u_1^2 - u_0^2}{2g} + H_{f,0-1}$$

式中　H_e——输送任务为 Q 时，需要对管路输入的外加压头，m；

图 2-10　管路特性分析示意

$H_{f,0-1}$——输送任务为 Q 时，管路的损失压头（不含泵的能量损失），m。

令 $$H_0 = (z_1 - z_0) + \frac{p_1 - p_0}{g\rho} + \frac{u_1^2 - u_0^2}{2g} \quad （忽略两处流速变化，其值为常数）$$

而 $$H_{f,0-1} = 8\lambda(l + \sum l_e)Q^2 / (\pi^2 g d^5) \quad （由阻力计算公式推出）$$

式中 l——管路直管长度总和，m；

$\sum l_e$——管路当量长度总和，m；

d——管路内径，m。

上式中，若把 λ 看成常数（因为其值变化不大），则 $8\lambda(l + \sum l_e)/(\pi^2 g d^5)$ 也为常数，令其等于 K，则

$$H_e = H_0 + KQ^2 \tag{2-13}$$

式(2-13) 称为管路特性方程。

以流量 Q 为横坐标，压头 H_e 为纵坐标，可将式(2-13) 绘制为曲线，如图 2-11 所示，此曲线称为管路的特性曲线。曲线反映了特定管路在给定操作条件下流量与压头的关系。从以上推导过程中可以看出，此曲线的形状只与管路的铺设情况及操作条件有关，而与泵的特性无关。

2. 离心泵的工作点

如前所述，离心泵的流量与压头之间存在一定的关系，这由泵的特性曲线决定；而对于给定的管路其输送任务（流量）与完成任务所需要的压头之间也存在一定的关系，这由管路的特性决定。显然，当泵安装在指定管路时，流量与压头之间的关系既要满足泵的特性，也要满足管路的特性。如果这两种关系均用方程来表示，则流量与压头要同时满足这两个方程，或者说流量、压头是方程组的解，也就是说，在性能曲线图上，应为泵的特性曲线和管路特性曲线的交点 M。这个交点 M 称为离心泵在指定管路上的工作点，如图 2-12 所示。显然，交点只有一个，也就是说，指定泵安装在特定管路中，只能有一个稳定的工作点 M。如果不在 M 点工作，就会出现泵提供给管路的能量与管路需要的能量不平衡的现象，系统就会自动调节，直至达到平衡，回到稳定工作点。

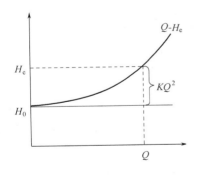

图 2-11　管路特性曲线

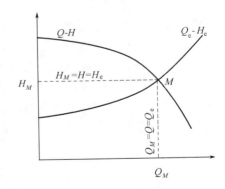

图 2-12　离心泵的工作点

3. 离心泵的流量调节

如果泵在工作点时送液能力与生产任务与不一致时，就需要对泵进行调节，以满足生产任务的需要。从图 2-12 可以看出，调节管路特性曲线和泵的特性曲线均能达到调节泵的工

作点的目的，下面是几种常见的调节方法。

（1）通过阀门调节　由式(2-13)可知，改变管路系统中的阀门开度可以改变 K 值，从而改变管路特性曲线的位置，使工作点也随之改变。生产中主要采取改变泵出口阀门的开度的调节方法。因为即使吸入管路上有阀门，也不能进行调节，在工作中，吸入管路上的阀门应保持全开，否则易引起汽蚀现象。

由于用阀门调节简单方便，且流量可连续变化，因此工业生产中主要采用此方法。

（2）改变转速　如前所述，离心泵转速变化时，其性能也发生改变（比例定律）。因此，可以通过改变转速来改变离心泵的性能曲线，达到改变工作点的目的。

由于改变转速需要变速装置，使设备投入增加，故生产中很少采用。

（3）改变叶轮直径　如前所述，离心泵叶轮直径变化时，其性能也发生改变（切割定律）。因此，可以通过车削的办法改变叶轮的直径，达到改变工作点的目的。

由于车削叶轮不方便，需要车床，而且一旦车削便不能复原，因此工业上很少采用。

【例 2-5】　拟将某离心泵安装在某一特定的管路中，完成 $0.012 \mathrm{m}^3/\mathrm{s}$ 的输送任务。已知，操作条件下，该泵在此流量下工作时所能提供的压头是 45m；泵出口阀全开条件下，管路的特性方程是 $H_e = 19 + 1.3 \times 10^5 Q_e^2$（$H_e$ 单位是 m，Q_e 的单位是 m^3/s）。问：此泵能否完成指定的输送任务？是否需要调节？如果需要调节，应该如何调节？

解　将 $0.012 \mathrm{m}^3/\mathrm{s}$ 代入管路特性方程，得

$$H_e = 19 + 1.3 \times 10^5 Q_e^2 = 19 + 1.3 \times 10^5 \times 0.012^2 = 37.72 \text{（m）}$$

因为泵提供的压头 45m 大于管路需要的压头 37.72m，所以可以完成输送任务。然而，由于两者并不相等，因此工作状态点并不处在泵的工作点，需要调节。本例最方便的调节办法是关小泵的出口阀门，直到压头与流量均匹配（即工作点处）为止。

将泵的性能 $0.012 \mathrm{m}^3/\mathrm{s}$ 和 45m 代入管路特性方程，有

$$45 = 19 + K \times 0.012^2$$

解之得

$$K = 1.81 \times 10^5$$

即应该关小阀门，直到管路特性方程变为 $H_e = 19 + 1.81 \times 10^5 Q_e^2$ 为止。

4. 离心泵的串联与并联

当单台离心泵不能满足生产任务要求时，可以通过泵的组合来完成生产任务。下面以两台性能完全相同的离心泵的串联、并联操作为例，分析组合泵的性能特点。

（1）离心泵的串联　液体被第一台泵压出后送入第二台泵的操作，称为离心泵的串联操作，如图 2-13 所示。显然，两相同泵串联时，流过每一台泵的流量相同，而液体经过每台泵获得的压头也相等，因此，串联泵组的流量等于每台泵的流量，扬程等于每台泵扬程的两倍。串联泵组的特性曲线可以通过单台泵的特性曲线及"同一流量，扬程相加"的串联特点绘制。

从图 2-13 可以看出，串联泵组的工作点 $M_{串}$ 与单台泵的工作点 M 是不同的，由于泵的串联，使流量从 Q_1 增加到 Q_2，而串联时，每台泵均在 D 点状态下工作。不难看出，由于每台泵均在较大流量和较低压头下操作，所以串联泵组的总压头并不等于单台泵单独操作时压头的两倍，而是略小一些；其总效率为等于单台泵在 $Q_{串}$ 下的工作效率。

（2）离心泵的并联　液体被两台各自吸液再汇合排液的操作，称为离心泵的并联操作，如图 2-14 所示。显然，两相同泵并联时，流过每一台泵的流量是相同的，而液体经过每台

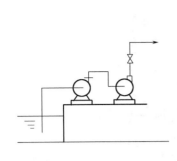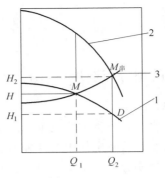

图 2-13　串联泵组的特性分析

1—单泵；2—串联；3—管路

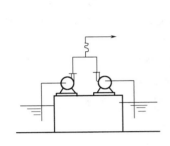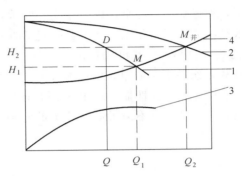

图 2-14　并联泵组的特性分析

1—单泵；2—并联；3—效率线；4—管路

泵获得的压头也是相等的，而并联泵组的流量等于两台泵的流量之和，扬程等于每台泵的扬程。并联泵组的特性曲线可以通过单台泵的特性曲线及"同一扬程，流量相加"的并联特点绘制。

从图 2-14 可以看出，并联泵组的工作点 $M_并$ 与单台泵的工作点 M 是不同的，由于泵的并联，使流量从 Q_1 增加到 Q_2，而并联时，每台泵均在 D 点状态下工作。不难看出，由于每台泵均在较大压头和较低流量下操作，所以并联泵组的总流量并不等于单台泵单独操作时流量的两倍，而是略小一些；其总效率为等于单台泵在 $1/2Q_并$ 下的工作效率。

（3）离心泵组合方式的选择　综上所述，两台相同的离心泵经过串联或并联组合后，流量压头均有所增加，但究竟采取何种组合方式才能获得最佳经济效果，还要考虑输送任务的具体要求及管路的特性。

① 如果单台泵提供的最大压头小于管路上下游的 $\left(\Delta z+\dfrac{\Delta p}{\rho g}\right)$ 值，只能采用串联组合。

② 对于高阻型管路，采用串联组合比采用并联组合能获得更大的流量和压头，宜采用串联组合方式，对于此种管路，还要采取措施，减少管路的阻力。

③ 对于低阻型管路，采用并联组合比采用串联组合能获得更大的流量和压头，宜采用并联组合方式。

④ 实际生产中，通常不采用串联或并联的办法来增加流量或压头，因为这样做通常使操作效率下降，且一旦两台泵在调节上出现不同的特性，可能会带来不利的结果，只有当无法用一台泵满足生产任务要求时或一台大型泵启动电流过大足以对电力系统造成影响时，才

考虑串联或并联组合操作。

⑤ 在连续生产中，泵均是并联安装的，但这并不是并联操作，而是一台操作，一台备用。

六、离心泵的型号与选用

1. 离心泵的型号

离心泵的种类很多，分类方法也很多。如按吸液方式分为单吸泵与双吸泵；按叶轮数目分为单级泵与多级泵；按特定使用条件分为液下泵、管道泵、高温泵、低温泵和高温高压泵等；按被输送液体性质分为清水泵、油泵、耐腐蚀泵和杂质泵等；按安装形式分为卧式泵和立式泵；20 世纪 80 年代设计生产的磁力泵也在科研与生产中应用越来越广。这些泵均已经按其结构特点不同，自成系列并标准化，可在泵的样本手册查取。

下面介绍几种形式的离心泵，以引导读者根据需要进一步学习有关知识。

（1）清水泵　清水泵是化工生产中普遍使用的一种泵，适用于输送水及性质与水相似的液体。包括 IS 型、D 型、S 型和 SH 型。

IS 型泵代表单级单吸离心泵，即原 B 型水泵。但 IS 型泵是按国际标准（ISO 2858）规定的尺寸与性能设计的，其性能与原 B 型泵相比较，效率平均提高了 3.76%，特点是泵体与泵盖为后开结构，检修时不需拆卸泵体上的管路与电机。其外形如图 2-15 所示，结构如图 2-16 所示。

图 2-15　IS 型水泵的外形

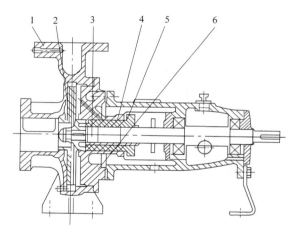

图 2-16　IS 型水泵的结构
1—泵体；2—叶轮；3—泵轴；4—填料；
5—填料压盖；6—托架

IS 型水泵是应用最广的离心泵，用于输送温度不高于 80℃ 的清水及与水相似的液体，其设计点的流量为 $6.3 \sim 400 m^3/h$，扬程为 $5 \sim 125 m$，进口直径 $50 \sim 200 mm$，转速为 2900 r/min 或 1450r/min。其型号由符号及数字表示，比如：IS 100-65-200，各部分的含义是：IS 表示单级单吸离心水泵，100 表示吸入口直径为 100mm，65 表示排出口直径为 65mm，200 表示叶轮的名义直径是 200mm。

D 型泵是国产单吸多级离心泵的代号，是将多个叶轮安装在同一个泵轴构成的，工作时液体从吸入口吸入，并依次通过每个叶轮，多次接受离心力的作用，从而获得更高的能量。

因此，D型泵主要用在流量不很大但扬程相对较大的场合。其外形如图2-17所示，结构如图2-18所示。

图2-17　D型单吸多级离心泵外形

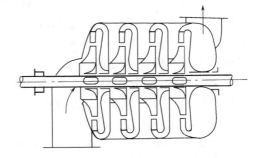

图2-18　D型单吸多级离心泵示意

D型泵的级数通常为2～9级，最多可达12级，全系列流量范围为10.8～850m³/h。

D型泵的型号与原B型相似，比如100D45×4，其中100表示吸入口的直径为100mm，45表示每一级的扬程为45m，4为泵的级数。

S型、SH型泵是双吸离心泵的代号，但S型泵是SH型泵的更新产品，其工作性能比SH型泵优越、效率和扬程均有提高。因此，S型泵主要用在流量相对较大但扬程相对不大的场合。其外形如图2-19所示，结构如图2-20所示。

图2-19　S型泵的外形

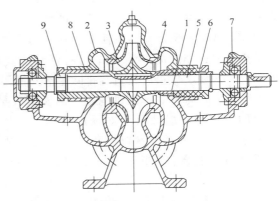

图2-20　S型泵的结构

1—泵体；2—泵盖；3—叶轮；4—密封环；5—轴；
6—轴套；7—轴承；8—填料；9—填料压盖

S型泵的吸入口与排出口均在水泵轴心线下方，在与轴线垂直呈水平方向泵壳中开，检修时无需拆卸进、出水管路及电动机（或其他原动机）。从联轴器向泵的方向看去，水泵为顺时针方向旋转。S型泵的全系列流量范围为120～12500m³/h，扬程为9～140m。

S型泵的型号如100S90A所示，其中，100表示吸入口的直径为100mm，90表示设计点的扬程为90m，A指泵的叶轮经过一次切割。

（2）耐腐蚀泵　耐腐蚀泵是用来输送酸、碱等腐蚀性液体的泵的总称，系列号用F表示。F型泵中，所有与液体接触的部件均用防腐蚀材料制造，其轴封装置多采用机械密封。

F型泵的全系列流量范围为2～400m³/h，扬程为15～105m。

F型泵的型号中在F之后加上材料代号，如80FS24，其中，80表示吸入口的直径为80mm，S为材料聚三氟氯乙烯塑料的代号，24表示设计点的扬程为24m。如果将S换为

H，则表示灰口铸铁材料，其他材料代号可查有关手册。

注意，用玻璃、陶瓷和橡胶等材料制造的小型耐腐蚀泵，不在 F 泵的系列之中。

（3）油泵　油泵是用来输送油类及石油产品的泵，由于这些液体多数易燃易爆，因此必须有良好的密封，而且当温度超过 473K 时还要通过冷却夹套冷却。国产油泵的系列代号为 Y，如果是双吸油泵，则用 YS 表示。

Y 型泵全系列流量范围为 $5\sim1270m^3/h$，扬程为 $5\sim1740m$，输送温度在 $228\sim673K$。

Y 型泵的型号，比如 80Y-100×2A，其中，80 表示吸入口的直径为 80mm，100 表示每一级的设计点扬程为 100m，2 为泵的级数，A 指泵的叶轮经过一次切割。

（4）杂泵　在环境保护的实际工作中，经常会输送含有固体杂质的污液，需要使用杂泵，此类泵大多采用敞开式叶轮或半闭式叶轮，以防止堵塞。由于固体颗粒磨蚀及被输送介质的腐蚀性常造成叶轮及泵体的磨损。为了适应各类介质输送的需要，杂泵类型很多，可根据需要选择。

输送含颗粒介质的泵，常称为杂质泵。SLP 型固液泵用于输送温度为 $-20\sim80℃$ 含有固体颗粒及长纤维状物料。对于含料度较大的液体，由于此泵具有特殊的结构形式，能够做到无阻塞输送，适用于造纸、酿制、食品加工、矿山、城市环卫等部门输送含有各类杂质的介质。

输送污水的泵称为污水泵，一般应具有防缠绕、无堵塞的特点。主要用于宾馆、医院、住宅区的污水、雨水的提升排送，污水处理厂污水的排放以及市政工程、建筑工地、矿山等场合的污水、带悬浮颗粒及长纤维水的抽提。

WDL、WGL 型是普通铸铁液下立式污水泵，水泵叶轮浸没在水中，启动时不需要注水，适用于输送温度为 80℃ 以下带有纤维或其他悬浮物的液体，供城市人防工程及地下、地面工程、医院、旅馆、建筑等排除生活粪便污水及非腐蚀性液体的场所使用。

Z 型渣浆泵为卧式单级轴向吸入离心渣浆泵，是广泛吸取国内外先进的技术，充分考虑固液两相的运动惯性及其对泵过流部件的磨损规律，采用先进设计方法研制开发的。该系列泵运行可靠，效率高、寿命长、抗汽蚀性能好，达到了国际国内先进水平。可广泛用于电力、冶金、矿山、建材、煤炭、采砂、清淤等行业，输送具有磨蚀性及腐蚀性的渣浆。

（5）磁力泵　磁力泵是一种高效节能的特种离心泵，通过一对永久磁性联轴器将电机力矩透过隔板和气隙传递给一个密封容器，带动叶轮旋转。其特点是没有轴封、不泄漏、转动时无摩擦，因此安全节能。特别适合输送不含固体颗粒的酸、碱、盐溶液；易燃、易爆液体；挥发性液体和有毒液体等等。但被输送介质的温度不宜大于 363K。

磁力泵的系列代号为 C，C 泵全系列流量范围为 $0.1\sim100m^3/h$，扬程为 $1.2\sim100m$。

除以上介绍的这些泵外，还有用于输送含有杂质的液体的杂质泵（P 型泵）、用于汲取地下水的深井泵、用于输送液化气体的低温泵、用于输送易燃、易爆、剧毒及具有放射性液体的屏蔽泵、安装在液体中的液下泵等，不一一介绍，使用时可参阅有关专书，也可以在网上查各生产厂家的产品介绍。

2. 离心泵的选用

离心泵的类型很多，国家已经汇总了各类泵的样本及产品说明书，必须根据生产任务进行合理选用，选用步骤如下。

① 根据被输送液体的性质及操作条件确定泵的类型　要了解到液体的密度、黏度、腐

蚀性、蒸气压、毒性、固含量等；要明确泵在什么温度、压力、流量等条件下操作；还要了解泵在管路中的安装条件与安装方式等。比如含有杂质就应该选杂质泵，输送水就应该选清水泵，输送液化气需用低温泵等。

② 确定流量　如果流量是变化的，应以最大值为准，可以增加一定的裕量（5%～10%）。

③ 确定完成输送任务需要的压头　根据管路条件及伯努利方程，确定需要的压头，也可以增加一定的裕量（5%～10%）。

④ 通过流量与压头在相应类型的系列中选取合适的型号　选用时要使所选泵的流量与扬程比任务需要的稍大一些，通常扬程以大 10～20m 为宜。如果用系列特性曲线（选择曲线）来选，要使（Q,H）点落在泵的 Q-H 线以下，并处在高效区。

比如，图 2-21 所示为 IS 型水泵系列特性曲线，选水泵时可以借用此图选用，其中圈出的点为设计点。

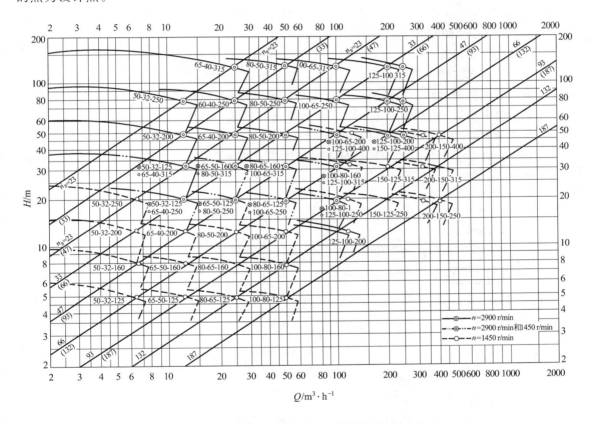

图 2-21　IS 型水泵系列特性曲线

必须指出，符合条件的泵通常会有多个，应选取效率最高的一个。

⑤ 校核轴功率　当液体密度大于水的密度时，必须校核轴功率。

⑥ 确定泵的安装高度　根据泵的性能与操作条件，确定泵的允许安装高度，以避免汽蚀现象的发生。

⑦ 列出泵在设计点处的性能，供使用时参考。

【例 2-6】　现有一送水任务，流量为 $100\text{m}^3/\text{h}$，需要压头为 76m。现有一台型号为 IS

125-100-250 的离心泵，其铭牌上的流量为 120m³/h，扬程为 87m。问：

（1）此泵能否用来完成这一任务？

（2）如果输送的是含有杂质的城市污水，是否可以用此泵完成输送任务？

解 （1）IS 型泵是单级单吸水泵，主要用来输送水及与水性质相似的液体，本任务是输送水，因此可以作为备选泵。

又因为此离心泵的流量与扬程分别大于任务需要的流量与扬程，因此可以完成输送任务。

使用时，可以根据铭牌上的功率选用电机，因为介质为水，故不需校轴功率。

（2）如果被输送介质为城市污水，则不可以用 IS 125-100-250 离心泵，因为污水中杂质的存在会造成该泵的堵塞或磨损，应该按选泵程序在污水泵中选取一合适型号的泵。

七、离心泵的安装与操作

离心泵出厂时，说明书对泵的安装与使用均做了详细说明，在安装使用前必须认真阅读。下面仅对离心泵的安装使用要点作简要说明。

1. 离心泵的安装要点

① 应尽量将泵安装在靠近水源，干燥明亮的场所，以便于检修。

② 应有坚实的基础，以避免振动。通常用混凝土地基，地脚螺栓连接。

③ 泵轴与电机转轴应严格保持水平，以确保运转正常，提高寿命。

④ 安装高度要严格控制，以免发生汽蚀现象。

⑤ 在吸入管径大于泵的吸入口径时，变径连接处要避免存气，以免发生气缚现象。如图 2-22 所示，其中（a）不正确，（b）正确。

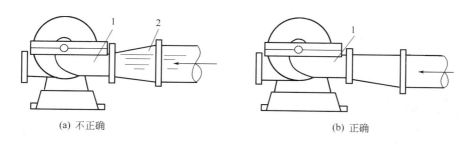

图 2-22 泵的安装示意

1—泵入口管；2—变径管

2. 离心泵的操作要点

① 灌泵 启动前，使泵体内充满被输送液体的操作，用来避免气缚现象。

② 预热 对输送高温液体的热油泵或高温水泵，在启动与备用时均需预热。因为泵是设计在操作温度下工作的，如果在低温工作，各构件间的间隙因为热胀冷缩的原因会发生变化，造成泵的磨损与破坏。预热时应使泵各部分均匀受热，并一边预热一边盘车。其他泵的开车不需预热。

③ 盘车 用手使泵轴绕运转方向转动的操作，每次以 180°为宜，并不得反转。其目的是检查润滑情况，密封情况，是否有卡轴现象，是否有堵塞或冻结现象等。备用泵也要经常盘车。

④ 开车　开车时，要先关闭出口阀，再启动电机。为了防止启动电流过大，要在最小流量，在最小功率下启动，以免烧坏电机。但对耐腐蚀泵，为了减少腐蚀，常采用先打开出口阀的办法启动。但要注意，关闭出口阀运转的时间应尽可能短，以免泵内液体因摩擦而发热，发生汽蚀现象。

⑤ 调节流量　缓慢打开出口阀，调节到指定流量。

⑥ 检查　要经常检查泵的运转情况，比如轴承温度、润滑情况、压力表及真空表读数等，发现问题应及时处理。在任何情况下都要避免泵内无液体的干转现象，以避免干摩擦，造成零部件损坏。

⑦ 停车　停车时，要先关闭出口阀，再关电机，以免高压液体倒灌，造成叶轮反转，引起事故。在寒冷地区，短时停车要采取保温措施，长期停车必须排净泵内及冷却系统内的液体，以免冻结胀坏系统。

第三节　其他类型泵

一、往复泵

往复泵是容积式泵的一种形式，通过活塞或柱塞在缸体内的往复运动来改变工作容积，进而使液体的能量增加。适用于输送流量较小、压力较高的各种介质。当流量小于 100 m³/h，排出压力大于 10MPa 时，有较高的效率和良好的运行性能。包括活塞泵、柱塞泵、隔膜泵、计量泵等。

1. 往复泵的结构与工作原理

往复泵的主要构件有泵缸、活塞（或柱塞）、活塞杆及若干个单向阀等，如图 2-23 所示。泵缸、活塞及阀门间的空间称为工作室。当活塞从左向右移动时，工作室容积增加而压力下降，吸入阀在内外压差的作用下打开，液体被吸入泵内，而排出阀则因内外压力的作用而紧紧关闭；当活塞从右向左移动时，工作室容积减小而压力增加，排出阀在内外压差的作用下打开，液体被排到泵外，而吸入阀则因内外压力的作用而紧紧关闭。如此周而复始，实现泵的吸液与排液。

活塞在泵内左右移动的端点叫"死点"，两"死点"间的距离为活塞从左向右运动的最大距离，称为冲程。在活塞往复运动的一个周期里，如果泵只吸液一次，排液一次，称为单动往复泵；如果各两次，称为双动往复泵；人们还设计了三联泵，三联泵的实质是三台单动泵的组合，只是排液周期相差了三分之一。图 2-24 所示为三种泵的流量曲线图。

2. 往复泵的主要性能

主要性能参数也包括流量、扬程、功率与效率等，其定义与离心泵一样，不再赘述。

（1）流量　往复泵的流量是不均匀的，如图 2-24 所示。但双动泵要比单动泵均匀，而三联泵又比双动泵均匀。由于其流量的这一特点限制了往复泵的使用。工程上，有时通过设置空气室使流量更均匀。

从工作原理不难看出，往复泵的理论流量只与活塞在单位时间内扫过的体积有关，因此往复泵的理论流量只与泵缸数量、泵缸的截面积、活塞的冲程、活塞的往复频率及每一周期内的吸排液次数等有关。

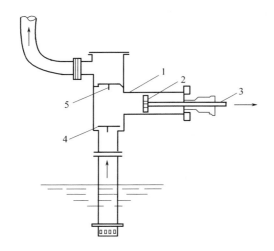

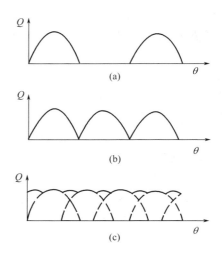

图 2-23　往复泵结构简图

1—泵缸；2—活塞；3—活塞杆；

4—吸入阀；5—排出阀

图 2-24　往复泵流量曲线

对于单动往复泵，其理论流量为

$$Q_T = ASiF \tag{2-14}$$

式中　Q_T——往复泵的理论流量，m^3/s；

　　　A——活塞的横截面积，m^2；

　　　S——活塞的冲程，m；

　　　i——泵的缸数；

　　　F——活塞的往复频率，$1/s$。

对于双动往复泵，其理论流量为

$$Q_T = (2A - a)SiF \tag{2-15}$$

式中　a——活塞杆的横截面积，m^2。

也就是说，往复泵的理论流量与管路特性无关，但是，由于密封不严造成泄漏、阀启闭不及时等原因，实际流量要比理论值小。如图 2-25 所示。

（2）扬程　往复泵的扬程与泵的几何尺寸及流量均无关系。只要泵的机械强度和原动机械的功率允许，系统需要多大的扬程，往复泵就能提供多大的扬程，如图 2-25 所示。

也可以像获得离心泵的扬程一样，求取往复泵的扬程。

（3）功率与效率　计算与离心泵相同。但效率比离心泵高，通常在 0.72～0.93 之间，蒸汽往复泵的效率可达到 0.83～0.88。

3．往复泵的流量调节

同离心泵一样，往复泵的工作点也是由泵的特性曲线及管路的特性曲线决定的。但由于往复泵的正位移特性（所谓正位移性，是指流量与管路无关，压头与流量无关的特性），工作点只能落在 Q＝常数的垂直线上（见图 2-25），因此，要

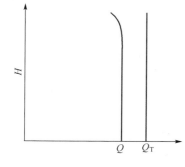

图 2-25　往复泵的性能曲线

72

改变往复泵的送液能力，只能采用旁路调节法或改变往复频率及冲程的方法。

（1）旁路调节法　此法如图 2-26 所示，是通过增设旁路的方法来实现流量调节的。显然，通过旁路阀的调节，可以方便地实现泵的流量调节。不仅往复泵是如此调节的，其他容积式泵或正位移特性的泵都是通过此法调节的。不难发现，旁路调节的实质不是改变泵的送液能力，而是改变流量在主管路及旁路的分配。这种调节造成了功率的损耗，在经济上是不合理的，但生产中却常用。

（2）调节活塞的冲程或往复频率　从式（2-14）和式（2-15）可知，调节活塞的冲程或往复频率都能达到改变往复泵送液能力的目的。同上法相比，此法在能量利用上是合理的。特别是对于蒸汽往复泵，可以通过调节蒸汽压力方便地实现。但对经常性流量调节是不适宜的。

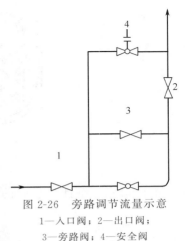

图 2-26　旁路调节流量示意
1—入口阀；2—出口阀；
3—旁路阀；4—安全阀

4. 往复泵的使用与维护

从以上分析可以看出，同离心泵比较，往复泵的主要特点是流量固定而不均匀，但压头高，效率高等。因此，用来输送黏度大，温度高的液体，特别适应小流量和高压头的液体输送任务。另外，由于原理的不同，离心泵没有自吸作用，但往复泵有自吸作用，因此不需要灌泵；由于都是靠压差来吸入液体的，因此安装高度也受到限制，其安装高度也可以通过类似于离心泵的方法确定。

往复泵的操作要点是：①检查压力表读数及润滑等情况是否正常；②盘车检查是否有异常；③先打开放空阀、进口阀、出口阀及旁路阀等，再启动电机，关放空阀；④通过调节旁路阀使流量符合任务要求；⑤做好运行中的检查，确保压力、阀门、润滑、温度、声音等均处在正常状态，发现问题及时处理。严禁在超压、超转速及排空状态下运转。

另外，生产中还有两种特殊的往复泵，计量泵和隔膜泵。计量泵是一种可以通过调节冲程大小来精确输送一定量液体的往复泵；隔膜泵则是通过弹性薄膜将被输送液体与活塞（柱）隔开，使活塞与泵缸得到保护的一种往复泵，用于输送腐蚀性液体或含有悬浮物的液体；而隔膜式计量泵则用于定量输送剧毒、易燃、易爆或腐蚀性液体；比例泵则是用一台原动机械带动几个计量泵，将几种液体按比例输送的泵。

二、齿轮泵

齿轮泵是通过两个相互啮合的齿轮的转动对液体做功的，一个为主动轮，一个为从动轮。齿轮将泵壳与齿轮间的空隙分为两个工作室，其中一个因为齿轮的打开而呈负压与吸入管相连，完成吸液；另一个则因为齿轮啮合而呈正压与排出口相连，完成排液，如图 2-27 所示。近年来，内啮合形式正逐渐替代外啮合形式，因为其工作更平稳，但制造复杂。

齿轮泵也属于容积式泵，具有正位移特性，其流量小而均匀，扬程高，流量比往复泵均匀；也应该采用与往复泵相似的方法调节；适应输送高黏度及膏状液体，比如润滑油、饮料、不含固体颗粒的污水等，但不宜输送含有固体杂质的悬浮液。

三、旋涡泵

旋涡泵也是依靠离心力对液体做功的泵，但其壳体是圆形而不是蜗牛形，因此易于加

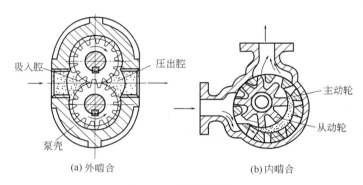

吸入腔　　　压出腔

主动轮

从动轮

泵壳

(a) 外啮合　　　　　　　　　(b) 内啮合

图 2-27　齿轮泵结构

工，叶片很多，而且是径向的［图2-28（b）］，吸入口与排出口在同侧并由隔舌隔开，如

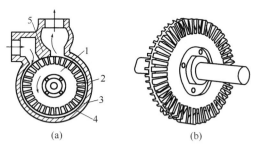

图 2-28　旋涡泵结构

1—叶轮；2—叶片；3—泵壳；4—引液道；5—隔舌

图 2-28 所示。工作时，液体在叶片间反复运动，多次接受原动机械的能量，因此能形成比离心泵更大的压头，而流量小，其扬程范围从 $15\sim132m$，流量范围从 $0.36\sim16.9m^3/h$。由于流体在叶片间的反复运动，造成大量能量损失，因此效率低，约在 $15\%\sim40\%$。

旋涡泵适用于输送流量小而压头高、无腐蚀性和具有腐蚀性的无固体颗粒的液体。其性能曲线除功率-流量线与离心泵相反外，其他与离心泵相似。旋涡泵流量采用旁路调节。

生产中使用的泵的类型很多，不再一一介绍，工作中，可以在需要时可查阅有关手册或泵类的网站。

各种泵的适用范围如图 2-29 所示，供选泵时参考。

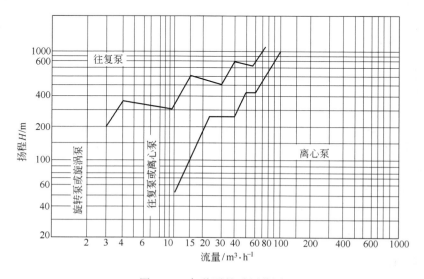

图 2-29　各种泵的适用范围

第四节 气体输送机械

在环保工作中，经常需要使用气体压缩与输送机械，按工作原理也可对气体输送机械进行像泵一样的分类，且其工作原理也与相应类型的泵相似，但是，由于气体的明显可压缩性，使气体的压送机械更具有自身的特点。通常，按终压或压缩比（出口压力与进口压力之比）可以将气体压送机械分为四类，见表2-3。

表2-3 气体压送机械的分类

类 型	终压（表压）/kPa	压 缩 比	备 注
通风机	<15	1～1.15	用于换气通风
鼓风机	15～300	1.15～4	用于送气
压缩机	>300	>4	造成高压
真空泵	当地大气压	很大	取决于所造成的真空度

目前，生产中气体的压送机械有离心式通风机、鼓风机与压缩机；往复式压缩机与真空泵；罗茨风机；液环式真空泵；旋片式真空泵、喷射式真空泵；轴流式风机等多种形式，其中以离心式、轴流式及罗茨风机在环境保护工作中应用最广。此处仅简单介绍其中的几种，其他气体压送机械请参阅有关专用书。

一、通风机

通风机是依靠输入的机械能，提高气体压力并排送气体的机械，它是一种从动的流体机械。广泛用于设备及环境的通风、排尘和冷却等。

按气体流动的方向，通风机可分为轴流式、离心式、斜流式和横流式等类型。

1. 轴流式通风机

轴流式通风机主要由圆筒形机壳及带螺旋桨式叶片的叶轮构成，如图2-30所示。由于流体进入和离开叶轮都是轴向的，故称为轴流式风机。工作时，原动机械驱动叶轮在圆筒形机壳内旋转，气体从集流器进入，通过叶轮获得能量，提高压力和速度，然后沿轴向排出。轴流通风机的布置形式有立式、卧式和倾斜式三种，小型的叶轮直径只有100mm左右，大型的可达20m以上。

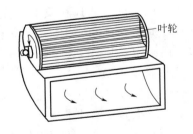

图2-30 两种轴流式通风机

小型低压轴流通风机（见图2-30左）由叶轮、机壳和集流器等部件组成，通常安装在建筑物的墙壁或天花板上；大型高压轴流通风机（见图2-30右）由集流器、叶轮、流线体、机壳、扩散筒和传动部件组成。叶片均匀布置在轮毂上，数目一般为2～24。叶片越多，风压越高；叶片安装角一般为 $10°\sim45°$，安装角越大，风量和风压越大。轴流式通风机的主要零件大都用钢板焊接或铆接而成。

轴流式风机可分为 T35、BT35、T40、GD30K-12、JS20-11、GD、SS 系列和 DZ 系列等。它具有风压低、风量（见后面性能参数）大的特点，用于工厂、仓库、办公室、住宅等地方的通风换气。目前，广泛用于凉水塔中。

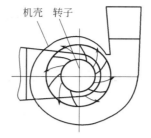

图 2-31　离心式通风机

2. 离心式通风机

离心通风机的结构及原理均与离心泵相似，主要由叶轮和机壳组成，如图 2-31 所示。工作时，原动机械驱动叶轮在蜗形机壳内旋转，气体经吸气口从叶轮中心处吸入。由于叶片对气体的动力作用，气体压力和速度得以提高，并在离心力作用下沿着叶道甩向机壳，从排气口排出。因气体在叶轮内的流动主要是在径向平面内，故又称径流通风机。

小型通风机的叶轮直接装在电动机上，中、大型通风机通过联轴器或皮带轮与电动机连接。离心通风机一般为单侧进气，用单级叶轮；流量大的可双侧进气，用两个背靠背的叶轮，又称为双吸式离心通风机。

叶轮是通风机的主要部件，它的几何形状、尺寸、叶片数目和制造精度对性能有很大影响。叶轮经静平衡或动平衡校正才能保证通风机平稳地转动。按叶片出口方向的不同，叶轮分为前向、径向和后向三种。前向叶轮的叶片顶部向叶轮旋转方向倾斜；径向叶轮的叶片顶部是向径向的，又分直叶片式和曲线型叶片；后向叶轮的叶片顶部向叶轮旋转的反向倾斜。

前向叶轮产生的压力最大，在流量和转数一定时，所需叶轮直径最小，但效率一般较低；后向叶轮相反，所产生的压力最小，所需叶轮直径最大，而效率一般较高；径向叶轮介于两者之间。叶片的型线以直叶片最简单，机翼型叶片最复杂。

为了使叶片表面有合适的速度分布，一般采用曲线型叶片，如等厚度圆弧叶片。叶轮通常都有盖盘，以增加叶轮的强度和减少叶片与机壳间的气体泄漏。叶片与盖盘的连接采用焊接或铆接。焊接叶轮的质量较轻，流道光滑。低、中压小型离心通风机的叶轮也有采用铝合金铸造的。

同轴流式风机相比，离心式风机具有流量小、压头大的特点，前者的风压约为 $9.8\times10^{-3}MPa$，后者风压则可达到 $0.2MPa$；在安装上，轴流式风机的叶轮多为裸露安装，离心式风机的叶轮多采用封闭安装。

3. 通风机的主要性能参数

通风机的主要性能参数有风量（流量）、风压（压力）、功率、效率和转速。另外，噪声和振动的大小也是通风机的主要技术指标。

（1）风量　也叫流量，是单位时间内从通风机的出口排出的气体体积，并以风机进口处的气体状态计，以 Q 表示，单位为 m^3/s。

（2）风压　也称压力，是指单位体积的气体经过通风机所获得的能量，以 H_T 表示，单位为 Pa，有静风压、动风压和全风压之分。

静风压是指单位体积的气体经过风机后因为静压能的增加而增加的能量。

$$H_{st} = p_2 - p_1 \tag{2-16}$$

式中　H_{st}——静风压，Pa；

p_1，p_2——风机进、出口压力，Pa。

动风压是指单位体积的气体经过风机后因为动压能的增加而增加的能量。

$$H_k = \frac{\rho u_2^2}{2} \tag{2-17}$$

式中　H_k——动风压，Pa；

ρ——风机进口处气体的密度，kg/m^3；

u_2——风机出口处气体的流速，m/s。

全风压则是静风压及动风压之和，风机名牌或性能表上所列的风压除非特别说明，均指全风压。

通风机的风压取决于通风机的类型、结构、尺寸、转速及进入风机的气体密度，通常由实验测定，即通过在进出口应用伯努利方程式的办法确定（参照离心泵扬程的测定方法）。

风机性能表上所列的风压是以空气作为介质，在293K、101.3kPa条件下测得的，当实际输送介质或输送条件与上述条件不同时，应按下式校正，即

$$H_T = H_T' \frac{\rho}{\rho'} = H_T' \frac{1.2}{\rho'} \tag{2-18}$$

式中　H_T，ρ——分别为实验条件下的风压及空气的密度；

H_T'，ρ'——分别为操作条件下的风压及被输送气体的密度。

（3）功率与效率　通风机的输入功率，即轴功率，可由下式计算。

$$P = \frac{H_T Q}{1000\eta} \tag{2-19}$$

式中　P——通风机的轴功率，kW；

H_T——通风机的全风压，Pa；

Q——通风机的风量，m^3/s；

η——通风机的效率，由全风压定出，因此也叫全压效率，其值可达90％。

通风机未来的发展将进一步提高通风机的气动效率、装置效率和使用效率，以降低电能消耗；用动叶可调的轴流通风机代替大型离心通风机；降低通风机噪声；提高排烟、排尘通风机叶轮和机壳的耐磨性；实现变转速调节和自动化调节。

4．通风机的选择

通风机的类型很多，必须合理选型，以保证经济合理。其选型也可以参照离心泵的选型办法类似处理。建议使用现有的风机选型软件（目前可以从网上免费下载）进行选取。

（1）根据被输送气体的性质及所需的风压范围确定风机的类型　比如，被输送气体是否清洁、是否高温、是否易燃易爆等。

（2）确定风量　如果风量是变化的，应以最大值为准，可以增加一定的裕量（5％～10％），并以风机的进口状态计。

（3）确定完成输送任务需要的实际风压　根据管路条件及伯努利方程，确定需要的实际风压，并通过式（2-18）换算为风机在实验条件下的风压。

（4）根据实际风量与实验风压在相应类型的系列中选取合适的型号　选用时要使所选风机的风量与风压比任务需要的稍大一些。如果用系列特性曲线（选择曲线）来选，要使

（Q，H_T）点落在泵的 Q-H_T 线以下，并处在高效区。

图 2-32 提供了 8-18 及 9-27 型离心通风机特性曲线，可供选风机时参考。

必须指出，符合条件的风机通常会有多个，应选取效率最高的一个。

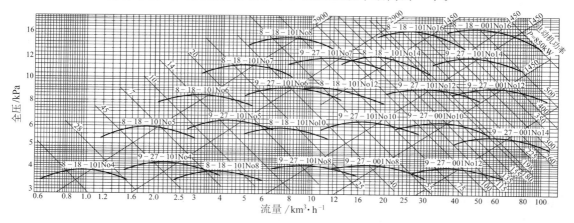

图 2-32　8-18 及 9-27 型离心通风机特性曲线

【例 2-7】　用离心式通风机每小时将 28000m³、30℃、101.3kPa 的清洁空气经预热至 90℃后送入干燥器。在平均操作条件（60℃、101.3kPa）下，输送系统所需的全风压为 2460Pa。试选择合适型号的通风机，并分析将此风机安装在预热器后是否合适。

解　被输送气体为清洁的空气，因此选普通离心通风机，根据工艺要求，以安装在预热器前较为合适。

由于给出的是平均操作条件下的全风压，因此需要校核，用式(2-18)将全风压换算成实验条件下的全风压，即

$$H_T = H_T' \frac{1.2}{\rho'}$$

式中

$$\rho' = \frac{pM}{RT} = \frac{101.3 \times 29}{8.314 \times (273+60)} = 1.06 \ (\text{kg/m}^3)$$
$$H_T' = 2460\text{Pa}$$

所以

$$H_T = 2460 \times \frac{1.2}{1.06} = 2785 \ (\text{Pa})$$

据流量 28000m³/h 及风压 2785Pa 查附录知，4-72-11No8C 型可以满足生产任务的要求。在转速为 1800r/min 下，其额定性能参数为

$$H_T = 2795\text{Pa}, \quad Q = 29900\text{m}^3/\text{h}, \quad P = 30.8\text{kW}, \quad \eta = 91\%$$

如果将风机安装在预热器后面，在风压不变的情况下，气体状态为 90℃、101.3kPa，此状态下输送量为

$$Q_{90} = Q \frac{T_{90}}{T} = 2800 \times \frac{273+90}{273+30} = 33540 (\text{m}^3/\text{h}) > 29900 \ (\text{m}^3/\text{h})$$

因此，在原转速下，不能满足生产任务对转速的要求。

二、鼓风机

由于离心式鼓风机、轴流式鼓风机分别与离心式通风机、轴流式通风机的结构、原理相似，故此处只介绍旋转式鼓风机。

旋转式鼓风机是利用一对或几个特殊形状的回转体（齿轮、螺杆、刮板或其他形状的转

子）在壳体内作旋转运动而完成气体的输送或提高其压力的一种机械。这种形式的机械结构简单、紧凑、安全可靠，能与高速原动机械相连。主要有罗茨鼓风机和叶氏鼓风机两类，其特点是排气量不随阻力大小而改变，特别适用于要求流量稳定的场合。一般在要求输送量不大，压力在 $9.8×10^3 \sim 1.96×10^4 Pa$ 范围内的场合使用；在大、中、小型污水处理，浴池、医院、实验室的污水处理，工业水处理，一体化生活污水处理等的曝气操作中，被广泛用于输送空气。

罗茨风机是两个相同转子形成的一种压缩机械，转子的轴线互相平行，转子中的叶轮与叶轮、叶轮与机壳、叶轮与墙板具有微小的间隙，避免相互接触，构成进气腔与排气腔互相隔绝，借助两转子反向旋转，将体内气体由进气腔送至排气腔，达到鼓风的作用。由于叶轮之间、叶轮与机壳、叶轮与墙板均存在很小的间隙，所以运行时不需要往汽缸内注润滑油，所以运行时不需要油气分离器辅助设备，由于不存在转子之间的机械摩擦，因此具有机械效率高、整体发热少、输出气体清洁、使用寿命长等优点。

罗茨鼓风机系容积式风机，输出的风量与转速成正比，而与出口压力无关，分为两叶式和三叶式两种，如图 2-33 所示。工作时，叶子在机体内通过同步齿轮作用，相对反向等速旋转，使吸气跟排气隔绝，叶子旋转，形成无内压缩地将机体内的气体由进气腔推送至排气腔，排出气体达到鼓风的目的。两叶风机（见图 2-33 左）叶子旋转一周，进行两次吸、排气；三叶风机（见图 2-33 右）叶子转动一周进行三次吸、排气，机壳采用螺旋线型结构，与二叶型风机相比，具有气流脉动变少、负荷变化小、噪声低、振动小、叶轴一体结构、毛病起因少等优点。

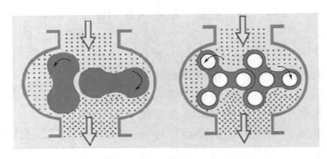

图 2-33　罗茨鼓风机结构

罗茨鼓风机的出口应安装气体稳压罐与安全阀，流量采用旁路调节。出口阀不能完全关闭。操作温度不超过 $85℃$，否则引起转子受热膨胀，发生碰撞。

三、压缩机

压缩机按工作原理分为离心式、往复式、回转式等，本节主要介绍往复式压缩机。

1. 往复式压缩机的构造与工作过程

往复式压缩机的构造与工作原理与往复泵相似，主要由汽缸、活塞、活门构成，也是通过活塞的往复运动对气体做功，但是其工作过程与往复泵不同，因气体进出压缩机的过程完全是一个热力学过程。另外，由于气体本身没有润滑作用，因此必须使用润滑油以保持良好润滑，为了及时除去压缩过程产生的热量，缸外必须设冷却水夹套，活门要灵活、紧凑和严密。

这种不同是由于气体的可压缩性造成的，下面简要说明之。

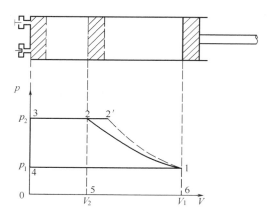

图 2-34　往复式压缩机的理想工作循环

（1）理想（无余隙）工作循环　如图 2-34 所示，假设被压缩气体为理想气体，气体流经阀门无阻力，无泄漏，无余隙（排气终了时活塞与汽缸端面间没有空隙）等，则单缸单作用往复压缩机的理想工作循环包含 3 个阶段。

① 压缩阶段　当活塞位于汽缸的最右端时汽缸内气体的体积为 V_1，压力为 p_1，其状态点如点 1 所示。当活塞由点 1 向左推进时，由于吸入及排出阀门都是关闭的，故气体体积缩小而压力上升，直到压力升到 p_2 压缩终止，此阶段气体的状态变化过程如图 2-34 中曲线 1-2 所示。

② 压出阶段　当压力升到 p_2，排气活门被顶开，排气开始，气体从缸内排出，直至活塞移至最左端，气体完全被排净，汽缸内气体体积降为零，压出阶段气体的变化过程如图 2-34 中水平线 2-3 所示。

③ 吸气阶段　当活塞从汽缸最左端向右移动时，缸内的压力立刻下降到 p_1，气体状况达到点 4。此时，排出活门关闭，吸入活门打开，压力为 p_1 的气体被吸入缸内，直至活塞移至最右端（图 2-34 中点 1）。吸气阶段气体的状态变化如图 2-34 中水平线 4-1 所示。

综上所述，无余隙往复压缩机的理想工作循环是由压缩过程，恒压下的排气和吸气过程所组成。但实际压缩机是存在余隙（防止活塞与汽缸的碰撞）的，由于排气结束，余隙中残存少量压力为 p_2 的高压气体，因此往复式压缩机的实际工作过程分为 4 个阶段（比理想工作循环多了膨胀阶段）。

（2）实际（有余隙）工作循环　如图 2-35 所示，实际工作循环分为四个阶段。活塞从最右侧向左运动，完成了压缩阶段及排气阶段后，达到汽缸最左端，当活塞从左向右运动时，因有余隙存在，进行的不再是吸气阶段，而是膨胀阶段，即余隙内压力为 p_2 的高压气体因体积增加而压力下降，如图 2-35 中曲线 3-4 所示，直至其压力降至吸入气压 p_1（图 2-35 中点 4），吸入活门打开，在恒定的压力以下进行吸气过程，当活塞回复到汽缸的最右端截面（图 2-35 中点 1）时，完成一个工作循环。

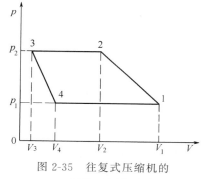

图 2-35　往复式压缩机的
实际工作循环

综上所述，往复式压缩机的实际压缩循环是由压缩、吸气、膨胀、排气四个过程所组成。在每一循环中，尽管活塞在汽缸内扫过的体积为 V_1-V_3，但一个循环所能吸入的气体体积为 V_1-V_4。同理想循环相比，由于余隙的存在，实际吸气量减少了，而且功耗也增加了，因此应尽量减少余隙。

（3）余隙系数和容积系数

① 余隙系数　余隙体积 V_3 与活塞一次扫过的体积（V_1-V_3）之比称为余隙系数，用 ε 表示，即

$$\varepsilon = \frac{V_3}{V_1-V_3} \tag{2-20}$$

一般大、中型压缩机的低压汽缸的余隙系数值约 8% 以下，高压汽缸的余隙系数值可达

80

12%左右。

② 容积系数　压缩机一次循环吸入气体体积 (V_1-V_4) 和活塞一次扫过的体积 (V_1-V_3) 之比，称为容积系数，用 λ_0 表示，即

$$\lambda_0 = \frac{V_1-V_4}{V_1-V_3} \tag{2-21}$$

当压缩比一定时，余隙系数加大，容积系数变小，压缩机的吸气量也就减少。对于一定的余隙系数，气体压缩比愈大，余隙内气体膨胀后所占汽缸的体积也就愈大，使每一循环的吸气量愈少，当压缩比大到一定程度时，容积系数可能为零，即当活塞向右运动时，残留在余隙中的高压气体膨胀后已可完全充满汽缸，以致不能再吸入新的气体。$\lambda_0=0$ 时的压缩比称为压缩极限，即对于一定的 λ_0 值，压缩机所能达到的最高压力是有限制的。

2. 多级压缩

根据气体压缩的基本原理，气体在压缩过程中，排出气体的温度总是高于吸入气体的温度，上升幅度取决于过程性质及压缩比。以多变压缩为例，出口温度 T_2 与入口温度 T_1 的关系为

$$T_2 = T_1 \left(\frac{p_2}{p_1} \right)^{\frac{m-1}{m}} \tag{2-22}$$

式中　m——多变指数，可查取或计算。

如果压缩比过大，则能造成出口温度很高，温度过高有可能使润滑油变稀或着火，且造成增加功耗等。因此，当压缩比大于 8 时，常采用多级压缩，以提高容积系数、降低压缩机功耗及避免出口温度过高。所谓多级压缩是指气体连续并依次经过若干个汽缸压缩，达到需要的压缩比的压缩过程，每经过一次压缩，称为一级，级间设置冷却器及油水分离器。理论证明，当每级压缩比相同时，多级压缩所消耗的功最少。

3. 往复式压缩机的主要性能

往复式压缩机的主要性能有排气量、轴功率与效率。

（1）排气量　是指在单位时间内压缩机排出的气体体积，并以入口状态计算，也称压缩机的生产能力，用 Q 表示，单位 m^3/s。与往复泵相似，其理论排气量只与汽缸的结构尺寸、活塞的往复频率及每一工作周期的吸气次数有关，但由于余隙内气体的存在、摩擦阻力、温度升高、泄漏等因素，使其实际排气量要小。往复式压缩机的流量也是脉冲式的，不均匀的。为了改善流量的不均匀性，压缩机出口均安装油水分离器，既能起缓冲作用，又能除油沫、水沫等，同时吸入口处需安装过滤器，以免吸入杂物。

（2）功率与效率　往复式压缩机理论上消耗的功率可以根据气体压缩的基本原理进行计算，若以多变过程为例，压缩机的理论轴功率为

$$P_T = p_1 Q_{\min} \frac{m}{m-1} \left[\left(\frac{p_2}{p_1} \right)^{\frac{m-1}{m}} - 1 \right] \times \frac{1}{60 \times 1000} \tag{2-23}$$

式中　P_T——按多变压缩计算的压缩机的理论轴功率，kW；

　　　$Q_{\min}$——按吸入状态计的压缩机的排气量，m^3/min。

实际所需的轴功率比理论轴功率大，其原因是：实际吸气量比实际排气量大，凡吸入的气体都经过压缩，多消耗了能量；气体在汽缸内脉动及通过阀门等的流动阻力，也要消耗能量；压缩机的运动部件的摩擦，要消耗能量。所以压缩机的轴功率为

$$P = \frac{P_T}{\eta_P} \tag{2-24}$$

式中　P——实际轴功率，kW；

η_p——多变总效率，其效率范围大约为 0.7~0.9，设计合理的压缩机应 >0.8。

4. 往复式压缩机的分类与选用

往复式压缩机的类型很多，按照不同的分类依据可以有不同名称。常见的方法是按被压缩气体的种类分类，比如空压机、氧压机、氨压机等；按气体受压缩次数分为单级、双级及多级压缩机；按汽缸在空间的位置分为立式、卧式、角式和对称平衡式；另外，按一个工作周期内的吸排气次数分为单动与双动压缩机；按出口压力分为低压（$<10^3$ kPa）、中压（$10^3 \sim 10^4$ kPa）、高压（$10^4 \sim 10^5$ kPa）和超高压（$>10^5$ kPa）压缩机；按生产能力分为小型（$10\text{m}^3/\text{min}$）、中型（$10 \sim 30\text{m}^3/\text{min}$）和大型（$>30\text{m}^3/\text{min}$）压缩机。

在选用压缩机时，首先要根据被压缩气体的种类确定压缩机的类型，比如压缩氧气要选用氧压机，压缩氨用氨压机等，再根据厂房的具体情况，确定选用压缩机的空间形式，比如，高大厂房可以选用立式等，最后根据生产能力与终压选定具体型号。

5. 往复式压缩机的操作

往复式压缩机的操作要点如下。

① 开车前应检查仪表、阀门、电气开关、联锁装置、保安系统是否齐全、灵敏、准确、可靠。

② 启动润滑油泵和冷却水泵，控制在规定的压力与流量。

③ 盘车检查，确保转动构件正常运转。

④ 充氮置换，当被压缩气体易燃易爆时，必须用氮气置换汽缸及系统内的介质，以防开车时发生爆炸事故。

⑤ 在统一指挥下，按开车步骤启动主机和开关有关阀门，不得有误。

⑥ 调节排气压力时，要同时逐渐调节进、出气阀门，防止抽空和憋压现象。

⑦ 经常"看、听、摸、闻"，检查连接、润滑、压力、温度等情况，发现隐患及时处理。

⑧ 在下列情况出现时就紧急停车：断水、断电和断润滑油时；填料函及轴承温度过高并冒烟时；电动机声音异常，有烧焦味或冒火星时；机身强烈振动而减振无效时；缸体、阀门及管路严重漏气时；有关岗位发生重大事故或调度命令停车时等。

⑨ 停车时，要按操作规程熟练操作，不得误操作。

四、真空泵

真空泵是将气体由大气压以下的低压气体经过压缩而排向大气的设备，实际上，也是一种压缩机。真空泵的形式很多，往复真空泵、旋转真空泵、喷射泵等，不一一介绍。

但同压缩机相比，真空泵有自身特点，主要表现为：①进气压力与排气压力之差最多为大气压力，但随着进气压力逐渐趋于真空，压缩比将要变得很高（可高至 100 或更高），因此，必须尽可能地减小其余隙容积和气体泄漏；②随着真空度的提高，设备中的液体及其蒸气也将越容易与气体同时被抽吸进来，造成可以达到的真空度下降；③因为气体的密度很小，所以汽缸容积和功率对比就要大一些。

真空泵可分为干式和湿式两种，干式真空泵只能从容器中抽出干燥气体，通常可以达到 96%~99.9% 真空度，湿式真空泵在抽吸气体时，允许带有较多的液体，它只能产生 85%~90% 真空度。

真空泵的主要性能参数有：①极限真空度或残余压力，指真空泵所能达到的最高真空度；②抽气速率，是指单位时间内真空泵在残余压力和温度条件下所能吸入的气体体积，即真空泵的生产能力，单位 m^3/h。

选用真空泵时，应根据生产任务对两个指标的要求，并结合实际情况而选定适当的类型和规格。

 阅读材料

气 力 输 送

众所周知，人们可以通过管道，借助流体输送机械将流体从一处送往另一处，既方便又便于连续操作。固体能不能像流体那样，通过管路输送呢？这一直是人们的梦想。气力输送就是这一梦想的结果。

气力输送是利用气体在管内流动以输送粉粒状固体的方法。当气体以足够高的速度运动时，可以带着粉状固体一起运动，从而可以达到输送固体粉料的目的。由于空气是易于得到的，因此气力输送最常用的气体介质是空气，但当输送易燃易爆固体时，必须使用其他惰性气体。作为一项工程技术，气力输送是一项综合技术，涉及流体力学、材料科学、自动化技术、制造技术等领域，具有能耗低、自动化程度高、可连续运行、环境污染小等诸多优点，是适合散料输送的一种先进技术，属高新技术项目。目前，已广泛应用于环保、石油、化工、冶金、建材、粮食等部门或行业。

按气流压强分类，气力输送可以分为吸送式和压送式两种，输送管中压强低于常压的输送称为吸送式，适用于起始处避免粉尘飞扬的输送场合，真空度越高，实现的输送距离越远。输送管中压强大于常压的输送称为压送式，表压越高，实现的输送距离越远。

按气流中固相浓度分类，气力输送也可以分为两类，即稀相输送和密相输送。

稀相输送是混合比（单位质量气体所输送的固体质量）在 25（通常为 0.1~5）以下的气力输送。由于介质流速高（18~30m/s），固含量少的，固体颗粒呈悬浮状态。稀相输送的距离不长，一般不超过 100m。

密相输送是混合比大于 25 的气力输送。由于风量低，固含量大，固体颗粒在管内呈流态化或柱塞状运动，因此具有输送能力大，物料的破碎及管道磨损较轻，输送距离长（可达到 1000m 左右），可选较小型号的空压机从而能耗低，废气处理量小等特点。

总体上看，气力输送具有如下特点。

① 优点：密闭输送，避免了物料的飞扬、受潮、受污染；输送过程中可同时进行诸如粉碎、分级、加热、冷却以及干燥等其他操作；占地少，可以根据条件灵活安排线路；设备紧凑，易于实现连续化操作及同连续化过程的衔接，自动化程度高。

② 缺点：动力消耗大，颗粒尺寸受限（小于 30mm）；输送过程中物料易于破碎；管壁磨损，不适于输送黏性或高速运动易产生静电的物料。

同国外先进技术相比，我国的气力输送技术还有一定的差距，但相关研究正被越来越多的单位或科研人员所重视，相信会在不远的将来赶上并超过世界先进水平，使气力输送技术在国民经济中发挥更大作用。

本章小结

本章主要内容及知识内在联系

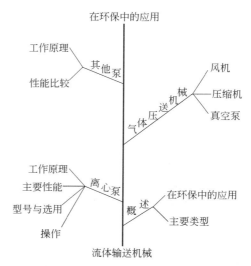

流体输送机械是对流体做功的机械，用于对液体做功的机械叫泵，用于对气体做功的机械叫风机、压缩机或真空泵，按工作原理分为离心式、往复式、旋转式和流体动力作用式。这些机械在环境保护工作中均有使用，但以离心泵、轴流式风机等更为多见。

离心泵结构简单，流量均匀、操作调节方便，因此应用最广。其主要构件有泵壳、叶轮和轴封等；其主要性能用流量、扬程、轴功率和效率等表示，使用时可从泵的铭牌或产品手册上获得，并可从性能曲线找到它们的相互关系；离心泵没有自吸能力，使用前要灌泵，否则发生汽缚现象；其安装高度有最大值，如果安装高度超过这一最大值，就会发生汽蚀现象；当一台泵提供的流量或压头不够时，可以采用泵的串联或并联的操作方式；流量调节可以采用出口阀直接调节。

往复泵有自吸能力但也存在安装高度的问题，流量恒定而不均匀，不能用出口阀直接单独调节。正位移特性的泵均要采用旁路调节法调节流量。

鼓风机、通风机在水处理中应用很多，但以轴流式及离心式居多，其选用方法与选泵相似但也有自身特点。

复习与思考题

1. 离心泵铭牌上标明的扬程是指（　　　　）。
   - A. 功率最大时的扬程
   - B. 最大流量时的扬程
   - C. 泵的最大扬程
   - D. 效率最高时的扬程

2. 已知流体经过泵后，压力增大 Δp N/m^2，则 1N 流体压能的增加量为（　　　　）。
   - A. Δp
   - B. $\Delta p/\rho$
   - C. $\Delta p/(\rho g)$
   - D. $\Delta p/(2g)$

3. 为了提高液体离开离心泵时的静压能，离心泵在设计制造时都采取了哪些措施？

4. 往复泵在操作时，下面说法正确的是（   ）。

   A. 不开旁路阀时，流量与出口阀的开度无关

   B. 允许的安装高度与流量无关

   C. 流量与转速无关

   D. 开启旁路阀后，输入的液体流量与出口阀的开度无关

5. 一台试验用离心泵，开动不久，泵入口处的真空度逐渐降低为零，泵出口处的压力表也逐渐降低为零，此时离心泵完全打不出水，发生故障的原因是（   ）。

   A. 忘了灌水   B. 吸入管路堵塞

   C. 压出管路堵塞   D. 吸入管路漏气

6. 离心泵、往复泵、旋涡泵和旋转泵的特点各有什么不同？

7. 设计了两种不同的流程，以实现吸收剂的循环利用。第一种是用冷却器冷却吸收剂后再用泵送入吸收塔，另一种是用泵打入冷却器冷却后再送入吸收塔，试分析两种流程的特点。

8. 分析如下几种情况下，哪一种情况更容易发生汽蚀？

   A. 液体密度的大与小   B. 夏季与冬季

   C. 流量大与小   D. 泵安装的高与低

   E. 吸入管路的长与短   F. 吸入液面的高与低

9. 轴流式风机与离心式风机有什么不同？

10. 往复泵与往复压缩机有何异同点？

习　题

2-1　用如附图所示的实验装置，以水为介质，在 293K 和 101.3kPa 下测定某离心泵的性能参数。已知，两测压截面间的垂直距离 h_0 为 0.4m，泵的转速为 2900r/min，当流量是 26m³/h 时，测得泵入口处真空表的读数为 68kPa，泵排出口处压力表的读数为 190kPa，电动机功率为 3.2kW，电动机效率是 96%。试求此流量下泵的主要性能，并用表列出。

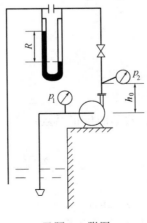

习题 2-1 附图

2-2　IS 65-40-200 型离心泵在转速为 1450r/min 时的流量-扬程数据如本题附表所示。

习题 2-2 附表

$Q/m^3 \cdot h^{-1}$	5	7.5	12.5	15
H/m	13.3	13.2	12.5	11.8

现用此泵将水从低位槽送至高位槽，请用图解法确定工作点的流量。设两槽液面间的垂直距离是 4.0m，管路的计算长度（包括局部元件的当量长度）为 80m，管子的规格是 $\phi45 \times 2.5mm$，摩擦系数为 0.02。

2-3　拟用离心泵从密闭油罐向反应器内输送液态烷烃，输送量为 18m³/h。已知操作条件下烷烃的密度为 740kg/m³，饱和蒸气压为 130kPa；反应器内的压力是 225kPa，油罐液面上方为烃的饱和蒸气压；反应器内烃液出口比油罐内液面高 5.5m；吸入管路的阻力损失与排出管路的阻力损失分别是 1.5m 和 3.5m；当地大气压为 101.3kPa。试判定库中型号为 65Y-60B 型的油泵是否能满足任务要求。如果能满足要求，安装高度应为多少？

2-4　使用某离心泵在海拔 1500m 的高原上将水从敞口贮水池送入某设备中，设当地大气压为 8.6mH₂O，水温为 15℃，工作点下流量为 60m³/h，允许汽蚀余量为 3.5m，吸入管路的总阻力损失为 2.3mH₂O。试计算允许安装高度。

2-5　某离心泵的流量-扬程方程为 $H=13.67-8.30 \times 10^{-3}Q$，式中，扬程 H，m；流量 Q，m³/h。现用此泵将水从低位槽送至高位槽，两槽皆通大气。设两槽液面间的垂直距离是 8.0m，管路的计算长度（包括局部元件的当量长度）为 50m，管子的规格是 $\phi45 \times 2.5mm$，摩擦系数为 0.02。当要求输送流量为 15m³/h 时，问：采用单泵、二泵串联、二泵并联哪一种方案能满足要求？

2-6　现拟用风机将空气从大气吸入某压力为 1.0×10^4Pa（表压）的容器，操作条件下空气的温度为 10℃、压力为 100kPa。若要求输送量为 20000m³/h（当地条件下），计算长度（含局部元件的当量长度）是 210m，管子内径为 800mm，粗糙度为 0.3mm。问：库存的 9-26 型 No8C 型离心风机，能否满足要求？已知，在 2900r/min 的转速下，风机的风量为 21982m³/h 时，风压为 15Pa，其出风口截面积为 $0.392 \times 0.256m^2$。

英文字母

A——活塞的横截面积，m²；

a——活塞杆的横截面积，m²；

c_Q, c_H, c_η——分别为流量、扬程、效率的校正系数；

d——管路内径，m；

F——活塞的往复频率，1/s；

H——实验状态下的扬程；

H_a——操作条件下的大气压力，mH₂O；

$\sum H_{f.0-1}$——流体流经吸入管的阻力，m；

H_g——允许安装高度，m；

H_k——动风压，Pa；

H_s——操作条件下泵的允许吸上真空高度，m 液柱；

H_s'——产品手册提供的泵的允许吸上真空高度，mH_2O；

H_v——操作条件下液体的饱和蒸气压头，mH_2O；

H_{st}——静风压，Pa；

H_T——通风机的全风压，Pa；

i——泵的缸数；

l——管路直管长度总和，m；

m——多变指数；

$(NPSH)_r$——允许汽蚀余量，m；

P——轴功率，kW；

p_a——大气的压力，Pa；

P_T——按多变压缩计算的压缩机的理论轴功率，kW；

Q——送液（或送风）能力，m^3/s；

Q_{min}——按吸入状态计的压缩机的排气量，m^3/min；

Q_T——往复泵的理论流量，m^3/s；

S——活塞的冲程，m。

希腊字母

η——效率；

η_1——操作状态下的效率；

η_p——多变总效率；

ρ——密度，kg/m^3。

第
三
章

沉降与过滤

沉降与过滤

学习目标

● 了解非均相混合物的特点，沉降、过滤、离心分离的基本概念，在工业生产及环境保护中的应用和发展趋势。

● 掌握沉降分离、过滤分离的基本原理，有关计算及设备选用，能够分析解决实际问题。

第一节 概 述

在工业生产中，沉降与过滤是分离非均相物系常用的两种操作，尤其在水污染控制与大气污染控制中得到广泛的应用。

一般来说，混合物可分两大类，即均相混合物与非均相混合物。

物系内部各处物料性质均匀而不存在相界面者，称为均相混合物或均相物系。例如溶液和混合气体都是均相混合物。

物系内部存在相界面，且界面两侧的物料性质截然不同者，称为非均相混合物或非均相物系。在非均相物系中，处于分散状态的物质（如分散于流体中的固体颗粒、液滴或气泡等）称为分散物质或分散相；包围分散物质而处于连续状态的流体称为分散介质或连续相。通常，非均相物系分为两种类型，即

① 气态非均相物系，如含尘气体、含雾气体等。

② 液态非均相物系，如乳浊液、悬浮液、泡沫液等。

一、机械分离

由于非均相物系中分散相和连续相具有不同的物理性质，所以非均相物系通常采用机械方法分离。要实现这种分离，必须使分散的固体颗粒、液滴或气泡与连续的流体之间发生相对运动。因此，非均相物系的分离操作遵循流体力学的基本规律。

根据两相运动方式的不同，机械分离通常有两种操作方式。

（1）沉降 在外力作用下使颗粒相对于流体（静止或运动）运动而实现分离的过程。实现沉降操作的外力可以是重力，也可以是惯性离心力。

因此，沉降过程有重力沉降与离心沉降两种方式。

（2）过滤　流体相对于固体颗粒床层运动而实现固液分离的过程。实现过滤操作的外力可以是重力、压差或惯性离心力。因此，过滤操作又有重力过滤、加压过滤、真空过滤和离心过滤之分。

二、机械分离方法在工业生产中的应用

气态非均相物系的分离，工业上主要采用重力沉降和离心沉降的方法，在某些场合，还可采用惯性分离器、袋滤器、静电除尘器或湿法除尘设备等。

对于液态非均相物系，根据工艺过程要求可采用不同的分离操作，若仅要求悬浮液达到一定程度的增浓，则可采用重力沉降和离心沉降操作；若要使固液彻底地分离，则可采用过滤操作。

机械分离方法在工业生产中的应用主要有以下几个方面。

（1）收集分散物质　例如某些金属冶炼过程中，有大量金属化合物或冷凝的金属烟尘悬浮在烟道气中，收集这些烟尘不仅能提高该种金属的收率，而且是提炼其他金属的重要途径。

（2）净化分散介质　例如某些催化反应的原料气中如果带有灰尘杂质，便会影响催化剂的活性，为此，必须在气体进入反应器之前清除其中的灰尘杂质，以保证催化剂的活性。

（3）环境保护　近年来，工业污染对环境的危害愈来愈明显，因而要求各工厂企业必须清除排出的废气、污水中的有害物质，使其达到规定的排放标准，以保护环境。非均相物系分离过程在环境保护方面具有重要的作用。

本章重点介绍沉降和过滤两种机械分离操作的原理、过程计算和设备。

第二节　重力沉降及设备

沉降操作是靠重力的作用，利用分离物质与分散介质的密度差异，使之发生相对运动而分离的过程，在重力的作用下，发生的沉降过程称为重力沉降。

一、重力沉降速度

1. 球形颗粒的自由沉降

自由沉降是指在沉降过程中，任一颗粒的沉降不因其他颗粒的存在而受到干扰。即流体中颗粒的浓度很低，颗粒之间距离足够大，并且容器壁面的影响可以忽略。单个颗粒在大空间中的沉降或气态非均相物系中颗粒的沉降以及颗粒浓度很低的液态非均相物系中颗粒的沉降都可视为自由沉降。

（1）沉降颗粒的受力情况与分析　设想把一个表面光滑的刚性球形颗粒置于静止的流体中，如果颗粒的密度大于流体的密度，则颗粒将在流体中作自由降落，此时，颗粒受到三个力的作用：重力、浮力与阻力。如图 3-1 所示。重力向下，浮力向上，阻力是流体介质妨碍颗粒运动的力，其作用方向与颗粒运动方向相反，因而是向上作用的。

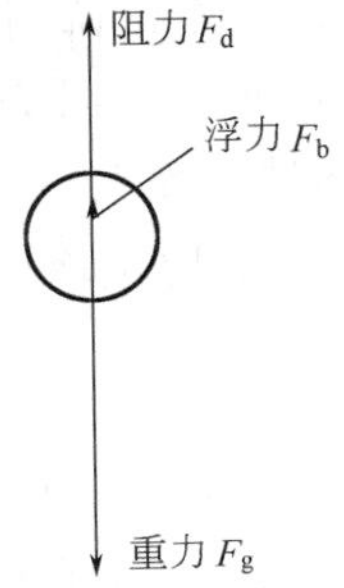

对于一定的颗粒与一定的流体，重力和浮力都是恒定的，而阻力却随颗粒的降落速度而变。

图 3-1　沉降颗粒的受力情况

阻力 F_d

浮力 F_b

重力 F_g

89

令颗粒的密度为 ρ_s，直径为 d，流体的密度为 ρ，则颗粒所受三个力分别为

重力
$$F_g = \frac{\pi}{6} d^3 \rho_s g$$

浮力
$$F_b = \frac{\pi}{6} d^3 \rho g$$

阻力
$$F_d = \zeta A \frac{\rho_s u^2}{2}$$

式中　ρ_s，ρ——分别为颗粒与流体的密度，kg/m^3；

　　　d——颗粒的直径，m；

　　　g——重力加速度，m/s^2；

　　　ζ——阻力系数，无量纲；

　　　A——颗粒在垂直于其运动方向的平面上的投影面积，$A = \pi d^2/4$，m^2；

　　　u——颗粒相对于流体的降落速度，m/s。

依据牛顿第二定律，此三个力的合力应等于颗粒的质量与其加速度 a 的乘积，即

$$F_g - F_b - F_d = ma \tag{3-1}$$

或

$$\frac{\pi}{6} d^3 (\rho_s - \rho) g - \zeta \frac{\pi d^2}{4} \times \frac{\rho_s u^2}{2} = ma \tag{3-1a}$$

式中　m——颗粒的质量，kg；

　　　a——加速度，m/s^2。

（2）颗粒沉降过程分析　颗粒开始沉降的瞬间，其初速度 u 为零，则阻力 F_d 也为零。因此加速度 a 为最大值；当颗粒开始沉降后，阻力随沉降速度 u 的增加而相应加大，加速度 a 则相应减小，当沉降速度 u 达到某一值 u_t 时，阻力、浮力、重力三力平衡，颗粒所受合力为零，即加速度 a 为零。此时，颗粒开始作匀速沉降运动。

由以上分析可知，颗粒在静止流体中的沉降过程可分为两个阶段，第一阶段为加速运动，第二阶段为匀速运动。

由于小颗粒的比表面积很大，使得颗粒与流体间的接触面积很大，在运动中与流体介质相摩擦而产生的阻力也相对大得多，因此，阻力增加很快，在很短时间内便与颗粒所受的净重力（即重力减浮力）接近相等。因此，颗粒沉降时加速运动阶段时间很短，在整个沉降过程中往往可以忽略。

（3）沉降速度的通式　由于颗粒在静止流体中沉降过程加速运动阶段可以忽略，因此，整个沉降过程可视为匀速运动过程。匀速阶段中颗粒相对于流体的运动速度 u_t 称为沉降速度。因为该速度是加速运动阶段终了时颗粒相对于流体的运动速度，故又称为"终端速度"。

由式（3-1a）可得出沉降速度的一般表达式。当 $a = 0$ 时，$u = u_t$，则

$$u_t = \left[\frac{4dg(\rho_s - \rho)}{3\rho\zeta} \right]^{1/2} \tag{3-2}$$

式中　u_t——颗粒的自由沉降速度，m/s。

2. 阻力系数

用式（3-2）计算沉降速度时，首先要确定阻力系数 ζ 值。依据量纲分析，ζ 是颗粒与流体相对运动时雷诺数 Re_t 与颗粒形状系数 φ_s 的函数。ζ 随 Re_t 及 φ_s 变化的实验测定结果见

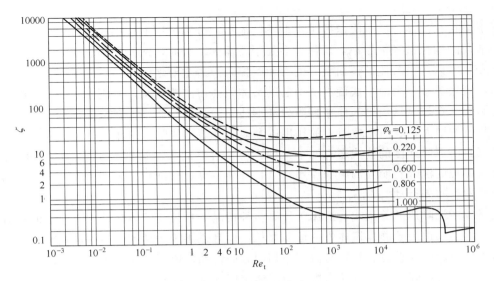

图 3-2 ζ-Re_t 关系曲线

图 3-2。图中，Re_t 为雷诺数，φ_s 为球形度或称形状系数。

$$Re_t = \frac{d u_t \rho}{\mu}$$

式中 μ——流体的黏度，Pa·s。

从图 3-2 中可以看出，对球形颗粒（$\varphi_s = 1$），曲线按 Re_t 值大致分为三个区域，各区域内的曲线可分别用相应的关系式表达如下。

滞流区或斯托克斯（Stokes）定律区（$10^{-4} < Re_t < 1$）

$$\zeta = \frac{24}{Re_t} \tag{3-3}$$

过渡区或艾仑（Allen）定律区（$1 < Re_t < 10^3$）

$$\zeta = \frac{18.5}{Re_t^{0.6}} \tag{3-4}$$

湍流区或牛顿（Newton）定律区（$10^3 < Re_t < 2 \times 10^5$）

$$\zeta = 0.44 \tag{3-5}$$

将式(3-3)、式(3-4) 或式(3-5) 分别带入式(3-2)，便可得到球形颗粒在相应各区的沉降速度公式，即

滞流区

$$u_t = \frac{d^2 (\rho_s - \rho) g}{18 \mu} \tag{3-6}$$

过渡区

$$u_t = 0.27 \left[\frac{d (\rho_s - \rho)}{\rho Re_t^{0.6}} \right]^{1/2} \tag{3-7}$$

湍流区

$$u_t = 1.74 \left[\frac{d (\rho_s - \rho) g}{\rho} \right]^{1/2} \tag{3-8}$$

式(3-6)、式(3-7) 及式(3-8) 分别称为斯托克斯（Stokes）公式、艾仑（Allen）公式

91

和牛顿（Newton）公式。

球形颗粒在流体中的沉降速度可根据不同流型，分别选用上述三式进行计算。由于沉降操作中涉及的颗粒直径都较小，操作大多处于滞流区，因此，斯托克斯公式应用较多。

在滞流区内，由流体黏性而引起的表面摩擦阻力占主要地位。在湍流区内，由流体在颗粒尾部出现边界层分离而形成旋涡所引起的形体阻力占主要地位，而流体黏性对沉降速度已无明显影响。在过渡区内则表面摩擦阻力和形体阻力都不可忽略。在整个范围内，随着雷诺数 Re_t 数值的增大，表面摩擦阻力的作用逐渐减弱，而形体阻力的作用逐渐增强。

计算自由沉降速度的公式还有两个条件：一是容器的尺寸远远大于颗粒的尺寸，否则，器壁会对颗粒的沉降有明显的阻滞作用；二是颗粒不可过分细小，否则由于流体分子的碰撞将使颗粒发生布朗运动。

上述各区沉降速度关系式，适用于计算多种情况下颗粒与流体在重力方向上的相对运动的计算。即不仅适用于静止流体中的运动颗粒，而且适用于运动流体中的静止颗粒，或者是逆向运动着的流体与颗粒、颗粒与流体作相同方向运动但速度不同时相对运动以及颗粒密度大于流体密度的沉降操作和颗粒密度小于流体密度的颗粒浮升运动。

3. 沉降速度的计算

在给定介质中颗粒的沉降速度可采用以下计算方法。

（1）试差法 依据式(3-6)、式(3-7)、式(3-8)计算球形颗粒的沉降速度 u_t 时，首先需要根据雷诺数 Re_t 值以判断流型，而后才能选用相应的计算公式。但是，由于 u_t 尚且待求，则 Re_t 值不能预先得知。所以，沉降速度 u_t 的计算需采用试差法。试差的步骤是：①先假设沉降属于某一流型（例如滞流），选用与该流型相应的沉降速度计算公式计算 u_t；②用求出的 u_t 计算 Re_t 值，检验 Re_t 值是否在原假设的流型区内，如果与原假设一致，则计算的 u_t 有效；否则，按计算的 Re_t 值所确定的流型，选相应的计算公式求 u_t，直到求得的 u_t 所算出的 Re_t 值恰与所用公式的 Re_t 值范围相符为止。

由于通常被沉降的颗粒粒度都比较小，假设沉降在滞流区，大多是一次试差成功。

（2）用无量纲数群 K 值判断流型 计算已知直径的球形颗粒沉降速度时，可根据无量纲数群 K 值判别沉降区，然后选用相应的沉降速度公式计算 u_t。

将式(3-6)代入雷诺数 Re_t 的定义式得

$$Re_t = \frac{d^3(\rho_s - \rho)\rho g}{18\mu^2} = \frac{K^3}{18}$$

则

$$K = d\left[\frac{(\rho_s - \rho)\rho g}{\mu^2}\right]^{1/3} \tag{3-9}$$

在斯托克斯定律区，$Re_t \leqslant 1$，则 $K \leqslant 2.62$，同理，将式(3-8)代入雷诺数定义式，由 $Re_t = 1000$ 可得牛顿定律区的下限值为 69.1。因此，$K \leqslant 2.62$ 为斯托克斯定律区，$2.62 < K < 69.1$ 为艾仑定律区，$K > 69.1$ 为牛顿定律区。

92　【例 3-1】 求直径为 $80\mu m$ 的玻璃球在 20℃水中的自由沉降速度。已知玻璃球的密度 $\rho_s = 2500 kg/m^3$，水的密度 $\rho = 1000 kg/m^3$，水在 20℃ 的黏度 $\mu = 0.001 N \cdot s/m^2$。

解 先假设沉降在滞流区，用式(3-6)斯托克斯定律关系式计算，则

$$u_t = \frac{d^2(\rho_s - \rho)g}{18\mu}$$

$$= \frac{(80 \times 10^{-6})^2 \times (2500 - 1000) \times 9.81}{18 \times 0.001}$$

$$= 5.23 \times 10^{-3} \ (\text{m/s})$$

复核
$$Re_t = \frac{d u_t \rho}{\mu}$$

$$= \frac{80 \times 10^{-6} \times 5.23 \times 10^{-3} \times 10^3}{0.001}$$

$$= 0.418 < 1$$

与假设沉降在滞流区符合，求得的 u_t 有效。

【例 3-2】 试计算直径 d 为 $70\mu\text{m}$，密度 ρ_s 为 3000kg/m^3 的固体颗粒，分别在 20℃的空气和水中的自由沉降速度。

解 （1）在 20℃水中的沉降速度

由附录查得 20℃水的密度为 998.2kg/m^3，黏度为 $1.005 \times 10^{-3}\text{Pa·s}$。

假设颗粒在滞流区内沉降，沉降速度可用式(3-6) 计算得

$$u_t = \frac{d^2 (\rho_s - \rho) g}{18\mu}$$

$$= \frac{7 \times 10^{-5} \times (3000 - 998.2) \times 9.81}{18 \times 1.005 \times 10^{-3}}$$

$$= 5.32 \times 10^{-3} \ (\text{m/s})$$

核算流型
$$Re_t = \frac{d u_t \rho}{\mu}$$

$$= \frac{7 \times 10^{-5} \times 5.32 \times 10^{-3} \times 998.2}{1.005 \times 10^{-3}}$$

$$= 0.3699 < 1$$

原设滞流区正确，所求沉降速度有效。

（2）在 20℃空气中的沉降速度

由附录查得 20℃空气的密度为 1.205kg/m^3，黏度为 $1.81 \times 10^{-5}\text{Pa·s}$。

根据 K 值判别流型，再选用相应的公式计算 u_t，代入式(3-9) 得

$$K = d \left[\frac{(\rho_s - \rho) \rho g}{\mu^2} \right]^{1/3}$$

$$= 7 \times 10^{-5} \times \left[\frac{(3000 - 1.205) \times 1.205 \times 9.81}{(1.81 \times 10^{-5})^2} \right]^{1/3}$$

$$= 3.336$$

由于 K 值大于 2.62，小于 69.1，所以沉降在过渡区，可用艾仑公式即式(3-7) 计算沉降速度 u_t。由式(3-7) 得

$$u_t = \frac{0.154 g^{1/1.4} d^{1.6/1.4} (\rho_s - \rho)^{1/1.4}}{\rho^{0.4/1.4} \mu^{0.6/1.4}}$$

93

$$= \frac{0.154 \times 9.81^{1/1.4} \times (7 \times 10^{-5})^{1.6/1.4} \times (3000 - 1.205)^{1/1.4}}{1.205^{0.4/1.4} \times (1.81 \times 10^{-5})^{0.6/1.4}}$$

$$= 0.452 \ (\text{m/s})$$

由以上计算可看出，同一颗粒在不同介质中沉降时，具有不同的沉降速度，且属于不同

的流型。所以，沉降速度 u_t 是由颗粒特性和介质特性综合因素决定的。

二、重力沉降设备

1. 降尘室

利用重力沉降原理从气流中分离出固体尘粒的设备称为降尘室。最常见的降尘室如图 3-3(a)所示。

含尘气体进入降尘室后，颗粒随气流有一水平向前的运动速度 u，因流通截面积扩大使速度减慢。同时，在重力作用下，以沉降速度 u_t 向下沉降。只要在气体通过降尘室的时间内颗粒能够降至室底，颗粒便可以从气流中分离出来。颗粒在降尘室内的运动情况如图 3-3(b)所示。

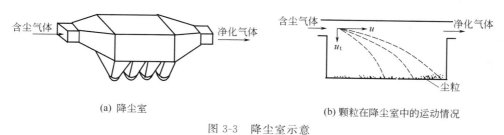

(a) 降尘室 (b) 颗粒在降尘室中的运动情况

图 3-3 降尘室示意

显然，从理论上分析，若要使尘粒从气流中分离出来，则气体通过降尘室的时间至少必须等于其中的尘粒从室顶沉降到室底所需的时间。这是降尘室设计和操作必须遵循的基本原则。

设 H——降尘室的高度，m；

l——降尘室的长度，m；

b——降尘室的宽度，m；

u——气体在降尘室内的水平通过速度，m/s；

q_v——降尘室的生产能力（即含尘气体通过降尘室的体积流量），m^3/s。

则气体通过降尘室的时间为

$$\theta = \frac{l}{u}$$

颗粒从室顶沉降到室底所需的时间为

$$\theta_t = \frac{H}{u_t}$$

故颗粒能沉降而分离出的条件是

$$\theta \geqslant \theta_t \quad 或 \quad \frac{l}{u} \geqslant \frac{H}{u_t} \tag{3-10}$$

依据降尘室的生产能力，气体在降尘室内的水平通过速度为

$$u = \frac{q_v}{Hb}$$

将上式代入式(3-10)并整理，得

$$q_v \leqslant blu_t \tag{3-11}$$

式(3-11)表明，对于一定尺寸的颗粒或 u_t，理论上降尘室的生产能力只与宽度 b 和长度 l 有关，而与降尘室高度 H 无关。所以降尘室通常设计成扁平形，或在室内均匀设置多

层水平隔板，构成多层降尘室，如图 3-4 所示，隔板间距一般为 40～100nm。

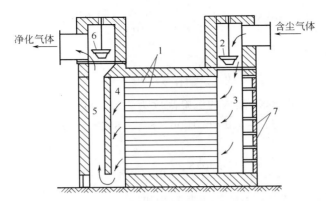

图 3-4　多层降尘室
1—隔板；2,6—调节闸阀；3—气体分配器；4—气体聚集道；5—气道；7—清灰口

若降尘室内设置 n 层水平隔板，则多层降尘室的生产能力为

$$q_v \leqslant (n+1)blu_t \tag{3-11a}$$

需要指出的是，被处理的含尘气体中的颗粒大小不均，沉降速度 u_t 应根据需要完全分离下来的最小颗粒直径计算。同时，气体通过降尘室的速度 u 不应高致使已沉降下来的颗粒重新扬起，一般应保证气体流动的雷诺数处于层流状态。

降尘室，结构简单，流动阻力小，但体积庞大，属于低效率的设备，只适用于分离粗颗粒（一般指颗粒直径大于 $50\mu m$ 的颗粒），通常作为预除尘使用。多层降尘室可分离较细的颗粒，且节省占地面积，但清灰比较麻烦。

【例 3-3】 采用降尘室回收常压炉气中所含的球形固体颗粒。降尘室底面积为 $12m^2$，宽和高均为 2m。操作条件下，气体的密度为 $0.75kg/m^3$，黏度为 $2.6 \times 10^{-5} Pa \cdot s$，固体的密度为 $3000kg/m^3$，降尘室的生产能力为 $3m^3/s$。试求：(1) 理论上能完全捕集的最小颗粒直径；(2) 粒径为 $40\mu m$ 的颗粒回收百分率（即除尘效率）；(3) 若完全回收粒径为 $8\mu m$ 的颗粒，在原来降尘室内需设置几层水平隔板？

解　(1) 理论上能完全捕集的最小颗粒直径

由式(3-11) 可知，在该降尘室内能完全分离出来的最小颗粒的沉降速度为

$$u_t = \frac{q_v}{bl} = \frac{3}{12} = 0.25 \ (\text{m/s})$$

假设沉降在滞流区，则可由斯托克斯公式求得最小颗粒直径

$$d_{min} = \left[\frac{u_t 18\mu}{(\rho_s - \rho)g} \right]^{1/2} = \left[\frac{0.25 \times 18 \times 2.6 \times 10^{-5}}{(3000 - 0.75) \times 9.81} \right]^{1/2} = 63.1 \times 10^{-6} (\text{m}) = 63.1 \ (\mu m)$$

核算沉降流型

$$Re_t = \frac{du_t\rho}{\mu} = \frac{63.1 \times 10^{-6} \times 0.25 \times 0.75}{2.6 \times 10^{-5}} = 0.455 < 1$$

原设沉降在滞流区成立，求得的 d_{min} 有效。

(2) 粒径为 $40\mu m$ 的颗粒回收百分率

假设颗粒在炉气中是均匀分布的。则该尺寸颗粒被分离下来的百分率可由颗粒在降尘室内的沉降高度与降尘室高度之比确定。

由以上计算可知，直径为 $40\mu m$ 的颗粒的沉降必在滞流区，其沉降速度可用斯托克斯公

95

式计算，即

$$u_t' = \frac{d^2(\rho_s - \rho)g}{18\mu} = \frac{(40 \times 10^{-6})^2 \times (3000 - 0.75) \times 9.81}{18 \times 2.6 \times 10^{-5}} = 0.1006 \text{ （m/s）}$$

气体通过降尘室的时间为

$$\theta = \frac{H}{u_t} = \frac{2}{0.25} = 8 \text{ （s）}$$

直径为 $40\mu m$ 的颗粒在 8s 时间内的沉降高度为

$$H' = u_t'\theta = 0.1006 \times 8 = 0.8048 \text{ （m）}$$

则回收率为

$$\frac{H'}{H} = \frac{0.8048}{2} \times 100\% = 40.24\%$$

由于各尺寸的颗粒在降尘室内的停留时间均相同，故 $40\mu m$ 的颗粒回收率亦可用其沉降速度 u_t' 与 $63.1\mu m$ 的颗粒的沉降速度 u_t 之比确定，即

$$\frac{u_t'}{u_t} = \left(\frac{d'}{d}\right)^2 = \left(\frac{40}{63.1}\right)^2 = 0.4018 = 40.18\%$$

（3）若完全回收粒径为 $8\mu m$ 的颗粒需设置的水平隔板数

多层降尘室中需设置的隔板数可用式（3-11a）计算。由以上计算可知，直径为 $8\mu m$ 的颗粒的沉降必在滞流区内，则

$$u_t = \frac{d^2(\rho_s - \rho)g}{18\mu} = \frac{(8 \times 10^{-6})^2 \times (3000 - 0.75) \times 9.81}{18 \times 2.6 \times 10^{-5}} = 0.00503 \text{ （m/s）}$$

对于多层降尘室

$$q_v = (n+1)blu_t$$

$$n = \frac{q_v}{blu_t} - 1 = \frac{3}{12 \times 0.00503} - 1 = 48.7$$

取 $n = 48$

则隔板间距为

$$h = \frac{H}{n+1} = \frac{2}{4.9} = 0.0408 \text{ （m）}$$

核算气体通过多层降尘室的流动雷诺数 Re

$$u = \frac{q_v}{Hb} = \frac{3}{2 \times 2} = 0.75 \text{ （m/s）}$$

$$d_e = \frac{4bh}{2(b+h)} = \frac{4 \times 2 \times 0.0408}{2 \times (2 + 0.0408)} = 0.0799 \text{ （m）}$$

$$Re = \frac{\rho u d_e}{\mu} = \frac{0.75 \times 0.75 \times 0.0799}{2.6 \times 10^{-5}} = 1728 < 2000$$

气体在多层降尘室内的流动为湍流，即在原降尘室内设置 48 层水平隔板，设计合理。

2. 沉降槽

沉降槽又称增浓器或澄清器，是利用重力沉降来提高悬浮液浓度并同时得到澄清液的设备。分为间歇式和连续式两种。

间歇式沉降槽一般为一锥底圆槽。需要处理的悬浮液在槽内静置足够时间以后，增浓的沉渣由槽底部排出，清液由上部排出管抽出。

工业上一般使用连续式沉降槽。连续式沉降槽是底部略成锥状的大直径浅槽，其构造如

图 3-5 所示。料浆经中央进料口送至距液面下 0.3～1.0m 处，连续加入，在尽量减小扰动的条件下，迅速分散到整个横截面上，在此，颗粒下降，清液向上流动，经由槽顶四周的溢流堰连续流出，称为溢流。颗粒下沉至槽底，被转动的齿耙聚拢到底中央的排渣口连续排出。排出的稠浆称为底流。

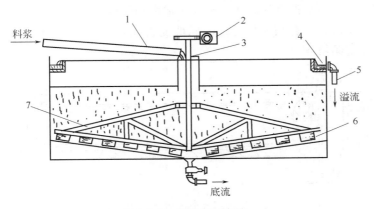

图 3-5　连续式沉降槽

1—进料槽道；2—转动机构；3—料井；4—溢流槽；5—溢流管；6—叶片；7—搅拌耙

沉降槽可用来澄清液体或增浓悬浮液。为了获得澄清液体，沉降槽应有足够大的横截面积，以保证任何瞬间液体向上的速度小于颗粒的沉降速度。为了把沉渣增浓到指定程度，要求颗粒在槽中应有足够的停留时间，沉降槽加料口以下应有足够的高度，以保证压紧沉渣所需要的时间。颗粒在槽内的沉降可分为两个阶段，在加料口以下的一段距离内，由于颗粒浓度低，接近于自由沉降。在槽内的下部，因颗粒浓度大，大都发生颗粒的干扰沉降，沉降速度很慢，所进行的过程为沉聚过程。

连续沉降槽的直径大者数百米，小者数米，高度为 2.5～4m。它适合于处理量大而浓度不高、颗粒也不太细的悬浮液，如污水处理。经沉降槽处理后的沉渣内仍有约 50% 的液体。

为了提高给定类型和尺寸的沉降槽的生产能力，应尽可能提高沉降速度。向悬浮液中加入少量凝聚剂或絮凝剂，使颗粒发生"凝聚或絮凝"；改变一些物理条件（如加热、冷冻或振动），使颗粒的粒度或相界面面积发生变化，都可提高沉降速度。沉降槽中常配置搅拌耙，其作用是把沉渣导向排出口外，能减低非牛顿型悬浮液的表面黏度，并能促使沉积物压紧从而加速沉聚过程。耙的转速约为 0.1～1r/min。

3. 普通沉淀池

生产上用来对污水进行沉淀处理的设备称为沉淀池。沉淀池可分为普通沉淀池和浅层沉淀池两大类。按照池内水流的方向不同，普通沉淀池又有平流式、竖流式和辐流式三种形式。沉淀池的操作区域可分为水流部分和沉淀部分。

① 水流部分　污水在这部分内流动，悬浮固体颗粒也在这部分进行沉降。为了保证水流能均匀地通过各个水断面，通常要在污水的入口处设置挡板，并且使污水的入口置于池内的水面以下。另外在沉淀池的出水口前，设置浮渣挡板，用以防止油污以及水面上的浮渣等流出沉淀池。

② 沉淀部分　沉淀的颗粒与水在这部分分离，沉降到池底的污泥需定期排放。采用机械排泥的沉降池池底是平底，采用泥浆泵或用水的压力排泥的沉降池池底为锥形，另外也可以同时采用两种排泥方式。

（1）平流式沉淀池 设有链带刮泥机的平流式沉淀池结构如图 3-6 所示。污水由进水槽经进水孔流入池中，在孔口的后面设有挡板。进水挡板的作用是降低水流速度，并使水流均匀分布于池中过水部分的整个断面。沉淀池出口为孔口或溢流堰，有时采用锯齿形（三角形）溢流堰，堰前设置浮渣管（或浮渣槽）及挡板，以拦阻和排除水面上的浮渣，使其不致流入出水槽。在沉淀池前部设有污泥斗，池底污泥由刮泥机刮入污泥斗内，污泥借助池中静水压力从污泥管中排出，当有刮泥机时，池底坡度为 0.01～0.02。当无刮泥机时，每个斗有一个排泥管，斗壁倾斜 45°～60°。

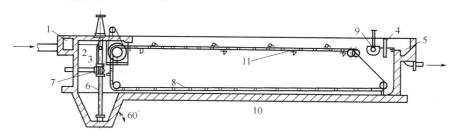

图 3-6 设链带刮泥机的平流式沉淀池

1—进水槽；2—进水孔；3—进水挡板；4—贮水挡板；5—出水槽；6—排泥管；

7—排泥闸门；8—链带；9—排渣管槽；10—刮板；11—链带支撑

平流式沉淀池的优点是构造简单，效果良好，工作性能稳定，但排泥较为困难。

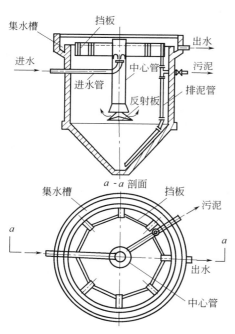

图 3-7 圆形竖流式沉淀池

（2）竖流式沉淀池 竖流式沉淀池的构造如图 3-7 所示。

竖流式沉淀池多用于小流量污水中絮凝性悬浮固体的分离。池面多呈圆形或正多边形。图 3-7 为圆形竖流式沉淀池。沉淀池上部呈圆柱状的部分为沉降区，下部倒圆台部分为污泥区，在两区之间留有缓冲层 0.3～0.5m。污水经进水管进入中心管，由中心管的下口进入池中，借助反射板的阻挡向四周分布于整个水平断面上，缓缓向上流动。水中的悬浮颗粒也随之上升，但同时它又在重力作用下有下沉的趋势。那些重力下沉速度大于水流上升流速的颗粒就沉降到污泥斗中。澄清后的水则由池四周的溢流堰溢入集水槽排出。溢流堰内侧设有半浸没式挡板阻止浮渣被水带出。污泥斗壁倾斜角为 45°～60°，靠 1.5～2.0m 的静水压头排泥，不必装设排泥机械。

竖流沉淀池的直径一般在 4～8m，最大不超过10m。池径与沉淀区的深度（中心管下口和堰口的间距）的比值不宜大于 3，以使水流较稳定和保证竖直运动。中心管内流速不大于0.03m/s。

竖流式沉淀池的优点是排泥容易，不需要机械刮泥设备，便于管理。其缺点是单池容量小，当水量较大时，池数过多，故不宜采用，给水处理中亦多不采用。

（3）辐流式沉淀池　辐流式沉淀池是直径较大，水深相对较浅的圆形池子。辐流式沉淀池的构造如图 3-8 所示。

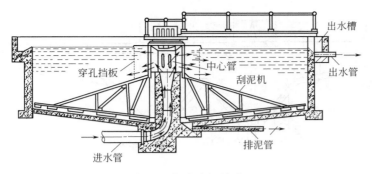

图 3-8　辐流式沉淀池

污水经进水管进入中心管，由中心管管壁上的孔口流入，在穿孔挡板的作用下，均匀地沿池子半径向四周辐射流动，经溢流堰汇入集水槽排出。由于过水断面不断增大，因此流速逐渐变小，颗粒的沉降轨迹是向下弯的曲线，如图 3-9 所示，可使更多的颗粒沉入池底。

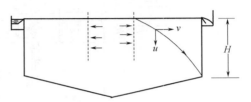

图 3-9　辐流式沉淀池中颗粒下沉轨迹

辐流式沉淀池一般采用机械排泥。沉于池底的泥渣，由安装于桁架底部的刮板刮入泥斗，再借助静压或污泥泵排出。

辐流式沉淀池的直径一般在 20～30m 以上，最大可达 100m，池深约 2.5～5m，适用于大型水厂。

辐流式沉淀池适用范围广，既可作为初次沉淀池，也可作为二次沉淀池。这种沉淀池的缺点是排泥设备庞大，造价较高，维修困难。

4. 平流式沉砂池

沉砂池也是一种沉淀池，其功能主要是去除污水中相对密度较大的无机悬浮物，如砂粒、灰渣等，同时也去除少量较大、较重的有机杂质，如骨屑、种子等。沉砂池通常设置在泵站、沉淀池之前，使水泵和管道免受磨损和阻塞，同时也减轻沉淀池的负荷，使污泥具有良好的流动性，便于排放输送。

沉砂池有三种形式：平流式、竖流式和曝气式。其中以平流式应用最为广泛，其具有构造简单、工作稳定、处理效果好且易于排砂等优点。

平流式沉砂池的构造如图 3-10 所示。

平流式沉砂池的上部过水部分是一条加深、加宽了的明渠，渠的两端用闸板控制水量，池底设有 1～2 个倒棱台形的贮砂斗，斗底有带闸阀的排砂管，以排除贮砂斗内的积砂，也可以用射流泵或螺旋泵排砂。

平流式沉砂池的主要设计参数如下。

（1）结构尺寸　有效水深一般为 0.25～1.0m，不大于 1.2m；渠宽不小于 0.6m；池内超高不小于 0.3m；沉砂量与气候、服务面积、街道清洁程度、工业污水排入情况、垃圾情况等因素有关，对城市污水一般可按每 $10^6 m^3$ 污水沉砂 15～30m^3 计算，其含水量为 60%，容量为 1500kg/m^3。池子的个数或分格数不应小于 2 个。贮砂斗容积一般按 2 日以内的沉砂量设计，斗壁倾角不小于 55°；池底以 0.01～0.02 的坡度坡向砂斗，下部排砂管径不小于 200mm。

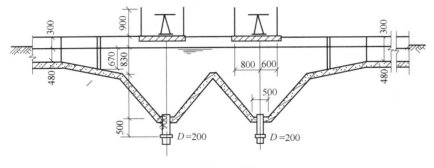

(a) 1-1 剖面

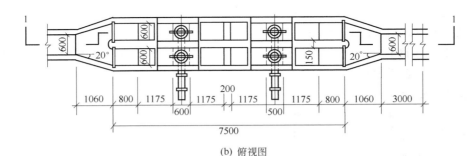

(b) 俯视图

图 3-10　平流式沉砂池

（2）流速　为了保证沉砂池能很好地沉淀砂粒，又使密度较小的有机悬浮物颗粒不被截留，要严格控制水平流速在 0.15～0.3m/s 之间。

（3）停留时间　流量最大时，污水在池内的停留时间不小于 30s，一般为 30～60s。

（4）流量　当污水以自流方式进入时，应取最大小时流量；当用泵送入时，应取工作水泵的最大组合流量。

平流沉砂的缺点在于，尽管控制了水流速度和停留时间，污水中一部分有机悬浮物仍然会在沉沙池内沉积下来，或者由于有机物附着在砂粒表面，随砂粒沉淀而沉积下来，进入后面的污泥中而给排除及处理污泥带来困难。为了克服这个缺点，可采用曝气沉砂池，即在沉砂池的侧壁下部鼓入压缩空气，使池内水流呈螺旋状运动。由于有机物颗粒的密度小，故能在曝气的作用下长期处于悬浮状态，同时，在螺旋过程中，砂粒之间相互碰撞，附着在砂粒表面的有机物也被洗脱下来。

第三节　离心沉降及设备

依靠惯性离心力的作用而实现的沉降过程称为离心沉降。通常，气固相非均相物质的离心沉降在旋风分离器中进行，液固悬浮物系的离心沉降可在旋液分离器或离心机中进行。

一、离心沉降速度

当流体环绕某一中心轴作圆周运动时，则形成了惯性离心力场。在与轴距离为 R、切向

速度为 u_T 的位置上，离心加速度为 $\dfrac{u_T^2}{R}$。显然，离心加速度不是常数，随位置及切向速度而变，其方向是沿旋转半径从中心指向外周。而重力加速度 g 基本上可视为常数，其方向指向地心。因此，在离心分离设备中，可使颗粒获得比重力大得多的离心力。

当颗粒随着流体旋转时，如颗粒密度大于流体的密度，则惯性离心力将会使颗粒在径向上与流体发生相对运动而飞离中心。如果球形颗粒的直径为 d、密度为 ρ_s、与中心轴的距离为 R、流体密度为 ρ、切向速度为 u_T，则和颗粒在重力场中受力情况相似，在惯性离心力场中颗粒在径向上也受到三个力的作用，即惯性离心力、向心力及阻力。向心力和阻力均是沿半径方向指向旋转中心，与颗粒径向运动方向相反。

当三个力达到平衡时，可得到颗粒在径向上相对于流体的运动速度 u_r（即颗粒在此位置上的离心沉降速度）的计算通式

$$u_r = \sqrt{\frac{4d(\rho_s-\rho)}{3\rho\zeta}\times\frac{u_T^2}{R}} \qquad (3\text{-}12)$$

比较式(3-12)与式(3-2)可看出，颗粒的离心沉降速度 u_r 与重力沉降速度 u_t 具有相似的关系式。若将重力加速度 g 改为离心加速度 $\dfrac{u_T^2}{R}$，则式(3-2)即变为式(3-12)，但两者又有明显区别：离心沉降速度 u_r 不是颗粒运动的绝对速度，而是绝对速度在径向上的分量，且方向不是向下而是沿半径向外；此外，离心沉降速度 u_r 不是定值，随颗粒在离心力场中的位置 R 而变；u_t 则是恒定的。

离心沉降同样存在三种沉降流型。各区的阻力系数 ζ 仍可分别用式(3-4)、式(3-5)及式(3-6)的表达式来计算。对于斯托克斯定律区，离心沉降速度可表示为

$$u_r = \frac{d^2(\rho_s-\rho)}{18\mu}\times\frac{u_T^2}{R} \qquad (3\text{-}13)$$

在滞流沉降区，同一颗粒在同种介质中的离心沉降速度与重力沉降速度的比值为

$$\frac{u_T^2}{Rg}=K_c \qquad (3\text{-}14)$$

比值 K_c 就是粒子所在位置上的惯性离心力场强度与重力场强度之比，称为离心分离因数。分离因数是离心分离设备的重要指标。旋风分离器和旋液分离器的分离因数一般在 5～2500 之间，某些高速离心机的 K_c 可高达数十万。例如，当旋转半径 R 为 0.4m，切向速度 u_T 为 20m/s 时，分离因数为

$$K_c = \frac{20^2}{0.4\times 9.81}=102$$

由此可看出，在上述条件下离心沉降速度为重力沉降速度的百倍以上，显然离心沉降设备的分离效果远比重力沉降设备为高。

二、离心沉降设备

通常，根据设备在操作时是否转动，将离心沉降设备分为两类：一类是设备静止不动，悬浮物系作旋转运动的离心沉降设备，如旋风分离器和旋液分离器；另一类是设备本身旋转的离心沉降设备，称为离心机。

1. 旋风分离器

（1）旋风分离器的结构与操作原理 旋风分离器是利用惯性离心力的作用从气体中分离

出所含尘粒的设备。图 3-11 所示为一种具有代表性的旋风分离器，称为标准旋风分离器。主体的上部为圆筒形，下部为圆锥形。含尘气体由圆筒上部的进气管沿切向进入，受器壁的约束向下作螺旋运动。在惯性离心力作用下，颗粒被抛向器壁与气流分离，再沿着壁面落至锥底的排灰口。净化后的气体在中心轴附近范围内由下而上作螺旋运动，最后由顶部排气管排出。图 3-12 的侧视图上描绘了气流在器内的运动情况。通常，把下行的螺旋形气流称为外旋流，上行的螺旋形气流称为内旋流（又称气芯）。内、外旋流气体的旋转方向是相同的。外旋流的上部是主要除尘区。

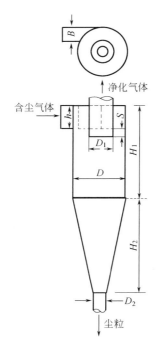

图 3-11　标准旋风分离器

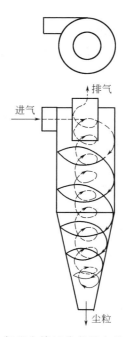

图 3-12　气流在旋风分离器内的运动情况

旋风分离器内的静压力在器壁附近最大，仅低于气体进口处的压力，往中心逐渐降低，在气芯中可降至气体出口压力以下。旋风分离器内的低压气芯由排气管入口一直延伸到底部出灰口。因此，如果出灰口或集尘室密封不良，则会漏入气体，把收集在锥形底部的粉尘重新卷起，严重降低分离效果。

旋风分离器在工业上的应用已有近百年的历史，因为它结构简单，造价低廉，没有活动部件，可用多种材料制造，操作范围宽广，分离效率较高，所以目前是化工、采矿、冶金、轻工、机械等工业部门中最常采用的除尘分离设备。旋风分离器一般用来除去气流中直径在 $5\mu m$ 以上的颗粒。对于粒径为 $5\mu m$ 以下的细粉尘，一般旋风分离器的捕集效率不高，需用袋滤器或湿法捕集。对颗粒含量高于 $200g/m^3$ 的气体，由于颗粒聚结作用，它甚至能除去 $3\mu m$ 以下的颗粒。旋风分离器不适用于处理黏度较大、湿含量较高及腐蚀性较大的粉尘。此外，气量的波动对除尘效果及设备阻力影响较大。对于直径在 $200\mu m$ 以上的粗大颗粒，最好先用重力沉降法除去，以减少颗粒对旋风分离器的磨损。

（2）旋风分离器的性能　在满足气体处理量（即生产能力）的前提下，评价旋风分离器性能的主要指标是尘粒的分离效率及气体经过旋风分离器的压强降。分离效率常用理论上可以完全分离出来的最小颗粒尺寸及尘粒从气流中分离出来的百分数表示。

① 临界粒径　所谓临界粒径是指理论上在旋风分离器中能被完全分离出来的最小颗粒直径，用 d_c 表示。临界粒径是判断分离效率高低的重要参数。若气体在旋风分离器中的停留时间 θ 等于或大于某种尺寸的颗粒所需的沉降时间 θ_t，在一系列假设的条件下可推导出临界粒径的估算式，即

$$d_c = \sqrt{\frac{9\mu B}{\pi N_e \rho_s u_i}} \qquad (3\text{-}15)$$

式中　d_c——临界粒径，m；

$\quad\quad B$——旋风分离器进口管的宽度，m；

$\quad\quad N_e$——旋风分离器中气流的有效旋转圈数，一般取 $N_e = 0.5 \sim 3.0$，对标准旋风分离器取 $N_e = 3 \sim 5$；

$\quad\quad u_i$——旋风分离器进气口气体的速度，m/s；

$\quad\quad \mu$——气体的黏度，Pa·s；

$\quad\quad \rho_s$——固相的密度，kg/m³。

临界粒径愈小，说明旋风分离器的分离效率愈高。由式(3-15)可见，分离效率随旋风分离器尺寸加大而减小。所以，当气体处理量很大，又要求较高的分离效果时，常将若干个小尺寸的旋风分离器并联使用，称为旋风分离器组。

从式(3-15)还可看出，降低气体黏度（即降低气体温度）、适当提高入口气速，均有利于提高旋风分离器的分离效率。

② 分离效率　分离效率又称除尘效率，可直接反映旋风分离器的除尘能力。分离效率有两种表示方法：一是总效率或称综合效率，用 η_0 表示；另一是分效率或称粒级效率，用 η_p 表示。

a. 总效率 η_0 是指进入旋风分离器的全部颗粒中被分离下来的颗粒的质量分数，即

$$\eta_0 = \frac{c_1 - c_2}{c_1} \times 100\% \qquad (3\text{-}16)$$

式中　c_1——旋风分离器入口气体含尘浓度，g/m³；

$\quad\quad c_2$——旋风分离器出口气体含尘浓度，g/m³。

总效率是工程中最常用、也是最易于测定的分离效率。其缺点是不能表明旋风分离器对各种不同尺寸粒子的不同分离效率。

b. 粒级效率 η_p 是指对指定粒径 d 的颗粒被分离下来的质量分数，其中第 i 小段范围内的颗粒的粒级效率 η_{pi} 为

$$\eta_{pi} = \frac{c_{1i} - c_{2i}}{c_{1i}} \times 100\% \qquad (3\text{-}17)$$

式中　c_{1i}, c_{2i}——旋风分离器进出口气体中粒径在第 i 小段范围内的颗粒（其平均粒径为 d_i）的浓度，g/m³。

η_p 与 d 的对应关系可用曲线表示，称为粒级效率曲线，这种曲线可通过实测进出气流中所含尘粒的浓度及粒度分布而获得。某旋风分离器实测的粒级效率曲线如图3-13所示。

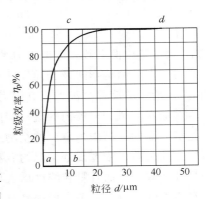

图 3-13　粒级效率曲线

把图 3-13 中的横坐标 d 改为 d/d_{50}，即变为同一形式且尺寸比例相同的旋风分离器通用粒级效率曲线。对于标准型的旋风分离器，无论其尺寸大小，都可用图 3-14 所示通用的 η_p-d/d_{50} 曲线，这就给旋风分离器效率的估算带来了极大方便。

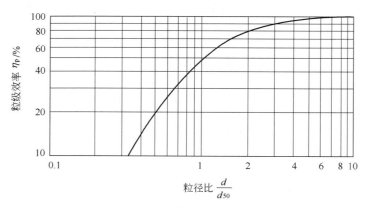

图 3-14　标准旋风分离器的 η_p-d/d_{50} 曲线

d_{50} 是粒级效率恰好为 50% 的颗粒直径，称为分割直径。对标准型旋风分离器，d_{50} 可用下式估算，即

$$d_{50} \approx 0.27 \sqrt{\frac{\mu D}{(\rho_s - \rho) u_i}} \tag{3-18}$$

旋风分离器的总效率 η_0 不仅取决于各种尺寸颗粒的粒级效率，而且还取决于气流中所含尘粒的粒度分布，如果已知气体含尘的粒度分布，则可利用粒级效率曲线按下式估算总效率 η_0，即

$$\eta_0 = \sum_{i=1}^{n} x_i \eta_{pi} \tag{3-19}$$

式中　x_i——粒径在第 i 小段范围内的颗粒占全部颗粒的质量分数；

　　　η_{pi}——第 i 小段范围内的颗粒的粒级效率；

　　　n——全部粒径被划分的段数。

③ 压力降　气体流经旋风分离器时，由于进气管和排气管及主体器壁所引起的摩擦阻力、局部阻力以及气体旋转运动所产生的动能损失等，造成气体的压力降。可仿照第一章的方法，将压力降看做与气体进口动能成正比，即

$$\Delta d = \zeta \frac{\rho u_i^2}{2} \tag{3-20}$$

式中　ζ——比例系数，亦即阻力系数。

对于同一结构形式及相同尺寸比例的旋风分离器，ζ 为常数，不因尺寸大小而变。例如图 3-11 所示的旋风分离器，其阻力系数 $\zeta = 8.0$。旋风分离器的压降一般为 $500 \sim 2000 Pa$。

气流在旋风分离器内的流动情况和分离机理均非常复杂，因此影响旋风分离器性能的因素是多方面的，其中最重要的是物系性质及操作条件。一般说来，颗粒密度大、粒径大、进口气速高及粉尘浓度高等情况均有利于分离。例如，含尘浓度高则有利于颗粒的聚结，可以提高分离效率，而且颗粒浓度增大可以抑制气体涡流，从而使阻力下降，所以较高的含尘浓度对压力降与效率两个方面都是有利的。但有些因素对这两方面的影响是相互矛盾的，譬如进口气速稍高有利于分离，但过高则导致涡流加剧，增大压力降也不利于分离。因此，旋风

分离器的进口气速一般控制在 10～25m/s 范围内为宜。

（3）旋风分离器类型与选用　旋风分离器因在工业上广泛使用，是一种工业通用设备，我国对各种类型的旋风分离器已制定了比较完善的系列，对各种型号的旋风分离器，一般用圆筒直径 D 来表示其各部分的比例尺寸，从系列中可以查到旋风分离器的主要尺寸及主要性能。我国标准的旋风分离器有许多不同的型号，常用的有 CLT、CLT/A、CLP/A、CLP/B 等，上述代号 C 表示除尘器，L 表示离心式，T 表示有倾斜螺旋面进口，P 表示采用蜗壳式进口，A、B 为产品类别，根据使用场合不同，分为 X 型（吸出式）和 Y 型（压入式），根据安装位置不同，又分为 S 型（右旋）和 N 型（左旋），除了单筒的旋风分离器外，也有双筒、四筒的，型号内有数字注明，例如 CLT/A-1.5，即表示这种型号单筒直径为150mm 的规格。CLT/A-2×2.0 表示双筒，直径为 200mm，以 CLT/A-X 表示这种型号的吸入式，CLT/A-Y 表示压入式。

工业上常见的旋风分离器类型如下。

① CLT/A 型　这是采用倾斜螺旋面进口的旋风分离器，其结构形式如图 3-15 所示。它的进口结构在一定程度上可减小上涡流的影响，减小阻力提高分离效率（阻力系数值 ζ 可取 5.0～5.5）。

② CLP 型　CLP 型是带有半螺旋线和螺旋线的旁路分离室的旋风分离器，采用蜗壳式进口，其上沿较器体顶盖稍低。含尘气进入器内后即分为上、下两股旋流。"旁室"结构能迫使被上旋流带到顶部的细微尘粒聚结并由旁室进入向下旋转的主气流而得以捕集，对 $5\mu m$ 以上的尘粒具有较高的分离效果。它的构造简单、性能良好、造价低、易维护。根据器体及旁路分离室形状的不同，CLP 型又分为 A、B 两种形式，图 3-16 所示为 CLP/B 型，其阻力系数值 ζ 可取 4.8～5.8。

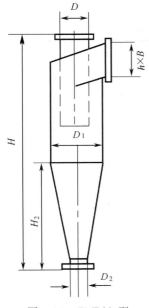

图 3-15　CLT/A 型

$h=0.66D$；$B=0.26D$；$D_1=0.6D$；

$D_2=0.3D$；$H_2=2D$；$H=(4.5～4.8)D$

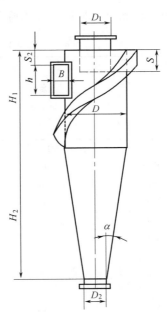

图 3-16　CLP/B 型

$h=0.6D$；$B=0.3D$；$D_1=0.6D$；

$D_2=0.3D$；$H_1=1.7D$；$H_2=2.3D$；

$S=0.8D+0.3D$；$S_2=0.28D$；$\alpha=14°$

105

第三章　沉降与过滤

③ 扩散式 如图 3-17 所示，它主要的特点是圆筒以下部分的直径逐渐扩大，底部有一倒锥体形、顶部有口的反射屏 a，下沿有缝隙与集灰斗相通。因离心力作用达到器壁落下的粉尘，被一部分气流带着通过缝隙进入集尘箱 b，进入箱内气体则经反射屏顶部的口回到旋风分离器内，加入内旋气芯，从排气管排出，扩散式由于采取了反射屏（又叫挡灰盘），已分离的粉尘被重新卷起的机会大为减少，使分离效率提高，分离 $10\mu m$ 以下的颗粒时，其效果比其他形式好，阻力系数值可取 6～7。

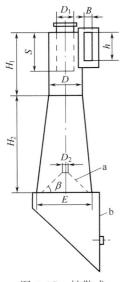

图 3-17 扩散式
旋风分离器

$h=D$；$B=0.26D$；
$D_1=0.6D$；$D_2=0.1D$；
$H_1=2D$；$H_2=3D$；
$S=1.1D$；$E=1.65D$；
$\beta=45°$

在已经规定分离含尘气体的具体任务，要求决定拟采用的旋风分离器类型、尺寸与个数时，首先应根据被处理物系的物性与任务要求，结合各种类型设备的特点，选定适宜旋风分离器形式，然后通过计算决定尺寸与个数。选择旋风分离器形式、确定其主要尺寸的依据有三个方面：一是含尘气体的处理量（或生产能力），二是允许的压强降，三是要求达到的分离效率。按照上述三项指标计算指定形式的旋风分离器尺寸与台数，需要提供该型设备的粒级效率曲线及含尘气体中颗粒的粒度分布数据。当缺乏这些数据时，只能在保证满足规定的生产能力及允许压强降的前提下，对效率作粗略估算。

选定旋风分离器的形式之后，需查找该型旋风分离器的主要性能表，以确定型号。型号是按圆筒直径大小编排的。表 3-1、表 3-2 及表 3-3 分别为 CLT/A、CLP/B 及扩散式旋风分离器的性能表。表中给出各种尺寸的旋风分离器的压力降和生产能力，其中，生产能力的数值为气体流量，单位为 m^3/h；压力降是当气体密度为 $1.2kg/m^3$ 时的数值，当气体密度不同时，压力降数值要予以校正。

表 3-1　CLT/A 旋风分离器的性能

型　　号	圆筒径 D/mm	进口气速 u_i/m·s^{-1}		
		12	15	18
		压力降 Δp/Pa		
		755	1187	1707
CLT/A-1.5	150	170	210	250
CLT/A-2.0	200	300	370	440
CLT/A-2.5	250	400	580	690
CLT/A-3.0	300	670	830	1000
CLT/A-3.5	350	910	1140	1360
CLT/A-4.0	400	1180	1480	1780
CLT/A-4.5	450	1500	1870	2250
CLT/A-5.0	500	1860	2320	2780
CLT/A-5.5	550	2240	2800	3360
CLT/A-6.0	600	2670	3340	4000
CLT/A-6.5	650	3130	3920	4700
CLT/A-7.0	700	3630	4540	5440
CLT/A-7.5	750	4170	5210	6250
CLT/A-8.0	800	4750	5940	7130

表 3-2　CLP/B 旋风分离器的性能

型　号	圆筒径 D/mm	进口气速 u_i/m·s^{-1}		
		12	16	20
		压力降 Δp/Pa		
		412	687	1128
CLP/B-3.0	300	700	930	1160
CLP/B-4.2	420	1350	1800	2250
CLP/B-5.4	540	2200	2950	3700
CLP/B-7.0	700	3800	5100	6350
CLP/B-8.2	820	5200	6900	8650
CLP/B-9.4	940	6800	9000	11300
CLP/B-10.6	1060	8550	11400	14300

表 3-3　扩散式旋风分离器的性能

型　号	圆筒径 D/mm	进口气速 u_i/m·s^{-1}			
		14	16	18	20
		压力降 Δp/Pa			
		78	1030	1324	1570
1	250	820	920	1050	1170
2	300	1170	1330	1500	1670
3	370	1790	2000	2210	2500
4	455	2620	3000	3380	3760
5	525	3500	4000	4500	5000
6	585	4380	5000	5630	6250
7	645	5250	6000	6750	7500
8	695	6130	7000	7870	8740

2. 旋液分离器

旋液分离器又称水力旋流器。是利用离心沉降原理从悬浮液中分离固体颗粒的设备，它的结构与操作原理和旋风分离器类似。主体设备也是由圆筒和圆锥两部分组成，如图 3-18 所示。由于固液间密度差较固、气间密度差小，所以旋液分离器的结构特点是直径小而圆锥部分长。悬浮液经入口管沿切向进入圆筒部分，向下作螺旋形运动，固体颗粒受惯性离心力作用被甩向器壁，随下旋流降至锥底的出口，由底部排出的增浓液称为底流；清液或含有微细颗粒的液体则为上升的内旋流，从顶部的中心管排出，称为溢流。顶部排出清液的操作称为增浓，顶部排出含细小颗粒液体的操作称为分级。内层旋流中心有一个处于负压的气柱。气柱中的气体是由料浆中释放出来的，或者是由溢流管口暴露于大气中时而将空气吸入器内的。

旋液分离器和旋风分离器不同之处是内层旋流中心有一个处于负压的气柱，同时旋液分离器的圆筒部分短，锥形部分长。可以比较充分地发挥锥形部分作用，由于旋转半径小，故离心作用较大。旋液分离器结构简单，没有活动部分，体积小生产能力大，又能处理腐蚀性悬浮液，不仅可以用于液-固悬浮液的分离，而且在分级方面还有显著优点。此外，还可用于不互溶液体的分离、气液分离以

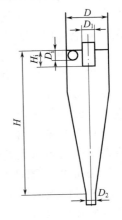

图 3-18　旋液分离器

	增浓	分级
D_i	$D/4$	$D/7$
D_1	$D/3$	$D/7$
H	$5D$	$2.5D$
H_i	$0.3\sim0.4D$	$0.3\sim0.4D$

107

及传热、传质和雾化等操作中。目前在很多工业部门采用，但阻力损失大，磨损也比较严重。

近几年来，为了使微细物料悬浮液有效地分离，开发了超小型旋液分离器（直径小于15mm的旋液分离器），对 $2\sim5\mu m$ 的细粒有很高的分离效率。根据生产能力的要求可采用许多小型旋液分离器并联操作。

第四节 过 滤

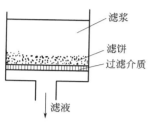

过滤是在外力作用下，使悬浮液中的液体通过多孔介质的孔道，而固体颗粒被截留在介质上，从而实现固、液分离的操作。其中多孔介质称为过滤介质，所处理的悬浮液称为滤浆或料浆，滤浆中被过滤介质截留的固体颗粒称为滤渣或滤饼，滤浆中通过滤饼及过滤介质的液体称为滤液。图3-19是过滤操作的示意。

污水中含有的微粒物质和胶状物质，可以采用机械过滤的方法加以去除。有时过滤方法作为污水处理的预处理方法，用以防止水中的微粒物质及胶状物质破坏水泵，堵塞管道及阀门等。另外过滤法也常用在污水的最终处理，使滤出的水可以进行循环使用。

图 3-19 过滤操作示意

一、过滤操作的基本概念

1. 过滤介质

过滤介质起着支撑滤饼的作用，对其基本要求是应具有足够的机械强度和尽可能小的流动阻力，同时，还应具有相应的耐腐蚀性和耐热性。

工业上常用的过滤介质主要有如下几种。

（1）织物介质（又称滤布） 指由棉、毛、丝、麻等天然纤维及合成纤维制成的织物，以及由玻璃丝、金属丝等织成的网。这类介质能截流颗粒的最小直径为 $5\sim65\mu m$。织物介质在工业上应用最为广泛。

（2）堆积介质 由各种固体颗粒（砂、木炭、石棉、硅藻土）或非编织纤维等堆积而成，多用于深床过滤中。

（3）多孔固体介质 具有很多微细孔道的固体材料，如多孔陶瓷、多孔塑料及多孔金属制成的管或板，能拦截 $1\sim3\mu m$ 的微细颗粒。

（4）多孔膜 用于膜过滤的各种有机高分子膜和无机材料膜。广泛使用的是醋酸纤维素和芳香聚酰胺系两大类有机高分子膜。

2. 滤饼的压缩性及助滤剂

滤饼是由被截留下的固体颗粒堆积而成的床层。根据构成滤饼的颗粒特性，将滤饼分为不可压缩和可压缩两类。颗粒如果是不易变形的坚硬固体（如硅藻土、碳酸钙等），则当滤饼两侧的压强差增大时，颗粒的形状和颗粒间的空隙都不发生明显变化，单位厚度床层的流体阻力可视作恒定，这类滤饼称为不可压缩滤饼。相反，如果滤饼是由某些类似氢氧化物的胶体物质构成，则当滤饼两侧的压强差增大时，颗粒的形状和颗粒间孔隙会有明显的变化，单位厚度饼层的阻力随压强差增大而加大，这种滤饼称为可压缩滤饼。

为了降低可压缩滤饼的过滤阻力，可加入助滤剂以改变滤饼的结构。助滤剂是某种质地坚硬而能形成疏松饼层的固体颗粒或纤维状物质，将其混入悬浮液或预涂于过滤介质上，可以改善饼层的性能，使滤液得以畅流。

对助滤剂的基本要求如下。

① 应能形成多孔饼层的刚性颗粒，以使滤饼有良好的渗透性及较低的流动阻力。

② 应具有化学稳定性，不与悬浮液发生化学反应，也不溶解于液相中。

③ 在过滤操作的压力差范围内，应具有不可压缩性，以保持较高的空隙率。

通常只有在以获得清净滤液为目的时，才使用助滤剂。常用的助滤剂有硅藻土，珍珠岩粉，炭粉或石棉粉。

二、过滤基本方程式

1. 滤液通过饼层的流动特性

在过滤操作中，滤液通过滤饼层（包括颗粒饼层和过滤介质）的流动与流体在管内的流动有相似之处，但又有其自身特点。

① 由于构成饼层的颗粒尺寸通常很小，形成的滤液通道不仅细小曲折，而且互相交联，形成不规则的网状结构。

② 随着过滤操作的进行，滤饼厚度不断增加而使流动阻力逐渐加大，因而过滤属于不稳定操作。

③ 细小而密集的颗粒层提供了很大的液固接触表面，对滤液的流动产生很大阻力，流速很小，滤液通过饼层的流动多属于滞流流动的范围。

2. 过滤速率

单位时间通过单位过滤面积的滤液体积称为过滤速度。通常将单位时间内获得的滤液体积称为过滤速率，单位为 m^3/s 或 m^3/h。过滤速度是单位过滤面积上的过滤速率，应防止将二者混淆。对于不稳态的流动，任一瞬间的过滤速率应写成如下微分形式

$$\frac{dV}{d\theta} = uA = \frac{\varepsilon^3}{5\alpha^2(1-\varepsilon)^2}\left(\frac{A\Delta p_c}{\mu L}\right) \tag{3-21}$$

对于特定物料一定尺寸的颗粒，如果滤饼不可压缩，则 ε、α 为定值，若令 $r = \dfrac{5\alpha^2(1-\varepsilon)^2}{\varepsilon^3}$，则式（3-21）变为

$$\frac{dV}{d\theta} = \frac{A\Delta p_c}{\mu r L} = \frac{A\Delta p_c}{\mu R} \tag{3-21a}$$

式中　V——滤液体积，m^3；

　　　A——过滤面积，m^2；

　　　θ——过滤时间，s；

　　Δp_c——滤液通过滤饼层的压降，Pa；

　　　r——滤饼的比阻，即单位厚度滤饼的阻力，$1/m^2$；

　　　R——滤饼阻力，$1/m$；

　　　L——滤饼厚度，m。

依过滤速度定义，由式（3-21a）可得

$$\frac{dV}{A d\theta} = \frac{\Delta p_c}{\mu r L} = \frac{\Delta p_c}{\mu R} \tag{3-22}$$

显然，式（3-22）具有速度＝推动力/阻力的形式。式中的 $\mu r L$ 及 μR 均为过滤阻力。μ 代表滤液的影响因素，rL 或 R 代表滤饼的影响因素。

同样，对于过滤介质，也可写出相应的关系式，即

$$\frac{dV}{d\theta}=\frac{A\Delta p_{\mathrm{m}}}{\mu r L_{\mathrm{e}}}=\frac{A\Delta p_{\mathrm{m}}}{\mu R_{\mathrm{m}}} \quad \text{或} \quad \frac{dV}{A\,d\theta}=\frac{\Delta p_{\mathrm{m}}}{\mu r L_{\mathrm{e}}}=\frac{\Delta p_{\mathrm{m}}}{\mu R_{\mathrm{m}}}$$

式中　　Δp_{m}——过滤介质上、下游的压力差，Pa；

　　　　L_{e}——过滤介质的当量滤饼厚度，或称虚拟滤饼厚度，m；

　　　　R_{m}——过滤介质阻力，1/m。

通常，滤布与滤饼的面积相同，所以两层中的速率应相等，则

$$\frac{dV}{d\theta}=\frac{A(\Delta p_{\mathrm{c}}+\Delta p_{\mathrm{m}})}{\mu r(L+L_{\mathrm{e}})}=\frac{A\Delta p}{\mu r(L+L_{\mathrm{e}})} \tag{3-23}$$

或

$$\frac{dV}{A\,d\theta}=\frac{\Delta p}{\mu r(L+L_{\mathrm{e}})} \tag{3-24}$$

式中　　Δp——过滤压力差，即滤布与滤饼的总压降，Pa。

在实际的过滤设备上，常有一侧处于大气压下，此时 Δp 也就是过滤的表压强或真空度。

3. 过滤基本方程式

若每获得 1m³ 滤液所形成的滤饼体积为 V(m³)，则任一瞬间的滤饼厚度与当时已经获得的滤液体积之间的关系为

$$LA=\nu V$$

则
$$L=\frac{\nu V}{A} \tag{3-25}$$

式中　　ν——滤饼体积与相应的滤液体积之比，无量纲或 m³/m³。

同理，如生成厚度为 L_{e} 的滤饼所应获得的滤液体积以 V_{e} 表示，则

$$L_{\mathrm{e}}=\frac{\nu V_{\mathrm{e}}}{A} \tag{3-26}$$

式中　　V_{e}——过滤介质的当量滤液体积，或称虚拟滤液体积，m³；

　　　　L_{e}——过滤介质的当量滤饼厚度，或称虚拟滤饼厚度，m。

V_{e} 是与 L_{e} 相对应的滤液体积，因此，一定的操作条件下，以一定介质过滤一定的悬浮液时，V_{e} 为定值，但同一介质在不同的过滤操作中，V_{e} 值不同。

将式(3-25) 与式(3-26) 代入式(3-23) 和式(3-24) 中，可得到不可压缩滤饼的过滤基本方程式，即

$$\frac{dV}{d\theta}=\frac{A^2\Delta p}{\mu r\nu(V+V_{\mathrm{e}})} \tag{3-27}$$

或

$$\frac{dV}{A\,d\theta}=\frac{A\Delta p}{\mu r\nu(V+V_{\mathrm{e}})} \tag{3-28}$$

对可压缩滤饼，比阻在过滤过程中不再是常数，它是两侧压力差的函数。通常用下面的经验公式来估算压力差改变时比阻的变化，即

$$r=r'(\Delta p)^s \tag{3-29}$$

110　式中　　r'——单位压力差下滤饼的比阻，1/m²；

　　　　Δp——过滤压力差，Pa；

　　　　s——滤饼的压缩性指数，无量纲。一般情况下，$s=0\sim1$。对于不可压缩滤饼，$s=0$。

几种典型物料的压缩性指数值，列于表 3-4 中。

表 3-4　典型物料的压缩性指数值

物料	硅藻土	碳酸钙	钛白(絮凝)	高岭土	滑石	黏土	硫酸锌	氢氧化铝
s	0.01	0.19	0.27	0.33	0.51	0.56~0.6	0.69	0.9

将式(3-29)代入式(3-27)，得到

$$\frac{\mathrm{d}V}{\mathrm{d}\theta} = \frac{A^2 \Delta p^{1-s}}{\mu r' \nu (V + V_e)} \qquad (3-30)$$

上式称为过滤基本方程式，表示过滤进程中任一瞬间的过滤速率与各有关因素间的关系，是过滤计算及强化过滤操作的基本依据。该式适用于可压缩滤饼及不可压缩滤饼。对于不可压缩滤饼，因 $s=0$，上式即简化为式(3-27)。

应用过滤基本方程式时，需针对具体的操作方式而积分。过滤的操作方式有两种，即恒压过滤和恒速过滤。有时，为避免过滤初期因压力差过高而引起滤液浑浊或滤布堵塞，可采用先恒速后恒压的复合操作方式，过滤开始时以较低的恒定速度操作，当表压升至给定数值后，再转入恒压操作。当然，工业上也有既非恒速亦非恒压的过滤操作，如用离心泵向压滤机送浆即属此例。

三、恒压过滤

若过滤操作是在恒定压力差下进行的，则称为恒压过滤。恒压过滤时，推动力 Δp 恒定。但滤饼不断变厚致使阻力逐渐增加，因而过滤速率逐渐变小。恒压过滤是最常见的过滤方式。连续过滤机内进行的过滤都是恒压过滤，间歇过滤机内进行的过滤也多为恒压过滤。

1. 恒压过滤方程式

对于一定的悬浮液，μ、r' 及 ν 皆可视为常数，令

$$k = \frac{1}{\mu r' \nu} \qquad (3-31)$$

式中　k——表征过滤物料特性的常数，$\mathrm{m}^4/(\mathrm{N} \cdot \mathrm{s})$ 或 $\mathrm{m}^2/(\mathrm{Pa} \cdot \mathrm{s})$。

将式(3-31)代入式(3-30)，得

$$\frac{\mathrm{d}V}{\mathrm{d}\theta} = \frac{kA^2 \Delta p^{1-s}}{V + V_e} \qquad (3-30a)$$

恒压过滤时，压力差 Δp 不变，k、A、s、V_e 也都是常数。假定获得体积为 V_e(与过滤介质阻力相对应的虚拟滤液体积)的滤液所需的虚拟过滤时间为 θ_e(常数)，则积分的边界条件为

过滤时间	滤液体积
$0 \rightarrow \theta_e$	$0 \rightarrow V_e$
$\theta_e \rightarrow \theta + \theta_e$	$V_e \rightarrow V + V_e$

在上述边界条件下积分

$$\int_0^{V_e} (V + V_e) \mathrm{d}(V + V_e) = kA^2 \Delta p^{1-s} \int_0^{\theta_e} \mathrm{d}(\theta + \theta_e)$$

及

$$\int_{V_e}^{V+V_e} (V + V_e) \mathrm{d}(V + V_e) = kA^2 \Delta p^{1-s} \int_{\theta_e}^{\theta+\theta_e} \mathrm{d}(\theta + \theta_e)$$

令

$$K = 2k \Delta p^{1-s} \qquad (3-32)$$

得到

$$V_e^2 = KA^2 \theta_e \qquad (3-33)$$

111

及
$$V^2 + 2V_eV = KA^2\theta \qquad (3-34)$$

式(3-33)、式(3-34) 相加可得
$$(V+V_e)^2 = KA^2(\theta+\theta_e) \qquad (3-35)$$

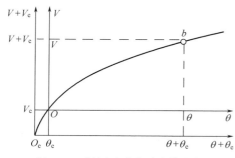

图 3-20 恒压过滤的滤液体积与
过滤时间关系曲线

上式称为恒压过滤方程式,它表明恒压过滤的滤液体积与过滤时间的关系为抛物线方程,如图 3-20所示。

图中曲线 O_eO 段表示与介质阻力相对应的虚拟过滤时间与虚拟滤液体积 V_e 之间的关系,Ob 段表示实际的过滤时间 θ 与施加的滤液体积 V 之间的关系。

当过滤介质阻力可忽略时,$V_e=0$,$\theta_e=0$,则式(3-35) 简化为
$$V^2 = KA^2\theta \qquad (3-36)$$

令 $q=\dfrac{V}{A}$ 及 $q_e=\dfrac{V_e}{A}$,则式(3-33)~式(3-35) 可分别写成如下形式,即
$$q_e^2 = K\theta_e \qquad (3-33a)$$
$$q^2 + 2q_eq = K\theta \qquad (3-34a)$$
$$(q+q_e)^2 = K(\theta+\theta_e) \qquad (3-35a)$$

以上三式也称为恒压过滤方程式。

恒压过滤方程式中的 K 是由物料特性及过滤压力差所决定的常数,称为过滤常数,单位为 m^2/s,θ_e 与 q_e 是反映过滤介质阻力大小的常数,均称为介质常数,单位分别为 s 及 m^3/m^2,三者总称为过滤常数,其数值由实验测定。

又当介质阻力可以忽略时,$q_e=0$,$\theta_e=0$,则式(3-34) 或式(3-35) 可简化为
$$q^2 = K\theta \qquad (3-36a)$$

【例 3-4】 在一压滤机中以恒压过滤某种悬浮液。测得数据为:过滤 10min 得滤液 1.25m^3,再过滤 10min 又得滤液 0.55m^3,试求过滤 30min 共得滤液多少立方米?

解 为要了解滤液量随过滤时间而变化的关系,需用式(3-34) 求之。先利用已知两组数据求 KA^2 及 V_e。

即
$$1.25^2 + 2 \times 1.25V_e = KA^2 \times 10 \times 60$$
$$1.80^2 + 2 \times 1.80V_e = KA^2 \times 20 \times 60$$

解得
$$V_e = 0.0821m^3$$
$$KA^2 = 2.946 \times 10^{-3} \ m^6/s$$

将上述数据代入式(3-34) 即可求得过滤 30min 共得滤液体积 V,即
$$V^2 + 2 \times 0.0821V = 2.946 \times 10^{-3} \times 30 \times 60$$

解得
$$V = 2.22m^3$$

112 则过滤 30min 共得滤液 2.22m^3。

2. 过滤常数的测定

(1) 过滤常数 K、q_e、θ_e 的测定 通常,过滤常数可通过实验来测定。在小型实验设备上,在相同条件下,用同一种物料进行测定。

由微分恒压过滤方程式(3-35a) 得

$$2(q+q_e)dq = K d\theta$$

或

$$\frac{d\theta}{dq} = \frac{2}{K}q + \frac{2}{K}q_e \tag{3-37}$$

上式表明$\frac{d\theta}{dq}$与q成直线关系，直线的斜率为$\frac{2}{K}$，截距为$\frac{2}{K}q_e$。为了测定和计算方便起见，上式左端的$\frac{d\theta}{dq}$可用增量比$\frac{\Delta\theta}{\Delta q}$代替，即

$$\frac{\Delta\theta}{\Delta q} = \frac{2}{K}q + \frac{2}{K}q_e \tag{3-37a}$$

在恒定的压强差下在过滤面积A上对待测的悬浮液进行过滤试验，测出与一系列过滤时间θ对应的累计滤液量V，并由此算出一系列$q\left(q=\frac{V}{A}\right)$值，从而得到一系列相应的$\frac{\Delta\theta}{\Delta q}$与$q$的函数关系，可得一条直线。由直线的斜率$\frac{2}{K}$及截距$\frac{2}{K}q_e$的数值便可求得$K$与$q_e$，再用式(3-33a)求出$\theta_e$之值。这样测得的$K$、$q_e$、$\theta_e$便是此种料浆在特定的过滤介质及压强差下的过滤常数。

在过滤试验条件比较困难时，只要能够测得指定条件下的过滤时间与滤液量的两组对应数据，便可利用式(3-33a)与式(3-34a)算出三个过滤常数。如此求得的过滤常数，其准确性完全取决于这仅有的两组数据，可靠程度往往较差。

（2）压缩性指数s的测定 滤饼的压缩性指数s以及物料特性常数k的确定需要若干不同压力差下对指定物料进行过滤试验的数据，先求出若干过滤压力差下的K值，然后对K-Δp数据加以处理，即可求得s值。

将$K=2k\Delta p^{1-s}$两端取对数，得

$$\lg K = (1-s)\lg(\Delta p) + \lg(2k)$$

因$k=\dfrac{1}{\mu r'\nu}=$常数，故K与Δp的关系在对数坐标上标绘时应是直线，直线的斜率为$1-s$，截距为$2k$。如此可得滤饼的压缩性指数s及物料特性常数k。

值得注意的是，上述求压缩性指数的方法是建立在ν值恒定的条件上的，这就要求在过滤压力变化范围内，滤饼的空隙率应没有显著的改变。

【例 3-5】 在 25℃下对每升水中含 25g 某种颗粒的悬浮液进行了三次过滤试验，所得数据见本例附表1。试求：（1）各Δp下的过滤常数K、q_e、θ_e；（2）滤饼的压缩性指数s。

解 （1）过滤常数

根据实验数据整理出与q值相应的$\frac{\Delta\theta}{\Delta q}$；列于本例附表1中。在普通坐标纸上以$\frac{\Delta\theta}{\Delta q}$为纵轴，$q$为横轴，根据表中数据标绘出$\frac{\Delta\theta}{\Delta q}$-$q$的阶梯形函数关系曲线，在经各水平阶梯线中点作直线，见本例附图1。由图上求得三条直线的斜率和截距，依式(3-37a)可以求得K和q_e，再由式(3-33a)求得θ_e，各次试验条件下的过滤常数计算过程及结果列于本题附表2中。

（2）滤饼的压缩性指数s

将附表2中三次试验的K-Δp数据绘在对数坐标上，得到本题附图2中的Ⅰ、Ⅱ、Ⅲ三个点。由此三点可得一条直线，此直线的斜率为：$1-s=0.7$，于是可求得滤饼的压缩性指数为：$s=1-0.7=0.3$。

例 3-5 附表 1

试验测定项目	I	II	III	I	II	III
过滤压力差 $\Delta p \times 10^{-5}$/Pa	0.463	1.95	3.39	0.463	1.95	3.39
单位面积滤液量 $q \times 10^3$ /$m^3 \cdot m^{-2}$	过滤时间/s			$\dfrac{\Delta \theta}{\Delta q} \times 10^{-3}$/$s \cdot m^{-1}$		
0	0	0	0			
11.35	17.3	6.5	4.3	1.524	0.5727	0.3788
22.70	41.4	14.0	9.4	2.123	0.6608	0.4493
34.05	72.0	24.1	16.2	2.696	0.8899	0.5991
45.10	108.4	37.1	24.5	3.207	1.145	0.7313
56.75	152.3	51.8	34.6	3.868	1.295	0.8899
68.10	201.3	69.1	46.1	4.344	1.524	1.013

例 3-5 附表 2

试验测定项目		I	II	III
过滤压力差 $\Delta p \times 10^{-5}$/Pa		0.463	1.95	3.39
$\dfrac{\Delta \theta}{\Delta q}$-$q$ 直线的斜率 $\dfrac{2}{K}$/$s \cdot m^{-2}$		4.9×10^4	1.764×10^4	1.192×10^4
$\dfrac{\Delta \theta}{\Delta q}$-$q$ 直线的截距 $\dfrac{2}{K} q_e$/$s \cdot m^{-2}$		1260	403	259
过滤常数	K/$m^2 \cdot s^{-1}$	4.08×10^{-5}	1.133×10^{-4}	1.678×10^{-4}
	q_e/$m^3 \cdot m^{-2}$	0.0257	0.0229	0.0217
	θ_e/s	16.2	4.63	2.81

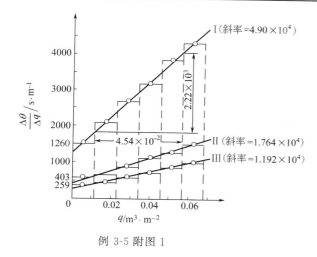

例 3-5 附图 1

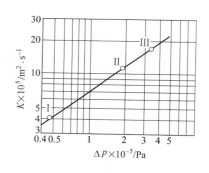

例 3-5 附图 2

四、过滤设备

1. 快滤池

（1）普通快滤池的基本构造　滤池的种类比较多，其基本构造基本相似，在污水深度处理中使用的各种滤池都是在普通快滤池的基础上加以改造形成的，如图 3-21 所示为普通快滤池的构造。

普通快滤池外部由滤池池体、进水管、出水管、冲洗水管、冲洗水排出管等管道及其附件组成；滤池内部由冲洗水排出槽、进水渠、滤料层、垫料层（承托层）、排水系统（配水系统）组成。

① 滤料层　滤料层是滤池的核心部分。单层滤料滤池多以石英砂、无烟煤、陶粒和高炉渣以及最近用于生产的聚氯乙烯和聚苯乙烯球等为滤料。滤池的主要参数有：滤料粒径、滤层高度和滤速等，表3-5所列为用于物理处理和生物处理后的单层滤料滤池的运行与设计参数。

② 垫料层　垫料层的作用主要是承托滤料（故亦称承托层），防止滤料经配水系统上的孔眼流走，同时，使冲洗水在滤池面积上能均匀分布。

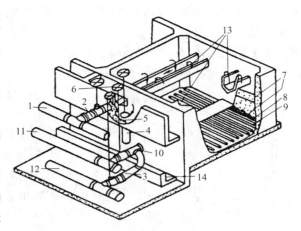

图 3-21　普通快滤池的构造

1—进水总管；2—进水支管；3—浑水管；4—滤料层；
5—承托层；6—配水支管；7—配水干管；8—清水支管；
9—清水总管；10—冲洗水支管；11—排水阀；
12—冲洗水总管；13—洗沙排水槽；14—废水渠

通常选用卵石或砾石，按粒径大小分层铺设垫料层。垫料层的颗粒粒径一般不小于2mm。

表 3-5　单层滤料滤池的运行与设计参数

滤池类型（物理处理后）	滤料粒径/mm	滤料层高度/m	滤速/$m \cdot L^{-1}$
粗滤料滤池	2～3	2	10
大滤料滤池	1～2	1.5～2.0	7～10
中滤料滤池	0.8～1.6	1.0～1.2	5～7
细滤料滤池	0.4～1.2	1.0	5
生物处理后大滤料滤池	1～2	1.0～1.5	5～7

对垫料层的基本要求是：不能被反冲洗水冲动，布水均匀，形成的孔隙均匀，不溶于水，化学稳定性好。

③ 排水系统　排水系统的作用是均匀收集滤后水，均匀分配反冲洗水，故亦称配水系统。排水系统分为两类，即大阻力排水系统和小阻力排水系统。普通快滤池大多采用穿孔管式大阻力排水系统。

（2）普通快滤池的过滤工艺过程　过滤工艺过程包括过滤和反洗两个基本阶段。过滤即截留污染物；反洗即把被截留的污染物从滤料层中洗去，使之恢复过滤能力。从过滤开始到结束所延续的时间称为滤池的工作周期，一般应大于8h，最长可达48h以上。从过滤开始到反洗结束称为一个过滤循环。

过滤开始时，原水自进水管（浑水管）经集水渠、洗砂排水槽分配进入滤池，在池内水自上而下穿过滤料层、垫料层（承托层），由配水系统收集，并经清水管排出。经过一段时间过滤后，滤料层被悬浮物质所阻塞，水头损失逐渐增大至一个极限值，以致滤池出水量锐减；另一方面，由于水流的冲刷力又会使一些已截留的悬浮物质从滤料表面剥落下来而被大量带出，影响出水水质。这时，滤池应停止工作，进行反冲洗。

反冲洗时，关闭浑水管及清水管，开启排水阀及反冲洗进水管，反冲洗水自下而上通过配水系统、垫料层、滤料层、并由洗砂排水槽收集，经集水渠内的排水管排走。反洗过程中，由于反洗水的进入会使滤料层膨胀流化，滤料颗粒之间相互摩擦、碰撞，附着在滤料表面的悬浮物质被冲刷下来，由反洗水带走。

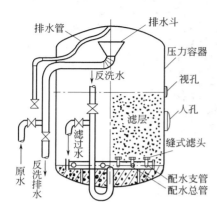

图 3-22　压力滤池

滤池经反冲洗后，恢复过滤和截污的能力，又可重新投入工作。如果开始过滤的出水水质较差，则应排入下水道，直至出水合格，这称为初滤排水。

2. 压力滤池

压力滤池是密闭的钢罐，里面装有和快滤池相似的配水系统和滤料等，是在压力下进行工作的。在工业给水处理中，它常与离子交换软化器串联使用，过滤后的水往往可以直接送到用水装置。

压力滤池的构造见图 3-22。滤料的粒径和厚度都比普通快滤池大，分别为 0.6～1.0mm 和 1.1～1.2m。滤速常采用 8～10m/h 以上，甚至更大。压力滤池的反洗常用空气助洗和压力水反洗的混合方式，以节省冲洗水量，提高反洗效果。

压力滤池的进、出水管上都装有压力表，两表压力的差值就是过滤时的水头损失，一般可达 5～6m，有时可达 10m。配水系统多采用小阻力系统中的缝隙式滤头。

压力滤池分竖式和卧式，竖式滤池有现成的产品，直径一般不超过 3m。卧式滤池直径不超过 3m，但长度可达 10m。压力滤池耗费钢材多，投资较大，但因占地少，又有定型产品，可缩短建设周期，且运转管理方便，在工业中采用较广。

3. 转筒真空过滤机

转筒真空过滤机是一种工业上应用较广的连续操作的过滤机械。设备的主体是一水平转动的水平圆筒，其表面有一层金属网，网上覆盖滤布，筒的下部浸入滤浆槽中，其装置系统如图 3-23 所示。圆筒沿径向分割成若干扇形格，每格都有孔道与分配头相通。凭借分配头的作用，圆筒转动时，这些孔道依次分别与真空管道及压缩空气管道相连通，从而在圆筒回转一周的过程中，每个扇形表面即可顺次进行过滤、洗涤、吸干、吹松、卸饼等操作，对圆筒的每一块表面，转筒转动一周经历一个操作循环。

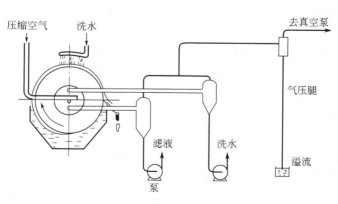

图 3-23　转筒真空过滤机装置示意

116

环境工程原理

分配头由紧密贴合着的转动盘与固定盘构成，转动盘随着筒体一起旋转，固定盘不动，其内侧各凹槽分别与各种不同作用的管道相通。如图 3-24 所示，当扇形格 1 开始浸入滤浆时，转动盘上相应的小孔便与固定盘上的凹槽 f 相对，从而与真空管道连通，吸走滤液。图上扇形格 1～7 所处的位置称为过滤区。扇形格转出滤浆槽后，仍与凹槽 f 相通，继续吸干残留在滤饼中的滤液。扇形格 8～10 所处的位置称为吸干区。扇形格转至 12 的位置时，洗涤水喷洒于滤饼上，此时扇形格与固定盘上的凹槽 g 相通，经另一真空管道吸走洗水。扇形格 12、13 所处的位置称为洗涤区。扇形格 11 对应于固定盘上凹槽 f 与 g 之间，不与任何管道相连通，该位置称为不工作区。当扇形格由一区转入另一区时，不工作区的存在使得操作区不致相互串通。扇形格 14 的位置为吸干区，15 为不工作区。扇形格 16、17 与固定盘凹槽 h 相通，在与压缩空气管道相连，压缩空气从内向外穿过滤布而将滤饼吹松，然后由刮刀将滤饼卸除。扇形格 16、17 的位置称为吹松区及卸料区，18 为不工作区。如此连续运转，整个转筒表面上便构成了连续的过滤操作。

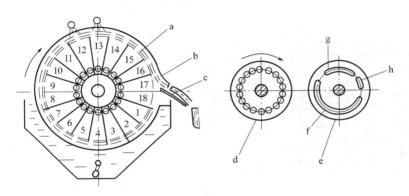

图 3-24 转筒及分配头的结构

a—转筒；b—滤饼；c—割刀；d—转动盘；e—固定盘；f—吸走滤液的真空凹槽；
g—吸走洗水的真空凹槽；h—通入压缩空气的凹槽

转筒的过滤面积一般为 5～40m²，浸没部分占总面积的 30%～40%。转速可在一定范围内调整，通常为 0.1～3r/min。滤饼厚度一般保持在 40mm 以内。转筒过滤机所得滤饼中的液体含量很少低于 10%，一般约为 30% 左右。

转筒真空过滤机能连续自动操作，节省人力，生产能力大，特别适宜于处理量大而容易过滤的料浆，对难于过滤的胶体物系或微细颗粒的悬浮液，如采用预涂助滤剂的措施也比较方便，但附属设备较多，投资费用高，过滤面积不大。此外，由于它是真空操作，因而过滤推动力有限，尤其不能过滤温度较高（饱和蒸气压高）的滤浆，滤饼的洗涤也不够充分。

近年来，过滤技术发展较快。过滤设备的开发与研究主要着重于提高自动化程度，降低劳动强度，改善劳动条件；减少过滤阻力，提高过滤速率；减少设备所占空间，增加过滤面积；降低滤饼含水率，减少后续干燥操作的能耗。

4. 微滤机

微滤机是一种机械过滤装置，其构造包括水平转鼓和金属滤网。转鼓和滤网安装在水池内，水池内还设有隔板。转鼓转动的圆周速度一般为 30m/min，三分之二的转鼓浸在池水中。滤网为含钼的不锈钢丝织成，孔径有 60μm、35μm、23μm 三种，亦有采用 100μm 孔径的金属丝网。带有金属滤网转鼓的微滤机，如图 3-25 所示。

微滤机的工作原理是污水通过金属网细孔进行过滤。污水从转鼓的空心轴管,通过金属网孔过滤后流入水池。截留在网上的悬浮物,随着转鼓转动到上面时,被冲洗水冲下,收集在转鼓内,随同冲洗水一起,从空心轴出口排出。微滤机的过滤及冲洗过程均为自动进行。

微滤机的优点为设备结构紧凑,处理污水量大,操作方便,占地较小。缺点是滤网的编织比较困难。

5. 袋式除尘器

(1) 袋式除尘器的结构形式　袋式除尘器的结构有多种形式,按不同特点可作如下分类。

① 按滤袋形状分类　除尘器的滤袋主要有圆袋和扁袋两种。圆袋除尘器结构简单,便于清灰,应用最广;扁袋除尘器单位体积过滤面积大,占地面积小,但清灰、维修较困难,应用较少。

② 按含尘气流进入滤袋的方向分类　可分为内滤式和外滤式两种。如图 3-26 所示,内

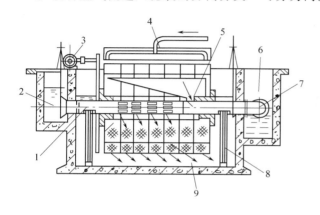

图 3-25　微滤机

1—空心轴;2—进水渠;3—电机;4—反冲洗设备;
5—集水斗槽;6—集水渠;7—反冲洗排水管;
8—支承轴承;9—水池

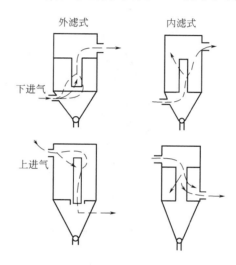

图 3-26　袋式除尘器形式

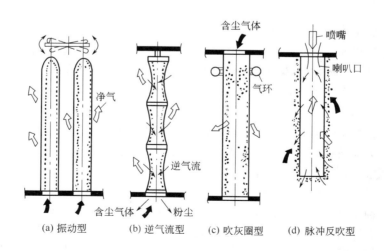

图 3-27　典型清灰机理示意

滤式含尘气体首先进入滤袋内部，故粉尘积于滤袋内部，便于从滤袋外侧检查和换袋，外滤式含尘气体由滤袋外部到滤袋内部，适合于用脉冲喷吹等清灰。

③ 按进气方式的不同分类　可分为下进气和上进气两种方式。如图 3-26 所示，下进气，含尘气流由除尘器下部进入除尘器内，除尘器结构简单，但由于气流方向与粉尘沉降方向相反，清灰后会使细粉尘重新附集在滤袋表面，使清灰效果受影响；上进气，含尘气流由除尘器上部进入除尘器内。粉尘沉降方向与气流方向一致，粉尘在袋内迁移距离较下进气远，能在滤袋上形成均匀的粉尘层，过滤性能比较好，但除尘器结构复杂。

④ 按清灰方式　可分为四种类型：机械振动清灰、逆气流清灰、吹灰圈清灰及脉冲清灰，如图 3-27 所示。

图 3-28 为机械清灰结构示意图。它利用电机带动振打机构产生垂直振动或水平振动。图 3-29 为脉冲清灰结构示意图。清灰时，由袋的上部输入压缩空气，通过文氏喉管进入袋内。这股气流速度较高，清灰效果很好。目前国内外多采用这种清灰方式。

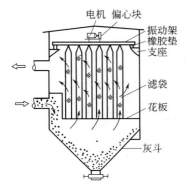

图 3-28　机械清灰式除尘器

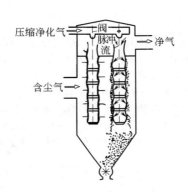

图 3-29　脉冲清灰式除尘器

（2）袋式除尘器的选择

① 滤布的选择　滤布是袋式除尘器的主要部件，其造价一般占设备投资的 10%～15% 左右。滤布的好坏对袋式除尘器的除尘效率、压力损失、操作维修等影响很大。性能良好的滤料应具有：容尘量大，清灰后能在滤料上保留一定的永久性粉尘；透气性好，过滤阻力低；抗皱褶性、耐磨、耐温及耐腐蚀性能好，使用寿命长；吸湿性好，容易清除粘附在上面的粉尘；成本低，滤布的材料可用天然滤料、合成纤维和无机纤维。滤布有不同的编织法，有平纹、斜纹、缎纹等，其中以斜纹滤布的净化效率和清灰效果较好，且滤布堵塞少，处理风量较高，故应用较普遍。一些滤料的特性见表 3-6。棉布是最便宜的织物，通常用于低温除尘器；较贵的纤维用于高温耐腐的除尘器。选择时应根据气体和粉尘物性、操作条件及设备投资综合考虑。

表 3-6　用做滤料的一些纤维织物的特性

纤　维	机械强度	最高使用温度 /℃	耐腐蚀			特　性	一般应用
			酸	碱	有机溶剂		
棉织物	强	80	差	中	好	低费用	低温粉尘作业
毛料	中	95	中	差	好	低费用	冶炼炉
聚酰胺(尼龙)	强	100	中	好	好	易清灰	低温破碎粉尘作业
聚酯(涤纶)	强	135	好	中	好	易清灰	冶炼炉、化工厂、电弧炉

119

纤　维	机械强度	最高使用温度/℃	耐腐蚀			特　性	一般应用
			酸	碱	有机溶剂		
四氟乙烯	中	260	好	好	好	昂贵	化工厂
玻璃纤维	强	280	中	中	好	耐磨性差	冶炼炉、电弧炉、炭黑厂
诺曼克斯(Nomex)尼龙	强	230	好	中	好	抗湿性差	冶炼及电弧炉

② 过滤速度的确定　过滤速度低，压力损失小，则除尘效率高，但处理相同气体量的过滤面积大，设备体积和耗钢材量大；速度过高，虽然过滤面积小，设备总投资少，但除尘器压力损失大，滤布损伤快，总的运转费用高，再者速度过高，除尘效率随之降低。故在选择速度时，应根据物料物性及清灰方式综合考虑。表 3-7 所列过滤速度可供设计时参考。

表 3-7　不同物料及清灰方式时袋式除尘器的过滤速度

序号	粉　尘　种　类	清　灰　方　式		
		振打与逆气流联合	脉冲喷吹	反吹风
1	炭黑[①]、氧化硅(白炭黑)、铅[①]、锌的升华物以及其他在气体中由于冷凝和化学反应而形成的气溶胶、化妆粉、去污粉、奶粉、活性炭、由水泥窑排出的水泥[①]等	0.45～0.5	0.8～2.0	0.33～0.45
2	铁[①]及铁合金[①]的升华物、铸造尘、氧化铝、由水泥磨排出的水泥[①]、碳化炉升华物[①]、石灰、刚玉、安福粉及其他肥料、塑料、淀粉	0.5～0.75	1.5～2.5	0.45～0.55
3	滑石粉、煤、喷砂清理尘[①]、飞灰[①]、陶瓷生产的粉尘[①]、炭黑(二次加工)、颜料、高岭土、石灰石[①]、矿尘[①]、铝土矿、水泥(来自冷却器)、搪瓷[①]	0.7～0.8	2.0～3.0	0.6～0.9
4	石棉、纤维尘[①]、石膏、珠光石、橡胶生产中的粉尘[①]、盐、面粉、研磨工艺中的粉尘[①]	0.3～1.1	2.5～4.5	—
5	烟草、皮革粉、混合饲料、木材加工中的粉尘、粗植物纤维(大麻、黄麻等)	0.9～2.0	2.5～6.6	—

① 指基本上为高温的粉尘，多采用反吹风清灰袋式除尘器捕集。过滤速度以米/秒(m/s)计。

袋式除尘器的除尘效率高，广泛应用于各种工业生产除尘中。它比电除尘器的结构简单、投资少、运行稳定，可回收有用粉料；与文丘里洗涤器相比，动力消耗小，回收的干粉尘便于综合利用，不产生泥浆。因此，对于细小而干燥的粉尘，采用袋式除尘器净化是适宜的。

袋式除尘器不适用于含有油雾、凝结水和粉尘黏性大的含尘气体，一般也不耐高温。此外应注意的是，若在袋式除尘器附近有火花，则可能有爆炸的危险。另外，袋式除尘器占地面积较大，更换滤袋和检修不太方便。

第五节　离　心　机

一、基础知识

利用离心力以分离非均相混合物的设备，除旋风(液)分离器以外，还有离心机。离心机所分离的非均相混合物中至少有一相是液体，即为悬浮液或乳浊液。它与旋风(液)分离器的主要区别在于离心力是通过设备本身的旋转而产生的，并非由于被分离的混合物以切线方向进入设备而产生。离心机由于可产生很大的离心力，故可以分离出用一般过滤方法不能除去的小颗粒，又可以分离包含两种密度不同的液体的混合物；分离速率也大，例如悬浮液用过滤方法处理若需 1h，用离心分离只需几分钟，而且可以得到比较干的固体渣。离心机的主要部件是一个载着物料以高速旋转的转鼓，会产生很大的应力，故保证设备的机械强度以及安全，是极为重要的。

按分离的方式离心机可分为下列几种。

（1）过滤式离心机　鼓壁上开孔，覆以滤布，悬浮液注入其中随之旋转。液体在离心力作用下穿过滤布及壁上的小孔排出，而固体颗粒则截留在滤布上。

（2）沉降式离心机　鼓壁上无孔，悬浮液中颗粒的直径很小而浓度不大，则沉降在鼓壁上到一定厚度后将其取出，清液从鼓的上方开口溢流而出。

（3）分离式离心机　用于乳浊液的分离。不均匀的液体混合物被鼓带动旋转时，密度大者趋向器壁运动，密度小者集中在中央，分别从靠近外周及位于中央的溢流口流出。

根据分离因数的大小又可将离心机分为：常速离心机（$K_c < 3 \times 10^3$，一般为 600～1200），高速离心机（$K_c = 3 \times 10^3 \sim 5 \times 10^3$），超速离心机（$K_c > 5 \times 10^4$）。

最新式的离心机，其分离因数可高达 5×10^5 以上，常用来分离胶体颗粒及破坏乳浊液等。分离因数的极限值取决于转动部件的材料强度。

在离心机内，由于离心力远远大于重力，所以重力的作用可忽略不计。

离心机的操作方式也有间歇操作与连续操作之分。此外，还可根据转鼓轴线的方向将离心机分为立式与卧式。

二、离心机的类型

1. 三足式离心机

图 3-30 所示的三足式离心机是间歇操作、人工卸料的立式离心机，在工业上采用较早，目前仍是国内应用最广泛，生产数目最多的一种离心机。

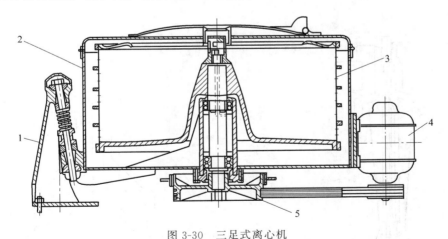

图 3-30　三足式离心机

1—支脚；2—外壳；3—转鼓；4—马达；5—皮带轮

三足式离心机有过滤式和沉降式两种，其卸料方式又可分为上部卸料与下部卸料两种方式。离心机的转鼓支撑在装有缓冲弹簧的杆上，以减轻由于加料或其他原因造成的冲击。目前国内生产的三足式离心机技术参数范围如下。

转鼓直径/m	0.45～1.5	转速/r·m⁻³	730～1950

转鼓直径/m　　0.45～1.5　　　　转速/r·m⁻³　　　730～1950
有效容积/m³　　0.02～0.4　　　　分离因数 K_c　　450～1170

三足式离心机结构简单，运转平稳，适应性强，所得滤饼中的固体含量少，滤饼中固体颗粒不易受损伤，适用于小批量物料的间歇生产。其缺点是卸料时劳动强度大，生产能力低。近年来已研制出自动卸料及连续生产的三足式离心机。

2. 管式高速离心机

管式高速离心机是一种能产生高强度离心力场的离心机，转鼓的转速可达 $8×10^3～5×10^4$ r/min。为尽量减小转鼓所受的压力，则采用较小的鼓径，这样使得在一定的进料量下，悬浮液沿转鼓轴向运动的速度较大。为使物料在鼓内有足够的沉降时间，只能增大转鼓的长度，导致转鼓成为细高的管式结构的特点，如图 3-31 所示。

管式高速离心机生产能力小，但能分离普通离心机难以处理的物料，如分离乳浊液及含有稀薄微细颗粒的悬浮液。

由底部进料管将乳浊液或悬浮液送入转鼓，鼓内有径向安装的挡板（图中未画出），以带动液体迅速旋转。处理乳浊液时，则液体分轻重两层各由上部不同的出口流出；处理悬浮液时，则可只有一个液体出口，而微粒附着在鼓壁上，操作一定时间后停车取出。

3. 碟片式高速离心机

碟片式高速离心机用于不互溶液体混合物的分离及从液体中分离出极细的颗粒。如图 3-32 所示，离心机的底部为圆锥形，壳内有几十以至一百以上的圆锥形碟片重叠成层，由一垂直轴带动而高速旋转。碟片在中央至周边部分开有孔，各孔串连成垂直的通道。要分离的液体混合物从顶部的垂直管送入，直到底部，在其经过碟片上的孔上升时，受离心力作用而分布于两碟片之间的窄缝中，相对密度大的液体趋向外周，到达机壳内壁后上升到上方的重液出口流出；轻液则趋向中心而由上方较靠近中央的轻液出口流出。各碟片的作用在于将液体分成许多薄层，缩短液滴沉降距离；液体在狭缝中流动所产生的剪切力亦有助于破坏乳浊液。

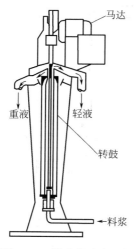

图 3-31　管式高速离心机

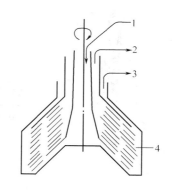

图 3-32　碟片式高速离心机
1—加料；2—轻液出口；3—重液
出口；4—固体物积存区

若液体中有少量细颗粒悬浮固体，这些颗粒也趋向外周运动而到达机壳内壁附近沉积下来，可间歇地加以清除。

碟片式高速离心机也简称分离机，碟片直径大的可至 1m，转速多在 4000～7000r/min 之间，分离因数为 4000～10000。广泛应用于润滑油脱水，牛乳脱脂、饮料澄清、催化剂分离等。

<h1 style="text-align:center">第六节　气体的其他净制设备</h1>

一、中心喷雾式旋风洗涤器

旋风式洗涤器与干式旋风除尘器相比，由于附加了水滴的捕集作用，除尘效率明显提高。旋风洗涤器适用于净化大于 $5\mu m$ 的粉尘。在净化亚微米范围的粉尘时，常将其串联在文丘里洗涤器之后，作为凝聚水滴的脱水器。

中心喷雾式旋风洗涤器的构造如图 3-33 所示。含尘气体由圆柱体的下部切向引入，液体通过轴向安装的多头喷嘴喷入，径向喷出的液体与螺旋形气流相遇而粘附粉尘颗粒，加以去除。入口处的导流板可以调节气流入口速度和压力损失。调节中心喷雾管入口处的水压可使之得到进一步的控制。如果在喷雾段上端有足够的高度时，圆柱体上段就起着除沫器的作用。

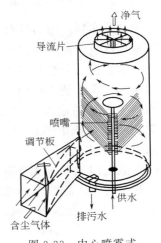

图 3-33　中心喷雾式旋风洗涤器

这种洗涤器的入口风速通常在 15m/s 以上，洗涤器断面风速一般为 1.2～24m/s，压力损失为 500～2000Pa，耗水量为 0.4～1.3L/m³，对于各种小于 $5\mu m$ 的粉尘净化率可达 95%～98%。这种洗涤器也适用于吸收锅炉烟气中的 SO_2，当用弱碱溶液为洗涤液时，吸收率在 94% 以上。

中心喷雾式旋风洗涤器结构简单，设备造价低，运行稳定可靠。由于尘粒与液滴之间相对运动速度大，因而增大了粉尘被捕集的概率。

二、文丘里洗涤器

文丘里洗涤器是一种高效湿式洗涤器，常用在高温烟气降温和除尘上。文丘里洗涤器由引水装置（喷雾器）、文氏管本体及脱水器三部分组成。其构造如图 3-34 所示。文氏管本体由渐缩管、喉管和渐扩管组成。含尘气流由风管进入渐缩管之后，流速逐渐增大，气流的压力逐渐变成动能；进入喉管时，流速达到最大值，静压下降到最低值；以后在渐扩管中则进行着相反的过程，流速减小，压力回升。文丘里洗涤器的除尘过程为：水通过喉管周边均匀分布的若干小孔进入，然后被高速的含尘气流撞击成雾状液滴，气体中尘粒与液滴凝聚成较大颗粒，并随气流进入旋风分离器中与气体分离，因此文丘里洗涤器必须和旋风分离器联合使用。文丘里洗涤器的除尘过程，可概括为雾化、凝聚和分离除尘（脱水或除雾）三个阶段，前两个阶段在文丘里管内进行，后一阶段在除雾器内进行。

123

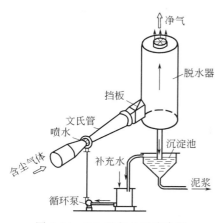

图 3-34　PA 型文丘里洗涤器

由于文丘里洗涤器对细粉尘具有较高的净化效率，且对高温气体的降温也有很好的效果。因此，常用于高温烟气的降温和除尘，如对炼铁高炉、炼钢电炉烟气以及有色冶炼和化工生产中的各种炉窑烟气的净化方面都常使用。文丘里洗涤器具有体积小，构造简单，除尘效率高等优点，其最大缺点是压力损失大。

三、泡沫除尘器

泡沫除尘器又称泡沫洗涤器，简称泡沫塔，其构造如图 3-35 所示。通常，泡沫除尘器分为无溢流泡沫除尘器 [见图 3-35(b)] 和有溢流泡沫除尘器 [见图 3-35(a)] 两类。

泡沫除尘器一般为塔形，根据允许压力降和除尘效率，在塔内设置单层或多层塔板。塔板一般为筛板，通过顶部喷淋（无溢流）或侧部供水（有溢流）的方式，保持塔板上具有一定高度的液面。含尘气流由塔下部导入，均匀通过筛板上的小孔而分散在液相中，同时产生大量的泡沫，增加了两相接触的表面积，被捕集下来的尘粒，随水流从除尘器下部排出。

无溢流泡沫除尘器采用顶部喷淋供水，筛板上无溢流堰，筛板孔径 5～10mm，开孔率为 20%～30%。气流的空塔速度为 1.5～3.0m/s，含尘污水由筛孔漏至塔下部污泥排出口。

有溢流泡沫除尘器利用供水管向筛板供水。通过溢流堰维持塔板上的液面高度，液体横穿塔板经溢流堰和溢流管排出。筛孔直径 4～8mm，开孔率20%～25%，气流的空塔速度为 1.5～

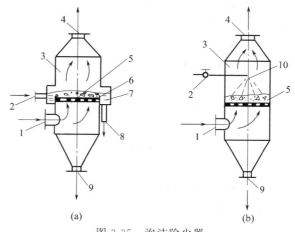

图 3-35　泡沫除尘器

1—烟气入口；2—洗涤液入口；3—泡沫洗涤器；4—净气出口；
5—筛板；6—水堰；7—溢流槽；8—溢流水管；
9—污泥排出口；10—喷嘴

3.0L/m^3，耗水量约 0.2～0.3L/m^3。泡沫除尘器的除尘效率主要取决于泡沫层的厚度。泡沫层越厚，除尘效率越高，阻力损失也越大。一般泡沫层高度可取 100mm 左右，气流压力损失大约 500～800Pa。

四、静电除尘器

静电除尘是利用静电力从气流中分离悬浮粒子（尘粒或液滴）的一种方法。它与重力除尘、离心除尘的根本区别在于其分离的能量是通过静电力直接作用在尘粒上，而不是作用在整个气流上，因此分离尘粒所消耗的能量很低。

1. 静电除尘器的分类

静电除尘器一般有如下几种分类法。

（1）按集尘器的形式分类　可分为圆管型和平板型静电除尘器，如图 3-36(a)、图 3-36

（b）所示。管式静电除尘器电场强度变化比较均匀，通常皆采用湿式清灰；板式静电除尘器电场强度变化不均匀，清灰方便，制作安装比较容易，结构布置较灵活。

（2）**按荷电和放电空间布置**　一般可分为一段式和二段式静电除尘器。一段式静电除尘器如图 3-36（a）和图 3-36（b）所示，颗粒荷电与放电是在同一个电场中进行，现在工业上一般都采用这种形式；二段式电除尘器如图 3-36（c）所示，颗粒在第一段荷电，在第二段放电沉积，主要用于空调装置。

（3）**按气流方向**　可分为卧式和立式两种。前者气流方向平行于地面［如图 3-36（b）］，占地面积大，但操作方便，故目前被广泛采用；后者气流垂直于地面，通常由下而上，圆管型电除尘器均采用立式如图 3-36（a），占地面积小，捕集颗粒容易产生再飞扬。

（4）**按清灰方式**　可分为干式和湿式两种。干式电除尘器如图 3-36（b）所示。采用机械、电磁、压缩空气等振打清灰，处理温度可高达 $350\sim450℃$，有利于回收较高价值的颗粒物；湿式电除尘器如图 3-36（a）所示。通过喷淋或溢流水等方式清灰，无粉尘再飞扬，效率高，但操作温度低，增加了含尘污水处理工序。

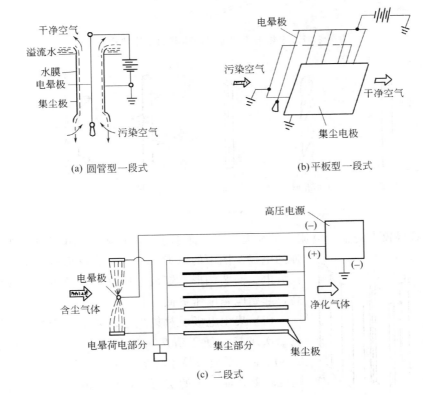

图 3-36　静电除尘器的类型

2. 静电除尘器的结构

平板形干式静电除尘器本体结构如图 3-37 所示，它主要是由电晕极（电晕电极）、集尘极（集尘电极）、清灰装置、气流分布装置和灰斗组成。

（1）**电晕电极**　电晕电极要求起始电晕电压低，电晕电流大，机械强度高。如图 3-38 所示为各种电晕电极的形式。其中半径小、表面曲率大的电极起始电晕电压低，在相同电场

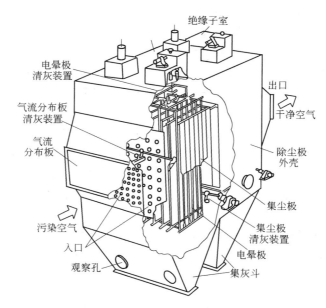

图 3-37　平板形干式静电除尘器的本体结构

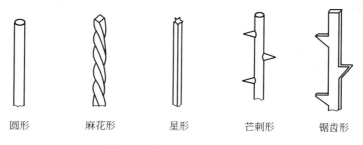

圆形　　麻花形　　星形　　芒刺形　　锯齿形

图 3-38　各种电晕电极的形式

强度下，能够获得较大的电晕电流；半径大、表面曲率小的电极则电晕电流小，但能形成较

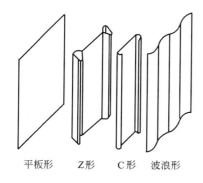

平板形　Z形　C形　波浪形

图 3-39　各种集尘电极的形式

强的电场。图中的圆形、麻花形、星形电晕电极是沿线全长放电。而芒刺形、锯齿形则是尖端放电，其放电强度更高，起始电晕电压更低。

（2）集尘电极　对集尘电极要求易于尘粒的沉积，避免二次飞扬，便于清灰，具有足够的刚度和强度。如图3-39所示，平板形易于清灰、简单，但尘粒二次飞扬严重、刚度较差，而图中的Z形、C形、波浪形则有利于尘粒沉积，二次飞扬少且有足够的刚度，因此应用较多。

（3）清灰装置　清灰的主要方式有机械振打、电磁振打、刮板清灰、水膜清灰等。如图3-40（a）所示为用挠臂锤振打电极框架的机械清灰方式，也是目前普遍采用的一种；如图3-40（b）所示为移动刮板的清灰方式，适用于不易靠振打清灰的黏结性粉尘；水膜清灰方式如图3-36（a）所示。

（4）气流分布装置　它是由许多带孔洞的隔板构成的，如图3-41所示，由于气流分布

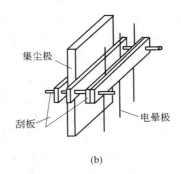

图 3-40　清灰装置

装置对除尘器入口高速气流的阻碍作用，因而能使进入除尘器断面的气流维持均匀的流速。对气流分布装置的基本要求是，能使气流分布均匀，气压损失小。

3. 静电除尘器的应用

静电除尘器是一种高效除尘器，与其他类型除尘器相比，静电除尘器的能耗小，压力损失一般为 $200\sim500\mathrm{Pa}$，除尘效率高，最高可达 99.99%，且能分离粒径为 $1\mu\mathrm{m}$ 左右的细粒子。但考虑到经济方面的因素，一般控制除尘效率在 $95\%\sim99\%$ 的范围内。此外，处理气体量大，可以用于高温、高压的场合，能连续运行，并可完全实现自动化。电除尘器的主要缺点是设备庞大，钢材耗量大，投资高，对制造、安装和管理的技术水平要求较高。

由于静电除尘器具有高效、低阻等特点，所以广泛地应用在各种工业部门中，特别是火电厂、冶金、建材、化工及造纸等工业部门，随着工业企业的日益大型化和自动化，对环境质量控制日益严格，静电除尘器的应用数量仍不断增长，新型高性能的静电除尘器仍在不断研究、制造并投入使用。

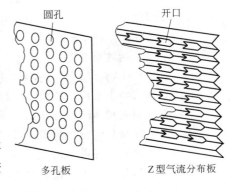

图 3-41　气流分布装置

 阅读材料

污水三级处理

虽然二级处理加上消毒工艺可取出 85% 以上的 BOD_5（5 日内排水所消耗的生化需氧量）和悬浮固体以及几乎所有的致病菌，但对氮、磷、溶解性 COD（化学需氧量）、重金属等污染物的去除较少。在许多情况下，这些污染物可能更令人关心。无法在二级处理中被取出的污染物可以通过三级污水处理（tertiary wastewater treatment）或高级污水处理（advanced wastewater treatment，AWT）过程去除。下面将介绍一些高级污水处理工艺。这些工艺除可用于解决不易处理的污染问题外，还可改善出水水质，亦满足许多回用的目的，将污水转变为可再利用的资源。

127

一、过滤

二级处理工艺，如活性污泥法，可有效地去除生物可降解的胶体性和溶解性有机物，但是经过处理的出水，其 BOD_5 值会高于理论计算值。典型的 BOD_5 约为 $20\sim50mg/L$。这主要是因为二沉池无法有效地将生物处理所产生的微生物完全沉淀去除。这些微生物细胞死亡后分解需消耗氧，从而产生悬浮固体与 BOD_5。

利用与水处理厂相似的过滤工艺可以去除残留的悬浮固体，包括未被沉淀的微生物。取出微生物也可降低残留的 BOD_5。应用于水处理厂的传统砂滤池通常会很快地被堵塞，因此经常需要反冲洗。为了延长滤池的使用时间，减少反冲洗次数，可在滤池上端采用粒径较大的砂砾，这种安排可使一些大颗粒生物絮体不能渗入滤池深处而在表面即被捕获。多介质滤床有大颗粒低密度的煤炭、中颗粒中密度的砂和小颗粒高密度的石榴石组合而成。在反冲洗时，由于较大颗粒的密度较小，因此，煤炭仍然在上面，砂维持在中间，而石榴石在底部。典型的简易过滤设备能够将活性污泥工艺出水中的悬浮固体从 $25mg/L$ 减少到 $10mg/L$，但经过简易过滤的滴滤池的出水效果较差，这是因为滴滤池出水中含有的微生物呈更分散状态。在过滤后利用混凝与沉淀，可使悬浮固体浓度接近于零。通常，过滤可使活性污泥法出水的 SS（悬浮固体）去除 80%，使滴滤池出水的 SS 去除 70%。

二、活性炭吸附

一些生物无法分解的溶解性有机物仍存在经过二级处理、混凝、沉淀及过滤等工艺处理后的出水中，这些物质称为难分解有机物（refractory organics）。出水中的难分解有机物表现为溶解性 COD，二级处理出水的 COD 值经常在 $30\sim60mg/L$。

去除难分解有机物实际可行的方法是用活性炭（activated carbon）吸附。吸附是物质在其界面（interface）上的积累。以污水与活性炭为例，该界面是液固边界层，有机物通过其分子与固体表面的物理作用而积累在界面上。吸附是一种表面现象，活性炭的表面积越大，其对有机物质的吸附量就越多，孔隙的巨大表面积占活性炭颗粒总表面积的绝大部分，这就是活性炭可有效去除有机物的原因。

当活性炭达到吸附饱和后，可以在高温炉中加热，将吸附的有机物去除而获得再生。炉内的氧量必须很低以避免碳燃烧。驱出的有机物需通过后燃室以避免造成空气污染。小处理厂因成本原因而无法设置现场再生炉，用过的活性炭可运送到再生中心处理。

三、除磷

所有的聚磷酸盐（分子间脱水的磷酸盐）在水中逐渐水解形成正磷酸盐（PO_4^{2-}）。磷在污水中以含一个氢的磷酸盐（HPO_4^{2-}）为主。防止或降低富营养化，通常可利用下列三种化学试剂之一，现给出每一种沉降反应。

利用氯化铁：$\quad\quad FeCl_3 + HPO_4^{2-} \Longrightarrow FePO_4 \downarrow + H^+ + 3Cl^-$

利用明矾：$\quad\quad Al_2(SO_4)_3 + 2HPO_4^{2-} \Longrightarrow 2AlPO_4 \downarrow + 2H^+ + 3SO_4^{2-}$

利用石灰：$\quad\quad 5Ca(OH)_2 + 3HPO_4^{2-} \Longrightarrow Ca_5(PO_4)_3OH \downarrow + 3H_2O + 6OH^-$

应注意氯化铁和明矾会降低 pH 值，石灰则会提高 pH 值。使用氯化铁和明矾的有效 pH 值范围是 $5.5\sim7.0$。若系统中没有足够的碱度缓冲 pH 值到上述范围，则需要添加石灰以抵消形成的 H^+。

磷的沉淀需要一个反应池和一个沉淀池。若使用氯化铁和明矾，则可以直接加到活性污泥系统的曝气池中，此时曝气池便可作为反应池，而沉淀物可在二沉池中去除。若使用石灰，因形成沉淀物所需的 pH 值较高，对活性污泥微生物有害而不能使用上述做法。在一些污水处理厂中，污水流入初沉池之前即添加氯化铁和明矾，这样可提高初沉池的效率，但也可能除去生物处理所需的营养物。

四、脱氮

氮的任何一种形式（NH_3、NH_4^+、NO_2^-、NO^-，但不包括 N_2 气）均可作为营养物质，为控制受纳水体中藻类生长，需从污水中将其去除。此外，氨态氮会消耗氧，并且对鱼类有毒性。氮的去除方法有生物法和化学法。生物工艺称为硝化/反硝化（nitrification/denitrification），而化学过程称为氨气提（ammonia stripping）。

1. 硝化/反硝化

自然的硝化过程可由活性污泥系统完成，在温和气候下需维持细胞停留时间（θ_c）达 15d，而在寒冷气候时则需 20d，硝化步骤的化学反应式如下。

$$NH_4^+ + 2O_2 == NO_3^- + H_2O + 2H^+$$

当然，必须有细菌存在才能发生反应。此步骤需满足氨离子对氧的需求。若硝酸盐氮可被受纳水体接受，污水经沉淀后即可排放，否则必须进行进一步处理，即后接缺氧反硝化步骤。

$$2NO^{3-} + 有机物 \longrightarrow N_2 + CO_2 + H_2O$$

如化学反应所示，反硝化时需要有机物作为细菌的能源。细菌可从胞内或胞外获取有机物。在多阶段除氮系统中，由于反硝化工艺中污水的 BOD_5 浓度相当低（这是因为先前已进行过含碳 BOD 的去除及硝化过程），为了进行反硝化作用，需添加有机碳源。有机物质可从原污水或已沉淀过的污水中获得，也可添加合成物质如甲醇。若利用原污水或已沉淀过的污水，可能会增加出水 BOD_5 及氨氮含量，因而对水质有不利的影响。

2. 氨气提

当氮主要以氨的形式存在时，可用化学方法提高水中 pH 值，使铵离子转变成氨，然后在水中通入大量空气，以气提方式将氨从水中去除。该方法对硝酸盐无去除效果，因此在活性污泥工艺操作时应维持较短的细胞停留时间，以避免发生硝化作用。氨气提的化学反应式如下。

$$NH_4^+ + OH^- == NH_3 + H_2O$$

通常添加石灰以提供氢氧根离子。石灰也会与空气和水中的 CO_2 反应形成碳酸钙沉淀，在水中必须定期清除。低温会增加氨在水中的溶解度，降低气提能力。

本章主要内容及知识内在联系

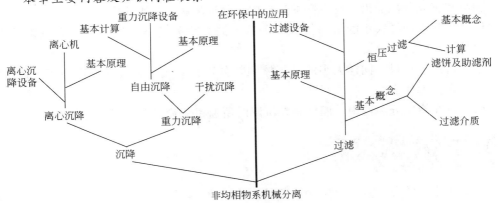

1. 非均相物系通常采用机械方法分离，即利用非均相混合物中两相的物理性质（如密度、颗粒形状、大小等）的差异，使两相间发生相对运动而使其分离。

2. 机械分离有两种操作方式。

（1）沉降，又有重力沉降与离心沉降之分。

（2）过滤，本章重点介绍最常用的过滤方法——恒压过滤。

3. 在给定介质中颗粒的沉降速度的计算有两种方法。

（1）试差法　先要依据雷诺数 Re_t 值判断流型，即沉降区，再选用相应的计算公式。但 Re_t 中含有待求的沉降速度 u_t，所以，需采用试差法。因为通常被沉降的颗粒粒度都比较小，假设沉降在滞流区，大多是一次试差成功。

（2）无量纲数群法　用无量纲数群法 K 值判断流型，即沉降区，然后用相应的沉降速度公式计算 u_t。

4. 过滤基本方程式，表示过滤过程中任一瞬间的过滤速率与各有关因素间的关系。是过滤计算及强化过滤操作的基本依据。尽管过滤基本方程式有多种表达形式，但本质上都是反映过滤的基本规律，即

$$过滤速率 = \frac{过滤推动力}{过滤阻力}$$

5. 在过滤过程中，应关注两个问题，即过滤速率与滤饼的最终液含量。前者表示过滤的生产能力，过滤速率越大，生产能力越大。后者表示滤饼的质量，滤饼的液含量越高，滤饼的洗涤、干燥越困难，能耗越大。滤饼的可压缩性是影响过滤速率和孔隙率的主要因素。

复习与思考题

1. 根据斯托克斯（stokes）方程分析：

  （1）影响 u_t 的因素有哪些？

  （2）在介质一定的条件下，如何提高分离效率？

2. CLP、CLT 型旋风分离器的结构特点及优点有哪些？

3. 旋液分离器为什么细长？

4. 颗粒在旋风分离器沿径向沉降的过程中，其沉降速度是否为常数？

5. 同一材料、同样大小的某固体颗粒，从不同高度处落下，试分析何者沉降速度大？为什么？

6. 试分析同一材料、同样大小的某固体颗粒分别在氢气及氮气介质中降落，何者沉降速度大？为什么？

7. 试分析在旋风分离器中，固体颗粒沉降时所通过的途径及沉降速度的变化。

习　题

3-1　试计算直径为 $80\mu m$ 的球形石英粒子在 20℃水中及在 20℃空气中的自由沉降速

度。石英的密度为 $2650kg/m^3$。

3-2 某降尘室高 2m，宽 2m，长 5m，用于矿石焙烧炉的炉气除尘。矿石密度为 $4500kg/m^3$，形状近似圆球。操作条件下，气体流速为 $25000m^3/h$，密度为 $0.6kg/m^3$，黏度为 $3\times10^{-5}N\cdot s/m^2$。试求：

（1）理论上能完全除去的矿尘颗粒的最小直径；

（2）矿尘中直径为 $50\mu m$ 的颗粒大约能除去的百分率。

3-3 分别求直径为 $50\mu m$ 及 $3\mu m$ 的水滴在 $30℃$、常压空气中的自由沉降速度。

3-4 一降尘室用以除去炉气中的某种尘粒。尘粒最小直径为 $8\mu m$，密度为 $4000m^3/h$，除尘室内长 4.1m，宽 1.8m，高 4.2m。室温为 $427℃$。在此温度下炉气的黏度为 $3.4\times10^{-5}N\cdot s/m^2$，密度为 $0.5kg/m^3$。若每小时需处理炉气 $2160m^3$（标准）。试计算降尘室隔板间距及层数。

3-5 密度为 $2650kg/m^3$ 的球形石英颗粒在 $20℃$ 空气中自由沉降。试计算服从斯托克斯公式的最大颗粒直径及服从牛顿公式的最小颗粒直径。

3-6 粒径为 $95\mu m$，密度为 $3000kg/m^3$ 的球形颗粒在 $20℃$ 的水中作自由沉降，水在容器中的深度为 0.6m，试求颗粒沉降到容器底部需多长时间。

3-7 某旋风分离器出口气体中含尘量为 $0.7\times10^{-3}kg/m^2$，气体流量为 5000 标准 m^3/h，每小时捕集下来的量为 21.5kg。出口气体中灰尘的粒度分布及捕集下来的灰尘粒度分布见本题附表。

习题 3-7 附表

粒径/μm	$0\sim5$	$5\sim10$	$10\sim20$	$20\sim30$	$30\sim40$	>40
在出气口灰尘中所占质量/%	1.6	25	29	20	7	3
在捕集灰尘中所占质量/%	4.4	11.0	26.6	20.0	18.7	19.3

试求：（1）该旋风分离器的总效率 η_0；（2）粒级效率曲线。

3-8 有一除尘室，长 4m，宽 2m，高 2m，内用隔板分成 25 层，用以除去炉气中的矿尘。矿尘密度 $\rho_s=3000kg/m^3$，炉气密度 $0.5kg/m^3$，黏度为 $0.035mPa\cdot s$。现要除去炉气中 $10\mu m$ 以上的颗粒，问每小时最多可送入炉气多少？若降尘室隔成 20 层，则每小时可送入炉气多少？设隔板的厚度可以忽略。

3-9 以小型板框压滤机对碳酸钙颗粒在水中的悬浮液进行过滤实验，测得数据见本题附表。

习题 3-9 附表

过滤压强差 $\Delta p_s/kgf\cdot cm^{-2}$	过滤时间 θ_s/s	滤液体积 V_s/m^3
1.05	50	2.27×10^{-3}
	66.0	9.10×10^{-3}
3.50	17.1	2.27×10^{-3}
	233	9.10×10^{-3}

131

已知过滤面积为 0.093m^2，试求：（1）过滤压强差为 $1.05\text{kgf}/\text{cm}^2$ 时的过滤常数 K、q_e 及 θ_e；（2）滤饼的压缩性指数 S。

英文字母

A——颗粒在垂直于其运动方向的平面上的投影面积或过滤面积，m^2；

a——加速度，m/s^2；

B——旋风分离器进口管的宽度，m；

b——降尘室的宽度，m；

c_1——旋风分离器入口气体含尘浓度，g/m^3；

c_2——旋风分离器出口气体含尘浓度，g/m^3；

d——颗粒的直径，m；

d_c——临界粒径，m；

g——重力加速度，m/s^2；

H——降尘室的高度，m；

L_e——过滤介质的当量滤饼厚度，或称虚拟滤饼厚度，m；

l——降尘室的长度，m；

m——颗粒的质量，kg；

N_e——旋风分离器中气流的有效旋转圈数；

n——全部粒径被划分的段数；

Δp——过滤压力差，即滤布与滤饼的总压降，Pa；

Δp_m——过滤介质上、下游的压力差，Pa；

q_v——降尘室的生产能力，m^3/s；

R——滤饼阻力，$1/\text{m}$；

R_m——过滤介质阻力，$1/\text{m}$；

r——滤饼的比阻，即单位厚度滤饼的阻力，$1/\text{m}^2$；

r'——单位压力差下滤饼的比阻，$1/\text{m}^2$；

s——滤饼的压缩性指数，无量纲；

u——颗粒相对于流体的降落速度或气体在降尘室内的水平通过速度，m/s；

u_t——颗粒的自由沉降速度，m/s；

u_i——旋风分离器进气口气体的速度，m/s；

V——滤液体积，m^3；

V_e——过滤介质的当量滤液体积，或称虚拟滤液体积，m^3；

x_i——粒径在第 i 小段范围内的颗粒占全部颗粒的质量分数。

132 **希腊字母**

ζ——阻力系数，无量纲；

$\eta_{\text{p}i}$——第 i 小段范围内的颗粒的粒级效率；

θ——时间，s；

μ——流体的黏度，$\text{Pa}\cdot\text{s}$；

ν——滤饼体积与相应的滤液体积之比，无量纲或 m^3/m^3；

ρ——流体的密度，kg/m^3；

ρ_s——颗粒（或固相）的密度，kg/m^3。

吸　收

● 了解吸收的分类、典型的工业吸收过程、各种不同类型的
吸收设备及吸收在环境工程中的应用。

● 理解吸收操作的基本概念、吸收传质机理。

● 掌握吸收速率及方程计算。能运用工程观念分析解决吸收
操作中的实际问题。

第一节　概　述

利用气体混合物中各种组分在同一液体（溶剂）中溶解度差异分离混
合物的操作称为气体吸收。

气体的吸收是净化气态污染物、控制大气污染的方法之一。是利用液
体处理气体中的污染物，使其中的一种或多种有害成分以扩散方式通过气
液两相的相界面而溶于液体或者与液体组分发生有选择性化学反应，从而
将污染物从气流中分离出来的操作过程。吸收的逆过程称为解吸。气体吸
收的必要条件是废气中的污染物在吸收液中有一定的溶解度。吸收过程所
用的液体称为吸收剂，或称为溶剂。被吸收的气体中可溶解的组分称为吸
收质或称为溶质，不被溶解的组分称为惰性气体。

一、工业吸收过程

今以煤气脱苯为例，说明吸收操作的流程（见图4-1）。

在炼焦及制取城市煤气的生产过程中，焦炉煤气内含有少量的苯、甲
苯类低碳氢化合物的蒸气（约$35g/m^3$）应予以分离回收。所用的吸收溶
剂为该工艺生产过程的副产物，即煤焦油的精制品，称为洗油。

回收苯系物质的流程包括吸收和解吸两大部分。含苯煤气在常温下由
底部进入吸收塔，洗油从塔顶淋入，塔内装有木栅等填充物。在煤气与洗
油的接触过程中，煤气中的苯蒸气溶解于洗油，使塔顶离去的煤气苯含量
降至某允许值（$<2g/m^3$），而溶有较多苯系溶质的洗油（称富油）由吸
收塔底排出。为取出富油中的苯并使洗油能够再次使用（称溶剂的再生），

在另一个称为解吸塔的设备中进行与吸收相反的操作——解吸。为此，可先将富油预热至170℃左右由解吸塔顶淋下，塔底通入过热水蒸气。洗油中的苯在高温下逸出而被水蒸气带走，经冷凝分层将水除去，最终可得苯类液体（粗苯），而脱除溶质的洗油（称贫油）经冷却后可作为吸收溶剂再次送入吸收塔循环使用。

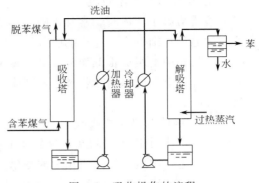

图 4-1 吸收操作的流程

由此可见，采用吸收操作实现气体混合物的分离必须解决下列问题。

① 选择合适的溶剂，使之能选择性地溶解某个（或某些）被分离组分。

② 提供适当的传质设备以实现气液两相的接触，使被分离组分得以自气相转移至液相（吸收）或相反（解吸）。

③ 溶剂的再生，即脱除溶解于其中的被分离组分以便循环使用。

总之，一个完整的吸收分离过程，一般包括吸收和解吸两个组成部分。

二、吸收的分类

吸收操作通常有以下几种分类方法。

1. 物理吸收与化学吸收

吸收按是否发生化学反应分为物理吸收与化学吸收。物理吸收可看成气体单纯地溶解于液相的过程。例如用洗油回收焦炉煤气中所含少量苯、甲苯等就是一例。化学吸收是在吸收过程中吸收质与吸收剂之间发生化学反应，例如用硫酸吸收氨。物理吸收操作的极限取决于当时条件下吸收质在吸收剂中的溶解度，吸收速率则取决于气、液两相中吸收质的浓度差以及吸收质从气相传递到液相中的扩散速率。加压和降温可以增大吸收质的溶解度，有利于物理吸收，物理吸收是可逆的，热效应小。化学吸收操作的极限主要取决于当时条件下的反应平衡常数，吸收速率则取决于吸收质的扩散速率或化学反应速率，化学吸收也是可逆的，但伴有较高热效应，需及时移走反应热。

一般情况下，气体在溶剂中的溶解度不高，利用适当的化学反应，可大幅度地提高溶剂对气体的吸收能力。例如，CO_2 在水中溶解度甚低，但若以 K_2CO_3 水溶液吸收 CO_2 时，则在水溶液中发生下列化学反应。

$$K_2CO_3 + CO_2 + H_2O \Longrightarrow 2KHCO_3$$

从而使 K_2CO_3 水溶液具有较高吸收 CO_2 的能力，同时化学反应本身的高度选择性必定赋予吸收操作以高度选择性。可见利用化学反应大大扩展了吸收操作的应用范围。

2. 单组分吸收与多组分吸收

吸收过程按被吸收组分数目的不同，可分为单组分吸收和多组分吸收。若混合气体中只有一个组分进入液相，其余组分可认为不溶于吸收剂，这种吸收过程称为单组分吸收，如用水吸收氯化氢气制取盐酸、用碳酸丙烯酯吸收合成气（含有 N_2、H_2、CO、CO_2 等）中的 CO_2 等。若在吸收过程中，混合气中进入液相的气体溶质不止一个，这样的吸收称为多组分吸收。如用洗油处理焦炉气时，气体中的苯、甲苯、二甲苯等几种组分在洗油中都有显著的溶解，则属于多组分吸收的情况。

135

3. 等温吸收与非等温吸收

气体溶质溶解于液体时，常常伴随有热效应，当发生化学反应时还会有反应热，其结果是使液相的温度逐渐升高，这样的吸收称为非等温吸收。若吸收过程的热效应很小，或被吸收的组分在气相中的组成很低而吸收剂用量又相对较大，或虽然热效应较大，但吸收设备的散热效果很好，能及时移出吸收过程所产生的热量，此时液相的温度变化并不显著，这种吸收称为等温吸收。

4. 低组成吸收与高组成吸收

当混合气中溶质组分 A 的摩尔分数高于 0.1，且被吸收的数量又较多时，习惯上称为高组成吸收；反之，溶质在气液两相中的摩尔分数均不超过 0.1 的吸收，则称为低组成吸收。0.1 这个数字是根据生产经验人为规定的，并非一个严格的界限。对于低组成吸收过程，由于气相中溶质组成较低，传递到液相中的溶质量相对于气、液相流率也较小，因此流经吸收塔的气、液相流率均可视为常数，并且由溶解热而产生的热效应也不会引起液相温度的显著变化，可视为等温吸收过程。

工业生产中的吸收过程以低组成吸收为主，因此，本章重点讨论单组分低组成的等温物理吸收过程，对其他吸收过程将作简要介绍。

三、吸收在环境治理中的应用

用吸收法净化气态污染物不仅效率高，而且还可以将某些污染物转化成有用的产品，进行综合利用。例如用 15%～20% 的二乙醇胺吸收石油尾气中的硫化氢，可以再制取硫磺。因此吸收被广泛地应用于气态污染物的净化。含有氮氧化物、硫氧化物、碳氢化合物、硫氢化合物等气态污染物的废气都可以通过吸收法除去有害成分。一般来说化学反应的存在能提高吸收速率，并使吸收程度更趋于完全，相比之下物理吸收则吸收速率较低，并且吸收程度也不完全，因此在气态污染物净化中多采用化学吸收。

四、吸收设备的主要类型

气体吸收设备的种类很多，但主要为板式塔与填料塔两大类。板式塔内各层塔板之间有溢流管、液体从上层向下层流动、板上设有若干通气孔，气体由此至下层向上层流动，在塔板内分散成小气泡，两相接触面积增大，湍流程度增强。气液两相逐级接触，两相组成沿塔高呈阶梯式变化，因此这类设备统称为逐级接触（级式接触）设备，如图 4-2(a) 所示。填料塔则填充了许多薄壁环形填料，从塔顶淋下的溶剂在下流的过程中沿填料的各处表面均匀分布，并与自下而上的气流很好接触，此种设备由于气液两相不是逐次的而是连续地接触，因此两相浓度沿填料层连续变化着，这类设备称为连续接触（微分接触）式设备，如图 4-2(b) 所示。由于填料塔具有结构简单、阻力小、加工易、可用耐腐蚀材料制作、吸收效果好、装置灵活等优点，故在气态污染物的吸收操作中应用普遍。

五、吸收操作的经济性

136

吸收的操作费用主要包括以下几项：

① 气、液两相流经吸收设备的能量消耗；

② 溶剂的挥发损失和变质损失；

③ 溶剂的再生费用，即解吸操作费。

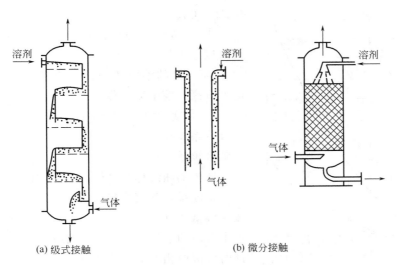

(a) 级式接触   (b) 微分接触

图 4-2　两种主要吸收设备

这三项以再生费用所占比例最大。

常用的解吸方式有升温、减压、吹气，其中升温与吹气特别是升温与吹气同时使用最为常见。溶剂在吸收和解吸设备之间循环。其间的加热和冷却、泄压与加压必消耗较多的能量。如果溶剂的溶解能力差，离开吸收设备的溶剂中溶质浓度低，则所需要的溶剂循环量大，再生时能量消耗也大。同样若溶剂的溶解能力对温度变化不敏感，所需解吸温度较高，溶剂再生的能耗也将增大。

若吸收了溶质以后的溶液是过程的产品，此时不需要溶剂的再生，这种吸收过程是最经济的。

第二节　吸收净化的基本原理

判断溶质传递的方向和极限，进行吸收过程和设备的计算，都以相平衡为基础，因此先介绍操作中的气液相平衡。

一、吸收过程的气液相平衡

1. 物理吸收的气液相平衡

在一定的温度和压力下，气、液两相发生接触后，吸收质便由气相向液相转移，随着液体中吸收质浓度的逐渐增高，吸收速率逐渐减小，解吸速率逐渐增大。经过相当长的时间接触后，吸收速率与解吸速率相等，即吸收质在气相中的分压及在液相中的浓度不再发生变化，此时气、液两相达到平衡状态，简称相平衡。在平衡状态下，被吸收气体在溶液上方的分压称为平衡分压，可溶气体在溶液中的浓度称为平衡浓度或平衡溶解度，简称溶解度。溶解度表明在一定条件下吸收过程可能达到的极限程度，习惯上用单位质量（或体积）的液体中所含溶质的质量来表示。

溶解度不仅与气体和液体的性质有关，而且与吸收体系的温度、总压和气相组成有关。在总压为几个大气压的范围内，它对溶解度的影响可以忽略，而温度的影响则比较显著。图4-3 所示为 SO_2、NH_3 和 HCl 几种常见气体，在不同温度下，在水中的平衡溶解度，由图

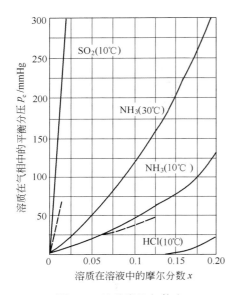

图 4-3 几种常见气体在
水中的平衡溶解度

中曲线可知：

① 不同性质的气体在同一温度和分压条件下，溶解度各不相同；

② 气体的溶解度与温度有关，一般说来，随着温度升高，溶解度下降；

③ 温度一定时，溶解度随溶质分压升高而增大，在吸收系统中，增大气相总压，组分的分压会升高，溶解度也随之加大。

图中的曲线称为气体在液体中的溶解度曲线。也称平衡曲线，观察这些曲线，可以发现，当稀溶液在压力较低时（$<5 \times 10^5$ Pa）时，当温度一定时，稀溶液中溶质的溶解度与气相中溶质的平衡分压成正比，此时气液两相的平衡关系可以用亨利定律来表达。

（1）以 p 及 x 表示的平衡关系　当液相组成用摩尔分数表示时，则液相上方气体中溶质的分压与其在液相中的摩尔分数之间存在如下关系，即

$$p_e = Ex \tag{4-1}$$

式中　p_e——溶质在气相中的平衡分压，Pa；

x——平衡状态下，溶质在溶液中的摩尔分数；

E——亨利系数，单位与 p_e 相同，其数值随物系特性及温度而变，由实验测定，难溶气体的 E 值很大，易溶气体的 E 值很小（参见表4-1）。

表 4-1　部分气体水溶液的亨利系数

气体	温　度/℃															
	0	5	10	15	20	25	30	35	40	45	50	60	70	80	90	100
	$E \times 10^{-4}$/kPa															
H_2	5.87	6.16	6.44	6.70	6.92	7.16	7.39	7.52	7.61	7.70	7.75	7.75	7.71	7.65	7.61	7.55
N_2	5.35	6.05	6.77	7.48	8.15	8.76	9.36	9.98	10.5	11.0	11.4	12.2	12.7	12.8	12.8	12.8
空气	4.38	4.94	5.56	6.15	6.73	7.30	7.81	8.34	8.82	9.23	9.59	10.2	10.6	10.8	10.9	10.8
CO	3.57	4.01	4.48	4.95	5.43	5.88	6.28	6.68	7.05	7.39	7.71	8.32	8.57	8.57	8.57	8.57
O_2	2.58	2.95	3.31	3.69	4.06	4.44	4.81	5.14	5.42	5.70	5.96	6.37	6.72	6.96	7.08	7.01
CH_4	2.27	2.62	3.01	3.41	3.81	4.18	4.55	4.92	5.27	5.58	5.85	6.34	6.75	6.91	7.01	7.10
NO	1.71	1.96	2.21	2.45	2.69	2.91	3.14	3.35	3.57	3.77	3.95	4.24	4.44	4.54	4.58	4.6
C_2H_6	1.28	1.57	1.92	2.9	2.66	3.06	3.47	3.88	4.29	4.69	5.07	5.42	6.31	6.70	6.95	7.01

（2）以 y 及 x 表示的平衡关系　若溶质在气相与液相中的组成分别用摩尔分数 y 及 x 表示时，亨利定律又可以写成如下形式，即

$$y_e = mx \tag{4-2}$$

式中　y_e——与 x 相平衡的气相中溶质的摩尔分数；

m——相平衡常数，无量纲。

相平衡常数 m 也通过实验测定，其值的大小可以判断不同气体的溶解度大小，m 值愈小，表明该气体的溶解度愈大。对一定的物系，m 值是温度和压强的函数。

（3）以 p_e 及 c 表示平衡关系　若用体积摩尔浓度 c 表示溶质在液相中的组成，亨利定

律可写成如下形式，即

$$p_e = \frac{c}{H} \tag{4-3}$$

式中　　c——单位体积溶液中溶质的摩尔分数，$kmol/m^3$；

　　　　H——溶解度系数，$kmol/(m^3 \cdot kPa)$。

（4）以 Y 及 X 表示的平衡关系　在吸收计算中，为方便起见常采用摩尔比 Y 及 X 分别表示气、液两相的组成。摩尔比的定义为

$$X = \frac{液相中溶质的物质的量}{液相中溶剂的物质的量} = \frac{x}{1-x}$$

$$Y = \frac{气相中溶质的物质的量}{气相中惰性组分的物质的量} = \frac{y}{1-y}$$

当溶液很稀时，平衡关系可近似表示为

$$Y_e = mX \tag{4-4}$$

2. 化学吸收的气液相平衡

在吸收过程中，如果溶于液体中的吸收质与吸收剂发生了化学反应，则被吸收组分在气液两相的平衡关系即满足相平衡关系，同时又服从化学平衡关系。

设被吸收组分 A 与溶液中所含的 B 组分发生反应生成反应产物 M、N，因同时满足相平衡与化学平衡关系，所以

气相　　aA_G
相平衡
液相　　$aA_L + bB \xrightleftharpoons{化学平衡} mM + nN$

化学平衡关系可以写成

$$K = \frac{[M]^m[N]^n}{[A]^a[B]^b}$$

式中　　$[A]，[B]，[M]，[N]$——各组分浓度；

　　　　$a，b，m，n$——各组分的化学计量系数；

　　　　K——化学平衡常数。

由上式可以求得

$$[A] = \left(\frac{[M]^m[N]^n}{K[B]^b} \right)^{\frac{1}{a}}$$

代入亨利定律可得

$$p_{eA} = \frac{1}{E_a} \left(\frac{[M]^m[N]^n}{K[B]^b} \right)^{\frac{1}{a}} \tag{4-5}$$

在化学吸收中，组分 A 在溶液中的总浓度等于与 B 反应生成 M 所消耗的量与保持相平衡而溶解的量之和，因此化学吸收过程由气相传入液相的被吸收组分量比物理吸收量要大得多。

二、相平衡与吸收过程的关系

1. 判别过程的方向

设在 101.3kPa、20℃下稀氨水的相平衡方程为 $y_e = 0.94x$，使含氨摩尔分数 10% 的混合气与 $x = 0.05$ 的氨水接触 [见图 4-4(a)]。因实际气相摩尔分数 y 大于与实际溶液摩尔分数 x 成平衡的气相摩尔分数 $y_e = 0.047$，故两相接触时将有部分氨自气相转入液相，即发生

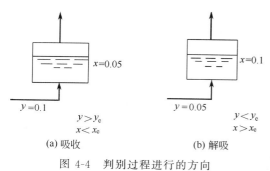

(a) 吸收   (b) 解吸

图 4-4   判别过程进行的方向

吸收过程。

同样，此吸收过程也可理解为实际液相摩尔分数 x 小于与实际气相摩尔分数 y 成平衡的液相摩尔分数 $x_e = y/m = 0.106$，故两相接触时部分氨自气相转入液相。

反之，若以 $y = 0.05$ 的含氨混合气与 $x = 0.1$ 的氨水接触 [见图 4-4(b)]，则因 $y < y_e$ 或 $x > x_e$，部分氨将由液相转入气相，即发生解吸过程。

2. 指明过程的极限

今将溶质摩尔分数为 y_1 的混合气送入某吸收塔的底部，溶剂自塔顶淋入作逆流吸收 [见图 4-5(a)]。若减少淋下的溶剂量，则溶剂在塔底出口的摩尔分数 x_1 必将增高。但即使在塔很高、溶剂量很少的情况下，x_1 也不会无限增大，其极限是气相摩尔分数 y_1 的平衡组成 x_{1e}，即

$$x_{1max} = x_{1e} = y_1/m$$

反之，当溶剂用量很大而气体流量较小时，即使在无限高的塔内进行逆流吸收 [见图 4-5(b)]，出口气体的溶质含量也不会低于某一平衡含量 y_{2e}，即

$$y_{2min} = y_{2e} = mx_2$$

由此可见，相平衡关系限制了溶剂离塔时的最高含量和气体混合物离塔时的最低含量。

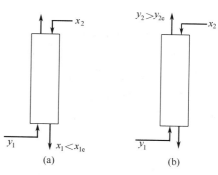

图 4-5   吸收过程极限

3. 计算过程的推动力

平衡是过程的极限，只有不平衡的两相互相接触才会发生气体的吸收或解吸。实际含量偏离平衡含量越远，过程的推动力越大，过程的速率也越快。在吸收过程中，通常以实际含量与平衡含量的偏离程度来表示吸收的推动力。

图 4-6 所示为吸收塔的某一截面，该处气相溶质摩尔分数为 y，液相溶质摩尔分数为 x。在相平衡曲线图上，该截面的两相实际含量如点 A 所示。显然，由于相平衡关系的存在，气液两相间的吸收推动力并非 $y - x$，而可以分别用 $y - y_e$ 或 $x_e - x$ 表示。$y - y_e$ 称为以气相摩尔分数差表示的吸收推动力，$x_e - x$ 则称为以液相摩尔分数差表示的

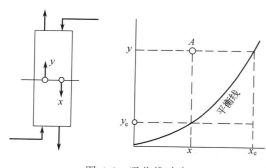

图 4-6   吸收推动力

吸收推动力。

三、吸收传质机理

在分析任何一个吸收过程都需要解决两个基本问题：过程的极限和过程的速率。吸收过程的极限取决于相平衡关系，要研究吸收速率，则先要搞清楚吸收过程两相间的物质是如何

传递的，它包括三个步骤：

① 溶质由气相主体传递到两相界面，即气相内物质传递；

② 溶质在界面上溶解，由气相转入液相，即界面上发生溶解过程；

③ 溶质自界面被传递到液相主体，即液相内物质传递。

一般说来，界面上发生的溶解过程很易进行，其阻力极小。因此，通常认为界面上气、液两相的溶质浓度满足相平衡关系，即认为界面上总保持着两相的平衡。这样，总过程速率将分别由气相和液相内的传质速率所决定。

1. 分子扩散与对流扩散

（1）分子扩散　由分子无规则热运动而引起的物质传递现象称为分子扩散。分子扩散速率主要取决于扩散物质和流体的某些物理性质。分子扩散速率与流体在何种介质中扩散有关，在不同介质中扩散系数不同；与扩散的浓度梯度、扩散系数成正比。

几种物质在空气和水中的扩散系数见表 4-2 和表 4-3。

表 4-2　某些物质在空气中的扩散系数（0℃，101.33kPa）

扩散物质	扩散系数 $D/cm^2 \cdot s^{-1}$	扩散物质	扩散系数 $D/cm^2 \cdot s^{-1}$	扩散物质	扩散系数 $D/cm^2 \cdot s^{-1}$
H_2	0.611	SO_2	0.103	C_7H_8	0.076
N_2	0.132	SO_3	0.095	CH_3OH	0.132
O_2	0.178	NH_3	0.17	C_2H_5OH	0.102
CO_2	0.138	H_2O	0.220	CS_2	0.089
HCl	0.130	C_6H_6	0.077	$C_2H_5OC_2H_5$	0.078

表 4-3　某些物质在水中的扩散系数（20℃稀溶液）

扩散物质	扩散系数 $D' \times 10^9/m^2 \cdot s^{-1}$	扩散物质	扩散系数 $D' \times 10^9/m^2 \cdot s^{-1}$	扩散物质	扩散系数 $D' \times 10^9/m^2 \cdot s^{-1}$
O_2	1.80	HCl	2.64	C_2H_5OH	1.28
CO_2	1.50	H_2S	1.41	C_3H_7OH	1.00
NO_2	1.51	H_2SO_4	1.73	C_4H_9OH	0.87
NH_3	1.76	HNO_3	2.6	C_6H_5OH	0.77
Cl_2	1.22	$NaCl$	1.35	甘油	0.84
Br_2	1.2	$NaOH$	1.51	尿素	0.73
H_2	5.13	C_2H_2	1.56	葡萄糖	1.06
N_2	1.64	CH_2COOH	0.88	蔗糖	0.60

（2）对流扩散　在湍流主体中，凭借流体质点的湍动与旋涡而引起的物质传递现象称为涡流扩散。对流扩散指的是湍流主体与相界面的分子扩散与涡流扩散两种传质作用的总和。对流扩散时，扩散物质不仅靠分子本身的扩散作用，而且借助主流流体的携带作用而转移，而且后一种作用是主要的。对流扩散速率比分子扩散速率大得多，对流扩散速率主要取决于流体的湍流程度。

2. 吸收传质理论

用吸收法处理含气态污染物的废气，是使污染物从气体主流中传递到液体主流中去。是气、液两相之间的物质传递，描述两相之间传质过程的理论很多，许多学

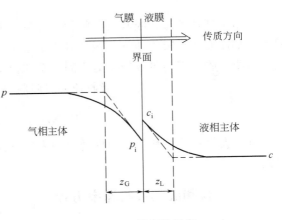

图 4-7　双膜理论示意

141

者对吸收机理提出了不同的简化模型。目前，刘易斯和惠特曼于20世纪20年代提出的双膜理论一直占有很重要的地位。它不仅适用于物理吸收，也适用于伴有化学反应的化学吸收过程。图4-7所示为双膜理论示意。

双膜理论的基本论点如下。

① 相互接触的气液两流体间存在着稳定的相界面，界面两侧各有一有效滞流膜层，分别称为气膜、液膜，吸收质以分子扩散的方式通过此二膜层。

② 在相界面处，气、液两相达到平衡。

③ 在膜层以外的气、液两相中心区，由于流体充分湍流，吸收质浓度是均匀的，即两相中心区内浓度梯度皆为零，全部浓度变化集中在两相有效膜内。通过以上假设，就把复杂的相际传质过程简化为经由气、液两膜的分子扩散过程。

双膜理论认为相界面上处于平衡状态，即 p_i 与 c_i 符合平衡关系。

除双膜理论外，学者 Higbie 提出了溶质渗透理论，将液相中的对流传质过程简化如下。

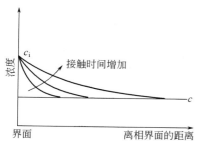

液体在下流过程中每隔一定时间 t_0 发生一次完全的混合，使液体的浓度均匀化。在 t_0 时间内，液相中发生的不再是定态的扩散过程，液相中的浓度分布如图 4-8 所示。

在发生混合的最初瞬间，只有界面处的浓度处于平衡浓度 c，而界面以外的其他地方的浓度均与液相主体浓度相同。此时界面处的浓度梯度最大，传质速率也最快。随着时间的延续，浓度分布趋于均化，传质速率下降，经 t_0 时间后，又发生另一次混合。传质系数应是 t_0 时间内的平均值。

图 4-8　溶质在液相中的浓度分布

该设想的依据是填料塔中液体的实际流动。液体至某一个填料转移至下一个填料时必定发生混合，不能保持原来的浓度分布。

溶质渗透理论的主要贡献是放弃了定态扩散的观点，采用了非定态过程的分析方法，并指出了液体定期混合对传质的作用。

第三节　吸收传质速率方程

根据生产任务进行吸收设备的设计计算，或核算混合气体通过指定设备所能达到的吸收程度，都需要知道吸收速率。吸收速率是指单位时间内单位相际传质面积上吸收的溶质的量，表明吸收速率与吸收推动力之间关系的数学表达式称为吸收传质速率方程式。

$$吸收速率 = 吸收系数 \times 吸收推动力$$

或

$$吸收速率 = \frac{吸收推动力}{吸收阻力}$$

由于吸收系数及其相应的推动力的表达方式及范围不同，出现了多种形式的吸收速率方程式。

一、气膜和液膜吸收速率方程

1. 气膜吸收速率方程式

$$N_A = k_G(p_G - p_i) = \frac{p_G - p_i}{\frac{1}{k_G}} \tag{4-6}$$

$$N_A = k_y(y - y_i) = \frac{y - y_i}{\frac{1}{k_y}} \tag{4-7}$$

式中　N_A——单位时间内组分 A 扩散通过单位面积的物质的量，即传质速率，kmol/

$(m^2 \cdot s)$；

p_G，p_i——溶质 A 在气相主体和相界面处的分压，kPa；

y，y_i——溶质 A 在气相主体和相界面处的摩尔分数；

k_G——以分压差（Δp）为推动力的气膜传质系数，kmol/($m^2 \cdot s \cdot kPa$)；

k_y——以摩尔分数差（Δy）为推动力的气膜传质系数，kmol/($m^2 \cdot s$)。

2. 液膜吸收速率方程

$$N_A = k_L(c_i - c_L) \tag{4-8}$$
$$N_A = k_x(x_i - x) \tag{4-9}$$

式中　c_L，c_i——溶质 A 在液相主体和相界面处的（体积）浓度，kmol/m^3；

x，x_i——溶质 A 在液相主体与界面处的摩尔分数；

k_L——以浓度差（Δc）为推动力的液膜传质系数，m/s；

k_x——以摩尔分数差（Δx）为推动力的液膜传质系数，kmol/($m^2 \cdot s$)。

二、总吸收速率方程及对应的总吸收系数

1. 以 $p_G - p_e$ 表示总推动力的总吸收速率方程式

$$N_A = K_G(p_G - p_e) \tag{4-10}$$

$$\frac{1}{K_G} = \frac{1}{Hk_L} + \frac{1}{k_G} \tag{4-11}$$

2. 以 $Y - Y_e$ 表示总推动力的总吸收速率方程

$$N_A = K_Y(Y - Y_e) \tag{4-12}$$

$$\frac{1}{K_Y} = \frac{1}{k_y} + \frac{m}{k_x} \tag{4-13}$$

3. 以 $c_e - c_L$ 表示总推动力的总吸收速率方程

$$N_A = K_L(c_e - c_L) \tag{4-14}$$

$$\frac{1}{K_L} = \frac{1}{k_L} + \frac{H}{k_G} \tag{4-15}$$

4. 以 $X_e - X$ 表示总推动力的总吸收速率方程

$$N_A = K_X(X_e - X) \tag{4-16}$$

$$\frac{1}{K_X} = \frac{1}{k_x} + \frac{1}{mk_y} \tag{4-17}$$

式中　K_G——以压力差（Δp）为推动力的气相总吸收系数，kmol/($m^2 \cdot s \cdot kPa$)；

K_Y——以浓度差（ΔY）为推动力的气相吸收总系数，kmol/($m^2 \cdot s$)；

K_L——以浓度差（Δc）为推动力的液相总吸收系数，m/s；

K_X——以浓度差（ΔX）为推动力的液相吸收总系数，kmol/($m^2 \cdot s$)。

对于易溶气体，吸收速率主要取决于气膜阻力，液膜阻力可以忽略，该吸收过程为气膜

控制。相反，难溶性气体则可以忽略气膜阻力，而只考虑液膜阻力，吸收过程为液膜控制。介于易溶与难溶之间的气体，吸收过程为双膜控制，气膜和液膜阻力都要同时考虑。表 4-4 所列为吸收过程控制因素的实例。

表 4-4　吸收过程控制因素实例

气 膜 控 制	液 膜 控 制	双 膜 控 制
水吸收氨 NH_3	水或弱碱吸收 CO_2	水吸收 SO_2
水吸收 HCl、SO_2	水吸收 Cl_2	水吸收丙酮
液碱或氨水吸收 SO_2	水吸收 O_2	浓硫酸吸收 NO_2
浓硫酸吸收 SO_2	水吸收 H_2	
弱碱吸收 H_2S		

表 4-5 所列为吸收速率方程式一览表，表 4-6 所列为吸收系数的表达式及吸收系数的换算。

表 4-5　吸收速率方程式一览表

吸收速率方程式	推 动 力		吸 收 系 数	
	表达式	单位	符号	单位
$N_A = k_G(p_G - p_i)$	$p_G - p_i$	kPa	k_G	$kmol/(m^2 \cdot s \cdot kPa)$
$N_A = k_L(c_i - c_L)$	$c_i - c_L$	$kmol/m^3$	k_L	$kmol/[m^2 \cdot s \cdot (kmol/m^3)]$ 或 m/s
$N_A = k_x(x_i - x)$	$x_i - x$		k_x	$kmol/(m^2 \cdot s)$
$N_A = k_y(y - y_i)$	$y - y_i$		k_y	$kmol/(m^2 \cdot s)$
$N_A = K_L(c_e - c_L)$	$c_e - c_L$	$kmol/m^3$	K_L	$kmol/[m^2 \cdot s \cdot (kmol/m^3)]$ 或 m/s
$N_A = K_G(p_G - p_e)$	$p_G - p_e$	kPa	K_G	$kmol/(m^2 \cdot s \cdot kPa)$
$N_A = K_x(x_e - x)$	$x_e - x$		K_x	$kmol/(m^2 \cdot s)$
$N_A = K_y(y - y_e)$	$y - y_e$		K_y	$kmol/(m^2 \cdot s)$
$N_A = K_X(X_e - X)$	$X_e - X$		K_X	$kmol/(m^2 \cdot s)$
$N_A = K_Y(Y - Y_e)$	$Y - Y_e$		K_Y	$kmol/(m^2 \cdot s)$

表 4-6　吸收系数的表达式及吸收系数的换算

总吸收系数表达式	$\dfrac{1}{K_G} = \dfrac{1}{Hk_L} + \dfrac{1}{k_G}$	$\dfrac{1}{K_y} = \dfrac{1}{k_y} + \dfrac{m}{k_x}$
	$\dfrac{1}{K_L} = \dfrac{1}{k_L} + \dfrac{H}{k_G}$	$\dfrac{1}{K_X} = \dfrac{1}{k_x} + \dfrac{1}{mk_y}$
吸收膜系数换算式	$k_x = ck_L$	$k_y = pk_G'$
总吸收系数的换算	$K_Y \approx K_y = pK_G \qquad K_X \approx mK_y \qquad K_X \approx K_x = cK_L \qquad K_G = HK_L$	

吸收速率是计算吸收设备的重要参数，吸收速率高，吸收设备单位时间内吸收的量也随之提高，根据前面的分析，可以采取以下措施来提高吸收效果。

① 提高气、液两相相对运动速度，降低气膜、液膜的厚度以减小阻力。

② 选用对吸收剂溶解度大的溶液作吸收剂。

③ 适当提高供液量，降低液相主体中溶质浓度以增大吸收推动力。

④ 增大气液相接触面积。

【例 4-1】　在 110kPa 的总压下，用清水在填料吸收塔内吸收混于空气中的氨气。在塔的某一截面上氨的气、液相组成分别为 $y = 0.03$、$c_L = 1kmol/m^3$。若气膜吸收系数 $k_G = 5 \times 10^{-6} kmol/(m^2 \cdot s \cdot kPa)$，液膜吸收系数 $k_L = 1.5 \times 10^{-4} m/s$。假设操作条件下平衡关系服从亨利定律，溶解度系数 $H = 0.73 kmol/(m^3 \cdot kPa)$。

（1）试计算以 Δp_G、Δc_L 表示的吸收总推动力及相应的总吸收系数。

（2）计算该截面处的吸收速率及以 Δy 为总推动力的气相总吸收系数。

（3）分析吸收过程的控制因素。

解　（1）以气相分压表示的总推动力为

$$\Delta p_G = p_G - p_e = p_y - \frac{c_L}{H} = 110 \times 0.03 - \frac{1}{0.73} = 1.93 \ (\text{kPa})$$

其对应的总吸收系数为

$$\frac{1}{K_G} = \frac{1}{Hk_L} + \frac{1}{k_G} = \frac{1}{0.73 \times 1.5 \times 10^{-4}} + \frac{1}{5 \times 10^{-6}}$$

$$= 9.132 \times 10^3 + 2 \times 10^5 = 2.09 \times 10^5 \ (\text{m}^2 \cdot \text{s} \cdot \text{kPa/kmol})$$

$$K_G = 4.78 \times 10^{-6} \text{kmol}/(\text{m}^2 \cdot \text{s} \cdot \text{kPa})$$

以液相浓度差表示的总推动力为

$$\Delta c_L = c_e - c_L = p_G H - c_L = 110 \times 0.03 \times 0.73 - 1 = 1.41 \ (\text{kmol/m}^3)$$

其对应的总吸收系数为

$$K_L = \frac{K_G}{H} = \frac{4.78 \times 10^{-6}}{0.73} = 6.55 \times 10^{-6} \ (\text{m/s})$$

或

$$K_L = \frac{1}{\dfrac{1}{k_L} + \dfrac{H}{k_G}} = \frac{1}{\dfrac{1}{1.5 \times 10^{-4}} + \dfrac{0.73}{5 \times 10^{-6}}} = 6.55 \times 10^{-6} \ (\text{m/s})$$

（2）该截面处的吸收速率为

$$N_A = K_G(p_G - p_e) = 4.78 \times 10^{-6} \times 1.93 = 9.23 \times 10^{-6} \ [\text{kmol}/(\text{m}^2 \cdot \text{s})]$$

或

$$N_A = K_L \Delta c_L = 6.55 \times 10^{-6} \times 1.41 = 9.24 \times 10^{-6} \ [\text{kmol}/(\text{m}^2 \cdot \text{s})]$$

以 Δy 为总推动力的气相总吸收系数为

$$K_y = p K_G = 110 \times 4.78 \times 10^{-6} = 5.26 \times 10^{-4} \ [\text{kmol}/(\text{m}^2 \cdot \text{s})]$$

（3）吸收过程的控制因素

由计算过程可知，吸收过程的总阻力为 $2.09 \times 10^5 \text{m}^2 \cdot \text{s} \cdot \text{kPa/kmol}$，气膜阻力为 $2 \times 10^5 \text{m}^2 \cdot \text{s} \cdot \text{kPa/kmol}$，气膜阻力占总阻力为 $\frac{2 \times 10^5}{2.09 \times 10^5} \times 100\% = 95.6\%$，气膜阻力占总阻力的绝大部分，该吸收过程为气膜控制。

5. 化学吸收速率方程

在化学吸收中，被吸收组分 A 与吸收剂中的反应物 B 发生反应，即 $A + bB \longrightarrow R$，生成了反应产物 R，化学吸收共分五个步骤：

① 气相反应物 A 由气相主体通过气膜向相界面扩散；

② 反应物 A 由相界面向液相扩散；

③ 反应物 A 在液膜内或液相主体与反应物 B 反应，形成反应区；

④ 反应产物 R 若为液相产物，向液相主体扩散，若为气体产物则向界面扩散；

⑤ 气态产物由界面向气相主体扩散。

化学吸收速率不仅取决于化学反应速率，而且取决于扩散速率。在吸收过程中，当传质扩散速率远大于化学反应速率时，吸收速率取决于后者，称为动力学控制。反之则称之为扩散控制。由于化学反应使吸收质在液相中浓度减小，相应地增大了吸收推动力，提高了吸收速率。化学吸收速率方程可用下式表示。

$$N_A = k_L \beta (c_{AI} - c_{AL}) \tag{4-18}$$

式中　β——增强系数，无量纲；

$\quad\quad k_L$——物理吸收过程液相吸收分系数，$kmol/m^2$；

$\quad\quad c_{AI}$——气液相界面上未发生化学反应的吸收质浓度，$kmol/m^3$；

$\quad\quad c_{AL}$——液相中未发生反应的吸收质浓度，$kmol/m^3$。

增强系数 β 是与反应级数、反应速率常数、化学平衡常数、液相中各组分的浓度、扩散系数、液相流动状态等诸多因素有关的较为复杂的系数。若化学反应为极快不可逆反应，$\beta\gg1$，可用下式表示。

$$\beta=\frac{化学吸收速率}{物理吸收速率}$$

第四节　吸　收　计　算

在工业生产中吸收操作多采用塔设备，既可采用气液两相在塔内逐级接触的板式塔，也可采用气液两相在塔内连续接触的填料塔，本章对吸收操作的分析和计算将主要结合填料塔进行。

填料塔内充以某种特定形状的固体填料以构成填料层。填料层是实现气液接触传质的场所。填料的主要作用是：①填料层内空隙体积所占的比例很大，填料间隙形成不规则的弯曲通道，气体通过时可达到很高的湍动程度；②单位体积填料层提供很大的固体表面，液体分布于填料表面呈膜状流下，增大了气液之间的接触面积。在填料塔内，气液两相既可逆流，也可并流。在同等条件下，逆流操作可获较大的平均推动力，从而有利于提高吸收速率。从另一方面看，逆流时，流至塔底的吸收液恰与刚刚进入塔的高浓度混合气体接触，有利于提高出塔吸收液的浓度，从而可减少溶剂的用量；升至塔顶的气体恰与刚进塔的吸收剂接触，有利于降低出塔气体的浓度，从而提高溶质的吸收率。因此，吸收塔通常都采用逆流操作。

通常填料塔的工艺计算包括如下项目。

① 在选定吸收剂的基础上确定吸收剂（溶剂）的用量。

② 计算塔的主要工艺尺寸，包括塔径和塔的有效高度，对板式塔则是实际板层数与板间距的乘积，而对填料塔有效高度是填料层高度。

计算的基本依据是物料衡算，气、液平衡关系及速率关系。

下面的讨论限于如下假设条件：

① 吸收为低浓度等温物理吸收，总吸收系数为常数；

② 惰性组分 B 在溶剂中完全不溶解，溶剂在操作条件下完全不挥发，惰性气体和吸收剂在整个吸收塔中均为常量；

③ 吸收塔中气、液两相逆流流动。

一、吸收塔的物料衡算与操作线方程

1. 全塔物料衡算

图 4-9 所示为一个定态操作逆流接触的吸收塔物料衡算示意，图中各符号的意义如下：

$\quad\quad V$——惰性气体的流量，$kmol(B)/s$；

$\quad\quad L$——纯吸收剂的流量，$kmol(S)/s$；

$\quad\quad Y_1$，Y_2——分别为进出吸收塔气体中溶质的摩尔比浓度，$kmol(A)/kmol(B)$；

X_1，X_2——分别为出塔及进塔液体中溶质的摩尔比浓度，kmol(A)/kmol(S)。

注意，本章中塔底截面一律以下标"1"表示，塔顶截面一律以下标"2"表示。

在稳态操作的情况下，对单位时间内进出吸收塔的溶质 A 作物料衡算，可得

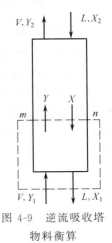

$$VY_1 + LX_2 = VY_2 + LX_1 \qquad (4\text{-}19)$$

或

$$V(Y_1 - Y_2) = L(X_1 - X_2)$$

图 4-9　逆流吸收塔物料衡算

式(4-19) 表明了逆流吸收塔中气液两相流率 V、L 和塔底、塔顶两端的气液两相组成 Y_1、X_1 与 Y_2、X_2 之间的关系。一般情况下，进塔混合气体的流量和组成是吸收任务所规定的，而吸收剂的初始组成与流量往往根据生产工艺要求确定，故 V、Y_1、L 及 X_2 为已知数，如果吸收任务又规定了溶质吸收率 φ_A，便可求得气体出塔时的溶质组成 Y_2，即

$$Y_2 = Y_1(1 - \varphi_A) \qquad (4\text{-}20)$$

式中　φ_A——混合气体中溶质 A 被吸收的百分率，称溶质的吸收率或回收率。

由此，V、Y_1、L、X_2 及 Y_2 均为已知，再通过全塔物料衡算式便可以求得塔底排出吸收液浓度 X_1。

2. 吸收塔的操作线方程式与操作线

在定态逆流操作的吸收塔内，气体自下而上，其浓度由 Y_1 逐渐降低至 Y_2，液相自上而下，其浓度由 X_2 逐渐增浓至 X_1，而在塔内任意截面上的气、液浓度 Y 与 X 之间的对应关系，可由塔内某一截面与塔的一个端面之间作溶质 A 的衡算而得。

例如，在图 4-9 中的 m-n 截面与塔底端面之间作组分 A 的衡算，得

$$VY + LX_1 = VY_1 + LX \qquad (4\text{-}21)$$

或

$$Y = \frac{L}{V}X + \left(Y_1 - \frac{L}{V}X_1\right)$$

式(4-21) 称为逆流吸收塔的操作线方程式，它表明塔内任一横截面上的气相浓度 Y 与液相浓度 X 之间成直线关系，直线的斜率为 L/V，且此直线应通过 $B(X_1, Y_1)$ 及 $T(X_2, Y_2)$ 两点，如图 4-10 所示。图中的直线 BT 即为逆流吸收塔的操作线。端点 B 代表吸收塔底的情况，此处具有最大的气、液浓度，故称为"浓端"；端点 T 代表塔顶的情况，此处具有最小的气、液浓度，故称之为"稀端"；操作线上任一点 A，代表着塔内相应截面上的液、气浓度 X、Y。

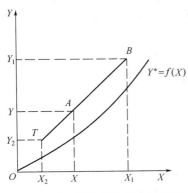

图 4-10　逆流操作吸收塔中操作线

当进行吸收操作时，在塔内任一截面上，溶质在气相中的实际浓度总是高于与其接触的液相平衡浓度，所以吸收操作线必位于平衡线上方。反之，若操作线位于平衡线下方，则进行解吸（脱吸）过程。

需要指出，操作线方程式及操作线都是由物料衡算得来的，与系统的平衡关系、操作温度和压强以及塔的结构形式都无关。

二、吸收剂用量的确定

在吸收塔设计时，需要处理的惰性气体流量 V 及气体的初、终浓度 Y_1 与 Y_2 已由任务规定，吸收剂的入塔浓度 X_2 常由工艺条件确定，而吸收剂用量 L 及吸收液浓度 X_1 互相制约，需由设计者合理选定。

由图 4-11(a) 可知，在 V、Y_1、Y_2 及 X_2 已知的情况下，吸收操作线的一个端点 T 已经固定，另一个端点 B 则可在 $Y=Y_1$ 的水平线上移动。点 B 的横坐标将取决于操作线斜率 L/V。

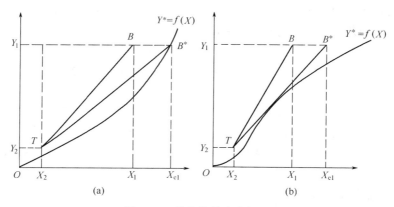

图 4-11 吸收塔最小液气比

操作线的斜率 L/V 称为"液气比"，是溶剂与惰性气体摩尔流量的比值。它反映单位气体处理量的溶剂耗用量大小。在此，V 值已经确定，故若减少溶剂用量 L，操作线的斜率就要变小，点 B 便沿水平线 $Y=Y_1$ 向右移动，其结果是使出塔吸收液的浓度加大，而吸收推动力相应减小。若溶剂用量减小到恰使点 B 移至水平线 $Y=Y_1$ 与平衡线的交点 B^* 时，$X_1=X_{e1}$。意即塔底流出的吸收液与刚进塔的混合气达到平衡。这是理论上吸收液所能达到的最高浓度，但此时过程的推动力已变为零，因而需要无限大的相际传质面积。这在实际上是办不到的，只能用来表示一种极限状况，此种状况下吸收操作线 $(B^*，T)$ 的斜率称为最小液气比，以 $(L/V)_{min}$ 表示；相应的吸收剂用量即为最小溶剂用量，以 L_{min} 表示。

反之，若增大溶剂用量，则点 B 将沿水平线向左移动，使操作线远离平衡线，过程推动力增大。但超过一定限度后，效果便不明显，而溶剂的消耗、输送及回收等项操作费用急剧增大。

最小液气比可用图解法求出。如果平衡曲线符合图 4-11(a) 所示的一般情况，则要找到水平线 $Y=Y_1$ 与平衡线的交点 B^*，从而读出 X_{e1} 的数值，然后用下式计算最小液气比，即

$$\left(\frac{L}{V}\right)_{min}=\frac{Y_1-Y_2}{X_{e1}-X_2} \tag{4-22}$$

或

$$L_{min}=V\frac{Y_1-Y_2}{X_{e1}-X_2} \tag{4-22a}$$

如果平衡曲线呈现如图 4-11(b) 中所示的形状，则应过点 T 作平衡线的切线，找到水平线 $Y=Y_1$ 与此切线的交点 B^*，从而读出点 B^* 的横坐标 X_1 的数值，用 X_1 代替式(4-22)或式(4-22a) 中的 X_{e1}，便可求得最小液气比 $(L/V)_{min}$ 或最小吸收剂用量 L_{min}。

若平衡关系符合亨利定律，可用 $X_e=Y/m$ 表示，则可直接用下式算出最小液气比，即

$$\left(\frac{L}{V}\right)_{\min}=\frac{Y_1-Y_2}{\dfrac{Y_1}{m}-X_2}$$

或

$$L_{\min}=V\frac{Y_1-Y_2}{\dfrac{Y_1}{m}-X_2}$$

由以上分析可见，溶剂用量的大小，从设备费与操作费两方面影响到生产过程的经济效果，应权衡利弊，选择适宜的液气比，使两种费用之和最小。根据生产实践经验认为，一般情况下取溶剂用量为最小用量的 1.1～2.0 倍是比较适宜的，即

$$\frac{L}{V}=(1.1\sim2.0)\left(\frac{L}{V}\right)_{\min} \tag{4-23}$$

或

$$L=(1.1\sim2.0)L_{\min} \tag{4-23a}$$

必须指出，为了保证填料表面能被液体充分润湿，还应考虑到单位塔截面积上单位时间内流下的液体量不得小于某一最低允许值。如果按式(4-23a)算出的溶剂用量不能满足充分润湿填料的起码要求，则应采用更大的液气比。

【例 4-2】 用清水吸收混合气体中的可溶组分 A。吸收塔内的操作压强为 105.7kPa，温度为 27℃，混合气体的处理量为 1280m³/h，其中 A 的摩尔分数为 0.03，要求 A 的回收率为 95%。操作条件下的平衡关系可用下式表示，即

$$Y=0.65X$$

若取溶剂用量为最小用量的 1.4 倍，求每小时送入吸收塔顶的清水量 L 及吸收液浓度 X_1。

解 （1）清水用量为 L

平衡关系符合亨利定律，清水的用量可用式(4-22)和式(4-23a)计算，式中的有关参数为

$$V=\frac{1280}{22.4}\times\frac{273}{273+27}\times\frac{105.7}{101.33}\times(1-0.03)=52.6\ (\text{kmol/h})$$

$$Y_1=\frac{y_1}{1-y_1}=\frac{0.03}{1-0.03}=0.03093$$

$$Y_2=Y_1(1-\phi_A)=0.03093\times(1-0.95)=0.00155$$

$$X_2=0$$

$$m=0.65$$

将有关参数代入式(4-22a)，得到

$$L_{\min}=V\frac{Y_1-Y_2}{\dfrac{Y_1}{m}-X_2}=\frac{52.6\times(0.03093-0.00155)}{0.03093/0.65}=32.5\ (\text{kmol/h})$$

则

$$L=1.4L_{\min}=1.4\times32.5=45.5\ (\text{kmol/h})$$

（2）吸收液浓度 X_1

根据全塔物料衡算可得

$$X_1=X_2+\frac{V}{L}(Y_1-Y_2)=0+\frac{52.6}{45.5}\times(0.03093-0.00155)=0.03398$$

三、塔径的计算

吸收塔直径可根据圆形管道内的流量公式计算，即

$$D=\sqrt{\frac{4q_v}{\pi u}} \tag{4-24}$$

式中　D——吸收塔直径，m；

　　　q_v——操作条件下混合气体的体积流量，m^3/s；

　　　u——空塔气速，即按空塔截面计算的混合气体的线速度，m/s。

在吸收过程中，由于吸收质不断进入液相，故混合气体流量由塔底到塔顶逐渐减少。计算塔径时，取塔底气量为依据。

计算塔径的关键在于确定适宜的空塔气速 u，下面介绍几种确定 u 值的方法。

（1）泛点气速法　泛点气速是填料塔操作气速的上限，实际操作气速必须小于泛点气速，操作空塔气速与泛点气速之比，叫泛点率。泛点率有一个经验范围。

对于散装填料　　　　　　　$u/u_F=0.5\sim0.85$ 　　　　　（4-25）

对于规整填料　　　　　　　$u/u_F=0.6\sim0.95$ 　　　　　（4-26）

式中　u_F——泛点气速，m/s。

只要已知泛点气速通过泛点率经验关系即可求出空塔气速。

泛点气速可用经验方程式计算，也可用关联图求解。通常使用较多的有贝恩（Bain）-霍根（Hougen）关联式和埃克特（Eckert）通用关联图。这些资料请查阅《化学工程手册》或《化工工艺设计手册》。

泛点率的选择主要考虑两个方面的因素：一是物系的发泡情况，对易起泡沫的物系，泛点率取低值，反之取高值；二是塔的操作压力，加压操作时，应取较高的泛点率，反之取较低的泛点率。

（2）气相动能因子（F 因子）法　其定义为

$$F=u\sqrt{\rho_G} \tag{4-27}$$

式中　ρ_G——气体密度，kg/m^3。

计算时先从手册或图表中查出填料塔操作条件下的 F 因子，然后代入上式求 u。

（3）气相负荷因子（c_S 因子法）　其定义为

$$c_S=u\sqrt{\frac{\rho_G}{\rho_L-\rho_G}} \tag{4-28}$$

$$c_S=0.8c_{S,max}$$

计算时先查手册求出 $c_{S,max}$。

根据上述方法计算出塔径，还应按塔径公称标准圆整，圆整后再对空塔气速及液体喷淋密度进行校正。

四、吸收塔高的计算

吸收设备主要有填料塔和板式塔两大类型，本章重点讨论填料塔塔高的计算，板式塔塔高计算可参见相关内容，在此不作介绍。

1. 填料层高度的基本计算式

计算填料塔的塔高，首先必须计算填料层的高度。填料层的高度可按下式计算，即

$$z = \frac{V}{\Omega} = \frac{A}{a\Omega} \qquad (4\text{-}29)$$

式中　V——填料层体积，m^3；

　　　A——吸收所需的两相接触面积，m^2；

　　　Ω——塔的截面积，m^2；

　　　a——单位体积填料层的有效比表面积，m^2/m^3。

有效吸收比表面积的数值总小于填料的比表面积，应根据有关经验式校正，只有在缺乏数据情况下，才近似取填料比表面积计算。

根据式(4-29)，首先要求出吸收过程所需传质面积 A。A 必须通过传质速率方程求取。

吸收速率方程式中的传质速率 N_A 均指单位传质面积上的速率，N_A 单位是 $kmol/(m^2 \cdot s)$，而实际操作的吸收塔不同截面上其传质速率不同，因为各截面上推动力不同。设全塔的总吸收速率为 G_A，单位是 $kmol/s$，塔内某一微元填料层高度 dz 的传质面积为 dA，如图 4-12 所示，则

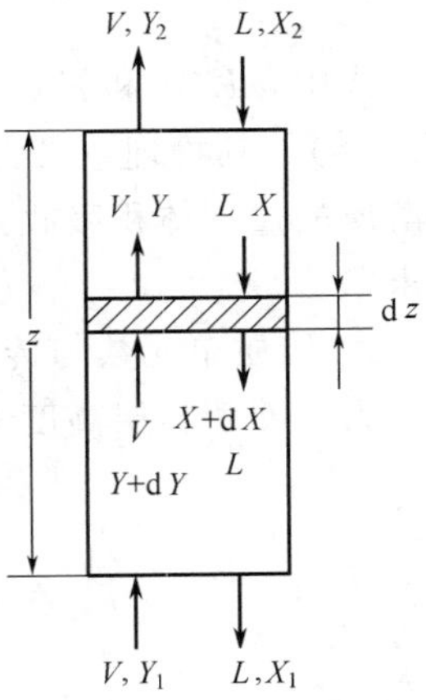

$$G_A = \int N_A dA$$

$$dA = a\Omega dz$$

式中　dA——塔中任一截面上微元填料层的传质面积，m^2；

　　　dz——微元填料层高度，m。

在此微元层内对组分 A（溶质）物料衡算可得，单位时间内由气相转入液相的溶质量为

$$dG_A = -VdY = -LdX \qquad (4\text{-}30)$$

式中的负号表示随填料层高度增加气液相组成均不断降低。在微元填料中吸收速率 N_A 视为定值。

则

$$dG_A = N_A dA = N_A a\Omega dz \qquad (4\text{-}31)$$

将 $N_A = K_Y(Y - Y_e) = K_X(X_e - X)$ 代入式(4-31) 中得

$$dG_A = K_Y(Y - Y_e)a\Omega dz \qquad (4\text{-}32)$$

及

$$dG_A = K_X(X_e - X)a\Omega dz \qquad (4\text{-}33)$$

再将式(4-30) 代入以上两式得

$$-VdY = K_Y(Y - Y_e)a\Omega dz$$

$$-LdX = K_X(X_e - X)a\Omega dz$$

整理以上两式，分别得

$$\frac{-dY}{Y - Y_e} = \frac{K_Y a\Omega}{V}dz \qquad (4\text{-}34)$$

$$\frac{-dX}{X_e - X} = \frac{K_X a\Omega}{L}dz \qquad (4\text{-}35)$$

151

对于稳定操作的吸收塔，当溶质溶解度处于中等以下，平衡关系曲线为直线时，K_Y 及 K_X 可视为常数，式中 L、V、a、Ω 均不随时间和塔截面而变化。于是对式(4-34) 和式(4-35) 在全塔范围内积分

图 4-12　微元填料层的物料衡算

$$\int_{Y_1}^{Y_2} \frac{-\mathrm{d}Y}{Y-Y_e} = \frac{K_Y a\Omega}{V} \int_0^z \mathrm{d}z$$

$$\int_{X_1}^{X_2} \frac{-\mathrm{d}X}{X_e-X} = \frac{K_X a\Omega}{L} \int_0^z \mathrm{d}z$$

由此得到低组成气体吸收时计算填料层高度的基本式为

$$z = \frac{V}{K_Y a\Omega} \int_{Y_2}^{Y_1} \frac{\mathrm{d}Y}{Y-Y_e} \tag{4-36}$$

$$z = \frac{L}{K_X a\Omega} \int_{X_2}^{X_1} \frac{\mathrm{d}X}{X_e-X} \tag{4-37}$$

式中，$K_Y a$ 和 $K_X a$ 定义为气相总体积吸收系数和液相总体积吸收系数，单位为 kmol/ $(\mathrm{m}^3 \cdot \mathrm{s})$。其物理意义为：在推动力为一个单位的情况下，单位时间单位体积填料层内所吸收溶质的量。体积吸收系数可通过实验测取，也可通过查有关手册，或根据经验公式或关联式求取。

2. 传质单元数与传质单元高度

为了使填料层高度的计算更方便，可对上两式进行如下处理。

若令

$$N_{OG} = \int_{Y_2}^{Y_1} \frac{\mathrm{d}Y}{Y-Y_e}$$

$$H_{OG} = \frac{V}{K_Y a\Omega} = \frac{\dfrac{V}{\Omega}}{K_Y a}$$

则式（4-36）可写成

$$z = H_{OG} N_{OG} \tag{4-38}$$

式中　N_{OG}——以 $Y-Y_e$ 为推动力的传质单元数，即气相传质单元数，无量纲；

H_{OG}——气相传质单元高度，m。

把塔高写成 N_{OG} 和 H_{OG} 的乘积，这样处理的真实意义是：传质单元数 N_{OG} 中所含的变量只与物质的相平衡以及进料的含量条件有关，与设备的形式和操作条件（流速）等无关。这样，在做出设备形式的选择之前即可求出传质单元数，它反映吸收过程进行的难易程度。生产任务所要求的气体组成变化越大，吸收过程平均推动力越小，则意味着过程难度越大，此时所需的传质单元数 N_{OG} 越大。

传质单元高度 H_{OG} 反映传质阻力的大小、填料性能的优劣以及润湿情况的好坏，与设备的形式、设备中操作条件有关，H_{OG} 是完成一个传质单元所需的填料高度，是吸收设备效能高低的反映。

传质单元高度与传质单元数见表 4-7。

表 4-7　传质单元高度与传质单元数

塔高计算	传质单元高度	传质单元数	塔高计算	传质单元高度	传质单元数
$z = H_{OG} N_{OG}$	$H_{OG} = \dfrac{V}{K_Y a\Omega}$	$N_{OG} = \displaystyle\int_{Y_2}^{Y_1} \frac{\mathrm{d}Y}{Y-Y_e}$	$z = H_G N_G$	$H_G = \dfrac{V}{k_y a\Omega}$	$N_G = \displaystyle\int_{y_2}^{y_1} \frac{\mathrm{d}y}{y-y_i}$
	$H_{OG} = \dfrac{V}{K_y a\Omega}$	$N_{OG} = \displaystyle\int_{y_2}^{y_1} \frac{\mathrm{d}y}{y-y_e}$		$H_G = \dfrac{V}{k_Y a\Omega}$	$N_G = \displaystyle\int_{Y_2}^{Y_1} \frac{\mathrm{d}Y}{Y-Y_i}$
$z = H_{OL} N_{OL}$	$H_{OL} = \dfrac{V}{K_X a\Omega}$	$N_{OL} = \displaystyle\int_{X_2}^{X_1} \frac{\mathrm{d}X}{X_e-X}$	$z = H_L N_L$	$H_L = \dfrac{L}{k_x a\Omega}$	$N_L = \displaystyle\int_{x_2}^{x_1} \frac{\mathrm{d}x}{x_i-x}$
	$H_{OL} = \dfrac{V}{K_x a\Omega}$	$N_{OL} = \displaystyle\int_{x_2}^{x_1} \frac{\mathrm{d}x}{x_e-x}$		$H_L = \dfrac{L}{k_X a\Omega}$	$N_L = \displaystyle\int_{X_2}^{X_1} \frac{\mathrm{d}X}{X_i-X}$

3. 传质单元数的求法

计算塔高的关键是确定传质单元数。传质单元数的求法有解析法、梯级图解法、数值积分法，而解析法中又分脱吸因子法、对数平均推动力法。本节介绍最常用的脱吸因子法和对数平均推动力法。

(1) 脱吸因子法　若平衡关系在吸收过程所涉及的组成范围为直线 $Y_e = mX + b$，可以根据传质单元数的定义导出计算式。以气相总传质单元数 N_{OG} 为例，依定义可得

$$N_{OG} = \int_{Y_2}^{Y_1} \frac{dY}{Y - Y_e} = \int_{Y_2}^{Y_1} \frac{dY}{Y - (mX + b)} \tag{4-39}$$

由逆流吸收塔的操作线方程可知

$$X = X_2 + \frac{V}{L} = Y - Y_2$$

将此式代入式(4-39)得

$$N_{OG} = \int_{Y_2}^{Y_1} \frac{dY}{Y - m\left[\frac{V}{L}(Y - Y_2) + X_2\right] - b}$$

$$= \int_{Y_2}^{Y_1} \frac{dY}{\left(1 - \frac{mV}{L}\right)Y + \left[\frac{mV}{L}Y_2 - (mX_2 + b)\right]} \tag{4-40}$$

令 $S = \dfrac{mV}{L}$，则

$$N_{OG} = \int_{Y_2}^{Y_1} \frac{dY}{(1 - S)Y + (SY_2 - Y_{e2})} \tag{4-41}$$

积分上式并化简，可得

$$N_{OG} = \frac{1}{1 - S} \ln\left[(1 - S)\frac{Y_1 - Y_{e2}}{Y_2 - Y_{e2}} + S\right] \tag{4-42}$$

式中，$S = \dfrac{mV}{L}$ 称为脱吸因子，是平衡线与操作线的比值，无量纲。

由上式可以看出，N_{OG} 的数值取决于 S 与 $\dfrac{Y_1 - Y_{e2}}{Y_2 - Y_{e2}}$ 这两个因素。当 S 值一定时，N_{OG} 与 $\dfrac{Y_1 - Y_{e2}}{Y_2 - Y_{e2}}$ 之间有一一对应关系。为方便起见，在半对数坐标上以 S 为参数绘出 N_{OG} 与 $\dfrac{Y_1 - Y_{e2}}{Y_2 - Y_{e2}}$ 的函数关系，得到如图4-13所示的一组曲线。若已知 V、L、Y_1、Y_2、X_2 及平衡线斜率 m，便可求出 S 及 $\dfrac{Y_1 - Y_{e2}}{Y_2 - Y_{e2}}$ 的值，进而可从图中读出 N_{OG} 的数值。

图 4-13 中横坐标 $\dfrac{Y_1 - Y_{e2}}{Y_2 - Y_{e2}}$ 值的大小，

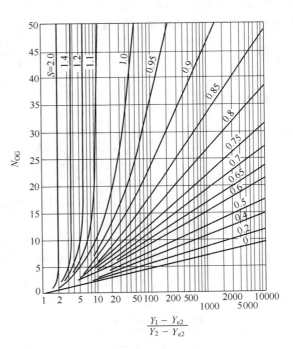

图 4-13　N_{OG} 与 $\dfrac{Y_1 - Y_{e2}}{Y_2 - Y_{e2}}$ 关联曲线

反映溶质吸收率的高低。在气、液进塔组成一定的情况下，要求吸收率越高，Y_2 值越小，横坐标的数值越大，对于同一个 S 值的 N_{OG} 值也就越大。

参数 S 值反映吸收推动力的大小。在气液进塔组成及溶质吸收率一定的条件下，横坐标的数值已确定，此时增大 S 值就意味着减小液气比，其结果是使溶液出塔组成提高而塔内吸收推动力变小，N_{OG} 值必增大。反之，若 S 值减小，则 N_{OG} 值变小。一般认为 $S=0.7\sim0.8$ 是经济合适的。

（2）对数平均推动力法　对数平均推动力法适用于平衡线为直线的场合，其计算公式为

$$N_{OG} = \int_{Y_2}^{Y_1} \frac{\mathrm{d}Y}{Y - Y_e} = \frac{Y_1 - Y_2}{\Delta Y_m} \tag{4-43}$$

$$\Delta Y_m = \frac{(Y_1 - Y_{e1}) - (Y_2 - Y_{e2})}{\ln \dfrac{Y_1 - Y_{e1}}{Y_2 - Y_{e2}}} \tag{4-43a}$$

$$N_{OL} = \int_{X_2}^{X_1} \frac{\mathrm{d}X}{X_e - X} = \frac{X_1 - X_2}{\Delta X_m} \tag{4-44}$$

$$\Delta X_m = \frac{(X_{e1} - X_1) - (X_{e2} - X_2)}{\ln \dfrac{X_{e1} - X_1}{X_{e2} - X_2}} \tag{4-44a}$$

ΔY_m 和 ΔX_m 分别表示塔顶和塔底的气相推动力的对数平均值和液相推动力的对数平均值。

【例 4-3】　在一逆流操作的吸收塔中用清水吸收氨-空气混合物中的氨，混合气流量为 0.025kmol/s，入塔混合气中氨的摩尔分数为 0.02，出塔尾气中含氨摩尔分数为 0.001。吸收塔操作时总压为 101.3kPa，温度为 293K，在操作温度范围内，氨-水系统的相平衡方程为 $Y=1.2X$，总传质系数 K_Ya 为 0.0522kmol/(m² · s)。若塔径为 1m，实际液气比为最小液气比的 1.2 倍，计算所需的塔高为多少米？

解
$$Y_1 = \frac{y_1}{1 - y_1} = \frac{0.02}{1 - 0.02} = 0.02$$
$$Y_2 \approx y_2 = 0.001$$

最小液气比

$$\left(\frac{L}{V}\right)_{\min} = \frac{Y_1 - Y_2}{\dfrac{Y_1}{m} - X_2} = \frac{0.02 - 0.01}{\dfrac{0.02}{1.2} - 0} = 1.14$$

实际液气比

$$\frac{L}{V} = 1.2(L/V)_{\min} = 1.2 \times 1.14 = 1.37$$

液相出口的摩尔分数比

$$X_1 = \frac{Y_1 - Y_2}{\dfrac{L}{V}} + X_2 = \frac{0.02 - 0.001}{1.37} + 0 = 0.0139$$

平均推动力

$$\Delta Y_m = \frac{(Y_1 - Y_{e1}) - (Y_2 - Y_{e2})}{\ln \dfrac{Y_1 - Y_{e1}}{Y_2 - Y_{e2}}} = \frac{0.02 - 1.2 \times 0.0139 - 0.001}{\ln \dfrac{0.02 - 1.2 \times 0.0139}{0.001}} = 1.93 \times 10^{-3}$$

惰性气体流量

$$V = (1 - Y_1) \times 0.025 = 0.980 \times 0.025 = 0.0245 \, (\text{kmol/s})$$

传质单元高度

$$H_{OG} = \frac{V}{K_Y a \Omega} = \frac{0.0245}{0.0522 \times \frac{\pi}{4} \times 1^2} = 0.368 \, (\text{m})$$

传质单元数

$$N_{OG} = \frac{Y_1 - Y_2}{\Delta Y_m} = \frac{0.02 - 0.001}{1.93 \times 10^{-3}} = 9.84$$

塔高

$$z = H_{OG} N_{OG} = 0.368 \times 9.84 = 3.62 \, (\text{m})$$

五、吸收塔的操作与调节

一定的物系在已确定的吸收塔中进行吸收操作，当气相流量和入口浓度已被规定时，则操作控制的目标是获得尽可能高的溶质吸收率 φ_A，即降低气相的出口浓度 Y_2。

影响溶质吸收率 φ_A 的因素不外乎物系本身的性质、设备的情况（结构、传质面积等）及操作条件（温度、压强、液相流量、及吸收剂入口浓度）。因为气相入口条件不能随意改变，塔设备又固定，所以吸收塔在操作过程中可调节的因素只能是改变溶剂入口的条件，吸收剂的入口条件包括流量 L、温度 T、含量 X_2 三大要素。

增大溶剂用量，操作线斜率增大，出口气体含量下降，平均推动力增大。

降低溶剂温度，气体溶解度增大，平衡常数减小，平衡线下移，平均推动力增大。

降低溶剂入口含量，液相入口处推动力增大，全塔平均推动力亦随之增大。

总之，适当调节上述三个变量皆可强化传质过程，从而提高吸收效果。当吸收和再生操作联合进行时，溶剂的进口条件将受再生操作的制约。如果再生不良，溶剂进塔含量将上升；如果再生后的溶剂冷却不足，溶剂温度将升高。再生操作中可能出现的这些情况，都会给吸收操作带来不良影响。

提高溶剂流量固然能增大吸收推动力，但应同时考虑再生设备的能力。如果溶剂循环量加大使解吸操作恶化，则吸收塔的液相进口含量将上升，甚至得不偿失，这是调节中必须注意的问题。

另外，采用增大溶剂循环量的方法调节气体出口含量 y_2 是有一定限度的。设有一足够高的吸收塔（为便于说明问题，设塔高 $H = \infty$），操作时必在塔底或塔顶达到平衡（见图4-14）。

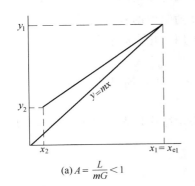

(a) $A = \dfrac{L}{mG} < 1$

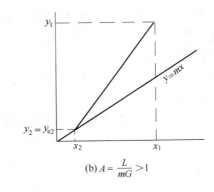

(b) $A = \dfrac{L}{mG} > 1$

图4-14　吸收塔的操作调节

第四章　吸　收

当气液两相在塔底达到平衡时，$(L/G) < m$，增大溶剂用量可有效降低 y_2；当气液两相在塔顶达到平衡时 $(L/G) > m$，增大溶剂用量则不能有效地降低 y_2。此时，只有降低吸收剂入口含量或入口温度才能使 y_2 下降。

如果条件允许，采用化学吸收对提高吸收率是非常有效的，如用碳酸氢钠水溶液吸收 CO_2，可使气相出口中 CO_2 的浓度接近于零。

在填料吸收塔开工时，需进行预液泛操作，以保证填料充分润湿。

第五节　解　　吸

为了回收溶质或回收溶剂循环使用，需要对吸收液进行解吸处理（溶剂再生）。使溶解于液相中的气体释放出来的操作称为解吸（或称脱吸）。

一、解吸方法

（1）气提解吸　气提解吸法也称载气解吸法，其过程类似于逆流吸收，只是解吸时溶质由液相传递到气相。吸收液从解吸塔顶喷淋而下，载气从解吸塔底通入自下而上流动，气液两相在逆流接触的过程中，溶质将不断地由液相转移到气相。与逆流吸收塔相比，解吸塔的塔顶为浓端，而塔底为稀端。气提解吸所用的载气一般为不含（或含极少）溶质的惰性气体或溶剂蒸气，其作用在于提供与吸收液不相平衡的气相。根据分离工艺的特性和具体要求，可选用不同的载气。

① 以空气、氮气、二氧化碳作载气，又称为惰性气体气提。该法适用于脱除少量溶质以净化液体或使吸收剂再生为目的的解吸。有时也用于溶质为可凝性气体的情况，通过冷凝分离可得到较为纯净的溶质组分。

② 以水蒸气作载气，同时又兼作加热热源的解吸常称为汽提。若溶质为不凝性气体，或溶质冷凝液不溶于水，则可通过蒸汽冷凝的方法获得纯度较高的溶质组分；若溶质冷凝液与水发生互溶，要想得到较为纯净的溶质组分，还应采用其他的分离方法，如精馏等。

③ 以溶剂蒸气作为载气的解吸。也称提馏。解吸后的贫液被解吸塔底部的再沸器加热产生溶剂蒸气（作为解吸载气），其在上升的过程中与沿塔而下的吸收液逆流接触，液相中的溶质将不断地被解吸出来。该法多用于以水为溶剂的解吸。

（2）减压解吸　对于在加压情况下获得的吸收液，可采用一次或多次减压的方法，使溶质从吸收液中释放出来。溶质被解吸的程度取决于解吸操作的最终压力和温度。

（3）加热解吸　一般而言，气体溶质的溶解度随温度的升高而降低，若将吸收液的温度升高，则必然有部分溶质从液相中释放出来。如采用"热力脱氧"法处理锅炉用水，就是通过加热使溶解氧从水中逸出。

（4）加热-减压解吸　将吸收液加热升温之后再减压，加热和减压的结合，能显著提高解吸推动力和溶质被解吸的程度。

应予指出，在工程上很少采用单一的解吸方法，往往是先升温再减压至常压，最后再采用气提法解吸。

二、气提解吸的计算

从原理上讲，气提解吸与逆流吸收是相同的，只是在解吸中传质的方向与吸收相反，即两者的推动力互为负值。从 X-Y 图上看，吸收过程的操作线在平衡线的上方，而解吸过程的操作线则在平衡线的下方。因此，吸收过程的分析方法和计算方法均适用于解吸过程，只是在解吸计算时要将吸收计算式中表示推动力的项前面加上负号。

在解吸计算中，一般要解吸的吸收液流量 L 及其进出塔组成 X_2、X_1 均由工艺规定，入塔载气组成 Y_1 也由工艺规定（通常为零），待求的量为载气流量 V、填料层高度 Z 等。

（1）最小气液比和载气流量的确定　对于解吸塔，仍用下标 1 表示塔底（此时为稀端），下标 2 表示塔顶（此时为浓端），由物料衡算可得解吸的操作线方程为

$$Y = \frac{L}{V}(X - X_2) + Y_2$$

或

$$Y = \frac{L}{V}(X - X_1) + Y_1$$

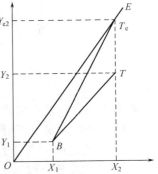

上式表明解吸过程的操作线是斜率为 L/V，并且通过点 (X_1, Y_1) 和点 (X_2, Y_2) 的直线，如图 4-15 中 BT 所示。若解吸过程的平衡关系符合亨利定律，则平衡线也为直线，如图 4-15 中的 OE。解吸过程的最大液气比为直线 BT_e 的斜率，即

$$\left(\frac{L}{V}\right)_{\max} = \frac{Y_{e2} - Y_1}{X_2 - X_1}$$

所以，最小气液比为

$$\left(\frac{V}{L}\right)_{\min} = \frac{1}{\left(\frac{L}{V}\right)_{\max}} = \frac{X_2 - X_1}{Y_{e2} - Y_1} = \frac{X_2 - X_1}{mX_2 - Y_1}$$

通常取

$$\frac{V}{L} = (1.2 \sim 2.0)\left(\frac{V}{L}\right)_{\min}$$

或

$$V = (1.2 \sim 2.0)V_{\min}$$

图 4-15　解吸过程操作线及
最小气液比和载气
流量的确定

当以空气为载气时，载气的流量可取得更大些。

（2）传质单元数的计算　若解吸的平衡线及操作线均为直线，则可由 $N_{OL} = \int_{X_1}^{X_2} \frac{dX}{X - X_e}$ 推出液相总传质单元的计算式为

$$N_{OL} = \frac{1}{1-A}\ln\left[(1-A)\frac{X_2 - X_{e1}}{X_1 - X_{e1}} + A\right] \tag{4-45}$$

或

$$N_{OL} = \frac{1}{1-A}\ln\left[(1-A)\frac{Y_2 - Y_{e2}}{Y_1 - Y_{e1}} + A\right] \tag{4-45a}$$

式中，$A = \frac{L}{mV}$ 称为吸收因子，它是操作线斜率与平衡线斜率的比值，无量纲。

【例 4-4】　在总压为 101.33kPa 的压强下，用过热蒸汽脱除吸收液中的溶质组分 A。已知：吸收液溶质的摩尔分数为 0.096，要求溶质的回收率为 98%，蒸汽用量为最小用量的两倍，操作条件下的平衡关系可表达为

$$Y_e = 0.526X$$

试求：（1）实际操作的气液比 V/L；（2）所需的 N_{OL}。

解　由题给条件

$$X_2 = 0.096 \qquad Y_{e2} = mX_2 = 0.526 \times 0.096 = 0.0505$$

$$X_1 = X_2(1 - \varphi_A) = 0.096 \times (1 - 0.98) = 0.00192$$

$$Y_{e1} = mX_1 = 0.526 \times 0.00192 = 0.00101$$

$$Y_1 = 0$$

（1）操作气液比 V/L

$$\left(\frac{V}{L}\right)_{\min} = \frac{X_2 - X_1}{Y_{e2} - Y_1} = \frac{0.096 - 0.00192}{0.0505} = 1.863$$

$$\frac{V}{L} = 2\left(\frac{V}{L}\right)_{\min} = 2 \times 1.863 = 3.726$$

（2）所需的 N_{OL}

$$A = \frac{L}{mV} = \frac{1}{0.526 \times 3.726} = 0.5102$$

$$N_{OL} = \frac{1}{1-A}\ln\left[(1-A)\frac{Y_1 - Y_{e2}}{Y_1 - Y_{e1}} + A\right]$$

$$= \frac{1}{1 - 0.5102} \times \ln\left[(1 - 0.5102) \times \frac{0.505}{0.00101} + 0.5102\right] = 6.57$$

第六节　吸　收　设　备

液体吸收过程是在吸收器内进行的，为了强化吸收过程，降低设备的投资和运行费用，要求吸收设备应满足以下要求：

① 气、液之间应有较大的接触面积和一定的接触时间；

② 气液之间扰动强烈、吸收阻力低、吸收效率高；

③ 气流通过时压力损失小，操作稳定；

④ 结构简单，制作维修方便，造价低廉；应具有相应的抗腐蚀和防堵塞能力。

常用的吸收设备有表面吸收器、液膜吸收器、填料吸收塔、湍流塔、板式塔、喷洒式吸收器、文丘里吸收器等。

一、填料吸收塔

填料吸收塔是装有各种不同形状填料（环、块状材料，木质栅条等）的塔。喷淋液体沿填料表面流下，气液两相主要在填料的润湿表面上接触。设备单位体积的填料表面积可以相当大，因此，能在较小的体积内得到很大的传质表面。

液体顺着填料的表面流动，基本上带有液膜的特性，因此，也可以将填料吸收塔看成是液膜吸收器的一种变型。但填料吸收塔与液膜吸收器（包括薄板填料吸收器）也有一些差别：在液膜吸收器中，液体在设备的整个高度上均呈膜状流动；而在填料吸收塔中，液膜即遭破坏，而在下一个填料个体上又生成新的液膜。这样就会有部分液体以液滴的形式穿过下一层填料而直接流走。在一定的条件下，填料吸收塔中的膜状流动会被破坏，而以鼓泡的形式实现气液间的接触。

158

填料吸收塔一般做成圆筒塔状（见图 4-16），塔内装有支承板 1，板上堆放填料 2。喷淋的液体通过分布器 3 洒向填料。在图 4-16(a)所示的吸收塔内，填料在整个塔内堆成一个整体。有时也将填料装成几层，每层的下边都设有单独的支承板 [见图 4-16(b)]。当填料分层堆放时，层与层之间常装有液体再分布装置 4。

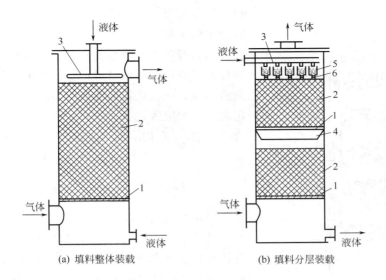

图 4-16　填料吸收塔

1—支承板；2—填料；3—液体分布器；4—液体再分布装置；5—分布槽；6—导管

在填料吸收塔中，气体和液体的运动经常是逆流的（见图 4-16），而很少采用并流操作（向下的并流）。但近年来对在高气速（达 10m/s）条件下操作的并流填料吸收塔给予了很大的关注。在这样高的气速下，不但可以强化过程和缩小设备尺寸，而且并流的阻力降也要比逆流时显著降低。这样高的气速在逆流时因为会造成泛液，是不可能达到的。如果两相的运动方向对推动力没有明显的影响，就可以采用这种并流吸收塔。

填料吸收塔的不足之处是难于除去吸收过程中的热量。通常使用外接冷却器的办法循环排走热量。曾有人提出在填料层中间安装冷却元件从内部除热的设想，但这种结构的吸收塔没有得到推广。

装在填料吸收塔中的填料应该具有较大的比表面积（单位体积填料的表面积）和较大的空隙。除此之外，填料应该对气流具有较小的阻力，并能很好地分布液体，且对操作的介质具有耐腐蚀性。为了减小对支承装置和器壁的压力，填料的单位体积质量不应太大。

填料吸收塔中的填料可分两大类：整砌（规则排列）填料和乱堆（散装）填料；前者包括有栅板填料、环形填料（当规则排列时）及块状组合填料；后者有环形（散装时）、鞍形及块状填料。此外，还采用一些异形填料，可以整砌，也可以乱堆。

填料的材质多种多样，石墨、塑料、金属、陶瓷、焦炭及玻璃纤维等都常用来制成填

(a) 拉西环　　(b) θ环　　(c) 十字格环　　(d) 弧鞍形

(e) 鲍尔环　　(f) 矩鞍环　　(g) 波纹填料　　(h) 花环填料

图 4-17　几种常见的填料

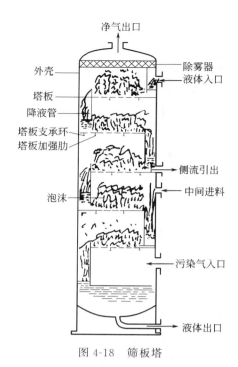

图 4-18　筛板塔

料，具体情况可以参阅其他资料。图 4-17 所示为几种常见的填料。

填料吸收塔有很多优点，如结构简单、没有复杂部件；适应性强，填料可根据净化要求增减高度；气流阻力小，能耗低，气液接触效果好，因此是目前应用最广泛的吸收设备。填料吸收塔的缺点是当烟气中含尘浓度较高时，填料易堵塞，清理时填料损耗较大。

二、板式塔

图 4-18 所示为筛板塔。

塔内沿高度方向设有多层开孔筛板。气体自下而上经筛孔进入筛板上的液层，气液在筛板上交错流动，通过气体鼓泡进行吸收。气液在每层筛板上都接触一次，因此筛板塔可以使气液进行逐级的多次接触。筛板上液层厚度一般 30mm 左右，依靠溢流堰来保持，液体经溢流堰沿降液管流至下层筛板上。

板式塔内的空塔气速一般为 1.0～2.5m/s。筛孔直径一般为 3～8mm，对于含悬浮物的液体，可采用 13～15mm 的大孔，开孔率一般为 6%～25%。气体穿孔速度约为 4.5～12.8m/s。液体流量按空塔截面计为 1.5～3.8m³/(m²·h)，每块板的压降为 800～2000Pa。

筛板塔的优点是构造简单，吸收率高。缺点是筛孔易堵塞，吸收过程必须维持恒定的操作条件。

板式塔还有很多其他形式，如泡罩塔、浮阀塔等，可参阅有关的书籍。

第七节　吸收气体污染物的工艺配置

一、吸收剂的选择

吸收剂性能的优劣，是决定吸收操作效果的关键之一，选择吸收剂时就应着重考虑以下几方面。

① 溶解度要大，以提高吸收速度并减少吸收剂的需用量。

② 选择性要好，对溶质组分以外其他组分的溶解度要很低或基本不吸收。

③ 挥发度要低，以减少吸收和再生过程中吸收剂的挥发损失。

④ 操作温度下吸收剂应具有较低的黏度，且不易产生泡沫，以实现吸收塔内良好的气流接触状况。

160

⑤ 对设备腐蚀性小或无腐蚀性，尽可能无毒。

⑥ 另外要考虑到价廉、易得、化学稳定性好，便于再生，不易燃烧等经济和安全因素。

水是常用的吸收剂。常用于净化煤气中的 CO_2 和废气中的 SO_2、HF、SiF_4 以及去除 NH_3 和 HCl 等，一般地讲上述物质在水中的溶解度大，并随气相分压而增加，随吸收温度的降低而增大。因而理想的操作条件是在加压和低温下吸收，降压和升温下解吸。用水作吸收剂，价廉易得，流程、设备简单，但其缺点是净化效率低，设备庞大，动力消耗大。

碱金属钠、钾、铵或碱土金属钙、镁等的溶液也是很有效的吸收剂。它们能与气态污染物 SO_2、HCl、NF、NO_x 等发生化学反应，因而吸收能力大大增加，净化效率高、液气比低。例如用水或碱液净化气体中的 H_2S 时，理论值可以推算出：H_2S 在 pH=9 的碱液中的溶解度为 pH=7 的中性水的 50 倍；H_2S 在 pH=10 的碱溶液中的溶解度为 pH=7 的水的 500 倍。

由此可见酸性气体在碱性溶液中的溶解度比在水中要大得多，且碱性愈强、溶解度愈大。但化学吸收流程较长、设备较多、操作也较复杂，吸收剂价格较贵，同时由于吸收能力强吸收剂不易再生，因此在选择时，要从几方面加以权衡。

二、吸收工艺流程中的配置

（1）富液的处理　吸收后的富液应合理处理，将其排放（丢弃）时，其中污染物质转入水体会造成二次污染，因而富液的处理常是吸收流程的组成部分。

例如，一般对于净化 SO_2 的富液，常采用再生浓缩的办法用 SO_2 制取硫酸，或转成亚硫酸钠副产品，其工艺流程是不同的。

（2）除尘　某些废气除含有气态污染物之外，常含有一定的烟尘，因此在吸收之前应设置专门高效除尘器（如静电除尘器）。当然若能在吸收的同时去除烟尘是最为理想的，然而由于两者去除的机理及工艺条件不同，是很难实现的，为此常在吸收塔之前放置洗涤塔，即冷却了高温烟气，又起到除尘作用。还有的将两者分层合为一体，下段为预洗段，上段为吸收段，效果也不错。

（3）烟气的预冷却　由于生产过程的不同，废气温度差异很大，如锅炉燃烧排出的烟气通常温度在 423～458K，而吸收操作则要求在较低的温度下进行。因此要求废气在吸收之前需要先冷却。常用的烟气冷却方法有三种。

① 在低温省煤器中直接冷却，此法回收余热不大，而换热器体积大。冷凝酸性水有腐蚀性。

② 直接增湿冷却，即直接向管道中喷水降温，此方法简单，但要考虑水对管壁的冲击、腐蚀及沉积物阻塞问题。

③ 采用预洗涤塔除尘增湿降温，这是目前广泛应用的方法。

不论采用哪种方法，均要具体分析。一般要把高温烟气降至 333K 左右，再进行吸收为宜。

（4）结垢和堵塞　结垢和堵塞常成为某些吸收装置能否正常长期运行的关键。这就要求首先搞清楚结垢的原因和机理，然后从工艺设计和设备结构上有针对性地加以解决。当然操作控制也是很重要的。从工艺操作上可以控制溶液或料浆中水分的蒸发量，控制溶液的 pH 值，控制溶液中易结晶物质不使过饱和，严格除尘，在设备结构上可选择不易结垢和阻塞的吸收设备等。

161

（5）除雾　由于任何湿式洗涤系统均有产生"雾"的问题。雾不仅是水分，而且还是一种溶有气态污染物的盐溶液，排入大气也将是一种污染。雾中液滴的直径多在 $10～60\mu m$ 之间，因此工艺上要对吸收设备提出除雾的要求。

（6）气体的再加热　在吸收装置的尾部常设置燃烧炉。在炉内燃烧天然气或重油，产生

1273～1373K 的高温燃烧气，使之与净化后的气体混合。这种方法措施简单，且混入净化气的燃气量少，排放的净化烟气被加热到 379～403K，同时提高了烟气抬升高度，有利于减少废气对环境的污染。

 阅读材料

烟 气 脱 硫

含硫的矿物燃料燃烧后产生的二氧化硫随烟气排出，若其中二氧化硫含量达到3.5％以上，便可采用一般接触法制硫酸的流程进行反应，既可以控制二氧化硫对大气的污染，又可回收硫磺。本节着重讨论的是低浓度（含量在3.5％以下）二氧化硫的控制和回收技术，即所谓烟道气脱硫 HGD 流程。

烟道气脱硫流程按所用处理烟道气的介质是固态还是液态可以分为干法和湿法两类。干法是用固态的粉状或粒状吸收剂、吸附剂或催化剂来脱除废气中的二氧化硫。湿法是用液体吸收剂来洗涤烟气以吸收废气中的二氧化硫。目前在实际中广泛使用的是湿法。因为二氧化硫是酸性气体，几乎所有的湿法流程都是用一种碱性溶液或泥浆与烟气中的二氧化硫中和。根据中和所得的产物是否回收利用，湿法流程又分为抛弃法和再生法两种，所谓抛弃法是用碱或碱金属氧化物与二氧化硫起反应，产生硫酸盐或亚硫酸盐而作为废料抛弃。再生法是碱与二氧化硫反应，其产物通常是硫或硫酸，而碱液循环使用，只需补充少量损失的碱。

下面着重介绍石灰或石灰石法、双碱法。

一、石灰或石灰石湿式洗涤法

1. 反应原理与工艺流程

利用石灰或石灰石浆液作为洗涤液，净化废气中的二氧化硫，由于吸收剂成本低廉易得，这种方法应用很广泛。在美国电厂的烟气脱硫装置按容量计90％以上是用此法。

石灰或石灰石洗涤过程由三部分组成：①二氧化硫吸收；②固液分离；③固体处理。

石灰或石灰石湿式洗涤法流程如图4-19所示。

为了减轻二氧化硫吸收器的负荷，先将烟道气除尘然后送入吸收器与吸收液作用，发生的主要反应如下。

$$Ca(OH)_2 + SO_2 \longrightarrow CaSO_3 \cdot \frac{1}{2}H_2O + \frac{1}{2}H_2O$$

$$CaCO_3 + SO_2 + \frac{1}{2}H_2O \longrightarrow CaSO_3 \cdot \frac{1}{2}H_2O + CO_2$$

$$CaSO_3 \cdot \frac{1}{2}H_2O + SO_2 + \frac{1}{2}H_2O \longrightarrow Ca(HSO_3)_2$$

由于废气中一般含有氧，所以还会发生如下反应。

$$2CaSO_3 \cdot \frac{1}{2}H_2O + O_2 + 3H_2O \longrightarrow 2CaSO_4 \cdot 2H_2O$$

石灰或石灰石法的主要缺点是容易结垢堵塞设备，为防止结垢，最有效的办法是采用添加剂。常用的添加剂有：氯化钙、镁离子、己二酸、氨等。添加剂不仅可以抑制结垢和堵塞现象，而且还有提高吸收效率的作用。

162

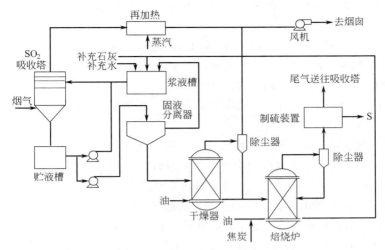

图 4-19 石灰或石灰石湿式洗涤法流程

洗涤器的类型很多，用于烟道气脱硫的通常有以下几种：文丘里洗涤器、填料塔、喷淋塔、筛板塔、塔板式洗涤器、移动床吸收器。

各种洗涤器的脱硫效率、能量消耗和操作可靠性是不同的。烟气在洗涤器中与石灰或石灰石浆密切接触，SO_2 被吸收并发生上述化学反应。在吸收过程中，气液比是一个很重要的因素，它的变动范围要决定于洗涤器形式、烟气中 SO_2 的浓度和所要求的脱硫效率。

影响石灰或石灰石洗涤过程效率的因素，主要取决于浆液的 pH 值、流体力学状态、吸收液体的温度、石灰石的粒度等。

2. 影响吸收反应的因素

(1) 浆液的 pH 值   有些固体物质在水溶液中的溶解度与 pH 值关系密切，见表 4-8。亚硫酸钙在 pH 值较高时溶解度小，当 pH 值低时溶解度大；而硫酸钙的溶解度随 pH 值的变化则比较小。当石灰或石灰石浆液的 pH 值低时，溶液中存在较多的亚硫酸钙，又由于在石灰石颗粒表面形成一层液膜，其中溶解的 $CaCO_3$ 使液膜的 pH 值上升，这就造成亚硫酸钙沉在 $CaCO_3$ 颗粒表面形成一层外壳，使 $CaCO_3$ 表面钝化，抑制其与 SO_2 进行化学反应，同时还造成结垢后堵塞。因此，一般应当控制浆液的 pH 值在 6 左右。新浆液的 pH 值一般在 8～9 之间，而与含硫的废气接触后，pH 值迅速下降到 7 以下，当 pH 值降到 6 时下降速度减慢。从对 SO_2 吸收的角度来说，在较低的 pH 值也可进行操作，但存在腐蚀和活性表面钝化问题。至于上面提到的 $CaCO_3$ 颗粒表面的液膜钝化问题可以从强化传质（增加涡流搅拌作用）来加以解决。

表 4-8 在 50℃ 不同 pH 值时 $CaCO_3 \cdot \frac{1}{2}H_2O$ 和 $CaSO_4 \cdot 2H_2O$ 的溶解度

pH 值	浓度/$\times 10^{-6}$			pH 值	浓度/$\times 10^{-6}$		
	Ca^{2+}	SO_3^{2-}	SO_4^{2-}		Ca^{2+}	SO_3^{2-}	SO_4^{2-}
7.0	675	23	1320	4.0	1120	1873	1072
6.0	680	51	1340	3.5	1763	4198	980
5.0	731	303	1260	3.0	3135	9375	918
4.5	841	785	1179	2.5	5773	21999	873

163

（2）流体力学状态 在 SO_2 吸收洗涤器内是气-液-固体非均相体系，其中的反应顺序如下：

① $CaCO_3$ 进入溶液，并在颗粒周围形成饱和的液膜；

② 溶解的 $CaCO_3$ 与 H_2SO_4 反应，产生 $CaSO_3$ 沉淀，消耗掉 H_2SO_4；

③ $CaCO_3$ 再像步骤①那样进行反应。

上述反应的连续进行，决定于 SO_2 和 Ca^{2+} 连续不断地溶解，这就需要洗涤器有比较大的持液量。

进入洗涤器的液、气介质的比对于上述气-液传递过程是一个重要参数。一般说来，液气比大则 SO_2 的吸收效率高。然而液气比大则气流在洗涤器内的压降损失大、液体输送量大、动能消耗大。经验表明，当液气比大于 $5.3L/m^3$ 时，SO_2 的脱除效率平均为 87%，液气比小于 $5.3L/m^3$ 时，脱硫效率低于 78%。

（3）吸收液体的温度 通常，温度低有利于吸收过程的进行。在低温下 SO_2 的平衡分压低有利于其吸收。洗涤器的温度决定于几个因素，但最主要的是气体进口温度。如图 4-20 所示，气体进口温度高则脱硫率下降。

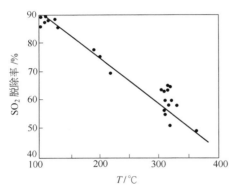

图 4-20 在小型连续洗涤试验中气体进口温度对 SO_2 脱硫的影响

（4）石灰石的粒度 采用石灰石作吸收剂时，颗粒大小对脱硫效率及石灰石的利用率均有影响。粒度小，表面积大，与 SO_2 起反应的效率高，石灰石的利用率大，但粒度太小，则石灰石的粉碎过程所耗的电能太大。实践中石灰石的粒度是 200～300 目。

二、双碱法

吸收 SO_2 的双碱法又称钠碱法，是采用钠化合物（氢氧化钠、碳酸钠或亚硫酸钠）和石灰或石灰石来处理烟道气。首先使用钠化合物溶液吸收 SO_2。吸收了 SO_2 的溶液与石灰或石灰石进行反应，生成亚硫酸钙或硫酸钙沉淀。再生后的氢氧化钠溶液返回洗涤器或吸收塔重新使用。此法的特点是吸收塔或洗涤器内用的是钠化合物作吸收剂形成溶于水的溶液。

含 SO_2 的烟道气进入洗涤器后发生的反应为

$$Na_2SO_3 + SO_2 + H_2O \longrightarrow 2NaHSO_3$$

洗涤液内含有再生返回的氢氧化钠，及补充的碳酸钠发生吸收反应生成亚硫酸钠

$$2NaOH + SO_2 \longrightarrow Na_2SO_3$$

$$Na_2CO_3 + SO_2 \longrightarrow Na_2SO_3 + CO_2 \uparrow$$

由于烟气中含有氧气，因此会与洗涤液中一部分 Na_2SO_3 发生反应，生成 Na_2SO_4

$$2Na_2SO_3 + O_2 \longrightarrow 2Na_2SO_4$$

离开洗涤器或吸收塔的溶液在一个开口的容器中进行沉淀和再生，若用石灰浆料再生其反应为

$$2NaHSO_3 + Ca(OH)_2 \longrightarrow Na_2SO_3 + CaSO_3 \cdot \frac{1}{2}H_2O \downarrow + \frac{3}{2}H_2O$$

$$Na_2SO_3 + Ca(OH)_2 + \frac{1}{2}H_2O \longrightarrow 2NaOH + CaSO_3 \cdot \frac{1}{2}H_2O \downarrow$$

若用石灰石再生，其反应为

$$2NaHSO_3 + CaCO_3 \longrightarrow Na_2SO_3 + CaSO_3 \cdot \frac{1}{2}H_2O \downarrow + CO_2 \uparrow + \frac{1}{2}H_2O$$

此法的缺点是吸收过程生成的硫酸钠不易除去，为了除去它，依照下面的反应

$$Na_2SO_4 + Ca(OH)_2 + 2H_2O \rightleftharpoons 2NaOH + CaSO_4 \cdot 2H_2O$$

保持系统中 OH^- 浓度在 0.14mol/L，同时 SO_4^{2-} 浓度要保持在足够高的水平。

也可以向系统中加入硫酸使硫酸钠转变为石膏，其反应为

$$Na_2SO_4 + 2CaSO_3 \cdot \frac{1}{2}H_2O + H_2SO_4 + H_2O \longrightarrow 2CaSO_4 \cdot 2H_2O + 2NaHSO_4$$

因为加入硫酸后，系统的 pH 值下降，使亚硫酸钙转化为亚硫酸氢钙而溶解于溶液中，使溶液中 Ca^{2+} 浓度超过石膏的溶解度，从而使石膏沉淀出来。对抛弃法而言，向系统中加入贵重的硫酸生产石膏是不经济的。

本章主要内容及知识主线

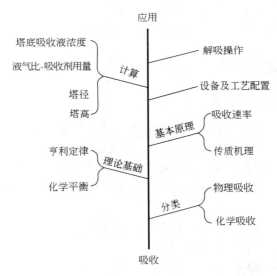

1. 吸收是环境工程中一个重要的单元操作。相平衡是吸收剂与混合气体在一定的温度、压力条件下经过充分接触所达到的相际动平衡。平衡时，从表面上看好像过程停止了，但实际上相际传质仍在进行，只不过进入液相的溶质分子与从液相逸出的溶质分子数量相同而已。一旦条件改变，则原有平衡被打破，将建立起新条件下的新的平衡。

2. 相平衡关系可用来判断传质进行的方向；确定传质推动力；指明过程进行的极限。

3. 应用传质速率方程时须注意如下几点。

① 各吸收速率方程式中吸收系数与推动力的正确搭配及其单位的一致性。吸收系数的倒数即表示吸收阻力，阻力的表达形式也应与推动力的表达形式相一致。

② 所有吸收速率方程，都只适用于描述定态操作的吸收塔内任一横截面上的

165

速率关系，不能直接用来描述全塔的吸收速率。在塔内不同的截面上，气液两相的浓度各不相同，吸收速率也不同。

4. 传质过程的总阻力为气相传质阻力与液相传质阻力之和，对于易溶气体通常为气相阻力控制，而对难溶气体则为液相阻力控制。

5. 强化吸收过程可通过调节流率 L、温度 T 和含量 X_2 来实现。

① 增大吸收剂用量，操作线斜率增大，出口气体含量下降。

② 降低吸收剂温度，气体溶解度增大，平衡常数减小，平衡线下移，平均推动力增大。

③ 降低吸收剂入口含量，液相入口处推动力增大，全塔平均推动力亦随之增大。

但同时也要注意操作费用的合理性。

6. 传质单元高度 $H_{OG} = \dfrac{V}{K_Y a \Omega} = \dfrac{\dfrac{V}{\Omega}}{K_Y a}$ 反映了传质阻力的大小、填料性能的优劣及润湿情况的好坏，主要受设备条件的制约；而传质单元数 $N_{OG} = \dfrac{Y_1 - Y_2}{\Delta Y_m}$ 反映吸收过程进行的难易程度，生产任务所要求气体组成变化越大，吸收过程平均推动力越小，则意味着过程的难度越大，主要受分离要求的制约。

复习与思考题

1. 选择吸收剂的主要依据是什么？
2. 传质理论中，双膜理论与表面更新理论的主要区别是什么？
3. 在吸收塔计算中，将 N_{OG} 与 H_{OG} 分开有什么好处？
4. 试写出吸收塔并流操作的操作线方程，并在 X-Y 坐标上示意地画出相应的操作线。
5. 有哪几种确定 N_{OG} 的方法？用对数平均推动力法和吸收因数法确定 N_{OG} 的条件是什么？
6. 吸收剂进塔条件有哪三个要素？操作中调节这三个要素，分别对吸收结果有何影响？
7. 物理吸收与化学吸收有何本质区别？
8. 烟气脱硫有几种常用的方法？
9. 常用的吸收设备有哪几种？各有什么特点？
10. 吸收操作的费用主要在哪些方面？

习　题

4-1　在文丘里管内用清水洗去含 SO_2 的混合气体中的尘粒，气体与洗涤水在气液分离器中分离，出口气体含 10%（体积分数）的 SO_2，操作压力为常压。求在以下两种情况下每排出 1kg 水所能造成 SO_2 的最大损失量。（1）操作温度为 20℃；（2）操作温度为 40℃。

4-2　用 15℃水逆流吸收混合气中的氯气，混合气入塔氯气组成为 8%（体积分数），要求离开塔底的水中的氯气不低于 20g/L，在操作温度下，氯气水溶液的亨利系数

$E=46.12\text{MPa}$，试问该吸收操作压力至少为多少？

4-3 在总压为 101.3kPa，温度为 20℃的条件下，在填料塔内用水吸收混合空气中的二氧化碳，塔内某一截面处的液相组成为 $x=0.00065$，气相组成为 $y=0.03$（摩尔分数），气膜吸收系数为 $k_G=1.0\times10^{-6}\text{ kmol}/(\text{m}^2\cdot\text{s}\cdot\text{kPa})$，液膜吸收系数是 $k_L=8.0\times10^{-6}\text{ m/s}$，若 20℃时二氧化碳溶液的亨利系数为 $E=3.54\times10^3\text{kPa}$，求：

(1) 该截面处的总推动力 Δp、Δy、Δx 及相应的总吸收系数；

(2) 该截面处吸收速率；

(3) 计算说明该吸收过程的控制因素；

(4) 若操作压力提高到 1013kPa，求吸收速率提高的倍数。

　　［答案：(1) $\Delta p_G=0.738\text{kPa}$，$\Delta x=2.84\times10^{-4}$，$\Delta y=7.283\times10^{-3}$，$K_G=1.114\times10^{-7}\text{ kmol}/(\text{m}^2\cdot\text{s}\cdot\text{kPa})$，$K_x=3.942\times10^{-4}\text{ kmol}/(\text{m}^2\cdot\text{s})$，$K_y=1.128\times10^{-5}\text{ kmol}/(\text{m}^2\cdot\text{s})$；(2) $8.229\times10^{-8}\text{ kmol}/(\text{m}^2\cdot\text{s})$；(3) $K_G/k_G=11.14\%$；(4) 37.05］

4-4 在 103.5kPa、25℃下用清水在填料塔中逆流吸收某化工厂气体中的硫化氢，混合气和出塔气的组成分别为 $y_1=0.03$，$y_2=0.001$。操作条件下系统的平衡关系为 $p_e=5.52\times10^4 x\text{ kPa}$，操作时吸收剂用量为最小用量的 1.5 倍。计算：(1) 吸收液的组成 x_1；(2) 若操作压力提高到 1013kPa，而其他条件不变，求吸收液组成 x_1。

　　［答案：(1) 3.670×10^{-5}；(2) 3.784×10^{-4}］

4-5 在 103.3kPa、20℃下用清水在填料塔中逆流吸收空气中所含的二氧化硫气体，混合气空塔气速（V/Ω）为 0.02kmol/($\text{m}^2\cdot\text{s}$)，二氧化硫的体积分数为 0.03，操作条件下气液平衡常数 m 为 34.9，K_Ya 为 0.056kmol/($\text{m}^2\cdot\text{s}$)。若吸收液中二氧化硫的组成为饱和组成的 75%，要求回收率为 98%，求吸收剂的流速（L/Ω）及填料层的高度。

　　［答案：$L/\Omega=0.9121\text{kmol}/(\text{m}^2\cdot\text{s})$；$z=3.550\text{m}$］

4-6 流速为 0.4kmol/($\text{m}^2\cdot\text{s}$) 的空气混合物中含氨体积分数为 2%，拟用逆流吸收以回收其中 95%的氨。塔顶淋入摩尔分数为 0.0004 的稀氨水溶液，设计采用的液气比为最小液气比的 1.5 倍，操作范围内物系服从亨利定律 $y=1.2x$，所采用填料的总传质系数 $K_ya=0.052\text{kmol}/(\text{m}^3\cdot\text{s})$。求：(1) 溶液在塔底的摩尔分数 x_1，全塔平均推动力 ΔY_m；(2) 所需塔高。

4-7 在逆流操作的吸收塔中用清水洗涤混合气中的可溶组分氨。已知：入塔气体中含氨 1.5%（体积分数），惰性气体质量流速为 0.026kmol/($\text{m}^2\cdot\text{s}$)，操作液气比 $L/V=0.92$ 操作条件下的平衡关系为：$Y=0.8X$ 填料层高度为 6m，气相总体积吸收系数 $K_Ya=0.06\text{kmol}/(\text{m}^3\cdot\text{s})$。试求：(1) 尾气中氨的浓度 Y_2；(2) 欲将吸收率提高到 99.5%，此时的用水量 L(kmol/h)。

4-8 某吸收塔用 25mm×25mm 的瓷环作填料，充填高度为 5m，塔径 1m，用清水逆流吸收流量为 2250m^3/h 的混合气体。混合气体中含有丙酮体积分数为 5%，塔顶逸出废气含丙酮体积分数降为 0.26%，塔底液体中每千克水带有 60g 丙酮。操作在 101.3kPa、25℃下进行，物系的平衡关系为 $y=2x$。求：(1) 该塔传质单元高度

及 K_ya；（2）每小时回收的丙酮量。

4-9 某填料吸收塔用含溶质 $x_2＝0.0002$ 的溶剂逆流吸收混合气中的可溶组分，采用液气比为 3，气体入口摩尔分数 $y_1＝0.01$，回收率可达 90％，已知物系的平衡关系为 $y＝2x$。今因解吸不良，使吸收剂入口摩尔分数 x_2 升至 0.00035，求：（1）可溶组分的回收率下降至多少？（2）液相出塔摩尔分数升至多少？

4-10 用过热蒸汽在一逆流操作的填料塔中脱除吸收液中的溶质组分 A。已知操作气液比 $V/L＝0.465$，平衡关系为 $Y＝3.21X$，吸收液的浓度为 0.1066，要求再生液中溶质含量不超过 0.0075（以上均为摩尔比浓度），液相总传质单元高度 $H_{OL}＝0.68m$，试求所需的填料层高度。

英文字母

A——吸收因子，无量纲；传质面积，m^2；

a——单位体积填料层的有效比表面积，m^2/m^3；

c_i——组分在界面上的体积浓度，$kmol/m^3$；

c_L——组分在液相主体中的体积浓度，$kmol/m^3$；

c_S——气相负荷因子，无量纲；

D——吸收塔直径，m；

dA——塔内任一截面上微元填料的传质面积，m^2；

E——亨利系数，kPa；

F——气相动能因子，无量纲；

G_A——全塔总吸收速率，kmol/s；

g——重力加速度，m/s^2；

H——溶解度系数，$kmol/(m^3 \cdot kPa)$；

H_{OG}——气相传质单元高度，m；

H_{OL}——液相传质单元高度，m；

K_G——以 Δp 为推动力的气相总吸收系数，$kmol/(m^2 \cdot s \cdot kPa)$；

K_L——以 Δc 为总推动力的液相总吸收系数，m/s；

K_X——以 ΔX 为总推动力的液相总吸收系数，$kmol/(m^2 \cdot s)$；

K_x——以 Δx 为推动力的液相总吸收系数，$kmol/(m^2 \cdot s)$；

K_Y——以 ΔY 为总推动力的气相总吸收系数，$kmol/(m^2 \cdot s)$；

K_y——以 Δy 为推动力的气相总吸收系数，$kmol/(m^2 \cdot s)$；

k_G——以 Δp 为推动力的气膜吸收系数，$kmol/(m^2 \cdot s \cdot kPa)$；

k_L——以 Δc 为推动力的液膜吸收系数，m/s；

k_x——以 Δx 为推动力的液膜吸收系数，$kmol/(m^2 \cdot s)$；

k_y——以 Δy 为推动力的气膜吸收系数，$kmol/(m^2 \cdot s)$；

L——吸收剂的流量，kmol/s；

m——相平衡常数，无量纲；

N_A——单位时间内组分 A 扩散通过单位面积的物质的量，$kmol/(m^2 \cdot s)$；

N_{OG}——气相总传质单元数，无量纲；

N_{OL}——液相总传质单元数，无量纲；

p_G——组分在气相主体中的分压，kPa；

p_i——组分在相界面处的分压，kPa；

S——脱吸因子，无量纲；

u——空塔气速，m/s；

u_F——泛点气速，m/s；

V——惰性气体的流量，kmol/s；填粒层体积，m^3；

X——组分在液相中的摩尔比，无量纲；

x——组分在液相中的摩尔分数，无量纲；

y——组分在气相中的摩尔分数，无量纲；

Y——组分在气相中的摩尔比，无量纲；

z——填料层高度，m。

希腊字母

β——增强因数，无量纲；

ρ——密度，kg/m^3；

ρ_G——气体密度，kg/m^3；

φ_A——回收率，无量纲；

Ω——塔的截面积，m^2。

下标

e——平衡的；

G——气相的；

i——组分 i 的；

L——液相的；

m——对数平均的；

max——最大的；

min——最小的。

吸　　附

● 了解吸附的特点、吸附剂的基本特征，各种类型的吸附剂及吸附在环境保护中的应用。

● 理解吸附过程的基本原理，吸附速率方程式，吸附过程的内扩散控制和外扩散控制。

● 掌握常用的吸附剂解吸再生方法，各种吸附分离工艺的原理、特点及流程，能够运用吸附平衡的理论分析影响吸附和解吸过程的因素。

第一节　概　　述

吸附是利用某些多孔性固体具有能够从流体混合物中选择性地在其表面上凝聚一定组分的能力，使混合物中各组分分离的过程，是分离和纯化气体与液体混合物的重要单元操作之一。在化工、炼油、轻工、食品及环保等领域应用广泛。

一、吸附与解吸

1. 吸附现象

当流体与某些多孔性固体接触时，固体的表面对流体分子会产生吸附作用，其中多孔性固体物质称为吸附剂，而被吸附的物质称为吸附质。

固体表面上的原子或分子的力场和液体的表面一样，处于不平衡状态，表面存在着剩余吸引力，具有过剩的能量即表面能（表面自由焓），因此，也有自发降低表面能的倾向，这是固体表面能产生吸附作用的根本原因。这种剩余的吸引力由于吸附质的吸附而得到一定程度的减少，从而降低了表面能，故固体表面可以自动地吸附那些能够降低其表面能的物质。

根据吸附剂表面与吸附质之间作用力的不同，吸附可分为物理吸附与化学吸附。

（1）物理吸附　物理吸附是指由于吸附剂与吸附质之间的分子间力的

作用所产生的吸附，也称范德华吸附。物理吸附时表面能降低，所以是一种放热过程。此过程是可逆的，当吸附剂与吸附质之间的分子间力大于吸附质内部的分子间力时，吸附质吸着在吸附剂固体表面上。从分子运动论的观点来看，这些吸附于固体表面上的分子由于分子运动，也会从固体表面上脱离逸出，其本身并不发生任何化学变化。如当温度升高时，气体（或液体）分子的动能增加，吸附质分子将越来越多地从固体表面上逸出。物理吸附可以是单分子层吸附，也可以是多分子层吸附。物理吸附的特征可归纳为以下几点。

① 吸附质和吸附剂间不发生化学反应，低温就能进行。

② 吸附一般没有选择性，对于各物质来说，只不过是分子间力的大小有所不同，与吸附剂分子间力大的物质首先被吸附。

③ 吸附为放热反应，因此低温有利于吸附，吸附过程所放出的热量，称为该物质在此吸附剂表面上的吸附热。

④ 吸附剂与吸附质间的吸附力不强，当系统温度升高或流体中吸附质浓度（或分压）降低时，吸附质能很容易地从固体表面逸出，而不改变吸附质原来性状。

⑤ 吸附速率快，几乎不要活化能。

（2）化学吸附　其实质是一种发生在固体颗粒表面的化学反应。故化学吸附的作用力是吸附质与吸附剂分子间的化学键力，这种化学键力比物理吸附的分子间力要大得多，其热效应亦远大于物理吸附热，吸附质与吸附剂结合比较牢固，一般是不可逆的，而且总是单分子层吸附。化学吸附的特征可归纳为：

① 吸附有很强的选择性，仅能吸附参与化学反应的某些物质；

② 吸附速率较慢，需要一定的活化能，达到吸附平衡需要的时间长；

③ 升高温度可以提高吸附速率，宜在较高温度下进行。

应当指出，实际应用中物理吸附与化学吸附之间不易严格区分。同一种物质在低温时可能进行物理吸附，温度升高到一定程度就发生化学吸附，如图5-1所示。有时两种吸附会同时发生。本章主要讨论物理吸附过程。

2．解吸与吸附剂的再生

前已述及，当系统温度升高或流体中吸附质浓度（或分压）降低时，被吸附物质将从固体表面逸出，这就是解吸（或称脱附），是吸附的逆过程。这种吸附-解吸的可逆现象在物理吸附中均存在。工业上利用这种现象，在处理混合物时，当吸附剂将吸附质吸附之后，改变操作条件，使吸附质解吸，同时吸附剂再生并回收吸附质以达到分离混合物的目的。

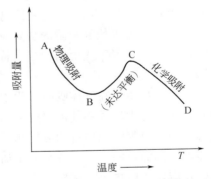

图 5-1　温度对吸附过程的影响

当吸附剂达到饱和后需要再生。再生方法有加热解吸再生、降压或真空解吸再生、置换再生、溶剂萃取再生、化学氧化再生等。

（1）加热解吸再生　这是比较常用的再生方法。通过升高吸附剂温度，使吸附质解吸，吸附剂得到再生。几乎各种吸附剂都可用加热再生法恢复吸附能力。不同的吸附过程需要不同的温度，吸附作用越强，解吸时需加热的温度越高。

用于加热再生的设备有立式多段炉、转炉、立式移动床炉、流化床炉及电加热再生装

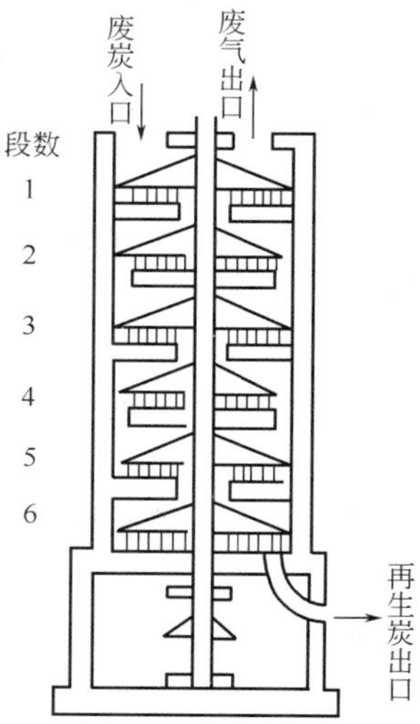

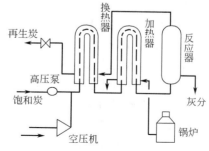

图 5-2 立式多段再生炉

置等。

① 立式多段炉 图 5-2 所示为目前采用最广泛的一种直接燃烧立式多段再生炉。再生炉体为钢壳内衬耐火材料，内部分隔成 4～9 段炉床，中心轴转动时带动把柄使活性炭自上段向下段移动。例如用于水处理的粒状活性炭的加热再生可在立式多段再生炉中进行，图中所示的再生炉为 6 段，第 1 段、第 2 段为干燥段，通过加热将脱水后的活性炭细孔中的水分蒸发出来，同时被活性炭吸附的部分低沸点有机物进行挥发，另一部分被炭化，留在活性炭的细孔中。第 3 段、第 4 段用于炭化，继续升高温度加热，被吸附的高沸点有机物热分解，一部分成为低沸点的有机物进行挥发，另一部分被炭化，留在活性炭的细孔中。第 5 段、第 6 段为活化段，将炭化留在细孔中的残留碳，用活化气体（如水蒸气、二氧化碳及氧）进行汽化，达到重新造孔的目的。显然活性炭再生后，不可避免的会有损失，对于加热再生法，再生一次损耗碳约 5%～10%。

② 转炉 转炉为一卧式转筒，从进料端到出料端略有倾斜，炭在炉内停留时间靠倾斜度及炉体转速来控制。在炉体活化区设有水蒸气进口，进料端设有尾气排出口。转炉有内热式、外热式及内外热并用三种形式。内热式再生损失大，炉体内衬耐火材料即可；外热式再生损失小，但炉体需用耐高温不锈钢制造。转炉结构简单，操作容易，但占地面积大，热效率低，适于小规模生产。

③ 电加热再生装置 电加热再生包括直接加热再生，微波再生和高频脉冲放电再生。

（2）降压或真空解吸再生 气体吸附过程与压力有关，压力升高时，有利于吸附；压力降低时，解吸占优势。因此，通过降低操作压力可使吸附剂得到再生，若吸附在较高压力下进行，则降低压力可使被吸附的物质脱离吸附剂进行解吸；若吸附在常压下进行，可采用抽真空方法进行解吸。工业上利用这一特点采用变压吸附工艺，达到分离混合物及吸附剂再生的目的。

（3）置换再生 在气体吸附过程中，某些热敏性物质，在较高温度下易聚合或分解，可以用一种吸附能力较强的气体（解吸剂）将吸附质从吸附剂中置换与吹脱出来。再生时解吸剂流动方向与吸附时流体流动方向相反，即采用逆流吹脱的方式。这种再生方法需加一道工序，即解吸剂的再解吸，一般可采用加热解吸再生的方法，使吸附剂恢复吸附能力。

（4）溶剂萃取再生 选择合适的溶剂，使吸附质在该溶剂中溶解性能远大于吸附剂对吸附质的吸附作用，从而将吸附质溶解下来。例如，活性炭吸附 SO_2 后，用水洗涤，再进行适当的干燥便可恢复吸附能力。

（5）化学氧化再生 具体方法很多，可分为湿式氧化法、电解氧化法及臭氧氧化法等几种。在此仅以湿式氧化再生法为例作简要介绍。如图 5-3 所示，用于曝气池中的粉状活性炭用高压泵经换热器和水蒸气加热后送入氧化反应器，在器内被活性炭吸附的有机物与空气中的氧反应，进行氧化分解，使活性炭得到再生。再生后

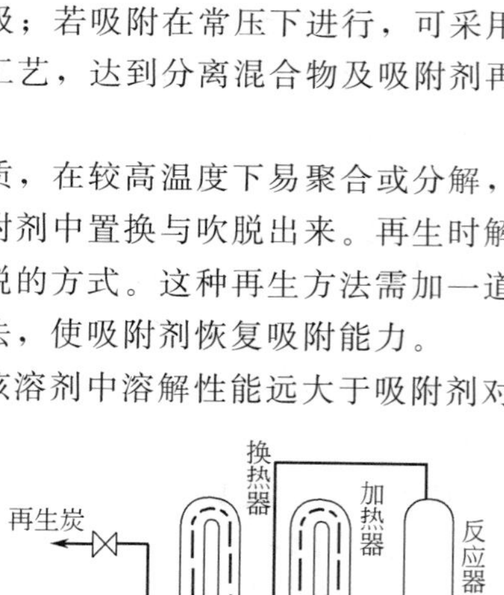

图 5-3 湿式氧化再生流程

的炭经热交换器冷却后，送入再生炭贮槽。在反应器底部积集的灰分定期排出。

（6）生物再生法　利用微生物将被吸附的有机物氧化分解。此法简单易行，基建投资少，成本低。

生产实际中，上述几种再生方法可以单独使用，也可几种方法同时使用。如活性炭吸附有机蒸气后，可用通入高温水蒸气再生，也可用加热和抽真空的方法再生；沸石分子筛吸附水分后，可用加热吹氮气的办法再生。

二、吸附剂的基本特征

吸附剂是流体吸附分离过程得以实现的基础。如何选择合适的吸附剂是吸附操作中必须解决的首要问题。一切固体物质的表面，对于流体都具有吸附的作用。但合乎工业要求的吸附剂则应具备如下一些特征。

（1）大的比表面积　流体在固体颗粒上的吸附多为物理吸附，由于这种吸附通常只发生在固体表面几个分子直径的厚度区域，单位面积固体表面所吸附的流体量非常小，因此要求吸附剂必须有足够大的比表面积以弥补这一不足。吸附剂的有效表面积包括颗粒的外表面积和内表面积，而内表面积总是比外表面积大得多，只有具有高度疏松结构和巨大暴露表面的孔性物质，才能提

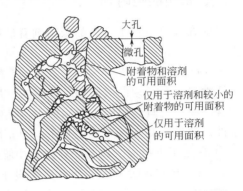

图 5-4　活性炭内部微孔分布

供巨大的比表面积。图 5-4 所示为活性炭内部微孔分布图，微孔占的容积一般为 0.15～0.9mL/g，微孔表面积占总面积的 95％以上。表 5-1 所列为常用吸附剂的比表面积。

表 5-1　常用吸附剂的比表面积

吸附剂种类	硅胶	活性氧化铝	活性炭	分子筛
比表面积/(m²/g)	300～800	100～400	500～1500	400～750

（2）具有良好的选择性　在吸附过程中，要求吸附剂对吸附质有较大的吸附能力，而对于混合物中其他组分的吸附能力较小。例如活性炭吸附二氧化硫（或氨）的能力远大于吸附空气的能力，故活性炭能从空气与二氧化硫（或氨）的混合气体中优先吸附二氧化硫（或氨），达到分离净化废气的目的。

（3）吸附容量大　吸附容量是指在一定温度、吸附质浓度下，单位质量（或单位体积）吸附剂所能吸附的最大值。吸附容量除与吸附剂表面积有关外，还与吸附剂的孔隙大小、孔径分布、分子极性及吸附剂分子上官能团性质等有关。吸附容量大，可降低处理单位质量流体所需的吸附剂用量。

（4）具有良好的机械强度和均匀的颗粒尺寸　吸附剂的外形通常为球形和短柱形，也有其他形式的，如无定形颗粒，其粒径通常为 40 目到 15mm 之间，工业用于固定床吸附的颗粒直径一般为 1～10mm 左右；如果颗粒太大或不均匀，可使流体通过床层时分布不均，易造成短路及流体返混现象，降低分离效率；如果颗粒小，则床层阻力大，过小时甚至会被流体带出器外，因此吸附剂颗粒的大小应根据工艺的具体条件适当选择。同时吸附剂是在温

度、湿度、压力等操作条件变化的情况下工作的，这就要求吸附剂有良好的机械强度和适应性，尤其是采用流化床吸附装置，吸附剂的磨损大，对机械强度的要求更高，否则将破坏吸附正常操作。

（5）有良好的热稳定性及化学稳定性。

（6）有良好的再生性能　吸附剂在吸附后需再生使用，再生效果的好坏往往是吸附分离技术能否使用的关键，要求吸附剂再生方法简单、再生活性稳定。

此外，还要求吸附剂的来源广泛，价格低廉。实际吸附过程中，很难找到一种吸附剂能同时满足上述所有要求，因而在选择吸附剂时要权衡多方面的因素。

三、常用的吸附剂

目前在环境工程中常用的吸附剂有活性炭、硅胶、活性氧化铝和分子筛等。现分别介绍如下。

1. 活性炭

活性炭是最常用的吸附剂，由木炭、坚果壳、煤等含碳原料经碳化与活化制得的一种多孔性含碳物质，具有很强的吸附能力，其吸附性能取决于原始成碳物质以及碳化活化等的操作条件。活性炭表面具有氧化基团，为非极性或弱极性，活性炭有如下特点。

① 它是用于完成分离与净化过程中唯一不需要预先除去水蒸气的工业用吸附剂。

② 由于具有极大的内表面，活性炭比其他吸附剂能吸附更多的非极性、弱极性有机分子，例如在常压和室温条件下被活性炭吸附的甲烷量几乎是同等质量 5A 分子筛吸附量的 2 倍。

③ 活性炭的吸附热及键的强度通常比其他吸附剂低，因而被吸附分子的解吸较为容易，吸附剂再生时的能耗也相对较低。

市售活性炭根据其用途可分为适用于气相和适用于液相两种。适用于气相的活性炭，大部分孔径在 $1 \sim 2.5nm$ 之间，而适用于液相的活性炭，大部分孔径接近或大于 3nm。

活性炭用途很广，可用于有机溶剂蒸气的回收、空气或其他气体的脱臭、污水及废气（含有 SO_2、NO_2、H_2S、Cl_2、CS_2、CCl_4 等）的净化处理、各种气体物料的纯化等。其缺点是它的可燃性，因而使用温度不能超过 473K。

2. 硅胶

硅胶是另一种常用吸附剂，它是一种坚硬的由无定形的 SiO_2 构成的具有多孔结构的固体颗粒，其分子式为 $SiO_2 \cdot nH_2O$。制备方法是：用硫酸处理硅酸钠水溶液生成凝胶，所得凝胶再经老化、水洗去盐后，干燥即得。依制造过程条件的不同，可以控制微孔尺寸、空隙率和比表面积的大小。

硅胶主要用于气体干燥、烃类气体回收、废气净化（含有 SO_2、NO_x 等）、液体脱水等。它是一种较理想的干燥吸附剂，在温度 293K 和相对湿度 60% 的空气流中，微孔硅胶吸附水的吸湿量为硅胶质量的 24%。硅胶吸附水分时，放出大量吸附热。硅胶难于吸附非极性物质的蒸气，易于吸附极性物质，它的再生温度为 423K 左右，也常用作特殊吸附剂或催化剂载体。

3. 活性氧化铝

活性氧化铝又称活性矾土，为一种无定形的多孔结构物质，通常由含水氧化铝加热、脱水和活化而得。活性氧化铝对水有很强的吸附能力，主要用于液体与气体的干燥。在一定的

174

操作条件下，它的干燥精度非常高。而它的再生温度又比分子筛低得多。可用活性氧化铝干燥的部分工业气体包括：Ar、He、H_2、氟利昂、氟氯烷等。它对有些无机物具有较好的吸附作用，故常用于碳氢化合物的脱硫以及含氟废气的净化等。另外，活性氧化铝还可用作催化剂载体。

4. 分子筛

分子筛是近几十年发展起来的沸石吸附剂。其组成为 $Me_{x/n}[(Al_2O_3)_x \cdot (SiO_2)_y] \cdot mH_2O$（含水硅酸盐），$n$ 为金属离子的价数，Me 为金属阳离子如 Na^+、K^+、Ca^{2+} 等。沸石有天然沸石和合成沸石两类。自 60 多年前发现天然沸石的分子筛作用和它在分离过程中的应用以来，人们已采用人工合成方法，仿制出上百种合成分子筛。

分子筛为结晶型且具有多孔结构，其晶格中有许多大小相同的空穴，可包藏被吸附的分子。空穴之间又有许多直径相同的孔道相连。因此，分子筛能使比其孔道直径小的分子通过孔道，吸到空穴内部，而比孔径大的物质分子则被排斥在外面，从而使分子大小不同的混合物分离，起了筛分分子的作用。

由于分子筛突出的吸附性能，使它在吸附分离中应用十分广泛，如各种气体和液体的干燥，烃类气体或液体混合物的分离。在环境保护的废气和污水的净化处理上也受到重视。在废气的净化中，分子筛可以从废气中选择性地除去 NO_x、H_2O、CO_2、CO、CS_2、H_2S、NH_3、烃类、CCl_4 等有害气态污染物。与其他吸附剂相比，分子筛的优点有如下两点。

（1）吸附选择性强 这是由于分子筛的孔径大小整齐均一，又是一种离子型吸附剂，因此它能根据分子的大小及极性的不同进行选择性吸附。

（2）吸附能力强 即使气体的浓度很低和在较高的温度下仍然具有较强的吸附能力，在相同的温度条件下，分子筛的吸附容量较其他吸附剂大。

目前常用的几种分子筛的孔径及组成见表 5-2。常用吸附剂的主要特性见表 5-3。部分活性炭产品特性见表 5-4。

表 5-2 常用分子筛孔径及组成

沸石类型	主要阳离子	孔径/nm	SiO_2/Al_2O_3（摩尔比）	典型化学组成
3A	K^+	0.3～0.33	2	$K_2O \cdot Na_2O_3 \cdot Al_2O_3 \cdot 2SiO_2 \cdot 4.5H_2O$
4A	Na^+	0.42～0.47	2	$Na_2O \cdot Al_2O_3 \cdot 2SiO_2 \cdot 4.5H_2O$
5A	Ca^{2+}	0.49～0.56	2	$0.7CaO \cdot 0.3Na_2O \cdot Al_2O_3 \cdot 2SiO_2 \cdot 4.5H_2O$
10X	Ca^{2+}	0.8～0.99	2.3～3.3	$0.8CaO \cdot 0.2Na_2O \cdot Al_2O_3 \cdot 2.5SiO_2 \cdot 6H_2O$
13X	Na^+	0.9～1	3.3～5	$Na_2O \cdot Al_2O_3 \cdot 5SiO_2 \cdot 6H_2O$

表 5-3 吸附剂的主要特性

主要特性	活性炭	活性氧化铝	硅胶	沸石分子筛 4A	沸石分子筛 5A	沸石分子筛 X
堆积密度/(kg/m³)	200～600	750～1000	800	800	800	800
热容/[kJ/(kg·K)]	0.836～1.254	0.836～1.045	0.92	0.794	0.794	
操作温度上限/K	423	773	673	873	873	873
平均孔径/nm	1.5～2.5	1.8～4.5	2.2	0.4	0.5	1.3
再生温度/K	373～413	473～523	393～423	473～573	473～573	473～573
比表面积/(m²/g)	600～1600	210～360	600			

表 5-4　活性炭产品特性

型　　号	原料及活化方法	主　　要　　性　　能							
		粒度 /mm	堆积密度 /g·L⁻¹	强度 /%	水分 /%	吸苯率 /%	碘值 /mg·g⁻¹	比表面积 /m²·g⁻¹	孔体积 /m³·g⁻¹
太原 5# 炭	煤粉＋煤焦油:水蒸气活化	直径 3～5 长 3～8	<600	>85	<10		642.1	713	
太原 8# 炭	煤粉＋煤焦油:水蒸气活化	直径 1.5 长 2～4	495	>75	8～10	>35	859.8	926	0.81
上海 15# 炭	木炭粉＋煤粉＋煤焦油:水蒸气活化	直径 3～4 长 8～15	<600	>95	<5	>22%			
上海 14# 炭	木炭粉＋煤粉＋煤焦油:水蒸气活化	直径 3～4 长 5～10		>95	<5	>25			
新化 x-16 炭	果壳＋煤焦油:水蒸气活化	直径 3～3.5 长 3～8	<500	>90	<10	>300mg/g		979	0.63

除了上述常用的四种吸附剂外，还有一些其他吸附剂，如吸附树脂、活性黏土及碳分子筛等。吸附树脂是具有巨型网状结构的合成树脂，如苯乙烯和二乙烯苯的共聚物、聚苯乙烯、聚丙烯酸酯等。吸附树脂主要应用于处理水溶液，如污水处理、维生素分离等，吸附树脂的再生比较容易，但造价较高。

碳分子筛是一种兼具活性炭和分子筛某些特性的碳基吸附剂。碳分子筛具有很小的微孔组成，孔径分布在 0.3～1nm 之间，它的最大用途是空气分离制取纯氮。它吸附氧而得到纯氮，也就是可得到比原始空气压力稍低的氮气。假如用沸石分子筛分离空气制氮，因它吸附氮，释放出氧气，氮再从吸附剂上解吸，得到的纯氮基本无压力，因此需再加压才能在工业生产中应用。

四、影响吸附的因素

影响吸附的因素有吸附剂的性质、吸附质的性质及操作条件等，只有了解影响吸附的因素，才能选择合适的吸附剂及适宜的操作条件，从而更好地完成吸附分离任务。

（1）操作条件　低温操作有利于物理吸附，适当升高温度有利于化学吸附。温度对气相吸附的影响比对液相吸附的影响大。对于气体吸附，压力增加有利于吸附，压力降低有利于解吸。

（2）吸附剂的性质　吸附剂的性质如孔隙率、孔径、粒度等影响比表面积，从而影响吸附效果。一般来说，吸附剂粒径越小或微孔越发达，其比表面积越大，吸附容量也越大。但在液相吸附过程中，对相对分子质量大的吸附质，微孔提供的表面积不起很大作用。

（3）吸附质的性质与浓度　对于气相吸附，吸附质的临界直径、相对分子质量、沸点、饱和性等影响吸附量。若用同种活性炭做吸附剂，对于结构相似的有机物，相对分子质量和不饱和性越大，沸点越高，越易被吸附。对于液相吸附，吸附质的分子极性、相对分子质量、在溶剂中的溶解度等影响吸附量。相对分子质量越大、分子极性越强、溶解度越小，越易被吸附。吸附质浓度越高，吸附量越少。

（4）吸附剂的活性　吸附剂的活性是吸附剂吸附能力的标志，常以吸附剂上所吸附的吸附质量与所有吸附剂量之比的百分数来表示。其物理意义是单位吸附剂所能吸附的吸附质量。

（5）接触时间　吸附操作时，应保证吸附质与吸附剂有一定的接触时间，使吸附接近平衡，充分利用吸附剂的吸附能力。吸附平衡所需的时间取决于吸附速率。一般要通过经济权衡，确定最佳接触时间。

（6）吸附器的性能　吸附器的性能影响吸附效果。

第二节　吸附平衡与吸附速率

吸附过程是流体与固体颗粒之间的相际传质过程，气体吸附是气-固相间的传质过程，液体吸附是液-固相间的传质过程。吸附过程的极限是达到吸附平衡。因此，要研究吸附过程，首先要了解吸附的相平衡关系。

一、吸附平衡

物理吸附过程是可逆的。在一定条件下，当流体与吸附剂接触时，流体中吸附质将被吸附剂吸附。随着吸附过程的进行，吸附质在吸附剂表面上的数量逐渐增加，也出现了吸附质的解吸，且随时间的推移，解吸速率逐渐加快，当吸附速率和解吸速率相等时，吸附和解吸达到了动态平衡，称为吸附平衡。平衡时，吸附量不再增加，吸附质在流体中的浓度和在吸附剂表面的浓度都不再发生变化，从宏观上看，吸附过程停止。此时吸附剂对吸附质的吸附量称为平衡吸附量，流体中的吸附质的浓度（或分压）称为平衡浓度（或平衡分压）。

平衡吸附量与平衡浓度（或平衡分压）之间的关系即为吸附平衡关系。通常用吸附等温线或吸附等温式表示。

1. 气体的吸附平衡

（1）吸附等温线　吸附等温线描述的是等温条件下，平衡时吸附剂中的吸附量与流体中吸附质浓度（或分压）之间的关系，由实验测得。

对于单组分气体吸附，其吸附等温线形式可分为五种基本类型，如图 5-5 所示。图中横坐标为单组分分压与该温度下饱和蒸气压的比值 p/p^0，纵坐标为吸附量 q。

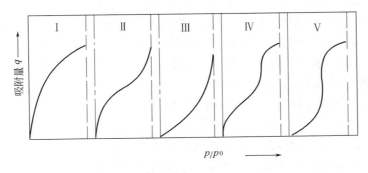

图 5-5　吸附等温线的分类

吸附等温线形状的差异是由于吸附剂和吸附质分子间的作用力不同造成的。Ⅰ型表示吸附剂毛细孔的孔径比吸附质分子尺寸略大时的单层分子吸附，如在 80K 下氮气在活性炭上的吸附；Ⅱ型表示完成单层吸附后再形成多分子层吸附，如在 78K 下氮气在硅胶上的吸附；Ⅲ型表示吸附气体量不断随组分分压的增加而增加直至相对饱和值趋于 1 为止，如在 351K 下溴在硅胶上的吸附；Ⅳ型为Ⅱ型的变形，能形成有限的多层吸附，如 323K 下苯在氧化铁胶上的吸附；Ⅴ型偶然见于分子互相吸引效应很大的情况，如磷蒸气在 NaX 分子筛上的吸附。

（2）吸附等温方程式　在等温条件下的吸附平衡，由于各学者对平衡现象的描述采用不同的假定和模型，因而推导出多种经验方程式，即为吸附等温方程式。在此仅举三例，其他的吸附等温方程式可参考有关的专著。

① 弗兰德里希（Freundlich）方程

$$q = kp^{1/n} \tag{5-1}$$

式中　q——吸附量，kg 吸附质/kg 吸附剂；

　　　p——吸附质的（平衡）分压，kPa；

　k，n——经验常数。

Freundlich 方程描述了在等温条件下，吸附量和压力的指数分数成正比。压力增大，吸附量也随之增大，但压力增加到一定程度以后，吸附量不再变化。

② 朗格缪尔（Langmuir）方程

$$q = \frac{Kq_{m}p}{1 + Kp} \tag{5-2}$$

式中　q_{m}——吸附剂表面单分子层盖满时的最大吸附量，kg 吸附质/kg 吸附剂；

　　　K——吸附平衡常数。

Langmuir 方程符合 I 型等温线和 II 型等温线的低压部分。

③ BET 方程

$$q = \frac{q_{m}bp}{(p^{0} - p)\left[1 + (b - 1)\dfrac{p}{p^{0}}\right]} \tag{5-3}$$

式中　p^{0}——同温度下气体的液相饱和蒸气压，Pa；

　　　b——与吸附热有关的常数。

勃劳纳尔（Brunauer）、埃米特（Emmett）及泰勒（Teller）三人联合建立的 BET 方程更好地适应了吸附的实际情况，应用范围较宽，它可适用于 I 型、II 型和 III 型等温线。

工业上的吸附过程所涉及的都是气体混合物而非纯气体。如果在气体混合物中除 A 之外的所有其他组分的吸附均可忽略，则 A 的吸附量可按纯气体的吸附估算，但其中的压力应采用 A 的分压。而多组分气体吸附时，一个组分的存在对另一组分的吸附有很大影响，十分复杂。一些实验数据表明，混合气体中的某一组分对另外组分吸附的影响可能是增加、减小或者没有影响，取决于吸附分子间的相互作用。

2. 液体的吸附平衡

液相吸附的机理远比气相吸附复杂，溶液中溶质为电解质与溶质为非电解质的吸附机理不同。影响吸附机理的因素除了温度、浓度和吸附剂的结构性能外，溶质和溶剂的性质对其吸附等温线的形状都有影响。一般来说，溶质的溶解度越小，吸附量越大；温度越高，吸附量越低。

当吸附剂与混合溶液接触时，溶质与溶剂都将被吸附。由于总吸附量无法测定，故通常以溶质的表观吸附量来表示。用吸附剂处理溶液时，若溶质优先被吸附，则可测出溶液中溶质含量的初始浓度 c_0 以及达到吸附平衡时的平衡浓度 c^*。如单位质量吸附剂所处理的溶液体积为 V，则吸附质的表观吸附量为 $V(c_0 - c^*)$（kg 吸附质/kg 吸附剂）。

对于稀溶液，吸附等温线可用 Freundlich 方程表示。

$$c^* = K[V(c_0 - c^*)]^m \qquad (5\text{-}4)$$

式中　V——表示单位质量吸附剂处理的溶液体积，m^3 溶液/kg 吸附剂；

　　　　c_0——溶液中溶质的初始质量浓度，kg/m^3；

　　　　c^*——溶液中溶质的平衡质量浓度，kg/m^3；

　　K，m——体系的特性常数。

　　Freundlich 方程在污水处理通常浓度下，因简单方便而获得普遍应用。

　　3. 吸附平衡在吸附操作中的应用

　　（1）判断传质过程进行的方向　当流体与吸附剂接触时，若流体中吸附质的浓度（或分压）高于其平衡浓度（或平衡分压）时，则吸附质被吸附；反之，若流体中吸附质的浓度（或分压）低于其平衡浓度（或平衡分压）时，则已被吸附在吸附剂上的吸附质将被解吸。

　　（2）指明传质过程进行的极限　吸附达到平衡时，吸附量不再增加，吸附质在流体中的浓度和在吸附剂表面的浓度都不再发生变化，宏观上吸附过程停止。可见平衡是吸附过程的极限。

　　（3）计算过程的推动力　吸附过程的推动力常用吸附质的实际浓度与其平衡浓度的偏离程度表示。过程推动力越大，吸附速率也越大，完成一定的吸附任务所需的设备尺寸越小；对于固定的设备，完成一定的吸附任务所需的吸附时间短，生产能力增大。

二、吸附速率

　　吸附剂对吸附质的吸附效果，除了用吸附量表示外，还必须以吸附速率来衡量。吸附速率是指单位质量的吸附剂（或单位体积的吸附层）在单位时间内所吸附的吸附质量，它是吸附过程设计与操作的重要参数。通常吸附质被吸附剂吸附的过程分为三步（见图5-6）：①吸附质从流体主体通过吸附剂颗粒周围的滞流膜层以分子扩散与对流扩散的形式传递到吸附剂颗粒的外表面，称为外扩散过程；②吸附质从吸附剂颗粒的外表面通过颗粒上的微孔扩散进入颗粒内部，到达颗粒的内部表面，称为内扩散过程；③在吸附剂的内表面上吸附质被吸附剂吸附，称为表面吸附过程。解吸时则逆向进行，首先进行被吸附质的解吸，经内扩散传递至外表面，再从外表面扩散到流动相主体，完成解吸。

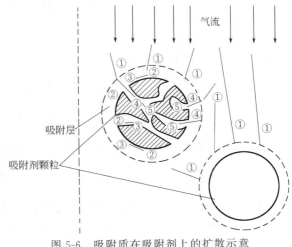

图 5-6　吸附质在吸附剂上的扩散示意
①②外扩散；③④内扩散；⑤表面吸附

　　对于物理吸附，通常吸附表面上的吸附过程往往进行很快，所以，决定吸附过程总速率的是内扩散过程和外扩散过程。

　　由于吸附过程复杂，影响因素多，从理论上推导吸附速率方程很困难，因此一般是凭经验或根据模拟试验来确定。

　　1. 外扩散速率方程

　　吸附质从流体主体到吸附剂表面的传质速率方程可表示为

$$\frac{\mathrm{d}q}{\mathrm{d}\tau} = k_f a_p (c - c_i) \qquad (5-5)$$

式中　q——单位质量吸附剂所吸附的吸附质的量，kg 吸附质/kg 吸附剂；

　　　　τ——时间，s；

　　　　$\dfrac{\mathrm{d}q}{\mathrm{d}\tau}$——吸附速率，kg 吸附质/(kg·s)吸附剂；

　　　　a_p——吸附剂的比表面积，m^2/kg；

　　　　c——吸附质在流体相中的平均质量浓度，kg/m^3；

　　　　c_i——吸附质在吸附剂外表面处的流体中的质量浓度，kg/m^3；

　　　　k_f——外扩散过程的传质系数，m/s。

k_f 与流体性质、颗粒的几何特性、两相接触的流动状况以及温度、压力等操作条件有关。其值可由经验公式求取。

2. 内扩散速率方程

吸附质由吸附剂的外表面通过颗粒微孔向吸附剂内表面扩散的过程与吸附剂颗粒的微孔结构有关。内扩散机理非常复杂，与吸附剂颗粒的微孔结构有关，吸附质在微孔中的扩散又分为两种形式：①沿孔截面的孔扩散；②沿微孔表面的表面扩散。通常将内扩散过程简单地处理成从外表面向颗粒内的传质过程，其传质速率方程可表示为

$$\frac{\mathrm{d}q}{\mathrm{d}\tau} = k_s a_p (q_i - q) \qquad (5-6)$$

式中　k_s——内扩散过程的传质系数，kg/(m^2·s)；

　　　　q_i——吸附剂外表面处吸附质量，kg 吸附质/kg 吸附剂，与 c_i 呈平衡；

　　　　q——吸附剂上吸附质的平均质量，kg 吸附质/kg 吸附剂。

k_s 与吸附剂微孔结构特性、吸附质的物性以及吸附过程的操作条件等各种因素有关，可由实验测定。

3. 总吸附速率方程

由于吸附剂外表面处的浓度 c_i 和 q_i 无法测定，通常用总吸附速率方程表示吸附速率

$$\frac{\mathrm{d}q}{\mathrm{d}\tau} = K_f a_p (c - c^*) \qquad (5-7)$$

$$\frac{\mathrm{d}q}{\mathrm{d}\tau} = K_s a_p (q^* - q) \qquad (5-8)$$

式中　c^*——与吸附质含量为 q 的吸附剂呈平衡的流体中吸附质的质量浓度，kg/m^3；

　　　　q^*——与吸附质质量浓度为 c 的流体呈平衡的吸附剂上吸附质的含量，kg 吸附质/kg 吸附剂；

　　　　K_f——以 $\Delta c = c - c^*$ 为推动力的总传质系数，m/s；

　　　　K_s——以 $\Delta q = q^* - q$ 为推动力的总传质系数，kg/(m^2·s)。

大多数情况下，内扩散的速率较外扩散慢，吸附速率由内扩散速率决定，吸附过程称为内扩散控制，此时 $K_s \approx k_s$；但有的情况下，外扩散速率比内扩散慢，吸附速率由外扩散速率决定，称为外扩散控制过程，则 $K_f \approx k_f$。

第三节　吸附分离工艺简介

工业吸附过程通常包括两个步骤：首先使流体与吸附剂接触，吸附质被吸附剂吸附后，

与流体中不被吸附的组分分离，此过程为吸附操作；然后将吸附质从吸附剂中解吸，并使吸附剂重新获得吸附能力，这一过程称为吸附剂的再生操作。若吸附剂不需再生，这一过程改为吸附剂的更新。在多数工业吸附装置中，都要考虑吸附剂的多次使用问题。以下简要介绍工业常用的吸附分离工艺及其特点。

一、固定床吸附

固定床吸附是在固定床吸附器上进行分离的操作工艺。固定床吸附器多为圆柱形立式设备，吸附剂颗粒均匀地堆放在多孔支撑板上，成为固定吸附剂床层。流体自上而下或自下而上地通过吸附剂床层进行吸附分离。

1. 工作原理

（1）透过曲线　如图 5-7 所示，吸附质初始浓度为 c_0 的流体连续流经装有新鲜或再生的吸附剂床层。一段时间后，部分床层吸附剂达到吸附平衡，失去吸附能力，而部分床层则建立了浓度分布，即形成吸附波。随着时间的推移，吸附波向床层出口方向移动，并在某一时间 t_i，床层出口端的流出物中出现吸附质。当时间达到 t_b 时，流出物中吸附质的浓度达到允许的最大浓度 c_b，此点称为吸附质的破点，而达到破点的时间 t_b 称为透过时间，c_b 为破点浓度；当吸附过程继续进行时，吸附波逐渐移动到床层出口；当时间为 t_e 时，床层吸附剂全部达到吸附平衡，吸附剂失去吸附能力，必须再生或进行更换。

从 t_i 到 t_e 的时间周期与床层中吸附区或传质区的长度相对应，它与吸附过程的机理有关。图 5-7 中的曲线称为吸附透过

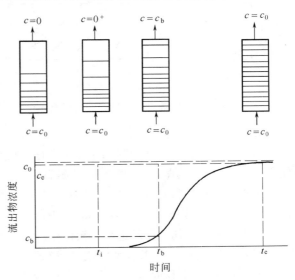

图 5-7　吸附透过曲线

图中 0^+ 表示床层出口端的流出物中出现吸附质

曲线。该曲线易于测定，因此常用来反映床层内吸附负荷曲线的形状，而且可以较准确地求出破点。影响透过曲线的因素很多，有吸附剂与吸附质的性质，有温度、压力、浓度、pH 值、移动相流速、流速分布等参数，还有设备尺寸大小、吸附剂装填方法等。

（2）吸附等温线对透过曲线的影响　吸附等温线按照 q-c 直角坐标上曲线斜率的变化，可分成五种类型（见图 5-5），又可以简单地分为优惠吸附等温线、线性吸附等温线和非优惠吸附等温线三种。

① 优惠吸附等温线　如图 5-8(a) 所示，这种曲线斜率的增长趋势，随被吸附组分浓度的增加而减少，吸附质分子和固体吸附剂分子之间的亲和力随组分平衡浓度的增大而降低。当 $t=0$ 时，床层进口随着原料输入先形成直线的浓度波，随着不断进料，浓度波向前移动。从优惠吸附等温线的上段可以看出，组分浓度增加，吸附剂的吸附量相应减少，故浓度波中高浓度的一端相应比低浓度的一端移动要快。随着时间的增加，传质区变小，床层的有效利用率增加。

② 线性吸附等温线　这种曲线的斜率为定值，不因吸附质浓度的增加而变化，为通过

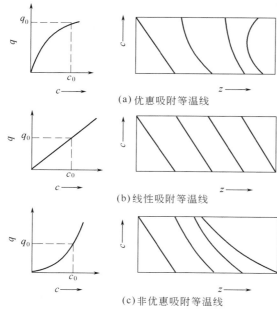

(a) 优惠吸附等温线

(b) 线性吸附等温线

(c) 非优惠吸附等温线

图 5-8　吸附等温线对浓度波的影响

坐标原点的一条直线，如图 5-8(b) 所示。

③ **非优惠吸附等温线**　如图 5-8(c) 所示，这种曲线斜率随被吸附组分浓度的增加而加大，吸附质分子和固体吸附剂分子之间的亲和力随平衡浓度的增大而升高。当吸附床层开始进料时，在床层入口处形成直线的浓度波。当浓度波向前移动时，从非优惠吸附等温线上看出，吸附组分浓度增加，吸附剂的吸附量迅速加大，浓度波中浓度较高的一端比低浓度的一端移动慢。随着时间的增加及传质阻力的影响，传质区不断变宽，浓度波前沿不断延伸，这对吸附操作不利。

值得注意的是，吸附时为优惠吸附等温线，解吸时则成为非优惠吸附等温线，故在选择吸附剂时，要同时兼顾吸附和解吸过程。

2. 固定床吸附流程

（1）双器流程　为使吸附操作连续进行，吸附剂需要再生，因此至少需要两个吸附器循环使用。如图 5-9 所示，A、B 两个吸附器，A 正进行吸附，B 进行再生。当 A 达到破点时，B 再生完毕，进入下一个周期，即 B 进行吸附，A 进行再生，如此循环进行连续操作。

（2）串联流程　如果体系吸附速率较慢，采用上述的双器流程时，流体只在一个吸附器中进行吸附，达到破点时，很大一部分吸附剂未达到饱和，利用率较低。这种情况宜采用两个或两个以上吸附器串联使用，构成图 5-10 所示的串联流程。图示为两个吸附器串联使用的流程。流体先进入 A，再进入 B 进行吸附，C 进行再生。当从 B 流出的流体达到破点时，则 A 转入再生，C 转入吸附，此时流体先进入 B 再进入 C 进行吸附，如此循环往复。

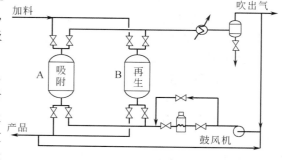

图 5-9　双器流程

（3）并联流程　当处理的流体量很大时，往往需要很大的吸附器，此时可以采用几个吸附器并联使用的流程。如图 5-11 所示，图中 A、B 并联吸附，C 进行再生，下一个阶段是 A 再生，B、C 并联吸附，再下一个阶段是 A、C 并联吸附，B 再生，依此类推。

固定床吸附操作再生时可用产品的一部分作为再生用气体，根据过程的具体情况，也可以用其他介质再生。例如用活性炭去除空气中的有机溶剂蒸气时，常用水蒸气再生。再生气冷凝成液体再分离。

固定床吸附器最大的优点是结构简单、造价低、吸附剂磨损少，应用广泛。缺点是间歇操作，操作必须周期性变换，因而操作复杂，设备庞大。适用于小型、分散、间歇性的污染源治理。

182

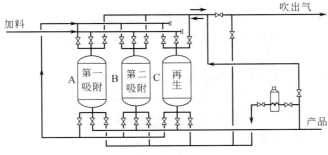

图 5-10　串联流程

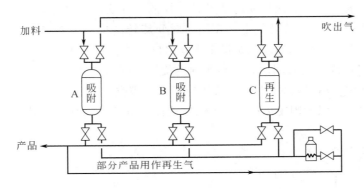

图 5-11　并联流程

二、模拟移动床吸附

模拟移动床是目前液体吸附分离中广泛采用的工艺设备。模拟移动床吸附分离的基本原理与移动床相似。图 5-12 所示为液相移动床吸附塔的工作原理。设料液只含 A、B 两个组分，用固体吸附剂和液体解吸剂 D 来分离料液。固体吸附剂在塔内自上而下移动，至塔底出去后，经塔外提升器提升至塔顶循环入塔。液体用循环泵压送，自下而上流动，与固体吸附剂逆流接触。整个吸附塔按不同物料的进出口位置，分成四个作用不同的区域：ab 段——A 吸附区，bc 段——B 解吸区，cd 段——A 解吸区，da 段——D 的部分解吸区。被吸附剂所吸附的物料称为吸附相，塔内未被吸附的液体物料称为吸余相。

在 A 吸附区，向下移动的吸附剂把进料 A＋B 液体中的 A 吸附，同时把吸附剂内已吸附的部分解吸剂 D 置换出来，在该区顶部将进料中的组分 B 和解吸剂 D 构成的吸余液 B＋D 部分循环，部分排出。

在 B 解吸区，从此区顶部下降的含 A＋B＋D 的吸附剂，与从此区底部上升的含有 A＋D 的液体物料接触，因 A 比 B 有更强的

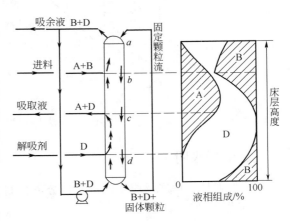

图 5-12　移动床吸附原理示意

吸附力，故 B 被解吸出来，下降的吸附剂中只含有 A＋D。

A 解吸区的作用是将 A 全部从吸附剂表面解吸出来。解吸剂 D 自此区底部进入塔内，与本区顶部下降的含 A＋D 的吸附剂逆流接触，解吸剂 D 把 A 组分完全解吸出来，从该区顶部放出吸余液 A＋D。

D 部分解吸区的目的在于回收部分解吸剂 D，从而减少解吸剂的循环量。从本区顶下降的只含有 D 的吸附剂与从塔顶循环返回塔底的液体物料 B＋D 逆流接触，按吸附平衡关系，B 组分被吸附剂吸附，而使吸附相中的 D 被部分地置换出来。此时吸附相只有 B＋D，而从此区顶部出去的吸余相基本上是 D。

图 5-13 所示为用于吸附分离的模拟移动床操作示意，固体吸附剂在床层内固定不动，而通过旋转阀的控制将各段相应的溶液进出口连续地向上移动，这种情况与进出口位置不动，保持固体吸附剂自上而下地移动的结果是一样的。在实际操作中，塔上一般开 24 个等距离的口，同接于一个 24 通旋转阀上，在同一时间旋转阀接通 4 个口，其余均封闭。如图中 6、12、18、24 四个口分别接通吸余液 B＋D 出口、原料液 A＋B 进口、吸取液 A＋D 出口、解吸剂 D 进口，经一定时间后，旋转阀向前旋转，则出口又变为 5、11、17、23，依此类推，当进出口升到 1 后又转回到 24，循环操作。模拟移动床的优点是处理量大、可连续操作，吸附剂用量少，仅为固定床的 4％。但要选择合适的解吸剂，对转换物流方向的旋转阀要求高。

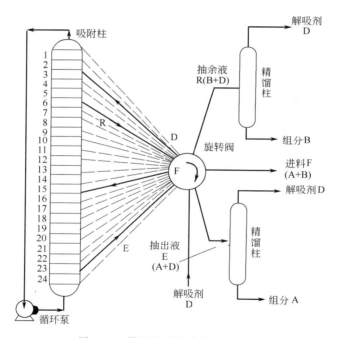

图 5-13　模拟移动床分离操作示意

三、变压吸附

变压吸附是一种广泛应用混合气体分离精制的吸附分离工艺。

1. 工作原理

由描述吸附平衡的吸附等温线知道，在同一温度下，吸附质在吸附剂上的吸附量随吸附质的分压上升而增加；在同一吸附质分压下，吸附质在吸附剂上的吸附量随吸附温度上升而减小；也就是说，加压降温有利于吸附质的吸附，降压升温有利于吸附质的解吸或吸附剂的再生。于是按照吸附剂的再生方法将吸附分离循环过程分成两类。如图5-14所示，当吸附组分的分压为 p_E 并维持恒定，温度由 T_1 升高至 T_2 时，吸附容量沿垂线 AC 变化，A 点和 C 点的吸附量之差（$q_A - q_C$）为组分的解吸量，这种利用温度变化进行吸附和解吸的过程称为变温吸附；若吸附剂床层的温度为 T_1 且维持恒定，吸附组分的分压由 p_E 降至 p_B，则过程沿吸附等温线 T_1 进行，AB 线两端吸附量之差（$q_A - q_B$）为每经加压吸附和减压解吸循环的组分分离量。这种利用压力变化进行的分离操作称为变压吸附。如果要使吸附和解吸过程吸附剂吸附容量的差值增加，可

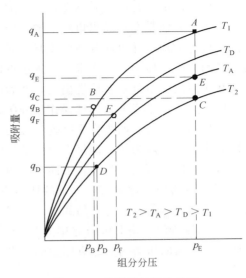

图 5-14　吸附量与组分分压

以同时采用降压和加热的方法进行解吸再生，沿 AD 线两端的吸附容量差值变化，则为联合解吸再生。在实际的变压吸附分离操作中，组分的吸附热都很大，吸附过程是放热反应。随着组分的解吸，变压吸附的工作点从 E 点移向 F 点，吸附时从 F 点返回 E 点，沿 EF 线进行，每经加压吸附和减压解吸循环的组分分离量为 $q_E - q_F$。因此，要使吸附和解吸过程吸附剂的吸附量差值加大，对所选用的吸附剂除对各组分的选择性要大以外，其吸附等温线的斜率变化也要显著，并尽可能使其压力的变化加大，以增加其吸附量的变化值。为此，可采用升高压力或抽真空的方法操作。

2. 变压吸附的工业流程

（1）双塔流程　以分离空气制取富氧为例，吸附剂采用 5A 分子筛，在室温下操作，如图 5-15 所示。吸附塔 1 在吸附，吸附塔 2 在清洗并减压解吸。部分的富氧以逆流方向通入吸附塔 2，以除去上一次循环已吸附的氮，这种简单流程可制得中等浓度的富氧。

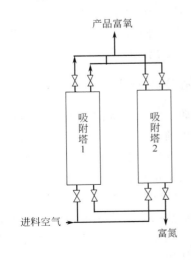

图 5-15　双塔变压吸附流程

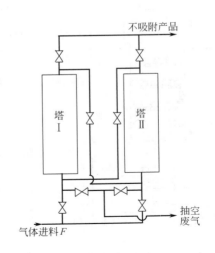

图 5-16　改进双塔变压吸附流程

第五章　吸　附

该循环的缺点是解吸转入吸附阶段产品流率波动，直到升压达到操作压力后才逐渐稳定。改善的办法是在产品出口加贮槽，使产物的纯度和流率平稳，减少波动，对低纯度气体产品也可加贮槽，并以此气体清洗床层或使床层升压。如图5-16所示，操作方法是：当吸附塔渐渐为吸附质饱和，尚未达到透过点以前停止操作。用死空间内的气体逆向降压，把已吸附在床层内的组分解吸清洗出去，然后进一步抽真空至解吸的真空度，解吸完毕后再升压至操作压力，再进行下一循环操作。升压、吸附、降压、解吸构成一个操作循环。

（2）四塔流程　四塔变压吸附流程是工业上常用的流程。四塔变压吸附循环有多种，下面以七个循环阶段为例，即每个床层都要经过吸附、均压、并流降压、逆流降压、清洗、一段升压和二段升压七个阶段，下面介绍四塔流程。

① 吸附阶段　原料气在一定的压力下吸附，在床层出口浓度波的破点出现前，所得到的气体产品，一部分作为产品放出，一部分作为塔Ⅳ的二段升压。

② 均压阶段　塔Ⅱ解吸完毕后处于低压状态和塔Ⅰ相连作一段升压，塔Ⅱ则为均压，均压后床层内的压力约为原有压力的一半，床层内的浓度波前沿继续前进，但未达到床层末端的出口。

③ 并流降压阶段　塔Ⅰ继续降压，排出气体清洗已逆流降到最低压力的塔Ⅲ，塔Ⅰ并流降压至浓度波前沿刚到达的床层出口端为止。

④ 逆流降压阶段　开启塔Ⅰ进口阀，使残余气体降至最低的压力，使已吸附的杂质排除一部分。

⑤ 清洗阶段　用塔Ⅳ并流降压的气体清洗塔Ⅰ，使塔Ⅰ内残余的杂质清洗干净，床层得到再生。

⑥ 一段升压阶段　用塔Ⅱ的均压气体使塔Ⅰ进行一段升压。

⑦ 二段升压阶段　用塔Ⅲ的部分产品气体，使塔Ⅰ达到产品的压力，准备下一循环。

以上各阶段的目的是利用吸附和解吸再生各阶段的部分气体，以回收能量，使气体产品的流量和纯度稳定。

除了四塔流程外，工业上根据装置规模增大和吸附压力上升还相应采用了5塔、6塔、8塔、10塔、12塔流程等。变压吸附操作不需要加热和冷却设备，只需要改变压力即可进行吸附-解吸过程，循环周期短，吸附剂利用率高，设备体积小，操作范围广，气体处理量大，分离纯度高。

四、其他吸附分离方法

（1）流化床吸附　流化床吸附器内的操作如图5-17所示，含有吸附质的流体以较高的速度通过床层，使吸附剂呈流态化。流体由吸附段下端进入，由下而上流动，净化后的流体由上部排出，吸附剂由上端进入，逐层下降，吸附了吸附质的吸附剂由下部排出进入再生段。在再生段，用加热吸附剂或用其他方法使吸附质解吸（图中使用的是气体置换与吹脱），再生后的吸附剂返回到吸附段循环使用。

流化床吸附的优点是能连续操作，处理能力大，设

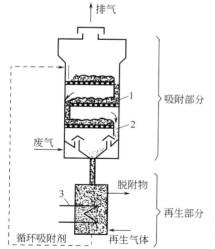

图5-17　流化床吸附器

1—塔板；2—溢流堰；3—加热器

备紧凑。缺点是构造复杂，能耗高，吸附剂和容器磨损严重。图 5-18 所示为连续流化床吸附工艺流程。

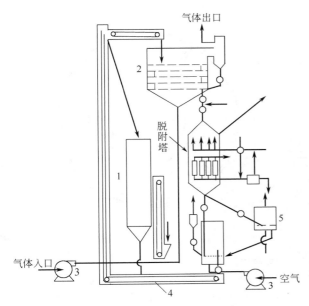

图 5-18　连续流化床吸附工艺流程

1—料斗；2—多层流化床吸附器；3—风机；

4—皮带传送机；5—再生塔

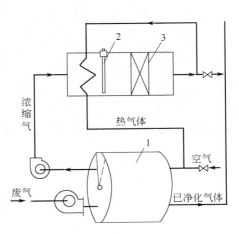

图 5-19　蜂窝转轮吸附流程

1—吸附转轮；2—电加热器；3—催化床层

（2）蜂窝转轮吸附　蜂窝转轮吸附器是利用纤维活性炭吸附、解吸速度快的特点，用一层波纹纸和一层平纸卷制成的，吸附纸的规格及性能见表 5-5。转轮以 0.05～0.1r/min 的速度缓慢转动，废气沿轴向通过。转轮的大部分供吸附用，一小部分供解吸用。吸附区内废气以 3m/s 的速度通过蜂窝通道，解吸区内反向通入热空气解吸，解吸出的是较高浓度的气体。通过这样的装置使废气得到了较大程度的浓缩，浓缩后的废气再进行催化燃烧，燃烧产生的热空气又去进行解吸。如图 5-19 所示。

表 5-5　蜂窝转轮吸附纸的规格及性能

项　　目	指　　标
吸附纸规格	厚 0.2～0.35mm,定量 45～150g/m²
蜂窝规格	宽 3～5mm,高 1.5～3mm,开孔率 60%～75%,堆积密度 60～160kg/m³,几何表面积约 2500m²/m³
吸附量	甲苯浓度 500mg/m³ 时,平衡吸附量 25%（20℃）
吸附速度	甲苯浓度 500mg/m³ 时,10min 内吸附量为 3%～5%（20℃）
脱附速度	120℃时在 2min 内完全脱除甲苯

蜂窝转轮吸附器能连续操作，设备紧凑，节省能量。适于处理大气量、低浓度的有机废气。

（3）回转床吸附　如图 5-20 所示，回转吸附器结构为回转床圆鼓上按径向以放射状分成若干吸附室，各室均装满吸附剂，吸附床层做成环状，通过回转连续进行吸附和解吸。吸附时，待净化废气从鼓外环室进入各吸附室，净化后的气体从鼓心引出。再生时，吹扫蒸汽自鼓心引入吸附室，将吸附质吹扫出去。回转床解决了吸附剂的磨损问题，且结构紧凑，使用方便，但各工作区之间的串气较难避免。

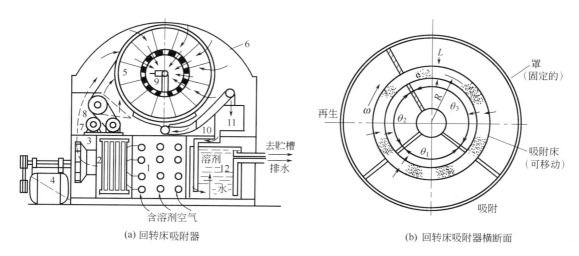

图 5-20　回转床吸附器

1—过滤器；2—冷却器；3—风机；4—电动机；5—吸附转筒；6—外壳；7—转筒电机；8—减速传动装置；
9—水蒸气入口管；10—脱附器出口管；11—冷凝冷却器；12—分离器

（4）参数泵　参数泵是利用两组分在流体相与吸附剂相分配不同的性质，循环变更热力学参数（如温度、压力等），使组分交替地吸附、解吸，同时配合流体上下交替的同步运动，使两组分分别在吸附柱的两端浓集，从而实现两组分的分离。

如图 5-21 所示是以温度为变更参数的参数泵原理示意。吸附器内装有吸附剂，进料为含组分 A、B 的混合液，对于所选用的吸附剂，A 为易吸附组分，B 为难吸附组分。吸附器的顶端与底端各与一个泵（包括贮槽）相连，吸附器外夹套与温度调节系统相连接。参数泵每一循环分前后两个半周期，即加热半循环和冷却半循环，吸附床温度分别为 T、t，流动方向分别为上流和下流。当循环开始时［见图 5-21(a)］，床层内两相在较低的温度 t 下平衡，流动相中吸附质 A 的浓度与底部贮槽内的溶液的浓度相同。第一个循环的加热半循环［见图 5-21(b)］，床层温度加热到 T，流体由底部泵输送自下而上流动，A 由吸附剂中向流体相转移，结果是从床层顶端流入到顶端贮槽内的溶液中 A 的浓度比原来提高，而床层底端的溶液浓度仍为原底部贮槽内的溶液浓度。到这半个周期终了，改变流体流动方向，同时改变床层温度为较低的温度 t，开始进行冷却半循环［见图 5-21(c)］，流体由顶部泵输送由上而下流动，由于吸附剂在低温下的吸附容量大于它在高温下的吸附容量，因此吸附质 A 由流体相向吸附剂中转移，吸附剂上 A 的浓度增加，相应的在流体相中 A 的浓度降低，这样从床层底端流入到底部贮槽内的溶液中 A 的浓度低于原来在此槽内的溶液浓度。接着开始第二个循环，在加热半循环中，在较高床层温度的条件下，A 由吸附剂中向流体相转移，这样从床层顶端流入到顶端贮槽内的溶液中 A 的浓度要高于在第一个循环加热半循环中收集到的溶液的浓度，在冷却半循环中，溶液中 A 的浓度进一步降低。如此循环往复，组分 A 在顶部贮槽内不断增浓，相应的组分 B 在底部贮槽内不断增浓。总的结果是由于温度和流体流向的交替同步变化，使组分 A 流向柱顶，组分 B 流向柱底，如同一个泵推动它们分别作定向流动。

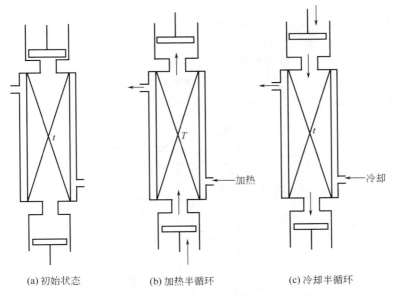

| (a)初始状态 | (b)加热半循环 | (c)冷却半循环 |

图 5-21　参数泵工作原理示意

　　参数泵的优点是可以达到很高的分离程度。参数泵目前尚处于实验研究阶段，理论研究
已比较成熟，但在实际应用中还有许多技术上的困难。它
比较适用于处理量较小和难分离的混合物的分离。

　　（5）搅拌槽接触吸附　如图 5-22 所示，将待处理的
液体与吸附剂加入搅拌槽中，通过搅拌使固体吸附剂悬浮
与液体均匀接触，液体中的吸附质被吸附。为使液体与吸
附剂充分接触，增大接触面积，要求使用细颗粒的吸附
剂，通常粒径应小于 1mm，同时要有良好的搅拌。这种
操作主要应用于除去污水中的少量溶解性的大分子，如带
色物质等。由于被吸附的吸附质多为大分子物质，解吸困

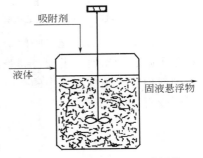

图 5-22　搅拌槽接触吸附操作

难，故用过的吸附剂一般不再生而是弃去。搅拌槽接触吸附多为间歇操作，有时也可连续
操作。

第四节　吸附分离在环境工程中的应用

一、用于气态污染物的控制

　　工业生产中产生大量的 CO_2、SO_2 和 NO_x 等有害气体，它们会造成温室效应，酸雨和光
化学烟雾等问题，破坏地球和人类的生活环境。随着工业生产的迅速发展，这些气体的排放
量和危害程度越来越大，因此必须要治理这些有害气体。其中吸附分离是有效的治理方法
之一。

　　吸附法对低浓度气体的净化能力很强，吸附分离不仅能脱除有害物质，并且可以回收有
用物质使吸附剂得到再生，所以在环境污染治理工程中应用非常广泛。

　　（1）烟气中的 SO_2 的净化　SO_2 是主要的大气污染物，低浓度 SO_2 除了用前面介绍的吸

收法净化之外，也可采用吸附净化法，常用的吸附剂是活性炭。活性炭吸附 SO_2，在干燥无氧条件下主要是物理吸附，当有氧和水蒸气存在时会发生化学吸附。一般来说，活性炭吸附 SO_2 吸附容量为 $40 \sim 140g/kg$ 活性炭。

活性炭吸附 SO_2 工艺简单、运转方便、副反应少、可回收稀硫酸。但由于活性炭吸附容量有限，吸附设备较大，一次性设备投资高，吸附剂需要频繁再生。长期使用后，活性炭会有磨损，并因堵塞微孔丧失活性。图 5-23 所示为活性炭移动床吸附脱除烟气中 SO_2 的流程示意。

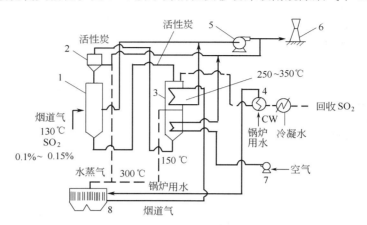

图 5-23　活性炭移动床吸附 SO_2 工艺流程

1—吸附塔；2—空气处理槽；3—解吸塔；4—换热器；5，7—风机；6—烟囱；8—锅炉

（2）硝酸尾气的净化　吸附分离方法已被用于治理硝酸尾气等排放的 NO_x。氢型丝光沸石分子筛、13X 型分子筛、硅胶、泥煤和活性炭等是良好的 NO_x 吸附剂。通过吸附可以比较彻底地除去硝酸尾气中的 NO_x，可控制在 $50mL/L$ 以下。图 5-24 所示为氢型丝光沸石分子筛吸附 NO_x 工艺流程。

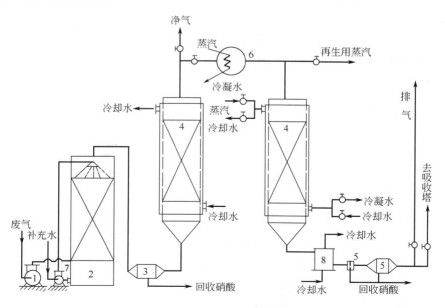

图 5-24　氢型丝光沸石分子筛吸附 NO_x 工艺流程

1—风机；2—冷却塔；3—除雾器；4—吸附器；5—分离器；6—加热器；7—泵；8—冷凝冷却塔

（3）含氟废气的净化　吸附法净化含氟废气最早用于铝厂含氟废气的净化，这种方法的特点是净化率高，一般在 98％以上，吸附剂用铝电解的原料氧化铝，吸附氟化氢后不需再生，可直接用于生产中，替代部分冰晶石；工艺流程简单，不存在二次污染和设备腐蚀问题；设备投资和操作费用都较低。图 5-25 所示为用氧化铝作吸附剂在输送床中吸附废气中的氟化氢的工艺流程，该过程主要是化学吸附，同时伴有物理吸附。

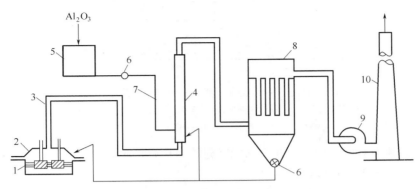

图 5-25　输送床净化含氟废气工艺流程

1—电解槽；2—集气罩；3—排气管；4—反应管；5—料仓；6—给料器；
7—加料管；8—袋滤器；9—风机；10—烟囱

（4）清除和回收挥发性有机化合物　继 SO_2、NO_x 及氟里昂之后，挥发性有机物特别是有毒、有恶臭的有机废气的污染问题，受到了世界各国的普遍重视。挥发性有机物对环境的影响主要表现在以下几个方面：①大多数挥发性有机化合物有毒、有恶臭，一部分挥发性有机物有致癌性；②在阳光照射下，大气中的氮氧化物、碳氢化合物与氧化剂发生化学反应，生成光化学烟雾，危害人体健康及作物生长；③卤代烃类挥发性有机物可破坏臭氧层。正是由于挥发性有机物的上述危害，世界各国都通过立法不断限制挥发性有机物的排放量。

目前常用的处理含挥发性有机物废气的方法有多种。挥发性有机物的破坏处理通常采用焚烧法，吸附法则是目前最广泛的挥发性有机物回收法。此外吸附法也被用于在焚烧之前对低浓度挥发性有机物的提浓，这样可降低处理费用。常用的吸附剂主要有粒状活性炭和活性炭纤维两种，它们的吸附原理和工艺流程完全相同。其他的吸附剂如沸石、分子筛等，也在工业上得到应用，但因费用较高而限制了它们的广泛应用。图 5-26 所示为固定床吸附净化有机蒸气的典型流程。

（5）含汞及含汞化合物蒸气的净化　汞在常温下就可蒸发，因此空气中的汞包括汞蒸气和含汞化合物的粉尘。汞对人体的神经、口腔都能引起急性和慢性中毒，如治疗不及时，将造成终身疾病或丧失劳动能力，以致死亡。很多工业气体中含有汞，造成了汞对环境的污染。吸附分离是常用的脱除汞的方法之一。使用的吸附剂有充氯活性炭、浸银活性炭、分子筛和树脂等多种。图 5-27 所示为汞吸附器的结构形式。

（6）恶臭及其他有毒有害物质脱除　恶臭污染是大气污染的一种形式。恶臭对人体有多方面危害，危害呼吸系统、消化系统、内分泌系统、神经系统，并影响精神状态。恶臭物质来源广，种类多。迄今为止，凭人的嗅觉即能感觉到的恶臭物质有 4000 多种。除恶臭外，其他有毒物质，如二噁英对人体危害也极大，必须采取措施加以脱除。

吸附法脱臭主要用在臭气浓度较低的场合。常用的脱臭吸附剂有活性炭、树脂、硅胶、

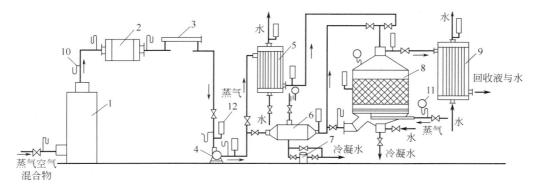

图 5-26　从空气中回收有机蒸气的固定床吸附净化流程
1—过滤器；2—砾石阻火器；3—补偿安全器；4—风机；5—冷却器；6—加热器；7—凝液罐；
8—吸附器；9—冷凝器；10,11—压力计；12—温度计

活性白土等。活性炭对所有的臭气几乎都能吸附，磺化媒可吸附碱性臭气，钠基磺化媒吸附氯气和酸性臭气，氢氧化铁吸附酸性臭气。

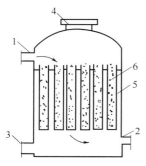

图 5-27　汞吸附器的结构
1—气体入口；2—气体
出口；3,4—检查孔；
5—吸附器列管；
6—吸附剂

通常使用活性炭净化空气，如用活性炭处理大型的封闭空间（如办公室）的重复循环空气。活性炭被结合进超薄过滤器的结构中以低压净化空气，活性炭过滤器也被用于厨房通风柜、空调器和电子空气净化器等小范围脱除臭气。一种更小规模的应用中，含碳或浸渍了促进剂的碳的防毒面具被用于保护穿戴者免受臭气和有毒化学品伤害。最小型的碳过滤器是用于香烟上的过滤器。防毒面具除了可保护人们免受工业上的有毒化学品伤害外，也可以保护人们免受化学武器毒气的伤害。加入活性炭纤维的纺织品可以保护穿着者免受糜烂性和透皮性的化学气体伤害。活性炭也被用于包装和贮藏，以吸附其他化学品防止银器失去光泽、延缓水果腐烂等。

二噁英是一种高度致癌性物质，脱除二噁英的方法已经引起广泛关注。日本开发了一种特种活性炭，可以脱除燃烧气中的二噁英。它是一种超细微粒的活性炭，把它吹进烟气道中，可以捕集二噁英，然后通过一个袋式过滤器回收，处理后二噁英浓度只有原来的 1/10。美国 Church & Dwight 公司的一种含活性炭和碳酸氢钠的吸附剂产品，能够从焚化炉烟道气中吸附二噁英、重金属和呋喃类物质，同时脱除总排放酸性气体的 97%。

（7）核废气和其他放射性废气处理　放射性废气的分离带来了一些规模相对较小但极为重要的吸附气相净化的应用。这些应用常要求极高程度的净化，因为很多放射性元素具有较高的毒性。如核电站裂变反应要产生放射性的氙和氪。尽管这些产物在核燃料元件内被捕集，但仍有一部分能够泄漏到大气。为了防止这种泄漏，废气用木炭延缓系统（Charcoal Delay System）处理，能够延缓氙和氪以及其他放射性气体的释放，直到元素经过足够时间衰变。又如放射性的碘可通过含银的沸石分子筛进行化学吸附捕集。

吸附处理放射性化合物类似于处理非放射性的相同化合物，如处理含放射性氙或氪的 CO_2、H_2O 和烃类气体。沸石分子筛常用于这些分离，如 H 型丝光沸石被用于从核废气中捕集氪。

二、用于污水处理

随着石油化工和化学工业及轻工、纺织、食品等工业的发展，有机污水的排放量日益增加，高浓度有机污水的污染十分严重。如何治理这些污水是一个重要课题。目前污水处理方法很多，它们各有优点，也各有缺点。吸附法是处理工业废水的一种重要方法。

自20世纪70年代以来随着大孔径离子交换树脂的开发，各种吸附树脂应运而生，采用树脂吸附法处理各种有机污水首先在欧美国家应用，并日益受到世界各国的重视。树脂吸附法适用范围宽，实用性好，吸附效果好，解吸再生容易。树脂性能稳定，使用寿命长，利于综合利用，变废为宝，操作方便，能耗较低。由于新型吸附树脂的不断涌现和吸附技术的迅速发展，该法已成为处理有机污水的有效方法之一。树脂吸附法不仅处理了高浓度有机污水，而且大多可从污水中回收有用的化工原料，在实现这类污水的综合利用方面取得了进展。国内目前应用该法处理的污水包括各种含酚、苯胺、有机酸、硝基物、农药和染料中间体污水等。

活性炭吸附法目前用得较多的是在给水处理中去除有害物质及臭味，已被广泛用于处理饮用水及各种工业废水，可达到除去有机物、脱色、脱臭、脱除重金属（如处理电镀污水）等的目的。

在工农业许多行业排放的废水和日常生活污水中均有各种病原微生物，极易造成水体的污染，如人类粪便、医院以及屠宰、畜牧、制革、生物制品、制药、酿造和食品工业的废水，可引起细菌、病毒、寄生虫性污染。人体由于饮用了经病原微生物污染的水或由于在工作、游泳等活动中接触了被污染的水体，通过皮肤、黏膜感染会引起水介传染病。因病原体在水中一般都能存活数日或数月，而饮用同一水源的人数往往很多，所以常见爆发性流行病，波及面广，危害较大，一次水介传染病可致千百或万人发病。因此，在对饮用水净化处理的同时须进行消毒灭菌。目前较常用的消毒剂有四种：氯、氯胺、二氧化氯和臭氧。消毒剂在杀灭微生物时会产生一些消毒副产物，可能对人体健康产生不良影响，而使用采用 O_3 强化的生物活性炭吸附净化技术，消毒效果好且安全性较上述三种化学消毒剂高。

 阅读材料

变压吸附（PSA）过程技术关键

一、吸附剂的选择

吸附剂对各种气体组分的吸附性能是通过实验测定静态下的等温吸附线和动态下的流出曲线来评价的，吸附剂良好的吸附性能是吸附分离过程的基本条件。在变压吸附过程中吸附剂的选择还要考虑吸附和解吸之间的矛盾，一般来说，越易于吸附的组分就越难于解吸，反之，越难于吸附的组分就越易于解吸。例如，对于苯、甲苯等强吸附质就要用对其吸附能力较弱的吸附剂如硅胶，以使吸附容量适当，又有利于解吸；而对于弱吸附质如CO、CH_4、N_2等，就需选用吸附能力较强的吸附剂如分子筛。选择吸附剂的另一个关键是组分之间的分离系数要尽可能大。所谓分离系数是指某气体组分在吸附床内的总量有两部分，一部分是在死空间中，另一部分被吸附剂吸附，其总和称为某气体组分在吸附床内的吸留量；弱吸附组分和强吸附组分各自在死空间中所含的量与床内存留量之比就称为分离系数。在变压吸附过程中被分离的两种组分的分离系数不应小于 2。表 5-6 所列为常用吸附剂上气体组分在大气压和 20℃条件下的分离系数。此外，在吸附床运行过程中因床内压力周期性变化，气体在短时间内进入或排出吸附床，吸附剂要经受气流频繁的冲刷，这就要求所使用的吸附剂有足够的强度，以减少破碎和磨损。

表 5-6　常用吸附剂上气体组分分离系数（20℃，101.3kPa）

气体组分 吸附剂	CH_4/CO_2	CO/CH_4	N_2/CH_4	N_2/CO	H_2/CH_4	H_2/CO	H_2/N_2
硅胶	6.40	1.34	1.86	1.42	2.90	2.05	3.80
活性炭	2.00	2.07	2.84	1.37	6.97	5.10	14.4
5A 分子筛	1.79	3.15	1.40	2.50	9.65	17.2	6.9
丝光沸石	1.18	2.23	1.39	1.65	15.5	18.5	11.2
13X 分子筛	1.58	4.70	1.52	2.40	8.0	12.6	5.25

表 5-6 中列出了采用变压吸附分离不同的气体混合物时通常选用的吸附剂，对于分离组成复杂、类别较多的气体混合物，常需要选用几种吸附剂，这些吸附剂可按吸附分离性能依次分层装填在同一吸附床内组成复合床，也可根据具体情况分别装在几个吸附床内。

二、程控阀

高质量的程序控制阀是装置长期稳定运转的可靠保证，程控阀门技术实际上一直是变压吸附装置的关键技术，因为 PSA 工艺实际上就是通过装置的数十个程控阀门的频繁开和关，不断切换吸附床的吸附和再生状态的各个步骤来实现的，这些程控阀门每年要开关几万次到几十万次。具统计，PSA 装置故障中 90% 都出在程控阀门上。因此 PSA 程控阀的操作指标和要求均比一般阀门高，除了应具有良好的密封性能、快速的启闭速度和调节能力外，还必须能在频繁动作下长期可靠运行，主要特点如下。

① 动作寿命长，要求启闭 50 万次以上保证密封性能，有些特殊要求的程控阀门更要求启闭 100 万次无泄漏。

② 启闭速度快，随阀门通径不同，其启闭时间应小于 1～3s。

③ 部分阀门要求有双向流通特性。

④ 部分阀门除具有上述启闭特性外，还具有调节功能。

⑤ 阀门内外密封要求在动作 50 万次以后满足 AN-SIB16.104 密封要求，特别对用于 CO 装置的程控阀，对外密封要求更严格。

⑥ 具有阀位状态现场指示和远程传送信号，其动作寿命与程控阀相当，并满足 II 区防爆要求。

⑦ 有调节功能的程控阀配备的电-气阀门定位器，寿命与程控阀同步，同时满足 II 区防爆要求。

早期的 PSA 气体分离装置主要采用气动球阀，随着该技术不断发展，仅采用球阀很难适应变压吸附技术向多层次、大型化发展的要求。目前，国内各变压吸附专业研究机构都有自己的阀门研究和生产部门，并已成功地开发出了适用于变压吸附工艺的新型的自补偿抗冲刷气动平板阀、逻辑导向阀、波纹阀、真空蝶阀、组合阀等七大类几十个品种，阀门最大通径已达 500mm。通常小型装置多采用球阀、逻辑导向阀、组合阀、小通径平板阀，大型装置多采用真空蝶阀和大通径平板阀，对于变压吸附提纯 CO 这类对泄漏率要求特别高的 PSA 装置，则只能采用密封性能非常好的波纹阀。目前国内自行研制的变压吸附专用程控阀门大都具有密封等级高、维护工作量稍小、开关速度快、寿命较长的特点，其无泄漏开关寿命最高可达到 100 万次。

三、吸附器疲劳设计

变压吸附装置的吸附器按作用和压力等级划入二类压力容器，但由于它在使用期内将承受 40 万次全幅度交变压力的频繁变化，属疲劳压力容器，因此在设计时又不能完全按照二类压力容器来设计，而需经专门试验按交变压力要求进行设计。由于目前我国关于疲劳压力容器的设计现在还不完善，在吸附器的设计中除参考采用国内外有关规程、规范之外，主要依据长期的压力容器疲劳试验的有关数据而进行设计。吸附器设计除疲劳问题外，对其气流分布器结构也有特殊的要求。如果气流分布器结构设计不好，就会造成气流分布不匀，易产生气流返混，吸附剂的利用率不充分，直接影响到吸附效率，甚至导致吸附剂粉化而失效。尤其是对大直径（直径大于 3m）的吸附器，气流分布器设计是否正确对于装置是否能正常运行更显重要。

四、计算机变压吸附控制系统

变压吸附装置的特点是连续运转、程控阀切换频繁、控制调节阀较多、顺序控制量特别大，因此自动化程度要求高。在装置的生产过程中，仪表及控制系统应有效地进行监控，以确保运行稳定可靠。

国内 PSA 技术专业研究单位可以根据不同装置的特点和用户对自控水平的要求，配置下列不同类型的仪表：气动Ⅲ型、电动Ⅲ型、SPEC-200、YS-800、ST3000 等国产和进口仪表，以及各种功能和档次的可编程控制器或集散型控制系统，如 FX2、C200HS 系列、SYSTEM-3 系列、T1535、R150、UXL 系列、S9000E、ROSEMOUNT、TDC-3000、Centum 等。

目前 PSA 装置所设置的程序逻辑控制机（PLC）可有效地控制程控阀的开关、调节系统和监控系统，安全可靠。先进的 PSA 控制软件还具备以下功能：自动判断故障发生、自动切除和恢复、程控调节、吸附参数优化等。从实际应用来看，很多方面已达到国际先进水平。例如，目前开发出来的 PSA 装置"自适应专家诊断及优化系统"在实际工业装置中已经具有了以下功能：PSA 装置从正常运行状态到故障运行状态的自动切除和恢复，该功能可在程控阀门、控制线路、产品气杂质等方面出现问题时自动报警、及时判定故障范围和影响程度，并自动切除出现故障的吸附塔，使其他的吸附塔继续正常运行，并且在切换过程中基本无扰动，保证生产不间断且影响最小，待故障处理完成后，可自动或手动恢复到正常运行状态，这是提高 PSA 装置运行可靠性的关键，也是 PSA 控制技术的核心；另外这种系统还可依据设定的理想曲线来实现均压、冲洗、最终升压等步骤的精确控制，以保证装置运行的平稳；再者，这种系统中的参数自动优化功能可以根据原料气进料量的变化、原料气杂质组分的变化、产品气纯度的变化等适时地对吸附时间进行调整，以优化装置运行状况，在保证产品气质量的前提下获得最高的气体回收率。

本章主要内容及知识内在联系

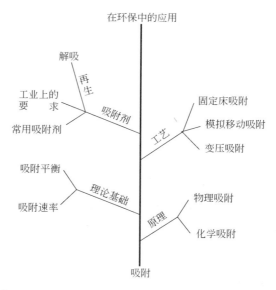

重点　吸附基本原理，工业吸附剂的要求，吸附剂再生方法，吸附平衡及吸附速率，吸附分离工艺及应用。

难点

1. 固定床吸附、变压吸附，模拟移动床吸附的工作原理。学习时一是注意吸附相平衡的应用。吸附平衡关系决定了吸附过程的方程和极限。当流体与吸附剂接触时，若流体中吸附质浓度高于其平衡浓度（或分压），则吸附质被吸附；反之，若流体中吸附质的浓度（或分压）低于其平衡浓度（或分压）时，则被吸附在吸附剂上的吸附质将被解吸。二是运用影响吸附操作的因素分析不同分离工艺的工作原理。

2. 吸附过程传质阻力的控制。吸附过程由外扩散、内扩散和表面扩散三步组成，每一步都将不同程度地影响吸附总速率，吸附速率主要受速率最慢的步骤控制。对于物理吸附，表面扩散往往进行很快，故它的影响可忽略不计。所以决定总吸附速率的是内扩散和外扩散过程。若外扩散阻力大于内扩散阻力，称为外扩散控制，反之，则为内扩散控制。

复习与思考题

1. 何谓吸附？何谓解吸？
2. 简述物理吸附与化学吸附的区别。
3. 工业上对吸附剂有哪些要求？分子筛具有什么特点？
4. 工业上怎样实现吸附剂的再生？有哪些方法？
5. 什么是吸附平衡？气体吸附等温线的物理意义及实用意义是什么？
6. 温度和压力对吸附操作有何影响？
7. 常用的吸附剂有哪些？各自的特点是什么？
8. 什么是内扩散过程？什么是外扩散过程？
9. 什么是内扩散控制？什么是外扩散控制？如何提高吸附速率？

10. 什么是表观吸附量？

11. 什么是透过时间？什么是破点浓度？

12. 固定床吸附流程有哪些？各自的特点是什么？

13. 简述变温吸附和变压吸附的区别。

14. 试述变压吸附流程。

15. 试述模拟移动床吸附的原理及操作。

16. 试述吸附分离在环境保护中的应用。

英文字母

a_p——吸附剂的比表面积，m^2/kg；

b——与吸附热有关的常数；

c——吸附质在流体相中的平均质量浓度，kg/m^3；

c^*——与吸附质含量为 q 的吸附剂呈平衡的流体中吸附质的质量浓度，kg/m^3；

c_b——破点浓度，kg/m^3；

c_i——吸附质在吸附剂外表面处的流体中的质量浓度，kg/m^3；

c_0——溶液中溶质的初始质量浓度，kg/m^3；

$\dfrac{dq}{d\tau}$——吸附速率，kg 吸附质/(kg 吸附剂·s)；

K——吸附平衡常数或体系的特性常数；

k——经验常数；

K_f——以 $\Delta c = c - c^*$ 为推动力的总传质系数，m/s；

K_s——以 $\Delta q = q^* - q$ 为推动力的总传质系数，$kg/(m^2·s)$；

k_f——外扩散过程的传质系数，m/s；

k_s——内扩散过程的传质系数，$kg/(m^2·s)$；

m——体系的特性常数；

n——经验常数；

p——吸附质的分压，kPa；

p^0——同温度下气体的液相饱和蒸气压，Pa；

q——吸附量，kg 吸附质/kg 吸附剂；

q^*——与吸附质质量浓度为 c 的流体呈平衡的吸附剂上吸附质的含量，kg 吸附质/kg 吸附剂；

q_m——吸附剂表面单分子层盖满时的最大吸附量，kg 吸附质/kg 吸附剂；

q_i——吸附剂外表面处吸附质量，kg 吸附质/kg 吸附剂；

t_b——透过时间，s；

V——表示单位质量吸附剂处理的溶液体积，m^3 溶液/kg 吸附剂。

希腊字母

τ——时间，s。

液-液萃取

学习目标

● 了解萃取操作的经济性、特点，在环境工程中的应用，各种类型萃取设备的结构、特点及其选择方法。

● 理解萃取原理、萃取剂选择的原则、影响萃取操作的因素、完全不互溶物系萃取过程的计算。

● 掌握部分互溶物系的液-液相平衡关系，能运用三角形相图表示萃取过程，学会单级萃取过程的计算。

第一节　概　　述

在工农业生产及人类生活过程中要消耗大量的新鲜水，排出大量的污水，其中含有许多成分。因此必须对水污染进行控制，以减少环境污染。水污染控制过程所处理的对象是混合液，方法有多种，液-液萃取是其中的一种。液-液萃取是分离均相液体混合物的一种单元操作，又称溶剂萃取，简称萃取或抽提，它是利用液体混合物中各组分在所选定的溶剂中溶解度的差异而使各组分分离的操作。通常，所选用的溶剂称为萃取剂或溶剂，以 S 表示。所处理的液体混合物称为原料液，其中较易溶于萃取剂的组分称为溶质，以 A 表示；较难溶的组分称为原溶剂或稀释剂，以 B 表示。

如果萃取过程中，萃取剂与溶质不发生化学反应而仅为物理传递过程，称为物理萃取，反之称为化学萃取。本章主要讨论物理萃取。

一、液-液萃取过程

1. 液-液萃取原理

原料液由 A、B 两组分组成，欲将其分离，选用萃取剂 S。萃取剂必须满足以下两点：①萃取剂对原料液中各组分具有不同的溶解能力；②萃取剂不能与原料液完全互溶，只能部分互溶。也就是说，萃取剂 S 对溶质 A 有较大的溶解度，而对原溶剂 B 应是完全不互溶或部分互溶。

如图 6-1 所示的萃取操作中，将原料液和萃取剂 S 加入混合器中，则器内存在两个液相。然后进行搅拌，使一个液相以小液滴形式分散于另一液相中，造成很大的相际接触面积，使溶质 A 由原溶剂 B 中向萃取剂 S 中扩散。两相充分接触后，停止搅拌并送入澄清器，两液相因密度差自行沉降分层。其中一相以萃取剂 S 为主，并溶有大量的溶质 A，称为萃取相，以 E 表示。另一相以原溶剂 B 为主，并含有未被萃取的溶质 A，称为萃余相，以 R 表示。若萃取剂 S 与原溶剂 B 部分互溶，则萃取相中还含有少量的 B，萃余相中还含有少量的 S。

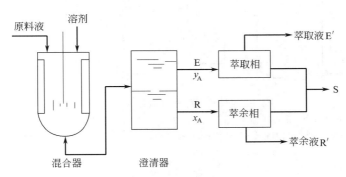

图 6-1　萃取操作示意

由于萃取相和萃余相均是三元混合物，萃取操作并未最后完成分离任务。为了得到 A，并回收萃取剂以供循环使用，还需脱除萃取相和萃余相中的萃取剂 S，此过程称为溶剂回收（或再生），得到的两相分别称为萃取液 E' 和萃余液 R'。

若萃取剂 S 与原溶剂 B 完全不互溶，则萃取过程与吸收过程十分类似，所不同的是吸收处理的是气-液两相而萃取则是液-液两相，这一差别使萃取设备的构型有别于吸收。

在工业生产和环境治理过程中经常遇到的液-液萃取，萃取剂多数与原溶剂部分互溶。这样，两相中至少涉及三个组分。本章着重讨论这样的情况，但仅限于双组分混合物的萃取分离。

2. 工业萃取过程

现以工业污水的脱酚处理为例说明工业萃取过程。

采用醋酸丁酯从异丙苯法生产苯酚、丙酮过程中产生的含酚污水中回收酚，流程如图 6-2 所示。含酚污水经预处理后由萃取塔顶加入，萃取剂醋酸丁酯从塔底加入，含酚污水和醋酸丁酯在塔内逆流操作，污水中酚从水相转移至醋酸丁酯之中。离开塔顶的萃取相主要为醋酸丁酯和酚的混合物。为得到酚，并回收萃取剂，可将萃取相送入苯酚回收塔，在塔底可获得粗酚，从塔顶得到醋酸丁酯。离开萃取塔底的萃余相主要是脱酚后的污水，其中溶有少量萃取剂，将其送入溶剂回收汽提塔，回收其中的醋酸丁酯。初步净化后的污水从塔底排出，再送往生化处理系统，回收的醋酸丁酯可循环使用。

由上所述，完整的液-液萃取过程应由以下三部分组成。

① 原料液与萃取剂充分混合，使溶质由原溶剂中转溶到萃取剂中。

② 萃取相和萃余相的分离。

③ 回收萃取相和萃余相中的萃取剂，使之循环使用，同时得到产品。

需要说明的是，在水污染治理过程中，考虑到萃取的经济性，当萃取剂在水中溶解度很小且易于降解时，可不对萃余相进行溶剂回收，直接进行污水的二次处理（如生化处理等）。

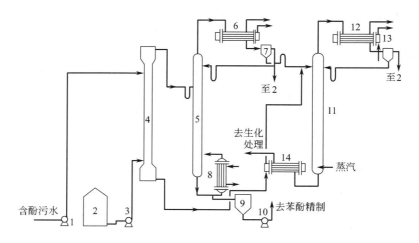

图 6-2　醋酸丁酯萃取脱酚工艺流程

1,3,10—泵；2—醋酸丁酯贮槽；4—萃取塔；5—苯酚回收塔；6,12—冷凝冷却器；
7,13—油水分离器；8—加热器；9—接受槽；11—溶剂回收塔；14—换热器

3. 萃取操作的特点

① 萃取分离液体混合物的依据是利用混合物中各组分在萃取剂中的溶解度的差异。故希望萃取剂对溶质应有较大的溶解度，而与原溶剂的互溶度越小越好。因此萃取剂选择是否适宜，是萃取过程能否进行的关键之一。

② 萃取过程本身并未直接完成分离任务，而是将较难分离的液体混合物，借助萃取剂的作用，转化为较易分离的液体混合物。而萃取剂一般用量较大，所以萃取剂应是廉价易得，易回收（再生）循环使用的。萃取剂的回收往往是萃取操作不可缺少的部分，通常采用蒸馏或蒸发的方法。这两个单元操作耗能都很大，所以尽可能选择回收方便且回收费用较低的萃取剂，以降低萃取过程的成本。

③ 萃取过程是溶质从一个液相转移到另一个液相的相际传质过程，所以要求两相必须具有一定的密度差，以利于相对流动与分层。由于液-液两相密度差远不及气-液两相那样悬殊，故两相接触及分离不如吸收过程容易。为此，在萃取过程中，除了借助重力外，常常还需借助外界输入机械能以促进两相的分散、凝聚及流动。

二、两相接触方式

萃取操作时要求原料液与萃取剂必须充分混合、密切接触。按原料液和萃取剂的接触方式可分为两类：即单级式接触萃取和连续接触萃取。

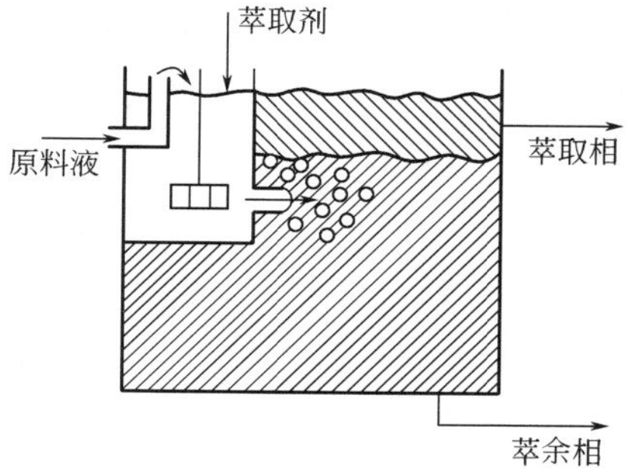

（1）单级式接触萃取　图 6-3 所示为单级混合澄清器。原料液和萃取剂加入混合器，在搅拌作用下两相发生密切接触进行相际传质，由混合器流出的两相在澄清器内分层，得到萃取相和萃余相并分别排出。若单级萃取得到的萃余相中还有部分溶质需进一步提取，可以采用多个混合澄清器实现多级接触萃取。多级萃取按物流流动方式主要分为多级错流萃取和多级逆流萃取。图 6-4(a) 所示为多级错流萃取，此时原料液依

图 6-3　单级混合澄清器

200

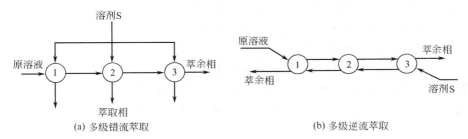

(a) 多级错流萃取   (b) 多级逆流萃取

图 6-4   多级萃取

次通过各级，新鲜萃取剂则分别加入各级混合器。图 6-4（b）所示为多级逆流萃取，原料液和萃取剂依次按相反方向通过各级。

（2）连续接触萃取   连续接触萃取又称微分接触萃取。如图 6-5 所示的喷洒萃取塔，原料液和萃取剂中密度较大者（称为重相）自塔顶加入，密度较小者（称为轻相）自塔底加入。两相中有一相（图中所示为轻相）经分布器分散成液滴（称为分散相），另一相保持连续（称为连续相）。分散的液滴在上浮或沉降过程中与连续相呈逆流接触进行物质传递，最后轻、重两相分离，并分别从塔顶和塔底排出，得到萃取相和萃余相。

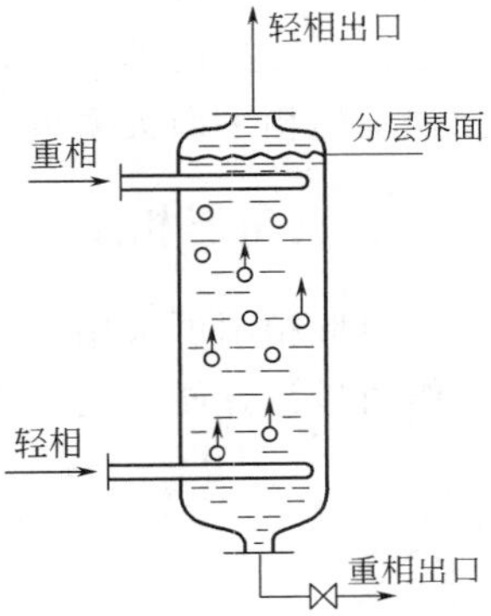

三、萃取操作在环境工程中的应用

液-液萃取作为分离和提纯物质的重要单元操作之一，在石油、化工、制药、核工业、湿法冶金等行业中应用广泛。随着工业生产的飞速发展，产生的污水对自然环境的水体污染问题日益加剧。因此，加大对水环境污染的控制力度，改善水环境质量已成为一项重要任务。萃取法处理工业污水不仅具有设备投资少、操作简便、能耗低、易于实现连续化操作等特点，并且对污染物能有效回收利用，因而在高浓度污水的处理方面应用广泛。

图 6-5   喷洒萃取塔

（1）高浓度有机工业污水的处理   有机工业污水来源于石油、化工、染料、农药、制药、香料、日化等行业中。污水中的污染物大多数属于结构复杂、有毒、有害和生物难降解等有机物质，如酚类、胺类、酯类、羧酸类物质等。根据污水处理对象的不同，选择适当的萃取工艺，具有适应性强、分离效率高的特点。如工业上采用萃取法对高浓度含酚污水的处理已有较成熟的工艺，通常用苯、二甲苯、醋酸丁酯、异丙醚等有机溶剂为萃取剂对污水进行脱酚处理，脱酚效率达 97％以上，图 6-2 为使用醋酸丁酯从含酚污水中脱酚的工艺流程图。

（2）含高浓度重金属离子的工业污水处理   在冶金、电镀、采矿、炼油、化工、印染、油漆、农药、化肥、制碱、玻璃、电池、陶瓷、造纸等行业的污水中，均含有重金属离子。这些重金属离子有的毒性较大，有的会使水质恶化，有的会造成土地酸化、贫瘠化，严重污染环境。用溶剂萃取方法处理含重金属污水，消除污染，回收有用资源，效果良好。氯化三辛基甲胺、磷酸三丁酯、二（2-乙基己基）磷酸、2-羟基-5-仲辛基二苯甲酮肟等是常用的处理含重金属离子污水有效的萃取剂。如用二（2-乙基己基）磷酸作萃取剂回收废旧电池浸出液中的锰、锌，回收效率高；采用萃取法处理矿山污水，可回收污水中的有用金属。

201

萃取对于高浓度污水处理，分离效率高，而对于低浓度污水处理，效果较差，因此一般作为预处理手段，对污水进行初步净化。另外，任何溶解于水的萃取剂，都会使污水中增加有机物，还要注意二次污染问题。

随着科学技术的发展，各种新型萃取分离技术，如双溶剂萃取、超临界萃取、配合萃取（属化学萃取）等相继问世，新型萃取剂不断涌现，为提高高浓度污水的一次处理水平提供了可能的途径，必将使萃取在环境工程领域得到越来越广泛的应用。

第二节　三元体系的液-液相平衡

萃取过程是传质过程，其极限为液-液相际平衡。所以必须首先了解相平衡关系。由于萃取过程所选择的萃取剂大部分是与原溶剂互溶，所以萃取过程涉及的通常是三元混合液。三元物系的相平衡关系可用三角形相图表示。

一、三角形相图

三角形相图可采用等边三角形、等腰直角三角形或不等腰直角三角形。其中等腰直角三角形作图最为方便，用一般的坐标纸即可，故较其他三角形更为常用。本章介绍等腰直角三角形。

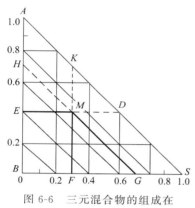

图 6-6　三元混合物的组成在等腰三角形中的表示法

1. 三元物系组成的表示方法

三元混合溶液的组成通常采用质量分数来表示。用 x_A、x_B、x_S 表示溶质 A、原溶剂 B 和萃取剂 S 的质量分数。

① 三角形的三个顶点分别表示三个纯组分，如图 6-6 所示。习惯上以三角形上方顶点 A 表示纯溶质，三角形左下方顶点 B 表示纯原溶剂，右下方顶点表示纯萃取剂 S，各顶点的组成分别为

$$x_A = 1.0, \quad x_B = 1.0, \quad x_S = 1.0$$

② 三角形中任一条边上的任一点，表示该边两端点所代表的组分所组成的二元混合液，不含第三组分。如图中 AB 边上的 H 点，表示 A、B 二元混合物，其组成分别是

$$x_A = 0.7, \quad x_B = 0.3$$

③ 三角形内的任意点代表一个三元混合液，例如 M 点即表示由 A、B、S 三个组分组成的混合物。其组成可按如下方法确定：过 M 点分别作三个边的平行线 ED、HG、KF，ED 线为其对应顶点 A 所代表组分 A 的等组成线，同理，HG 线、KF 线分别为组分 B 和 S 的等组成线。故可由图上读出 M 点的组成为

$$x_A = 0.4, \quad x_B = 0.3, \quad x_S = 0.3$$
$$x_A + x_B + x_S = 0.4 + 0.3 + 0.3 = 1.0$$

三个组分的质量分数之和等于 1，符合归一条件。

此外，也可过 M 点分别作 AB 边和 BS 边的垂线 ME 和 MF，由 E 点读出 $x_A = 0.4$，由 F 点读出 $x_S = 0.3$，然后由归一条件求得

$$x_B = 1 - x_A - x_S = 0.3$$

若在萃取计算中，当溶质含量很低，或相图中各线较密集时，可将一边（常将 AB 边）的刻度放大，采用不等腰直角三角形，以提高图示的准确度。

2. 杠杆规则

在萃取操作时，经常需要确定平衡各相之间的相对数量，需要运用杠杆规则。

如图 6-7 所示，设质量为 $R(kg)$ 的混合液 R 和质量为 $E(kg)$ 的混合液 E 相混合，得到一个总质量为 $M(kg)$ 的新混合液 M。M 点称为 R 点和 E 点的和点，R 点与 E 点称为差点。各混合液的组成均可在三角形坐标图上读出。

新混合液 M 与两混合液 R、E 之间的关系可用杠杆规则表示。

① 代表新混合液组成的 M 点必落在 RE 直线上，即差点与和点在同一直线上，新混合液的总质量为

$$M = R + E \tag{6-1}$$

同理，若从混合液 M 中移出混合液 E，则余下的混合液 R 的组成点必位于 EM 的延长线上，其质量关系满足

$$R = M - E \tag{6-2}$$

② 混合液 E 与混合液 R 质量之比等于线段 MR 与 ME 的长度之比，即

$$\frac{E}{R} = \frac{MR}{ME} \tag{6-3}$$

根据杠杆规则，可方便地在三角形坐标图上定出混合液 M 点的位置，并可从图上确定混合液的组成，即使两个混合液不互溶，M 点的坐标仍可代表其总组成。

图 6-7　杠杆规则

【例 6-1】　如本题附图所示，试求：① K、N、M 点的组成；②若组成为 C 和 D 的三元混合液的和点为 M，质量为 $180kg$，求 C 与 D 的量各为多少？

解　① K 点在 AB 边上，故由 A、B 两组分组成，其中

$$x_A = 0.5, \quad x_B = 0.5$$

N 点在 BS 边上，故由 B、S 两组分组成，其中

$$x_B = 0.3, \quad x_S = 0.7$$

M 点在三角形内，故由 A、B、S 三组分组成，过 M 点作 BS 边平行线 m-m'，作 AB 边平行线 n-n'，则

$$x_A = 0.3, \quad x_S = 0.3$$
$$x_B = 1 - x_A - x_S = 1 - 0.3 - 0.3 = 0.4$$

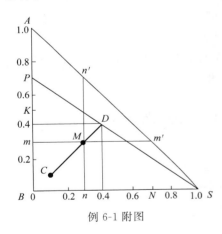

例 6-1 附图

② 由图 CM、MD 两线段在 AB 边上的投影坐标可以得出，CM 长度是 MD 的两倍，根据杠杆规则

$$\frac{C}{D} = \frac{MD}{CM} = \frac{1}{2}$$

而

$$C + D = M = 180kg$$

解得

$$C = 60kg$$
$$D = 120kg$$

二、部分互溶物系的相平衡

根据萃取操作中各组分的互溶性，可将三元物系分为以下三种情况。

① 溶质 A 可完全溶于 B 及 S，但 B 与 S 不互溶。

② 溶质 A 可完全溶于 B 及 S，但 B 与 S 为部分互溶。

③ 溶质 A 可完全溶于 B，但 A 与 S、B 与 S 为部分互溶。

其中：③类物系会给萃取操作带来诸多不便，应尽量避免；①类物系较少见，属于理想情况；②类物系在萃取操作中应用较为普遍，故以下主要讨论这类物系的相平衡关系。

1. 溶解度曲线、联结线和临界混溶点

（1）溶解度曲线   设原溶剂 B 与萃取剂 S 为部分互溶，在一定温度下，将 B 和 S 以适当比例混合，其和点由 M 点表示。经过充分的接触和静置后，便得到两个互为平衡的液相，其组成如图 6-8 中的 E_0 点和 R_0 点所示。这两个互为平衡的液相称为共轭相，其相应的组成称为共轭组成。向此混合液中加入少量 A 并充分混合，使之达到新的平衡，静置后分层得到一对共轭相，其组成点为 E_1 和 R_1。然后继续加入溶质 A，重复上述操作，即可得到若干对共轭相的组成点 E_i 和 R_i，直至加入 A 的量使混合液恰好由两相变为一相，其组成点由 P 表示。再加入 A，混合液保持单一液相状态。P 点称为临界混溶点。将代表各平衡液相组成的点连接起来，便得到实验温度下该三元物系的溶解度曲线。

溶解度曲线将三角形分为两个区域。曲线以内的区域为两相区，只要三元物系的组成点落在此区域内，混合液分成两个液相。曲线以外的区域为均相区（或称单相区），在此区域内混合液为一均匀的液相。显然，萃取操作只能在两相区内进行。

若组分 B 与组分 S 完全不互溶，则点 R_0 与 E_0 分别与三角形顶点 B 及顶点 S 相重合。

（2）联结线   连接两共轭相组成点的直线称为联结线。同一物系的联结线的倾斜方向一般相同，但随溶质组成的变化，联结线的斜率各不相同，因而各联结线互不平行。也有少数物系联结线的倾斜方向不同，如吡啶（A）-氯苯（B）-水（S）系统。

（3）临界混溶点   临界混溶点 P 所代表的平衡液相无共轭相，相当于这一系统的临界状态。临界混溶点一般不在溶解度曲线的顶点，它将溶解度曲线分为左右两部分。左侧是萃余相，右侧是萃取相。

溶解度曲线、联结线和临界混溶点均由实验测得，常见物系的共轭组成实验数据可在有

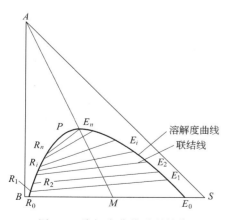

图 6-8　溶解度曲线及联结线

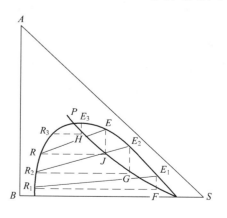

图 6-9　辅助曲线

关书籍及手册中查得。

2. 辅助曲线

用实验方法获得的共轭相组成及绘制的联结线数目是有限的。在计算中，当需要确定任一已知平衡液相的共轭相的数据时，常借助辅助曲线。辅助曲线的作法如图 6-9 所示，通过已知点 R_1、R_2 等分别作 BS 边的平行线，再通过相应联结线的另一端点 E_1、E_2 等分别作 AB 边的平行线，各线分别相交于点 F、G 等，连接这些交点得到的曲线即为辅助曲线。辅助曲线与溶解度曲线的交点 P 为用作图法获得的临界混溶点。前已述及，临界混溶点由实验测得，只有当已知的联结线很短即共轭相接近临界混溶点时，才可用外延辅助线的方法确定临界混溶点。

利用辅助曲线可求任一已知平衡液相的共轭相，设 R 为已知平衡液相，用图解内插法可求出其共轭相 E 的液相组成。具体方法如下：过点 R 作 BS 边的平行线交辅助曲线于点 J，再过点 J 作 AB 边的平行线交溶解度曲线于 E 点，则 E 点即为 R 的共轭相组成点。

3. 分配系数和分配曲线

（1）分配系数　在一定温度下，当三元混合液的两个液相达到平衡时，溶质 A 在 E 相和 R 相的组成之比称为分配系数，以 k_A 表示，即

$$k_A = \frac{y_A}{x_A} \tag{6-4}$$

同理，原溶剂 B 的分配系数为

$$k_B = \frac{y_B}{x_B} \tag{6-5}$$

式中　y_A，y_B——萃取相 E 中组分 A、B 的质量分数；
　　　x_A，x_B——萃余相 R 中组分 A、B 的质量分数。

分配系数 k_A 表达了溶质在两个平衡液相中的分配关系。k_A 值越大，萃取分离的效果越好。k_A 值与联结线的斜率有关。不同的物系具有不同的分配系数值。同一物系，k_A 值随温度和组成而变。当溶质的组成变化不大时，在恒温条件下 k_A 值可视为常数，其值由实验确定。

（2）分配曲线　在萃取操作中，需要关注的是溶质 A 在液-液两相中的分配关系。如图 6-10 所示，若以 x_A 表示萃余相中溶质的组成，以 y_A 表示萃取相中溶质的组成，则在 x-y 直角坐标图上可得到表示一对共轭相组成的点（如图中 N 点），将若干个表示共轭相组成的

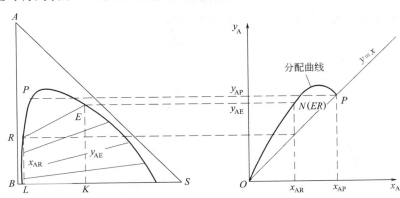

图 6-10　分配曲线

205

点相连接即可得到一条曲线（ONP 曲线），称为分配曲线。临界混溶点 P 的位置位于 $x=y$ 直线上。分配曲线反映了溶质 A 在平衡两相中的组成关系，即相平衡关系。

若物系的分配系数 $k_A > 1$，则在两相区内 y 均大于 x，分配曲线位于 $x=y$ 线上方，反之则位于 $x=y$ 线下方。若随溶质组成的变化，联结线倾斜方向发生改变，则分配曲线将与对角线出现交点。

分配曲线表达了溶质 A 在互为平衡的两共轭相中的分配关系。若已知某液相组成，则可根据分配曲线求出其共轭相的组成。

三、液-液相平衡与萃取操作的关系

1. 萃取过程的表示

萃取过程可以在三角形相图上非常直观地表达出来，如图 6-11 所示。

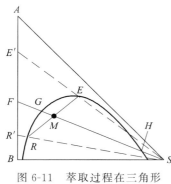

图 6-11　萃取过程在三角形相图上的表示

① 原料液 F 含有 A、B 两组分，其组成由 F 点表示。现加入适量纯萃取剂 S，其量应足以使混合液 M 的总组成进入两相区。M 点必位于 FS 连线上，其位置可根据杠杆规则确定。

② 由于 M 点位于两相区内，故当原料液和萃取剂充分混合并静置分层后，分为互成平衡的萃取相 E 和萃余相 R。根据杠杆规则，M 点、E 点和 R 点在一条直线上。E 和 R 两点由过 M 点的联结线 ER（可借助辅助曲线通过试差法作图获得）确定。

③ 若将萃取相和萃余相中的萃取剂分别加以回收，则当完全脱除萃取剂 S 后，可在 AB 边上分别得到含两组分的萃取液 E' 和萃余液 R'。从图中可以看出，萃取液 E' 中溶质 A 的含量比原料液 F 中的为高，萃余液 R' 中原溶剂 B 的含量比原料液 F 中的为高，达到了原料液部分分离的目的。E' 和 R' 的数量关系仍由杠杆规则确定。

④ 在单级萃取操作时，混合液量一定时，萃取剂 S 的加入量将影响 M 点的位置。改变 S 用量，M 点沿着 FS 线移动。当 M 点位置恰好落在溶解度曲线上（G 点、H 点）时，存在两个萃取剂极限用量，在此两个极限用量下，原料液和萃取剂的混合液只有一个液相，故不能起分离作用。此两个极限萃取剂用量称为最小萃取剂用量 S_{min}（和 G 点对应的萃取剂用量）和最大萃取剂用量 S_{max}（和 H 点对应的萃取剂用量）。因此，适宜的萃取剂用量范围是

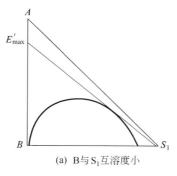

(a) B 与 S_1 互溶度小

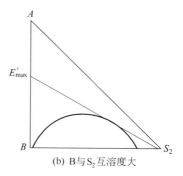

(b) B 与 S_2 互溶度大

图 6-12　互溶度对萃取操作的影响

$$S_{\min}<S<S_{\max}$$

$S_{\max}$、$S_{\min}$、S 量可由杠杆规则计算。

2. 互溶度对萃取操作的影响

萃取操作中，若萃取剂 S 和原溶剂 B 部分互溶，则互溶度越小，两相区越大。如图6-12
所示，在相同温度下，同一种二元原料液与不同萃取剂 S_1、S_2 构成的三角形相图。由图可见，萃取剂 S_1 与原溶剂 B 的互溶度较小。若从 S 点作溶解度曲线的切线，此切线与 AB 边交于 $E'_{\max}$ 点，则此点即为在一定操作条件下可能获得的含溶质 A 的浓度最高的萃取液，称为最高萃取液。而互溶度越小，可能达到的最高萃取液浓度越大，越有利于萃取分离。可见，选择与原溶剂 B 互溶度小的萃取剂，分离效果好。

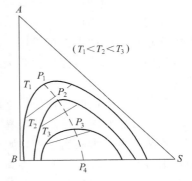

图 6-13　温度对互溶度的影响

通常物系的温度升高，B 与 S 互溶度增加，反之减小，如图 6-13 所示。温度明显地影响溶解度曲线的形状、联结线的斜率和两相区面积，从而也影响分配系数的大小和分配曲线的形状。一般来说，温度降低对萃取过程有利。但是，温度的变化还将引起物系其他物理性质（如密度、黏度）的变化，故萃取操作温度应作适当的选择。

四、萃取剂的选择

选择合适的萃取剂是保证萃取操作能够正常进行且经济合理的关键。萃取剂的选择应从以下方面考虑。

（1）萃取剂的选择性及选择性系数　选择性是指萃取剂对原料液两个组分溶解能力的差异。在萃取过程中希望萃取剂对溶质具有较大的溶解能力，而对其他组分具有较小或没有溶解能力。这种差异越大，则认为萃取剂的选择性越好。萃取剂的选择性可用选择性系数 β 表示，其定义式为

$$\beta=\frac{y_A/y_B}{x_A/x_B} \tag{6-6}$$

将式(6-4) 及式(6-5) 代入式(6-6) 得

$$\beta=\frac{k_A}{k_B} \tag{6-7}$$

式中　β——选择性系数，无量纲；

y_A，y_B——萃取相 E 中组分 A、B 的质量分数；

x_A，x_B——萃余相 R 中组分 A、B 的质量分数；

k_A，k_B——组分 A、B 的分配系数。

显然，$\beta>1$，说明所获得的萃取相中溶质浓度较萃余相中的高，即组分 A、B 得到了一定程度的分离；若 $\beta=1$，说明经萃取后，溶质 A 与原溶剂 B 两组成之比未发生变化，故达不到分离的目的，所选择的萃取剂是不适宜的。选择性系数 β 为组分 A、B 的分配系数之比，k_A 值越大，k_B 值越小，选择性系数 β 就越大，组分 A、B 的分离也就越容易，相应的萃取剂的选择性也就越好。

选择性越好，越有利于组分的分离，完成一定的分离任务，所需的萃取剂量也就越少，

相应的回收萃取剂的能耗也越低，对萃取越有利。

（2）萃取剂与原溶剂的互溶度　前已述及，萃取剂与原溶剂的互溶度越小，可能得到的最高萃取液组成越大，越易分离；且互溶度越小，其选择性系数 β 越大；当 B、S 完全不互溶时，其选择性系数 β 达到无穷大，选择性最好，对萃取最有利。

（3）萃取剂回收的难易及经济性　在萃取过程中，萃取剂回收的费用常常是萃取过程的一项关键的经济指标。所以要求萃取剂容易回收且费用低，有些萃取剂尽管其他性能良好，但由于较难回收而不能被采用。通常采用蒸馏或蒸发的方法回收萃取剂。因此要求萃取剂与原料液中组分的相对挥发度要大；若溶质挥发度很低时，要求萃取剂的汽化热要小，以节省能耗。

（4）萃取剂的物理性质　萃取剂的物理性质（如两相密度差、界面张力及黏度等）直接影响两相接触状态、分层的难易、两相流动速度，从而限制过程及设备的分离效率和生产能力。若两相有较大的密度差，则有利于两相的分散和凝聚，促进两相的相对流动。界面张力小，则有利于分散但不利于凝聚，过小易导致乳化，不易分层；界面张力大，有利于凝聚但不利于分散，从而使相际接触面积减小。因此要求界面张力适中，黏度、凝固点应较低，闪点较高，不易燃易爆，以便于操作、输送及贮存。

此外萃取剂还需无毒，腐蚀性小，理化稳定性较高，价格适中，易于购买。通常很难找到能同时满足上述要求的萃取剂，因此在保证萃取剂的高效性和经济性的前提下，根据实际情况加以权衡，以保证满足主要要求。用于工业废水处理的萃取剂，还需要重点考虑萃取剂的溶解损失，避免二次污染，选择毒性低的，可生物降解的萃取剂。

第三节　单级萃取过程计算

萃取操作分为级式接触萃取和连续接触萃取，本节主要讨论级式萃取过程的计算。在级式萃取操作中，均假设各级为理论级，即离开每级的萃取相 E 和萃余相 R 互为平衡。萃取理论级是一种理想状态，实际生产中是达不到的。理论级是衡量萃取设备操作效率的标准。计算实际级数时，可先求出所需的理论级数，再根据经验或实验得出的级效率求取所需的实际萃取级数。

图 6-14 所示为单级萃取计算示意，可连续操作，也可间歇操作。单级萃取过程的计算通常为：已知原料液量 F 及其组成 x_F，萃取剂组成 y_S，萃余相组成 x_R，求萃取剂用量 S，萃取相 E 和萃余液 E′的量（E 和 E′）及其组成 y_E 及 y'_E。各股物料流单位为 kg 或 kg/s（kg/h），组成为质量分数。计算过程在三角形相图上用图解法较为简便，步骤如下。

① 根据已知平衡数据在等腰直角三角形坐标图上绘出溶解度曲线和辅助曲线（辅助曲线图中未绘出），如图6-14所示。

② 根据已知原料液组成 x_F 在 AB 边上定出 F 点。由萃取剂组成，定出 S 点，若为纯萃取剂，则为顶点 S；若萃取剂中含有少量的 A、B 组分，则萃取剂组成点必位于三角形相图内。连 FS 线，F 和 S 的混合物组成点 M 必在 FS 线上。

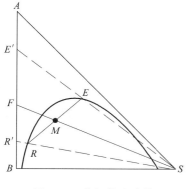

图 6-14　单级萃取计算

③ 根据萃余相组成 x_R，在图上定出 R 点（若已知的是萃余液的组成 x_R'，则定出 R' 点，连接 $R'S$ 得到与溶解度曲线的交点即为 R 点）。再由 R 点利用辅助曲线求出 E 点。连接 RE 直线，则 RE 与 FS 线的交点 M 即为混合液的组成点。依杠杆定律便可求出各股物流的量，即

$$S = F\frac{MF}{MS} \qquad (6\text{-}8)$$

$$F + S = R + E = M \qquad (6\text{-}9)$$

$$E = M\frac{MR}{ER} \qquad (6\text{-}10)$$

$$R = M - E \qquad (6\text{-}11)$$

式中　R——萃余相的量；

　　　M——混合液的量。

若 E 相和 R 相中萃取剂全部脱除，则萃取液 E' 和萃余液 R' 的量为

$$E' = F\frac{R'F}{R'E'} \qquad (6\text{-}12)$$

$$R' = F - E' \qquad (6\text{-}13)$$

各股物料组成均由三角形坐标图上读出。

【例 6-2】　如本题附图所示，在混合澄清器内萃取原料液 A、B 中的溶质 A，用 S 为萃取剂。已知原料液中 A 的质量分数为 0.4，原料液量与萃取剂量均为 150kg，操作条件下物系平衡关系如图所示。试求：

① 萃取相及萃余相的量及组成；

② 萃取剂用量范围；

③ 最小萃余相组成及所需的萃取剂量；

④ 最高萃取液组成及所需的萃取剂量。

解　① 由 $x_F = 0.4$，定出 F 点，联 FS 线，由于 $\dfrac{S}{F} = \dfrac{MF}{MS} = \dfrac{150}{150} = 1$，根据杠杆规则可定出 M 点位于 FS 线中间。

借助辅助曲线图解，求得过 M 点的联结线 ER，可得

萃取相 E 组成　$x_A = 0.22$

萃余相 R 组成　$x_A = 0.13$

根据杠杆规则

$$R = \frac{ME}{RE}M = \frac{9}{27} \times 300 = 100 \text{（kg）}$$

$$E = M - R = 300 - 100 = 200 \text{（kg）}$$

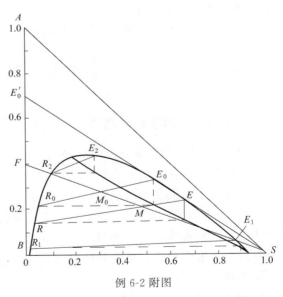

例 6-2 附图

② FS 线与溶解度曲线交于 E_1 点及 R_2 点，则 E_1、R_2 所对应的萃取剂用量分别为 S_{max} 和 S_{min}。

$$S_{min} = \frac{FR_2}{SR_2}F = \frac{10 \times 150}{90} = 16.7 \text{（kg）}$$

第六章　液-液萃取

$$S_{\max}=\frac{FE_1}{SE_1}F=\frac{100\times150}{12}=1250\ (\text{kg})$$

③ E_1 点对应的组成为萃取相溶质 A 组成的最小值，与之平衡的共轭相 R_1 中溶质 A 的组成即本过程所能达到的最小萃余相组成 $x_{A\min}$。通过辅助线求联结线 E_1R_1，由图中 R_1 点读得

$$x_{A\min}=0.03$$

此时萃取剂用量为最大萃取剂用量

$$S=1250\text{kg}$$

④ 过 S 点作溶解度曲线切线交 AB 线于 E_0'，切点为 E_0，E_0' 点组成即为最高萃取液组成 $y_{\max}'$，由图可读得

$$y_{\max}'=0.71$$

由辅助线求得过 E_0 的联结线 E_0R_0，交 FS 于 M_0，此时的萃取剂用量为

$$S=\frac{FM_0}{SM_0}F=\frac{31.4}{68.6}\times150=68.7\ (\text{kg})$$

显然，当萃取剂用量减至最小用量时，萃取相中溶质组成 y_A 虽然达到最大组成 $y_{\max}$，但所获得的萃取液中的溶质组成 y_A' 却不一定最大，如图 6-15 中 y_2' 为萃取剂最小用量时对应的萃取液的溶质组成，$y_{\max}'$ 为最高萃取液组成。

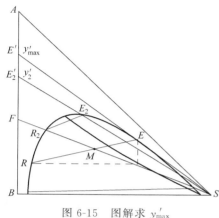

图 6-15　图解求 $y_{\max}'$

在实际生产中，由于萃取剂都是循环使用的，因此其中会含有少量的 A、B。同时，萃取液和萃余液中也会含有少量的 S。此时图解计算的原则和方法仍然适用，但 S、E'、R' 的组成点均落在三角形相图的均相区内。

第四节　萃　取　设　备

一、萃取设备的主要类型

液-液萃取操作是两液相间的传质过程。萃取操作的设备应满足以下两个基本要求：①必须使两相充分接触并伴有较高的湍动；②传质后的两相快速、彻底地分离。对于液-液系统，为实现两相的密切接触和快速分离要比气-液系统困难多。通常萃取过程中一个液相为连续相，另一相为分散相，以液滴的形式分散于连续相中，液滴外表面即为两相接触的传质面积。显然液滴越小，两相接触面积越大，传质越快。但液滴越小，两相的相对流动越慢，有时甚至发生乳化，凝聚分层越困难。在很多情况下，萃取后液-液两相能否顺利分层是制约萃取操作的一个重要因素。

210　　液-液传质设备的类型较多。按两相接触方式分，可分为分级接触式和连续接触式；按操作方式分，可分为间歇式和连续式；按萃取级数分，可分为单级和多级；按有无外加能量分，可分为有外加能量加入和无外加能量加入等。表 6-1 所列为几种常用的萃取设备。目前，在工业生产中已有三十几种不同形式的萃取设备在运转，下面介绍几种常用的萃取设备。

表 6-1　萃取设备分类

液体分散的动力		逐级接触式	微分接触式
重力差		筛板塔	喷洒塔 填料塔
外加能量	脉冲	脉冲混合-澄清器	脉冲填料塔 液体脉冲筛板塔
	旋转搅拌	混合澄清器 夏贝尔(Scheibel)塔	转盘塔(RDC) 偏心转盘塔(ARDC) 库尼(Kühni)塔
	往复搅拌		往复筛板塔
	离心力	卢威离心萃取机	POD 离心萃取机

1. 混合澄清器

混合澄清器是最早使用的, 而且目前仍广泛应用的一种级式萃取设备, 它由混合器与澄清器两部分组成。如图 6-3 所示。

混合器中装有搅拌装置, 使其中一相破碎成液滴而分散于另一相中, 以加大相际接触面积并提高传质速率。两相在混合器内停留一定时间后, 流入澄清器。在澄清器中, 轻、重两相依靠密度差分离成萃取相和萃余相。

混合澄清器可以单级使用, 也可以多级联合使用。图 6-16 所示为水平排列的混合澄清器的三级逆流萃取装置。

混合澄清器具有如下优点: ①处理量大, 传质效率高, 一般单级效率在 80% 以上; ②流量范围大, 可适应各种生产规模;

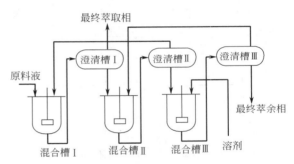

图 6-16　三级逆流混合澄清设备

③结构简单, 易于放大, 操作方便, 运转稳定可靠, 适应性强。可适用于多种物系, 甚至是含少量悬浮固体物系的处理; ④易实现多级连续操作, 便于调节级数。

混合澄清器的缺点是水平排列的设备占地面积大、萃取剂存留量大, 每级内都设有搅拌装置, 液体在级间流动需要用泵输送, 设备费和操作费都较高。

2. 萃取塔

为了获得良好的传质效果, 萃取塔应具有分散装置, 以提供两相间较好的混合条件; 同时塔顶、塔底均应有足够的分离空间, 以使两相很好地分层。两相在塔内作逆流流动, 除筛板塔外, 萃取塔大都属于连续接触设备。由于使两相混合和分散所采取的措施不同, 因此出现了不同结构形式的萃取塔。下面介绍几种工业上常用的萃取塔。

(1) 喷洒塔　喷洒塔又称喷淋塔, 是最简单的萃取塔, 如图 6-17 所示, 轻、重两相分别从塔的底部和顶部进入。图 6-17(a)是以重相为分散相, 则重相经塔顶的分布装置分散为液滴进入连续相, 在下流过程中与轻相接触进行传质, 降至塔底分离段处凝聚形成重液层排出装置。连续相即轻相, 由下部进入, 上升到塔顶, 与重相分离后由塔顶排出。图 6-17(b)是以轻相为分散相, 则轻相经塔底的分布装置分散为液滴进入连续相, 在上升中与重相接触进行传质, 轻相升至塔顶分离段处凝聚形成轻液层排出装置。而连续相即重相, 由上部进入，沿轴向下流与轻相液滴接触，至塔底与轻相分离后排出。

喷洒塔结构简单，塔体内除液体分散装置外，别无其他内部构件。缺点是轴向返混严重，传质效率极低，因而适用于仅需一、两个理论级，容易萃取的物系和分离要求不高的场合。

（2）填料萃取塔　填料萃取塔的结构与气液传质所用的填料塔基本相同，如图 6-18 所示。塔内装有适宜的填料，轻相由底部进入，顶部排出，重相由顶部进入，底部排出。萃取操作时，连续相充满整个塔中，分散相由分布器分散成液滴进入填料层，在与连续相逆流接触中进行传质。

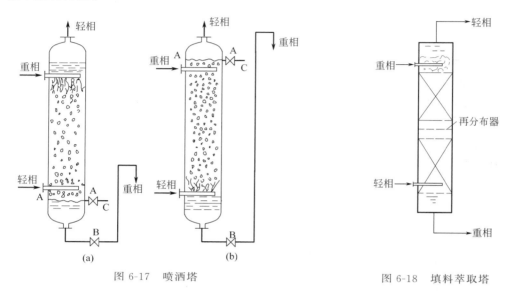

图 6-17　喷洒塔　　　　　　　　　　　图 6-18　填料萃取塔

填料层的作用除可以使液滴不断发生凝聚与再分散，以促进液滴的表面更新外，还可以减少轴向返混。常用的填料有拉西环和弧鞍填料。

填料萃取塔结构简单，操作方便，适合于处理腐蚀性料液，缺点是传质效率低，不适合处理有固体悬浮物的料液。一般用于所需理论级数较少（如 3 个萃取理论级）的场合。

（3）筛板萃取塔　如图 6-19 所示，其结构类似气液传质设备中的筛板塔。塔内有若干层筛板，筛板的孔径一般为 3～9mm。

筛板萃取塔是逐级接触式萃取设备，两相依靠密度差，在重力的作用下，进行分散和逆向流动，若以轻相为分散相，则其通过塔板上的筛孔而被分散成细小的液滴，与塔板上的连续相充分接触进行传质。穿过连续相的轻相液滴逐渐凝聚，并聚集于上层筛板的下侧，待两相分层后，轻相借助压力差的推动，再经筛孔分散，液滴表面得到更新，直至塔顶分层后排出。而连续相则横向流过塔板，在筛板上与分散相液滴接触传质后，由降液管流至下一层塔板，如图 6-19(a)。若以重相为分散相，则重相穿过板上的筛孔，分散成液滴落入连续的轻相中进行传质，穿过轻液层的重相液滴逐渐凝聚，并聚集于下层筛板的上侧，轻相则连续地从筛板下侧横向流过，从升液管进入上层塔板，如图 6-19(b)所示。可见，每一块筛板及板上空间的作用相当于一级混合澄清器。

筛板萃取塔由于塔板的存在，减小了轴向返混，同时由于分散相的多次分散和聚集，使液滴表面不断更新，传质效率比填料塔有所提高，而且筛板塔结构简单，造价低，生产能力

212

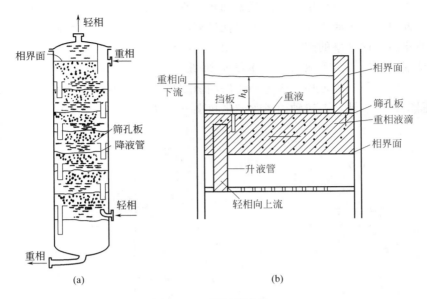

图 6-19　筛板萃取塔

大，因而应用较广。

（4）脉冲筛板塔　脉冲筛板塔亦称液体脉动筛板塔，是指由于外力作用使液体在塔内产生脉冲运动的筛板塔，其结构与气-液传质过程中无降液管的筛板塔类似，如图 6-20 所示。塔两端直径较大部分分别为上澄清段和下澄清段，中间为两相传质段，装有若干层具有小孔的筛板，板间距较小，一般为 50mm。在塔的下澄清段装有脉冲管，萃取操作时，由脉冲发生器提供的脉冲使塔内液体作上下往复运动，迫使液体经过筛板上的小孔，使分散相破碎成较小的液滴分散在连续相中，并形成强烈的湍动，使两相充分接触、混合，有利于传质过程的进行。输入脉冲的方式有活塞型、膜片型、风箱型、空气脉冲波型等。

实践表明，萃取效率受脉冲频率影响较大，受振幅影响较小。一般认为频率较高、振幅较小的萃取效果较好。如脉冲过于激烈，将导致严重的轴向返混，传质效率反而下降。在脉冲萃取塔内，一般脉冲振幅的范围为 9～50mm，频率为 30～200min^{-1}。

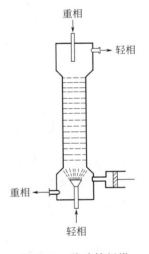

图 6-20　脉冲筛板塔

脉冲筛板塔的优点是结构简单，而且由于液体的脉动，提高传质效率。缺点是塔的生产能力一般有所下降。因为在有液体脉动的塔中，液体的流速要比无脉动塔降低些，否则一相可能被另一相夹带出去。

（5）往复筛板塔　其结构如图 6-21 所示，将多层筛板按一定间距固定在中心轴上，筛板上不设溢流管，不与塔体相连。中心轴由塔顶的传动机构驱动而作往复运动，产生机械搅拌作用。筛板的孔径比筛板萃取塔的孔径大些，一般为 7～16mm。当筛板向上运动时，筛板上侧的液体经筛孔向下喷射；反之，当筛板向下运动时，筛板下侧的液体向上喷射。为防止液体沿筛板与塔壁间的缝隙走短路，应每隔若干块筛板，在塔内壁设置一块环形挡板。

213

往复筛板塔可较大幅度地增加相际接触面积和提高液体的湍动程度，传质效率高，流体阻力小，操作方便，生产能力大，是一种性能较好的萃取设备。在生产中应用日益广泛。由于机械方面的原因，这种塔的直径受到一定限制，目前还不适应大型化生产的需要。

（6）转盘萃取塔　转盘萃取塔的基本结构如图 6-22 所示，在塔体内壁上按一定间距装有若干个环形挡板，称为固定环，固定环将塔内分割成若干个小空间。两固定环之间均装一转盘。转盘固定在中心轴上，转轴由塔顶的电机驱动。转盘的直径小于固定环的内径，便于装卸。

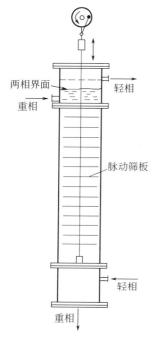

图 6-21　往复筛板塔

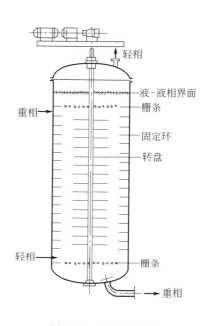

图 6-22　转盘萃取塔

萃取操作时，转盘随中心轴高速旋转，其在液体中产生的剪应力将分散相破碎成许多细小的液滴，在液相中产生强烈的涡旋运动，从而增大了相际接触面积和传质系数。同时固定环的存在在一定程度上抑制了轴向返混，因而转盘萃取塔的传质效率较高。

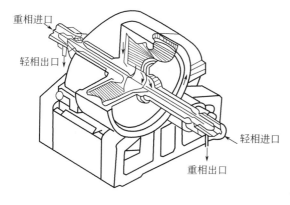

图 6-23　波德式离心萃取器

转盘萃取塔结构简单，传质效率高，生产能力大，因而在工业生产及环境处理中应用较为广泛。

3. 离心萃取器

离心萃取器是利用离心力的作用使两相快速混合、快速分离的萃取装置。离心萃取器的类型较多，按两相接触方式可分为分级接触式和连续接触式两类。

分级接触式的离心萃取器相当于在离心分离器内加上搅拌装置，形成单级或多级的离心萃取系统，两相的作用过程和混合澄清器类似。而在连续接触式离心萃取器中，两相接触方式则与连续逆流萃取塔类似。如波德式离心萃取器是一种连续接触式的萃取设备，简称 POD 离心萃取器，其结构如图 6-23 所示。它由一水平转轴和随其高速旋转的圆柱形转鼓以及固定的外壳组成。转鼓由一多孔的长带卷绕而成，其转速很高，一般为 2000～5000r/min，操作时轻、重相体分别由转鼓外缘和转鼓中心引入。由于转鼓旋转时产生的离心力作用，重相从中心向外流动，轻相则从外缘向中心流动，通过螺旋带上的各层筛孔被分散，两相逆流流动密切接触进行传质。最后重相和轻相分别由位于转鼓外缘和转鼓中心的出口通道流出。它适合于处理两相密度差很小或易乳化的物系。波德式离心萃取器的传质效率很高，其理论级数可达 3～12。

单台单级离心萃取器的串联萃取过程属于多级萃取过程，使用单台单级离心萃取器时，可根据工艺要求把多台设备串联起来形成多级萃取。经常使用的串联方式是级间连接管式，如图 6-24 所示。除首末两级外，中间每一级的轻重两相出口分别通过各级的级间连接管流进与其相邻的离心萃取器的轻重相入口。首末两级各有一相液体离开串联系统，同时，也各有另一相液体进入系统，这种串联方式的优点是外壳的制造简单。

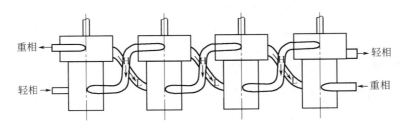

图 6-24　离心萃取器的串联方式——级间连接管式

离心萃取器的优点是结构紧凑，体积小，生产强度高，物料停留时间短，分离效果好，特别适用于两相密度差小、易乳化、难分离及要求接触时间短，处理量小的场合。缺点是结构复杂、制造困难、操作费高。

二、萃取设备的选择

影响萃取过程的因素很多，物系性质、操作的条件、萃取设备的结构等。萃取设备的类型又很多，特点各异。所以对于具体的萃取过程，选择适宜的萃取设备是十分必要的。通常选择萃取设备时应考虑以下因素。

（1）稳定性和停留时间　当生产中物料的稳定性差，要求在设备内停留时间短时，如抗生素的生产，宜选用离心萃取器；反之，若萃取物系中伴有缓慢的化学反应，要求有足够长的反应时间，则宜选用混合澄清器。

（2）理论级数　当需要的理论级数不超过 2～3 级时，各种萃取设备均可满足要求；当需要的理论级数较多时，可选用转盘塔、脉冲塔及振动筛板塔；当需要的理论级数更多时，可选用有外加能量的设备，如多级混合澄清器、离心萃取器等。

（3）生产能力　处理量较小时，可选用填料塔、脉冲塔；处理量较大时，可选用混合澄清器、筛板塔、转盘塔及离心萃取器。

（4）物系的物性　对密度差较大、界面张力较小的物系，可选用无外加能量的设备；对密度差较小、界面张力较大的物系，宜选用有外加能量的设备；对密度差很小、界面张力小、易乳化的物系，应选用离心萃取器。物系中有固体悬浮物或在操作过程中产生沉淀物时，需定期清洗，此时一般选用混合澄清器或转盘塔。另外，往复筛板塔和脉冲筛板塔本身具有一定的自清洗能力，也可考虑使用。

（5）腐蚀性及防污染要求　对有较强腐蚀性的物系，宜选用结构简单的填料塔或脉冲填料塔。对于放射性元素的提取，选择脉冲塔为宜。

（6）其他　在选用萃取设备时，还应考虑能源供应情况，在电力紧张地区应尽可能选用依靠重力流动的设备；当厂房面积受到限制时，宜选用塔式设备，而当厂房高度受到限制时，则宜选用混合澄清器。

选择设备时应考虑的各种因素见表 6-2。

表 6-2　萃取设备的选择

考虑因素		喷洒塔	填料塔	筛板塔	转盘塔	往复筛板塔 脉动筛板塔	离心 萃取器	混合 澄清器
工艺条件	理论级数多	×	△	△	○	○	△	△
	处理量大	×	×	△	○	×	△	○
	两相流比大	×	×	×	△	△	○	○
物系性质	密度差小	×	×	×	△	△	○	○
	黏度高	×	×	×	△	△	○	○
	界面张力大	×	×	△	○	○	○	○
	腐蚀性强	○	○	△	△	△	×	×
	有固体悬浮物	○	×	×	△	△	×	△
设备费用	制造成本	○	△	△	△	△	×	△
	操作费用	○	○	○	○	○	△	×
	维修费用	○	○	△	△	△	×	△
安装场地	面积有限	○	○	○	○	○	○	×
	高度有限	×	×	×	△	△	○	○

注：○代表适用；△代表可以；×代表不适用。

 阅读材料

超临界流体萃取

超临界流体萃取，又称超临界萃取，是近 20 年来迅速发展起来的一种新型的萃取分离技术。是利用超临界流体作为萃取剂，所谓超临界流体，是指温度及压力处于临界温度及临界压力以上的流体，它兼有液体和气体的优点，超临界流体的黏度小、扩散系数大、密度大，具有良好的溶解性和传质特性，分离速率远比液体萃取剂快，可以实现高效的分离过程。目前超临界流体萃取已形成了一门新的分离技术，已广泛应用于生物、医药、食品、绿色化工、环保、能源等诸多领域。尤其在生物资源有效成分无污染提取方面，更是具有其他工艺无法实现的功能。目前国内外普遍采用的是超临界二氧化碳萃取技术。

一、流体的临界特征

稳定的纯物质及由其组成的定组成混合物具有固有的临界状态点，临界状态点是气液不分的状态，混合物既有气体的性质，又有液体的性质。此状态点的温度 t_c、压力 p_c、密度 ρ_c 称为临界参数。在纯物质中，当操作温度超过它的临界温度，无论施加多大的压力，也不可能使其液化。所以 t_c 是气体可以液化的最高温度，临界温度下气体液化所需的最小压力 p_c 就是临界压力。

二、流体超临界特征

当物质温度较其临界值高出 10～100℃，压力为 5～30MPa 时物质进入超临界状态，此时，压力稍有变化，就会引起密度的很大变化。且超临界流体的密度接近于液体的密度。可想而知，超临界流体对液体、固体的溶解度应与液体溶剂的溶解度接近。而黏度却接近于普通气体，自扩散能力比液体大 100 倍，渗透性更好。利用超临界流体的这种特性，在高密度（低温、高压）条件下，萃取分离物质，然后稍微提高温度或降低压力，即可将萃取剂与待分离物质分离。

三、超临界流体的溶解能力

CO_2 在 45℃、7.6MPa 时不能溶解萘，当压力达到 15.2MPa，每升可溶解萘 50g。一般流体在超临界状态下，增加压力，溶解度都能大幅度增加。

四、超临界流体萃取过程特征

① 选用超临界流体与被萃取物质的化学性质越相似，对它的溶解能力就越大。

② 超临界流体萃取剂，一般选用化学性质稳定、无腐蚀性、其临界温度不过高或过低。适用于提取或精制热敏性、易氧化性物质。常见的超临界流体有 CO_2、NH_3、C_2H_4、C_3H_8、H_2O 等，而因 CO_2 的临界温度为 304K，临界压力为 7.4MPa，萃取条件较为温和，其化学性质稳定，无毒，萃取后可以回收，不会造成溶剂残留，被称为"绿色溶剂"，成为目前使用得最广泛的超临界流体，用于生物、医药、食品等工业的超临界萃取。

③ 超临界流体萃取剂，具有良好的溶解能力和选择性，且溶解能力随压力增加而增大。只要降低超临界相的密度，即可以将其溶解的溶质分离出来。萃取剂和溶质分离简单、效率高。

④ 由于超临界流体兼有液体和气体的特性，萃取效率高。

⑤ 超临界流体萃取属于高压技术范畴，需要有与此相适应的设备。

五、超临界流体萃取的典型流程及应用

1. 超临界流体萃取的典型流程

超临界流体萃取的过程是由萃取阶段和分离阶段组合而成的。在萃取阶段，超临界流体将所需组分从原料中提取出来。在分离阶段，通过变化温度或压力等参数，或其他方法，使萃取组分从超临界流体中分离出来，并使萃取剂循环使用。根据分离方法不同，可以把超临界萃取流程分为：等温法、等压法和吸附法。如图 6-25 所示。

① 等温法　是通过变化压力使萃取组分从超临界流体中分离出来。如图 6-25（a）所示，含有溶质的超临界流体经过膨胀阀后压力下降，其溶质的溶解度下降，溶质析出，由分离槽底部取出，充当萃取剂的气体则经压缩机送回萃取槽循环使用。

② 等压法　是利用温度的变化来实现溶质与萃取剂的分离。如图 6-25（b）所示，含溶质的超临界流体经加热升温使萃取剂与溶质分离，由分离槽下方取出溶质。作为萃取剂的气体经降温升压后送回萃取槽使用。

③ 吸附法　是采用可吸附溶质而不吸附超临界流体的吸附剂使萃取物分离。

2. 超临界流体萃取技术的应用前景

超临界流体萃取已应用到炼油、食品、医药、环保等工业中。如石油残渣中油品的回收，咖啡豆中脱除咖啡因，啤酒花中有效成分的提取等。

217

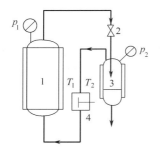 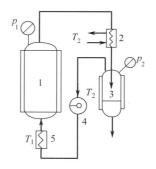 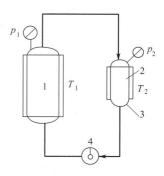

（a）等温法	（b）等压法	（c）吸附法

（a）等温法
$T_1=T_2$，$p_1>p_2$
1—萃取器；2—膨胀阀；
3—分离槽；4—压缩机

（b）等压法
$T_1<T_2$，$p_1=p_2$
1—萃取器；2—加热器；
3—分离槽；4—泵；5—冷却器

（c）吸附法
$T_1=T_2$，$p_1=p_2$
1—萃取器；2—吸附剂；
3—分离槽；4—泵；

图 6-25　超临界流体萃取的典型流程

从咖啡豆中脱除咖啡因是超临界萃取典型实例。咖啡因存在于咖啡、茶叶等天然物中。将浸泡过的咖啡豆置于压力容器中，如图 6-26 所示。其间不断有 CO_2 循环通过，操作温度为 $70\sim90℃$，压力为 $16\sim20MPa$，密度为 $0.4\sim0.65g/cm^3$。咖啡豆中的咖啡因逐渐被 CO_2 提取出来，带有咖啡因的 CO_2 用水洗涤，咖啡因转入水相，CO_2 循环使用。水经脱气后，可用蒸馏的方法回收其咖啡因。在分离阶段也可用活性炭吸附取代水洗。

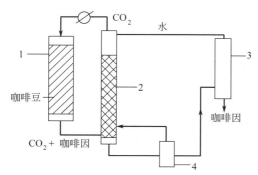

图 6-26　用超临界流体 CO_2 从
咖啡豆中萃取咖啡因的流程
1—萃取塔；2—水洗塔；3—蒸馏塔；4—脱气罐

超临界流体技术的发展对环境保护有双重意义，一是此技术很少或不造成污染；二是此技术可以用于环境治理。

最先用于环保工程的超临界流体技术，是采用大粒度的憎水性阳离子交换树脂，吸附污水中的有机氯、有机硫、有机磷、酚类、腈类、胺类、石油醚、苯、联苯、二苯醚等有毒物，吸附了有毒物的憎水性阳离子交换树脂，用超临界 CO_2 流体进行萃取解吸再生，重复使用吸附脂，这一工艺的优点在于投资少并可回收污水中的有毒物产品，缺点是处理后的水质难以控制。采用超临界水氧化技术处理含有毒有机物污水，在很短时间内可把污水中 99% 以上的有机物氧化成 H_2O、CO_2、N_2 及其他无害的无机盐产物，一步到位治理污水，缺点是硬件系统要经受高温高压的负荷及酸性、盐类物质对反应器内壁的腐蚀磨损，硬件系统投资较大，但可用于宇宙空间站上解决生活用水循环使用的难题。

在 21 世纪推广使用超临界多元流体的无水印染，无有机溶剂的喷漆技术、干洗技术以及采用超临界 CO_2 制冷技术取代对环境与人体健康有害的含氟、含氨冰箱，也是一些环保工程的探讨课题。

环境科学方面，超临界水为有害物质和有害材料的处理提供了特殊的介质。随着腐蚀等问题的解决，超临界水氧化处理污水、超临界水中销毁毒性及危险性物质等可能很快实现商业化。另外，超临界流体技术在土壤中污染物的清除与分析等方面也具有一定的应用前景。

本章小结

本章内容及知识内在联系

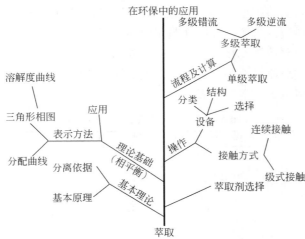

重点 萃取基本原理，三角形相图，部分互溶物系的相平衡，应用三角形相图进行单级萃取计算。

难点

1. 杠杆规则在三角形相图中的应用。学习时注意理解和点与差点的差别和联系，在三角形相图中，和点与差点必在同一直线上。

2. 单级萃取过程在三角形相图上的表示。学习时要在掌握萃取原理的基础上，深刻理解萃取相、萃取液、萃余相、萃余液的概念及内在联系，灵活应用差点与和点的关系。需要注意的是，最高萃取液浓度所对应的萃取剂用量不一定是最小用量。

能力培养 能够运用萃取基本原理、基本计算知识分析解决实际问题，树立工程观念。

复习与思考题

1. 萃取操作的分离依据是什么？萃取操作在环境工程中有哪些应用？

2. 如何保证萃取操作的经济性？

3. 试讨论温度、两相密度差对萃取操作的影响。

4. 何谓萃取相、萃余相、萃取液、萃余液？

5. 如何确定三角形相图上各点的组成？杠杆规则在萃取操作中有哪些应用？

6. 何谓分配系数？萃取操作中分配系数的意义是什么？

7. 何谓选择性系数？选择性系数的大小对萃取操作有何影响？

8. 萃取剂应如何选择？

9. 如何确定单级萃取中最高萃取液组成？最高萃取液组成对应的萃取剂用量是否一定为最小萃取剂用量？

219

10. 什么是物理萃取？什么是化学萃取？它们的区别是什么？

11. 常用的萃取设备有哪些？各自特点是什么？萃取设备选择的原则是什么？

习　题

6-1　在一单级混合澄清器中，用三氯乙烷为萃取剂，萃取丙酮(A)-水(B)溶液中的丙酮。已知原料液量为4200kg，其中丙酮的质量分数为0.4，萃取后所得的萃余相中丙酮的质量分数为0.2。试求：①萃取剂用量；②萃取相量及组成；③萃余液量及组成；④在原料液中加入多少三氯乙烷才能使混合液开始分层？已知丙酮-水-三氯乙烷平衡数据见本题附表。

习题 6-1 附表　溶解度数据（均为质量分数）/%

三氯乙烷(S)	水(B)	丙酮(A)	三氯乙烷(S)	水(B)	丙酮(A)
99.89	0.11	0	38.31	6.84	54.85
94.73	0.26	5.01	31.67	9.78	58.55
90.11	0.36	9.53	24.04	15.37	60.59
79.58	0.76	19.66	15.89	26.28	58.33
70.36	1.43	28.21	9.63	35.38	54.99
64.17	1.87	33.96	4.35	48.47	47.18
60.06	2.11	37.83	2.18	55.97	41.85
54.88	2.98	42.14	1.02	71.80	27.18
48.78	4.01	47.21	0.44	99.56	0

（答案：①2400kg；②$E=3600$kg，$y_E=0.25$；③$E'=1100$kg，$y_E'=0.95$；④138kg）

英文字母

E——萃取相的量，kg 或 kg/s(kg/h)；

E'——萃余液的量，kg 或 kg/s(kg/h)；

F——原料液的量，kg 或 kg/s(kg/h)；

k——分配系数；

R——萃余相的量，kg 或 kg/s(kg/h)；

R'——萃余液的量，kg 或 kg/s(kg/h)；

S——萃取剂的量，kg 或 kg/s(kg/h)；

M——混合液的量，kg 或 kg/s(kg/h)；

x——萃余相中组分的质量分数；

y——萃取相中组分的质量分数。

希腊字母

β——选择性系数，无量纲。

下标

A、B、S——代表溶质、原溶剂、萃取剂；

E、R——萃取相、萃余相；

F——原料液；

min——最小；

max——最大。

第七章 膜分离技术

学习目标

● 了解膜分离技术的特点和类型，各种类型膜分离器的结构和优、缺点以及膜分离技术在工业生产中的典型应用和发展趋势。

● 掌握反渗透、超滤、电渗析、微滤的基本原理、工艺流程及各种膜分离过程的影响因素，能够分析解决实际问题。

第一节 概 述

膜分离技术在近20年发展迅速，其应用已从早期的脱盐发展到化工、轻工、石油、冶金、电子、纺织、食品、医药等工业污水、废气的处理，原材料及产品的回收与分离和生产高纯水等，是适应当代新产业发展的重要高新技术。目前，世界上膜及装置的市场销售已超过100亿美元，膜分离技术已经形成了一个相当规模的工业技术体系。可以预见，它将对本世纪的工业技术改造产生更加深远的影响。

一、膜和膜分离的分类

1. 膜的定义与分类

膜是分离两相和作为选择性传递物质的屏障（见图7-1）。膜的种类和功能繁多，膜可以是固态的，也可以是液态的；膜结构可以是均质的，也可以是非均质的；可以是中性的，也可以是带电的。为了对膜有更深入的认识，可以将膜按不同的标准进行分类。比较通用的分类方法有四种，即按膜的性质分类、按膜的结构分类、按膜的用途分类以及按膜的功能分类。按膜的结构分类如图7-2所示。

2. 膜分离的定义、分类和特点

膜分离是借助于膜，在某种推动力的作用下，利用流体中各组分对膜的渗透速率的差别而实现组分分离的过程。不同的膜分离过程中所用的膜具有不同的结构、材质和选择特性；被膜隔开的两相可以是气态，也可以

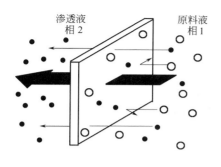

图 7-1　选择性透过膜的定义

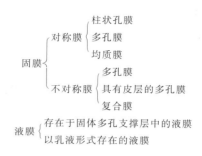

图 7-2　按膜结构进行分类

是液态；推动力可以是压力差、浓度差、电位差或温度差，所以不同膜分离过程的分离体系和适用范围也不同。膜传递过程可以是主动传递过程，也可以是被动传递过程。主动传递过程的推动力可以是压力差、浓度差、电位差。本章主要介绍反渗透、超滤、电渗析、气体（膜）分离和微滤等几种常见的膜分离过程（见表 7-1）。

表 7-1　几种主要的膜分离过程

过程	推动力	传递机理	透过组分	截留组分	膜类型	简图
微滤 （MF）	压力差 0～100kPa	颗粒大小、形状	溶液、微粒（0.02～10μm）	悬浮物（胶体、细菌）、粒径较大的微粒	多孔膜	进料 → 滤液（水）
超滤 （UF）	压力差 100～1000kPa	分子特性、形状、大小	溶剂、少量小分子溶质	大分子溶质	非对称性膜	进料 → 浓缩液 / 滤液
反渗透 （RO）	压力差 1000～10000kPa	溶剂的扩散传递	溶剂、中性小分子	悬浮物、大分子、离子	非对称性膜或复合膜	进料 → 溶质（盐） / 溶剂（水）
渗析 （D）	浓度差	溶剂的扩散传递	小分子溶质	大分子和悬浮物	非对称性膜离子交换膜	进料 → 净化液 / 扩散液 → 接受液
电渗析 （ED）	电位差	电解质离子的选择传递	电解质离子	非电解质、大分子物质	离子交换膜	浓电解质 / 产品（溶剂） 阴离子交换膜 阳离子交换膜 进料
气体分离 （GP）	压力差 1000～10000kPa、浓度差（分压差）	气体和蒸气的扩散渗透	易渗气体或蒸气	难渗气体或蒸气	均匀膜、复合膜、非对称性膜	进气 → 渗余气 / 渗透气

222

过程	推动力	传递机理	透过组分	截留组分	膜类型	简　图
渗透汽化（PV）	分压差	选择传递（物性差异）	膜内易溶解组分或易挥发组分	不易溶解组分粒径较大、较难挥发物	均匀膜、复合膜、非对称性膜	进料 →□→ 溶质或溶剂；溶剂或溶质
液膜分离（LM）	化学反应和扩散传递	促进传递和溶解扩散传递	杂质（电解质离子）	溶剂、非电解质离子	液膜	内相；膜相；外相

膜分离过程的特点如下。

① 膜分离过程一般不发生相变，与有相变的平衡分离方法相比能耗低。

② 膜分离过程一般在常温或温度不太高的条件下进行，适用于热敏性物质的处理。

③ 膜分离过程不仅可以除去病毒、细菌等微粒，还可以除去溶液中的大分子和无机盐，并且可以分离共沸物或沸点相近的组分。

④ 由于以压力差或电位差为推动力，因此装置简单、操作方便、维护费用低。

由于膜分离具有上述特点，因而是现代分离技术中一种效率较高的分离手段。近 20 年来，膜分离技术已经在各个领域得到很大发展，在生物、食品、医药、化工、水处理过程中备受欢迎。

二、对膜的基本要求

首先要求膜有良好的选择透过性，通常用膜的截留率、透过通量、截留分子量等参数表示。

（1）截留率 R　其定义为

$$R = \frac{c_1 - c_2}{c_1} \times 100\%$$

式中，c_1、c_2 分别表示料液主体和透过液中被分离物质的浓度。

（2）透过速率（渗透通量）J　指单位时间、单位膜面积透过的物质量，常用单位为 $kmol/(m^2 \cdot s)$ 或 $m^3/(m^2 \cdot s)$。

（3）截留物分子量　当分离溶液中的大分子物质时，截留物的分子量在一定程度上反映膜孔的大小。但通常多孔膜的孔径大小不一，被截留物的分子量将分布在某一定范围。一般取截留率为 90% 的物质的分子量为膜的截留物分子量。

截留率大、截留分子量小的膜其透过通量也比较低。因此在选择膜时需在两者之间做出权衡。

此外，还要求分离用膜有足够的机械强度和化学稳定性。

223

三、膜分离技术在环境工程中的应用

膜分离技术以其独特的作用而被广泛用于水的净化与纯化过程中。

（1）饮用水的净化　饮用水的质量直接影响人们的健康，水中的悬浮物、细菌、病毒、重金属、高氟、高盐度、消毒副产物及农药残余物等都构成对健康的威胁。膜分离技术中的微滤可除去悬浮物中的细菌,超滤可分离大分子和病毒,纳滤可除去部分硬度、重金属和农药等有毒化合物,反渗透几乎可以除去各种杂质,电渗析可以除氟,电化膜过程可对水消毒,膜接触器可去除水中挥发性有害物质,此外反渗透已成为海水淡化制取饮用水最经济的手段。因此,发达国家和地区已将膜分离技术作为本世纪饮用水处理计划的优选技术。

(2)工业用水的处理　膜软化是基于纳滤膜对二价离子,特别是二价阴离子的高脱除性而开发的新型膜分离过程,可完全除去悬浮物和大部分有机物,具有操作简单、占地少等优点,多用于新建的软化厂。

(3)工业废水和市政污水处理　工业废水是工业生产过程中产生的废水、污水和废液,面大、量多、危害深。如含油废水、电镀废水、化工生产废水、食品加工废水,若经处理后可回收利用,既加收了有用的资源,又保护了环境。这方面膜分离技术的作用是非常显著的。其中反渗透技术可使电镀污水得以循环使用,荷电膜超滤使目前汽车等行业广为采用的电泳漆工艺实现了清洁生产,而无机膜和渗析结合是钛白污水回收再用的好途径,双极膜技术可使各种废酸、废碱、废盐水重新再用,超滤可能成为每年数亿吨含油污水处理的关键技术,此外,市政污水的达标排放及回收再利用也可通过膜分离技术来实现。

四、膜分离设备

膜分离技术的核心是分离膜。按分离膜的材质不同可将其分为聚合物膜和无机膜两大类。目前使用的分离膜大多数是以高分子材料制成的聚合物膜。如各种纤维树脂、脂肪族和芳香族、聚酰胺等有机膜,陶瓷、玻璃等无机物。按膜的分离功能,分离膜可分为微滤膜、超滤膜、反渗透膜、渗析膜、电渗析膜、气体分离膜、渗透蒸发膜、液体分离膜等;按膜的形态分类,可分为平板膜、管状膜、细管膜、中空纤维膜等。

膜材料的选择是膜分离的关键。聚合物通常在较低温度下使用(最高不超过200℃),而且要求待分离的原料流体不与膜发生化学反应。当在较高温度下或原料为化学活性混合物时,采用无机膜较好。无机膜优点是热、机械性能和化学稳定性较好,使用寿命长,污染少易于清洗,孔径分布均匀等;缺点是易破碎,成型性差,造价高。目前,将无机材料和聚合物制成杂合物,该类膜具有两种膜的优点。

将膜以某种形式组装在一个基本单元设备内,这种器件称为膜分离器,又被称为膜组件。膜材料种类很多,但膜设备仅有几种。膜分离设备根据膜组件的形式不同可分为:板框式、螺旋卷式、圆管式、中空纤维式、毛细管式和槽式。下面对上述六种膜组件作简要介绍。

(1)板框式　板框式膜组件是膜分离史上最早问世的一种膜组件形式,其外观很像普通的板框式压滤机。图7-3所示为板框式膜组件构造示意图,图7-4为紧螺栓式板框式反渗透膜组件。多孔支撑板的两侧表面有孔隙,其内腔有供透过液流通的通道,撑板的表面和膜经黏结密封构成板膜。

(2)螺旋卷式　螺旋卷式(简称卷式)膜组件在结构上与螺旋板式换热器类似,如图7-5和图7-6所示。在两片膜中夹入一层多孔支撑材料,将两片膜的三个边密封而黏结成膜袋,另一个开放的边沿与一根多孔的透过液收集管连接。在膜袋外部的原料液侧再垫一层网眼型间隔材料(隔网),即膜-多孔支撑体-原料液侧隔网依次叠合,绕中心管紧密地卷在一起,形成一个膜卷,再装进圆柱形压力容器内,构成一个螺旋卷式膜组件。使用时,原料液

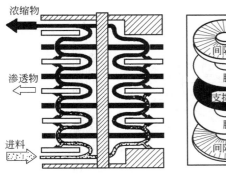

图 7-3 板框式膜组件构造示意(DDS公司,RO型)

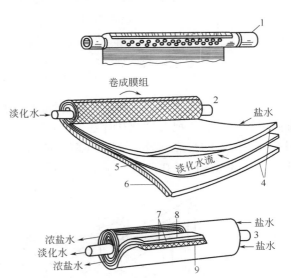

图 7-4 紧螺栓式板框式反渗透膜组件

沿着与中心管平行的方向在隔网中流动,与膜接触,透过膜的透过液则沿着螺旋方向在膜袋内的多孔支撑体中流动,最后汇集到中心管中而被导出,浓缩液由压力容器的另一端引出。

螺旋卷式膜组件的优点是结构紧凑、单位体积内的有效膜面积大,透液量大,设备费用低。缺点是易堵塞,不易清洗,换膜困难,膜组件的制作工艺和技术复杂,不宜在高压下操作。

(3) 圆管式 圆管式膜组件的结构类似管壳式换热器,如图 7-7 所示。其结构主要是把膜和多孔支撑体均制成管状,使两者装在一起,管状膜可以在管内侧,也可在管外侧。再将一定数量的这种膜管以一定方式联成一体而组成。

管式膜组件的优点是原料液流动状态好,流速易控制;膜容易清洗和更换;能够处理含有易悬浮物的、黏度高的,或者能够析出固体等易堵塞液体通道的料液。缺点是设备投资和操作费用高,单位体积的过滤面积较小。

图 7-5 螺旋卷式反渗透膜组件

1,2,3—中心管;4,7—膜;5—多孔支撑材料;
6—进料液隔网;8—多孔支撑层;9—隔网

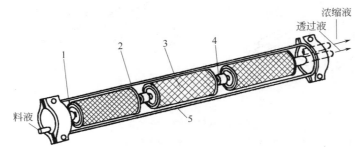

图 7-6 螺旋卷式反渗透器

1—端盖;2—密封圈;3—卷式膜组件;4—连接器;5—耐压容器

225

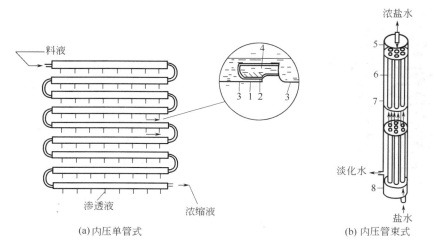

(a)内压单管式　　　　　　　　(b)内压管束式

图 7-7　圆管式膜组件

1—孔外衬管；2—膜管；3—渗透液；4—料液；5—耐压端套；6—玻璃钢管；

7—淡化水收集外壳；8—耐压端套

（4）中空纤维式　中空纤维式膜组件的结构类似管壳式换热器，如图 7-8 所示。中空纤维膜组件的组装是把大量（有时是几十万或更多）的中空纤维膜装入圆筒耐压容器内。通常将纤维束的一端封住，另一端固定在用环氧树脂浇铸成的管板上。使用时，加压的原料由膜件的一端进入壳侧，在向另一端流动的同时，渗透组分经纤维管壁进入管内通道，经管板放

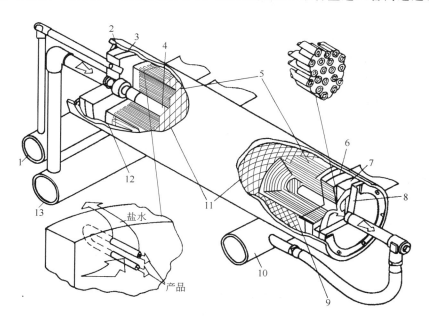

图 7-8　杜邦公司中空纤维式反渗透膜组件示意

1—盐水收集管；2,6—O形圈；3—盖板（料液端）；4—进料管；5—中空纤维；

7—多孔支撑板；8—盖板（产品端）；9—环氧树脂管板；10—产品收集器；

11—网筛；12—环氧树脂封关；13—料液总管

出，截留物在容器的另一端排掉。

中空纤维式膜组件的优点是设备单位体积内的膜面积大，不需要支撑材料，寿命可长达5年，设备投资低。缺点是膜组件的制作技术复杂，管板制造也较困难，易堵塞，不易清洗。

(5) 毛细管式　毛细管式膜组件由许多直径为 0.5～1.5mm 的毛细管组成，其结构如图 7-9 所示，料液从每根毛细管的中心通过，透过液从毛细管壁渗出，毛细管由纺丝法制得，无支撑。

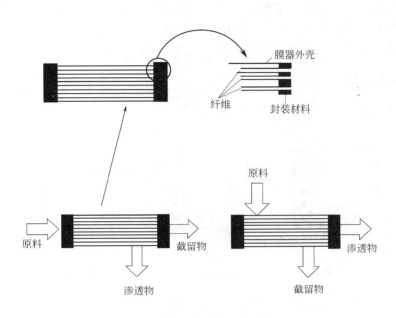

图 7-9　毛细管式膜组件示意

(6) 槽式　这是一种新发展的反渗透组件，如图 7-10 所示，由聚丙烯或其他塑料挤压而成的槽条，直径为 3mm 左右，上有 3～4 个槽沟，槽条表面织编上涤纶长丝或其他材料，再涂刮上铸膜液，形成膜层，并将槽条一端密封，然后将几十根至几百根槽条组装成一束装入耐压管中，形成一个槽条式反渗透单元。

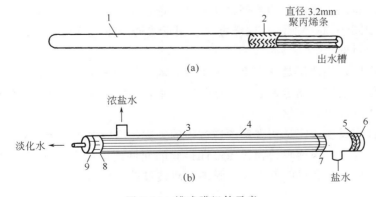

图 7-10　槽式膜组件示意

1—膜；2—涤纶纺织层；3—槽条膜；4—耐压管；5,8—橡胶密封；6—端板；7—套封；9—多孔支撑板

第二节 反 渗 透

反渗透是利用反渗透膜选择性地只透过溶剂（通常是水）而截留离子物质的性质，以膜两侧静压差为推动力，克服溶剂的渗透压，使溶剂通过反渗透膜而实现对液体混合物进行分离的膜过程。

反渗透属于以压力差为推动力的膜分离技术，其操作压差一般为 1.5～10.5MPa，截留组分为（1～10）×10^{-10} m 小分子溶质。目前，随着超低压反渗透膜的开发，已可在小于 1MPa 的压力下进行部分脱盐、水的软化和选择性分离等，反渗透的应用领域已从早期的海水脱盐和苦咸水淡化发展到化工、食品、制药、造纸等各个工业部门。

一、反渗透原理

（1）渗透压　反渗透原理如图 7-11 所示。

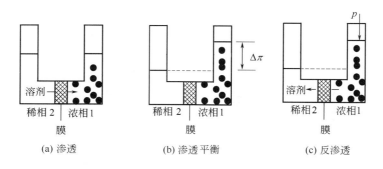

图 7-11　渗透过程示意

在温度一定的条件下，若将一种溶液与组成这种溶液的溶剂放在一起最终的结果是溶液总会自动地稀释，直到整个体系的浓度均匀一致为止。但如果用一张固体膜将溶液和溶剂隔开，并且这种膜只能透过溶剂分子而不能透过溶质分子，假定膜两侧压力相等，则溶剂将从纯溶剂侧透过膜到溶液侧，这就是渗透现象，如图 7-11（a）所示。渗透的结果是使溶液液柱上升，直到系统达到动态平衡，溶剂才不再流入溶液侧，此时溶液上升高度产生的压力为 $\rho g h$ 即为渗透压，以 $\Delta\pi$ 表示，如图 7-11（b）所示。若在溶液侧加大压力，$\Delta p > \Delta\pi$，则溶剂在膜内的传递现象将发生逆转，即溶剂将从溶液侧透过膜向溶剂侧流动，使溶液增浓，这就是反渗透现象，如图 7-11（c）所示。这样可以利用反渗透现象截留溶质，而获取溶剂，从而达到分离混合物的目的。

在反渗透操作中，渗透压是一个重要的参数，渗透压的大小与溶液的物性、溶质的浓度等因素有关，一般通过实验测定。表 7-2 所列为几种常见水溶液的渗透压。实际反渗透过程所用的压差比渗透压高出许多倍。

（2）反渗透膜　反渗透膜是实现反渗透过程的关键，因此要求反渗透膜具有较好的分离透过性和物化稳定性。反渗透膜的物化稳定性指膜的允许使用最高温度、压力、适用的 pH 值范围和膜的耐氧化及耐有机溶剂性等。膜的分离透过性指膜的截留率、透过通量、截留分子量等参数。

目前，我国工业上应用的反渗透膜多为致密膜、非对称膜和复合膜，常用醋酸纤维、聚

228

表 7-2　在 25℃下几种常见水溶液的渗透压

成　分	浓度/mg·L^{-1}	渗透压/MPa	成　分	浓度/mg·L^{-1}	渗透压/MPa
NaCl	35000	2.8	NaHCO$_3$	1000	0.09
海水	32000	2.4	苦咸水	2000～5000	0.105～0.28
MgSO$_4$	1000	0.025	CaCl$_2$	1000	0.058
MgCl$_2$	1000	0.068	蔗糖	1000	0.007
NaCl	2000	0.16	葡萄糖	1000	0.014
Na$_2$SO$_4$	1000	0.042			

酰胺等材料制成，图 7-12 所示为典型的醋酸纤维非对称膜的结构示意。它是由表面活性层、过渡层和多孔支持层组成的非对称结构膜，总厚度约为 100μm 左右。表面层结构致密，其中孔隙直径最小，约 0.8～2nm，厚度占膜总厚度的 1% 以下，多孔层呈海绵状，其中孔隙约为 0.1～0.4μm。过渡层则介于两者之间。

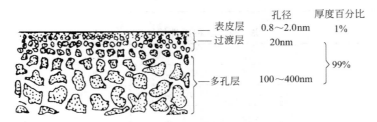

图 7-12　典型的醋酸纤维非对称膜结构示意

　　反渗透不能达到溶剂和溶质的完全分离，所以反渗透的产品一个是几乎纯溶剂的透过液，另一个是原料的浓缩液。

二、影响反渗透的因素——浓差极化

　　由于膜的选择透过性因素，在反渗透过程中，溶剂从高压侧透过膜到低压侧，大部分溶质被截留，溶质在膜表面附近积累，造成由膜表面到溶液主体之间的具有浓度梯度的边界层，它将引起溶质从膜表面通过边界层向溶液主体扩散，这种现象称为浓差极化。

　　浓差极化可对反渗透过程产生下列不良影响。

　　① 由于浓差极化，膜表面处溶质浓度升高，使溶液的渗透压 $\Delta\pi$ 升高，当操作压差 Δp 一定时，反渗透过程的有效推动力（$\Delta p - \Delta\pi$）下降，导致溶剂的渗透通量下降。

　　② 由于浓差极化，膜表面处溶质的浓度 c_{A1} 升高。使溶质通过膜孔的传质推动力（$c_{A1} - c_{A2}$）增大，溶质的渗透通量升高，截留率降低，这说明浓差极化现象的存在对溶剂渗透通量的增加提出了限制。

　　③ 膜表面处溶质的浓度高于溶解度时，在膜表面上将形成沉淀，会堵塞膜孔并减少溶剂的渗透通量。

　　④ 会导致膜分离性能的改变。

　　⑤ 出现膜污染，膜污染严重时，几乎等于在膜表面又可形成一层二次薄膜，会导致反渗透膜透过性能的大幅度下降，甚至完全消失。

　　减轻浓差极化的有效途径是提高传质系数 A，采取的措施有：提高料液流速、增强料液湍动程度、提高操作温度、对膜面进行定期清洗和采用性能好的膜材料等。

229

三、反渗透组件及其技术特征

工业应用的反渗透组件主要有螺旋卷式、中空纤维、板框式及管式，最近又开发出回转平膜及浸渍平膜等。其中工业应用最多的是螺旋卷式膜，它占据了大多数陆地脱盐和越来越多的海水淡化市场。中空纤维膜在海水淡化应用中也占较高份额。各种组件第一节中已介绍，不再重述。

各种反渗透组件的技术特征及各种组件的比较可分别见表 7-3 和表 7-4。

表 7-3　各种反渗透组件的技术特征

组件类型	膜装填密度/m²·m⁻³	操作压力/×10⁵Pa	水通量/m³·m⁻²·d⁻¹	单位体积产水量/m³·m⁻²·d⁻¹
板式	492	54.9	1.00	502
内压管式	328	54.9	1.00	335
螺旋卷式	656	54.9	1.00	670
中空纤维	9180	27.5	0.073	670

表 7-4　各种组件的比较

比较项目	组件类型			
	管式	平板式	螺旋卷式	中空纤维式
组件结构	简单	非常复杂	复杂	复杂
膜装填密度	小	中	大	大
膜支撑体结构	简单	复杂	简单	不需要
膜清洗	内压式易 外压式难	非常容易	难	难 （内压 UF 易）

四、反渗透过程工艺流程

在实际生产中，可以通过膜组件的不同配置方式来满足对溶液分离的不同质量要求。而且膜组件的合理排列组合对膜组件的使用寿命也有很大影响。如果排列组合不合理，则将造成某一段内的膜组件的溶剂通量过大或过小，不能充分发挥作用，或使膜组件污染速度加快，膜组件频繁清洗和更换，造成经济损失。

根据料液的情况，分离要求以及所有膜器一次分离的分离效率高低等的不同，反渗透过程可以采用不同工艺过程，下面简要介绍几种常见的工艺流程。

（1）一级一段连续式　如图 7-13 所示为典型的一级一段连续式工艺流程。料液一次通过膜组件即为浓缩液而排出。这种方式透过液的回收率不高，在工业中较少采用。

（2）一级一段循环式　如图 7-14 所示。为了提高透过液的回收率，将部分浓缩液返回进料贮槽与原有的进料液混合后，再次通过膜组件进行分离。这种方式可提高透过液的回收

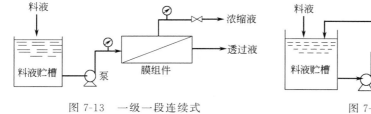

图 7-13　一级一段连续式

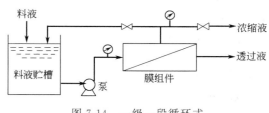

图 7-14　一级一段循环式

率，但因为浓缩液中溶质的浓度比原料液要高，使透过液的质量有所下降。

（3）一级多段连续式　如图 7-15 所示为最简单的一级多段连续式流程。将第一段的浓缩液作为第二段的进料液，再把第二段的浓缩液作为下一段的进料液，而各段的透过液连续排出。这种方式的透过液回收率高，浓缩液的量较少，但其溶质浓度较高。

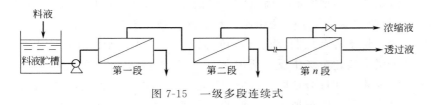

图 7-15　一级多段连续式

（4）一级多段循环式　如图 7-16 所示。

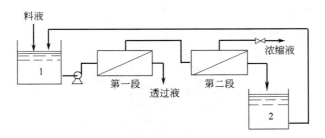

图 7-16　一级多段循环式
1—料液贮槽；2—贮槽

（5）多级多段循环式　如图 7-17 所示。

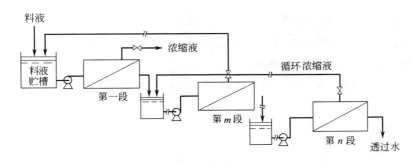

图 7-17　多级多段循环式

一级多段循环式与多级多段循环式工艺流程，操作方法与前三种工艺流程相似，这里不再赘述。

五、反渗透技术的应用

反渗透技术的大规模应用主要在海水和苦咸水的淡化，此外还应用于纯水制备、生活用水处理以及乳品、果汁的浓缩、生化和生物制剂的分离和浓缩等。

（1）海水淡化　水是人类赖以生存的不可缺少的重要物质。长期以来，人们都认为水是取之不尽、用之不竭的，似乎没有价值，不值得珍惜。随着人们对自然界水循环认识的深入，人们开始认识到地球水资源的贫乏已经到了不容忽视的程度。地球上的水大约 97% 是不能直接饮用也不能用于灌溉的海水，地球上 2% 的水作为冰存在于南极、北极的冰河和万年雪山之中；0.04% 的水存在于大气中；只有 0.1% 的水存在于江河与湖泊中；地表水占地球水量的 0.6%，但大约一半的地表水存在于深度大约 800m 的地下蓄水层中。而且随着工农业生产的迅速发展，淡水资源的紧缺日趋严重，促使许多国家投入大量资金研究海水和苦咸水淡化技术。海水淡化主要是除去海水中所含的无机盐，常用的淡化技术有蒸发法和膜法（反渗透、电渗析）两大类。与蒸发法相比，膜法淡化技术有投资费用少、能耗低、占地面积少、建造周期短、易于自动控制、运行简单等优点，已成为水淡化的主要方法。1995 年在全世界海水及苦咸水淡化市场中反渗透占 88%，且有进一步增多的趋势。

对于干旱、缺少淡水和近海地区，可应用反渗透技术作为海水淡化的方法。因此世界大多数反渗透海水淡化厂建在中东地区。早期的海水淡化采用二级反渗透系统，如日本某海水淡化系统产水量为每天 800t，一级反渗透采用中空纤维聚酰胺膜，二级反渗透采用卷式膜，其工艺流程如图 7-18 所示。

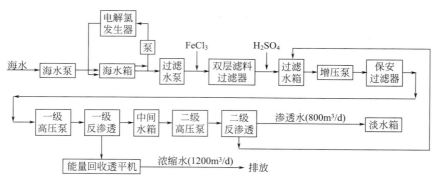

图 7-18　日本某海水淡化厂工艺流程

随着反渗透技术水平的提高，近期海水淡化多采用一级淡化，即利用高脱盐率（>99%）的反渗透膜直接把含盐量 35000mg/L 的海水一次脱盐制得可饮用的淡水。例如，美国建在加利福尼亚州硅谷的海水淡化装置，产水量为每天 1550t，采用芳香聚酰胺复合膜一级反渗透，将含盐为 34000mg/L 海水脱盐制得含盐<500mg/L 饮用水，其工艺流程如图 7-19 所示。

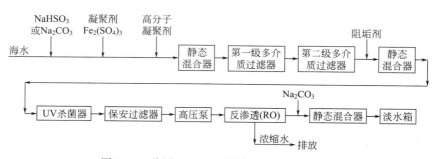

图 7-19　美国 Chepolon 海水淡化厂工艺流程

232

（2）纯水制备　所谓超纯水与纯净水是指水中所含杂质包括悬浮固体、溶解固体、可溶性气体、挥发物质及微生物、细菌等的含量低于一定的指标。不同用途的纯水对这些杂质的含量有不同的要求。

反渗透技术已被普遍用于电子工业纯水及医药工业等无菌纯水的制备系统中。半导体工业所用的高纯水，以往主要采用化学凝集、过滤、离子交换树脂等制备方法，这些方法的最大缺点是流程复杂，再生离子交换树脂的酸碱用量较大，成本较高。现在采用反渗透法与离子交换法相结合过程生产的纯水，其流程简单，成本低廉，水质优良，纯水中杂质含量已接近理论纯水值。

超纯水生产的典型工艺流程如图7-20所示。原水首先通过过滤装置除去悬浮物及胶体，加入杀菌剂次氯酸钠防止微生物生长，然后经过反渗透和离子交换设备除去其中大部分杂质，最后经紫外线处理将纯水中微量的有机物氧化分解成离子，再由离子交换器脱除，反渗透膜的终端过滤后得到超纯水送入用水点。用水点使用过的水已混入杂质，需经废水回收系统处理后才能排入河里或送回超纯水制造系统循环使用。

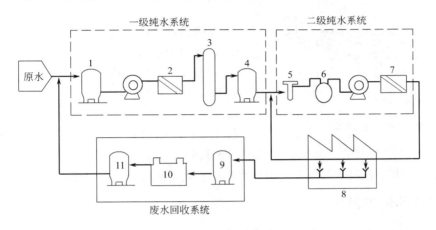

图 7-20 超纯水生产的典型工艺流程

1—过滤装置；2—反渗透膜装置；3—脱氧装置；4,9—离子交换装置；5—紫外线系统装置；
6—离子交换器；7—RO膜装置；8—用水点；10—紫外线氧化装置；11—活性炭过滤装置

（3）电镀污水处理　在电镀工业中，主要的污染物来自化学物（重金属离子）的毒性。由于电镀工业一般需要大量的水用于淋洗操作，这种淋洗水直排入江河或城市污水系统后，会导致严重的环境问题并降低了生化处理的效率，同时也造成有价值化学品和水的损失。图7-21所示为电镀污水反渗透处理流程。

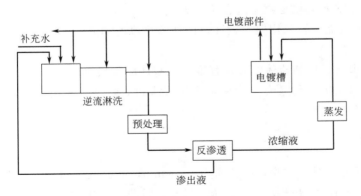

图 7-21　电镀污水反渗透流程

（4）低分子溶液的浓缩　反渗透也用于食品工业中水溶液的浓缩。反渗透浓缩的最大优点是风味和营养成分不受影响。国外用反渗透处理干酪制造中产生的乳清，可直接用反渗透

233

处理，浓缩后再干燥成乳清粉。也可以先超滤，超滤浓缩物富含蛋白质，可制奶粉。滤液再用反渗透浓缩，这样制得的乳清粉中乳糖含量很高，也可将反渗透浓缩液用作发酵原料。

第三节 超 滤

一、超滤原理

超滤是在压力推动下的筛孔分离过程。超滤膜主要用于大分子、胶体、蛋白、微粒的分离与浓缩。超滤膜对大分子溶质的主要分离过程如下。

① 在膜表面及微孔内吸附；

② 在膜面的机械截留；

③ 在微孔中停留而被除去。

其基本原理如图 7-22 所示。

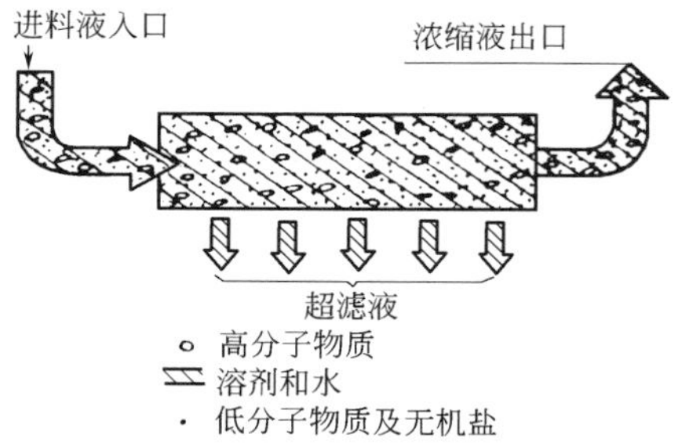

超滤过程在对料液施加一定的压力后，高分子物质、胶体等被半透膜所截留，而溶剂和低分子物质、无机盐透过膜。超滤膜具有选择性表面层的主要作用是形成具有一定大小和形状的孔，它的分离机理主要是靠物理的筛分作用。

图 7-22 超滤分离原理示意

进料液入口 浓缩液出口
超滤液
○ 高分子物质
═ 溶剂和水
· 低分子物质及无机盐

二、超滤的浓差极化

超滤膜分离过程中，由于高分子的低扩散性和水的高渗透性，溶质会在膜表面积聚并形成从膜面到主体溶液之间的浓度梯度，这种现象被称为膜的浓差极化。溶质在膜面的连续积聚最终将导致在膜面形成凝胶极化层。当超滤液中有几种不同分子量的溶质时，凝胶层会使小分子量组分的表观脱除率下降。当被膜截留的溶质具有聚电解质特性时，浓缩的凝胶层中由于含有相当高的离子电荷密度而产生离子平衡，使溶质分离恶化。这种现象在白蛋白、核酸和多糖类的生化聚合物中常遇到。

为了减轻因浓差极化所造成的超滤通量减少，一般可采取如下措施。

① 错流设计。浓差极化是超滤过程不可避免的结果，为了使超滤通量尽可能大，必须使极化层的厚度尽可能小。采用错流设计，即加料错流流动流经膜表面，可用于清除一部分极化层。

② 流体流速提高，增加流体的湍动程度，以减薄凝胶层厚度。

③ 采用脉冲以及机械刮除法维持膜表面的清洁和对膜进行表面改性，研制抗污染膜等来尽量减少浓差极化现象。

三、超滤膜

234　超滤所用的膜为非对称性膜，膜孔径为 1～20nm，能够截留相对分子质量 500 以上的大分子和胶体微粒，操作压力一般为 0.1～0.5MPa。目前，常用的膜材料有醋酸纤维、聚砜、聚丙烯腈、聚酰胺、聚偏氟乙烯等。

超滤广泛用于化工、医药、食品、轻工、机械、电子、环保等工业部门。超滤技术应用的历史不长，只是 20 世纪 70 年代后才在工业上大规模地应用，但因其具有独特的优点，使之成为当今世界分离技术领域中一种重要的单元操作。

四、超滤过程的工艺流程

超滤的操作方式可分为重过滤和错流过滤两大类。重过滤是靠料液的液柱压力为推动力，但这样操作浓差极化和膜污染严重，很少采用，而常采用的是错流操作。错流操作工艺流程又可分为间歇式和连续式。它们的特点和适用范围见表7-5。

表 7-5　各类超滤操作的工艺流程及其特点和适用范围

操作模式		图　示	特　点	适用范围
重过滤	间歇	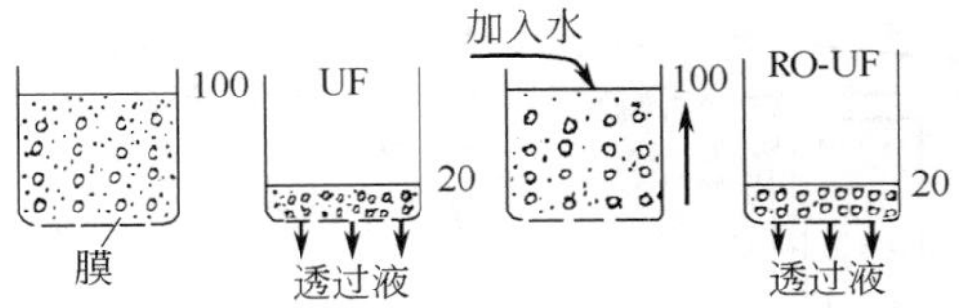	设备简单、小型；能耗低；可克服高浓度料液渗透流率低的缺点；能更好地去除渗透组分。但浓差极化和膜污染严重，尤其是在间歇操作中；要求膜对大分子的截留率高	通常用于蛋白质、酶之类大分子的提纯
	连续	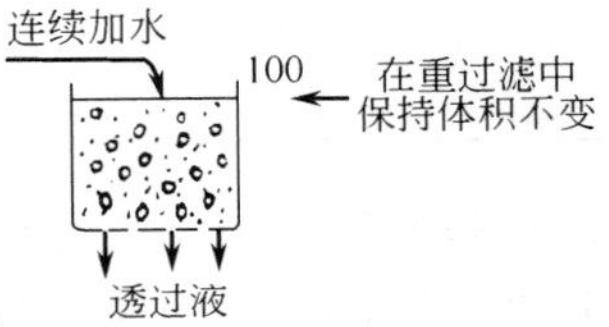		
间歇错流	截留液全循环	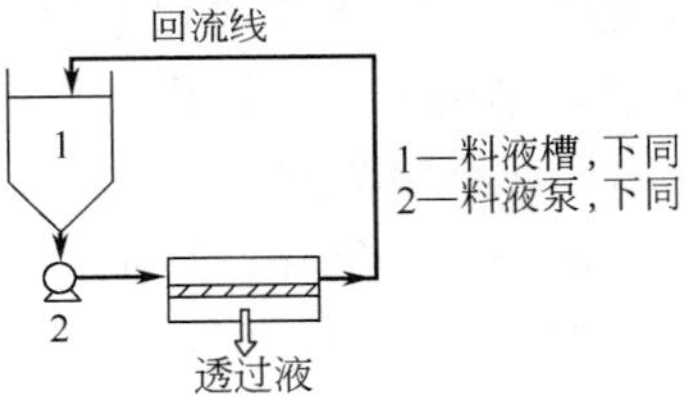	操作简单；浓缩速度快；所需膜面积小。但全循环时泵的能耗高，采用部分循环可适当降低能耗	通常被实验室和小型中试厂采用
	截留液部分循环	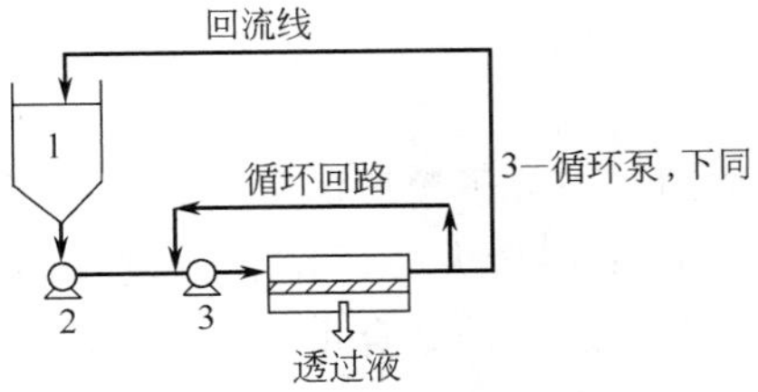		
连续错流	单级　无循环	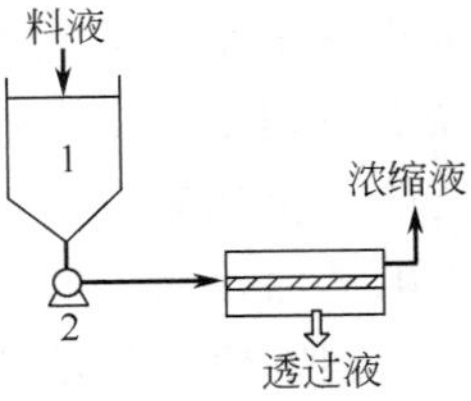	渗透液流量低；浓缩比低；所需膜面积大。组分在系统中停留时间短	反渗透中普遍采用，超滤中应用不多，仅在中空纤维生物反应器、水处理、热原脱除中应用

235

操作模式		图　示	特　点	适用范围
连续错流	单级 截留液部分循环		单级操作始终在高浓度下进行,渗透流率低。增加级数可提高效率,这是因为除最后一级在高浓度下操作,渗透流率最低外,其他级操作浓度均较低、渗透流率相应较大。多级操作所需总膜面积小于单级操作,接近于间歇操作,而停留时间、滞留时间、所需贮槽均少于相应的间歇操作	大规模生产中被普遍使用,特别是在食品工业领域
	多级			

（1）间歇操作　间歇操作适用于小规模生产,超滤工艺中工业污水处理及其溶液的浓缩过程多采用间歇工艺,间歇操作的主要特点是膜可以保持在一个最佳的浓度范围内运行,在低浓度时,可以得到最佳的膜水通量。

（2）连续式操作　连续式操作常用于大规模生产,连续式超滤过程是指料液连续不断加入贮槽和产品的不断产出,可分为单级和多级。单级连续式操作过程的效率较低,一般采用如表7-5中所示的多级连续式操作。将几个循环回路串联起来,每一个回路即为一级,每一级都在一个固定的浓度下操作,从第一级到最后一级浓度逐渐增加。最后一级的浓度是最大的,即为浓缩产品。多级操作只有在最后一级的高浓度下操作,渗透通量最低,其他级操作浓度均较低,渗透通量相应也较大,因此级效率高;而且多级操作所需的总膜面积较小。它适合在大规模生产中使用,特别适用于食品工业领域。

五、超滤技术的应用

超滤的技术应用可分为三种类型:浓缩;小分子溶质的分离;大分子溶质的分级。绝大部分的工业应用属于浓缩这个方面,也可以采用与大分子结合或复合的办法分离小分子溶质。前面在讲述反渗透技术应用时提到超滤与反渗透结合可回收干酪乳清蛋白。分离油水乳液、处理生活污水。下面介绍超滤技术在其他方面的应用。

1. 回收电泳涂漆污水中的涂料

世界各国的汽车工业几乎都采用电泳涂装技术给汽车车身上底漆,该技术也被用在机电工业、钢制家具、军事工业等部门。在金属电泳涂漆过程中,带电荷的金属物件浸入一个装有带相反电荷涂料的池内。由于异电相吸,涂料便能在金属表面形成一层均匀的涂层,金属物件从池中捞出并用水洗除随带的涂料,因而产生电泳漆污水。可采用超滤技术将污水中的高分子涂料及颜料颗粒截留下来,而让无机盐、水及溶剂穿过超滤膜除去,浓缩液再回到电泳漆贮槽循环使用,透过液用于淋洗新上漆的物件。流程如图7-23所示。

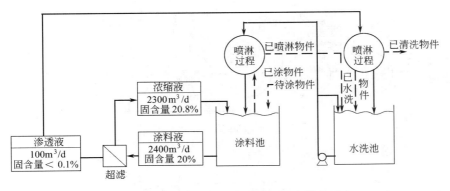

图 7-23 超滤在金属电泳涂漆过程中的应用

2. 含油污水的回收

油水乳浊液在金属机械加工过程中被广泛用作工具和工件反复冷拔操作、金属滚轧成型、切削操作的润滑和冷却。但因在使用过程中易混入金属碎屑、菌体及清洗金属加工表面的冲洗用水，导致其使用寿命非常短。单独的油分子就其分子量而言小得可以通过超滤膜，而对这些含油废水超滤则能成功地分离出其油相。经过超滤后的渗透液中的油浓度通常低于 $10g/m^3$，已达到标准可排入阴沟。而浓缩液中最终含油达 $30\%\sim60\%$ 可用来燃烧或它用。其操作流程如图 7-24 所示。

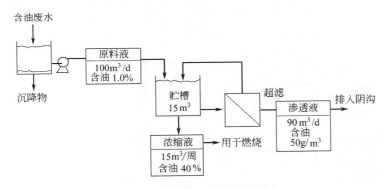

图 7-24 超滤过程处理含油污水

3. 果汁的澄清

从苹果中榨取的新果汁由于含有丹宁、果胶和苯酚等化合物而呈现浑浊状。传统方法采用酶、皂土、明胶使其沉淀，然后取上清液过滤而获得澄清的果汁 [见图 7-25(a)]。通过超滤来澄清果汁，只需先部分脱除果胶，可减少酶用量，省去皂土和明胶，节约了原材料且省工省时 [见图 7-25(b)]，同时果汁回收率可达 $98\%\sim99\%$，此外果汁的品质也提高了。

4. 血清白蛋白的提取

从血浆中分离血清白蛋白包括一系列复杂的过程，将已处理的含 3% 白蛋白、20% 乙醇和其他小分子物质的组分使用超滤膜过滤，可将白蛋白从乙醇中分离出来，其工艺流程如图 7-26 所示。

5. 纺织工业污水的处理

（1）聚乙烯醇退浆水的回收 纺织工业中为了增加纱线强度，织布前要把纱线上浆，印染前再洗去上浆剂，称为退浆。上浆剂多为聚乙烯醇（PVA），而且用量很大。用超滤技术

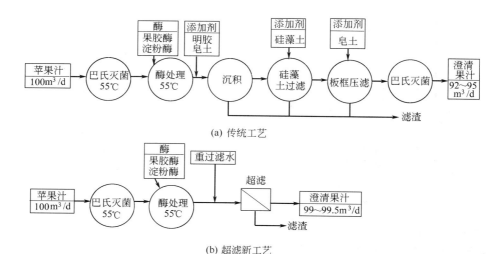

(a) 传统工艺

(b) 超滤新工艺

图 7-25　果汁澄清新旧工艺比较

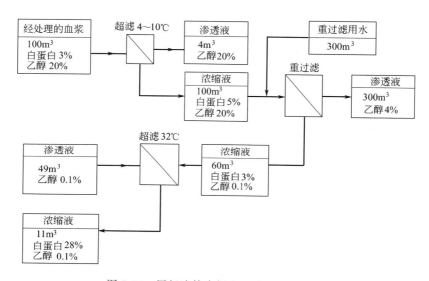

图 7-26　用超滤技术提取血清白蛋白工艺

处理退浆水，不仅消除对环境的污染，还可回收价格较贵的聚乙烯醇，处理的水还可以在生产中循环使用。

（2）染色污水中染料的回收　印染厂悬浮扎染、还原蒸箱在生产中排出较多的还原染料，即污染又浪费。采用超滤技术，使用聚砜和聚砜酰胺超滤膜，不需加酸中和及降温即可处理印染污水。

（3）羊毛清洗污水中回收羊毛脂　毛纺工业中，原毛在一系列的加工之前，必须将粘附于其上的油脂（俗称羊毛脂或羊毛蜡）及污垢洗净，否则会影响纺织性能和染色性能。羊毛清洗污水中含有COD(化学需氧量，是一种间接表示水被有机污染物污染程度的指标)、脂含量及总固体含量都远远超出工业污水的排放标准。采用超滤技术处理洗毛污水，可以使其浓缩10～20倍；羊毛脂的截留率达90％以上；总固体的截留率大于80％；COD的除去率大于85％，而且，在透过液中加入少量洗涤剂还可用于洗涤羊毛，效果良好。

238

第四节 电 渗 析

一、电渗析原理及适用范围

1. 电渗析原理

电渗析是在直流电场作用下，以电位差为推动力，利用离子交换膜的选择渗透性（与膜电荷相反的离子透过膜，相同的离子则被膜截留），使溶液中的离子作定向移动以达到脱除或富集电解质的膜分离操作。使电解质从溶液中分离出来，从而实现溶液的浓缩、淡化、精制和提纯。它是一种特殊的膜分离操作，所使用的膜只允许一种电荷的离子通过而将另一种电荷的离子截留，称为离子交换膜。由于电荷有正、负两种，离子交换膜也有两种。只允许阳离子通过的膜称为阳膜，只允许阴离子通过的膜称为阴膜。

在常规的电渗析器内两种膜成对交替平行排列，如图 7-27 所示，膜间空间构成一个个小室，两端加上电极，施加电场，电场方向与膜平面垂直。

含盐料液均匀分布于各室中，在电场作用下，溶液中离子发生迁移。有两种隔室，它们分别产生不同的离子迁移效果。

一种隔室是左边为阳膜，右边为阴膜。设电场方向从左向右。在此情况下，此隔室内的阳离子便向阴极移动，遇到右边的阴膜，被截留。阴离子往阳极移动，遇到左边的阳膜也被截留。而相邻两侧室中，左室内阳离子可以通过阳膜进入此室，右室内阴离子也可以通过阴膜进入此室，这样此室的离子浓度增加，故称浓缩室。

另一种隔室左边为阴膜，右边为阳膜。在此室外的阴、阳离子都可以分别通

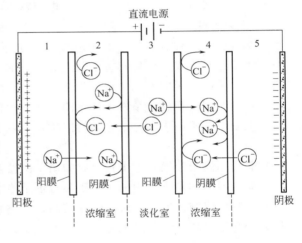

图 7-27　电渗析过程示意

过阴、阳膜进入相邻的室，而相邻室内的离子则不能进入此室。这样室内离子浓度降低，故称为淡化室。

由于两种膜交替排列，浓缩室和淡化室也是交替存在的。若将两股物流分别引出，就成为电渗析的两种产品。

2. 电极反应

在电渗析的过程中，阳极和阴极上所发生的反应分别是氧化反应和还原反应。以 NaCl 水溶液为例，其电极反应为

阳极
$$2OH^- - 2e \longrightarrow [O] + H_2O$$
$$Cl^- - e \longrightarrow [Cl]$$
$$H^+ + Cl^- \longrightarrow HCl$$

阴极
$$2H^+ + 2e \longrightarrow H_2$$
$$Na^+ + OH^- \longrightarrow NaOH$$

239

结果是，在阳极产生 O_2 和 Cl_2，在阴极产生 H_2。新生的 O_2 和 Cl_2 对阳极会产生强烈腐蚀。而且，阳极室中水呈酸性，阴极室中水呈碱性。若水中有 Ca^{2+}、Mg^{2+} 等离子，会与 OH^- 形成沉淀，集积在阴极上。当溶液中有杂质时，还会发生副反应。为了移走气体和可能的反应产物，同时维持 pH 值，保护电极，引入一股水流冲洗电极，称为极水。

3. 极化现象

在直流电场作用下，水中阴、阳离子分别在膜间进行定向迁移，各自传递着一定数量的电荷，形成电渗析的操作电流。当操作电流大到一定程度时，膜内离子迁移被强化，就会在膜附近造成离子的"真空"状态，在膜界面处将迫使水分子离解成 H^+ 和 OH^- 来传递电流，使膜两侧的 pH 值发生很大的变化，这一现象称为极化。此时，电解出来的 H^+ 和 OH^- 受电场作用分别穿过阳膜和阴膜，阳膜处将有 OH^- 积累，使膜表面呈碱性。当溶液中存在 Ca^{2+}、Mg^{2+} 等离子时将形成沉淀。这些沉淀物附在膜表面，或渗到膜内，易堵塞通道，使膜电阻增大，使操作电压或电流下降，降低了分离效率。同时，由于溶液 pH 值发生很大变化，会使膜受到腐蚀。

极化临界点所施加的电流称为极限电流。防止极化现象的办法是控制电渗析器在极限电流以下操作，一般取操作电流密度为极限电流密度的 80%。

4. 离子交换膜

离子交换膜是一种具有离子交换性能的高分子材料制成的薄膜。它与离子交换树脂相似，但作用机理和方式、效果都有不同之处。当前市场上离子交换膜种类繁多，也没有统一的分类方法。一般按膜的宏观结构分为三大类。

（1）均相离子交换膜 系将活性基团引入一惰性支持物中制成。它的化学结构均匀，孔隙小，膜电阻小，不易渗漏，电化学性能优良，在生产中应用广泛。但制作复杂，机械强度较低。

（2）非均相离子交换膜 由粉末状的离子交换树脂和黏合剂混合而成。树脂分散在黏合剂中，因而化学结构是不均匀的。由于黏合剂是绝缘材料，因此它的膜电阻大一些，选择透过性也差一些，但制作容易，机械强度较高，价格也较便宜。随着均相离子交换膜的推广，非均相离子交换膜的生产曾经大为减少，但近年来又趋活跃。

（3）半均相离子交换膜 也是将活性基团引入高分子支持物制成的，但两者不形成化学结合。其性能介于均相离子交换膜和非均相离子交换膜之间。

此外，还有一些特殊的离子交换膜，如两性离子交换膜、两极离子交换膜、蛇笼膜、镶嵌膜、表面涂层膜、螯合膜、中性膜、氧化还原膜等。

对离子交换膜的要求如下：

① 有良好的选择透过性，实际上此项性能不可能达到 100%，通常在 90% 以上，最高可达 99%；

② 膜电阻应低，膜电阻应小于溶液电阻；

③ 有良好的化学稳定性和机械强度；有适当的孔隙度。

5. 电渗析的特点

① 电渗析只对电解质的离子起选择迁移作用，而对非电解质不起作用；

② 电渗析除盐过程中没有物相的变化，因而能耗低；

③ 电渗析过程中不需要从外界向工作液体中加入任何物质，也不使用化学药剂，因而保证了工作液体原有的纯净程度，也没有对环境的污染，属清洁工艺；

240

④ 电渗析过程是在常温常压下进行的。

6. 电渗析的适用范围

电渗析在治理污水方面的应用可归结为三大方面。

① 作为离子交换工艺的预除盐处理，可大大降低离子交换的除盐负荷，扩展离子交换对原水的适应范围，大幅度减少离子交换再生时废酸、废碱及废盐的排放量，一般可减少90%。某些情况下，可以取代离子交换，直接制取初级纯水。

② 将污水中有用的电解质进行回收，并再利用。

③ 改革原有工艺，采用电渗析技术，实现清洁生产。

使用电渗析技术处理污水目前还处于探索阶段，在采用电渗析法处理污水时，应注意根据废水的性质选择合适的离子交换膜和电渗析器的结构，同时应对进入电渗析器的污水进行必要的预处理。

电渗析的适用范围见表 7-6。

表 7-6 电渗析的适用范围

用　途	除 盐 范 围			成品水的直流耗电量/kW·h·m^{-3}	说　明
	项　目	起始	终止		
海水淡化	含盐量/mg·L^{-1}	35000	500	15～17	规模较小时(如 500m^3/d 以下)，建设时间短,投资少,方便易行
苦咸水淡化	含盐量/mg·L^{-1}	5000	500	1～5	淡化到饮用水,比较经济
水的除氟	含氟量/mg·L^{-1}	10	1	1～5	在咸水除盐过程中,同时去除氟化物
淡水除盐	含盐量/mg·L^{-1}	500	5	<1	将饮用水除盐到相当于蒸馏水的初级纯水,比较经济
水的软化	硬度(以 CaCO$_3$ 计)/mg·L^{-1}	500	<15	<1	在除盐过程中同时去除硬度;除盐水优于相同硬度的软化水
纯水制取	电阻率/MΩ·cm	0.1	>5	1～2	采用树脂电渗析工艺,或采用电渗析-混合床离子交换工艺
废水的回收与利用	含盐量/mg·L^{-1}	5000	500	1～5	废水除盐,回收有用物质和除盐水

二、电渗析的流程

电渗析器由膜堆、极区和夹紧装置三部分组成。

① 膜堆　位于电渗析器的中部，是由交替排列的浓、淡室隔板和阴膜及阳膜所组成，是电渗析器除盐的主要部位。

② 极区　位于膜堆两侧，包括电极和极水隔板。极水隔板供传导电流和排除废气、废液之用，所以比较厚。

③ 夹紧装置　电渗析器有两种锁紧方式：压机锁紧和螺杆锁紧。大型电渗析器采用油压机锁紧，中小型多采用螺杆锁紧。

④ 组装方式　有串联、并联及串-并联。常用"级"和"段"来表示，"级"是指电极对的数目。"段"是指水流方向，水流通过一个膜堆后，改变方向进入后一个膜堆即增加一段。

各种电渗析器的组合方式如图 7-28 所示。

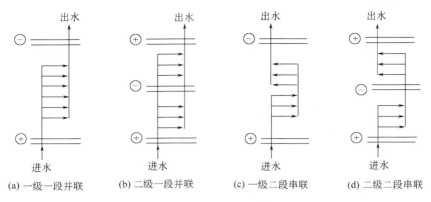

(a) 一级一段并联　　(b) 二级一段并联　　(c) 一级二段串联　　(d) 二级二段串联

图 7-28　各种电渗析器的组合方式示意

电渗析除盐的典型工艺流程如图 7-29～图 7-31 所示。

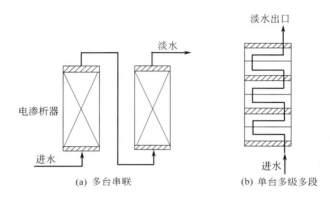

(a) 多台串联　　　　　　　　(b) 单台多级多段

图 7-29　直流式电渗析除盐流程

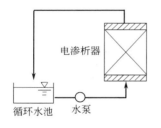

图 7-30　循环式电渗析除盐流程

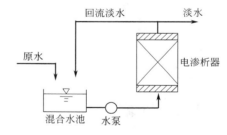

图 7-31　部分循环式电渗析除盐流程

三、电渗析技术的应用

电渗析技术目前已是一种相当成熟的膜分离技术，主要用途是苦咸水淡化、生产饮用水、浓缩海水制盐以及从体系中脱除电解质。它是目前膜分离过程中唯一涉及化学变化的分离过程。在许多领域与其他方法相比，它能有效地将生产过程与产品分离过程融合起来，具有其他方法不能比拟的优势。

（1）咸水脱盐制淡水　苦咸水脱盐制淡水是电渗析最早且至今仍是最重要的应用领域。以电渗析脱盐生产淡水为例，其工艺流程如图 7-32 所示。从井里取出的地下咸水，首先送入原水贮槽，加入高锰酸钾溶液，被氧化的铁和锰盐经过锰沸石过滤器滤除。滤液分两部分：一部分作为脱盐液从第一电渗析器按顺序通过四个电渗析器，脱盐达到饮用水标准。得到的淡水再经脱二氧化碳，使 pH 值在 7～8 之间，通入氯气消毒，最后送入淡水贮槽。这样的淡水就可以直接送到用水的地方；另一部分滤液作为浓缩液，送入浓缩液贮槽，用泵将浓缩液并列地送入四个电渗析器。除第一个电渗析器排出的浓缩液废弃外，其余浓缩液再流回浓缩液贮槽，在浓缩液贮槽和电极液贮槽中加入硫酸，以防止浓缩室及电极室中水垢的析出。

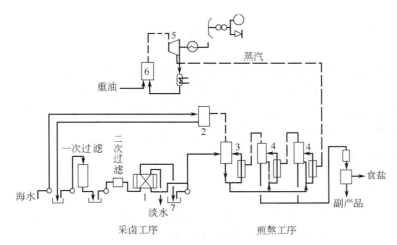

图 7-32 电渗析脱盐生产淡水的工艺流程

1—渗析槽；2—冷凝器；3—浓缩罐；4—结晶罐；5—涡轮机；6—锅炉；7—浓液槽

（2）重金属污水处理 电渗析可用于：含镍、铬、镉电镀污水的处理；印刷电路板生产中的氯化铜污水处理等。在回收重金属时，减少污水的排放。

电渗析法处理电镀含镍污水生产性试验工艺流程如图 7-33 所示。

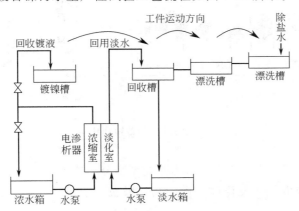

图 7-33 电渗析法处理电镀含镍污水工艺流程

（3）纯净水的生产 纯净水的水质高于生活饮用水，必须将生活饮用水经过处理，除盐、灭菌、消毒后才能制得合格的饮用纯净水。采用电渗析操作的目的是促进水的软化和除盐，由于纯水是不导电的，因此，当盐的浓度很低时溶液电阻很大，最好的办法是将电渗析与离子交换结合起来。先用电渗析脱除大部分的盐，再用离子交换除去残留的盐，既避免了盐浓度过低时溶液电阻过大的缺点，又避免了离子交换时树脂的频繁再生。

（4）在食品工业中的应用　已经试验过的应用有：牛乳、乳清的脱脂；酒类脱除酒石酸钾；果汁脱柠檬酸；从蛋白质水解液或发酵液中分离氨基酸等。

（5）其他应用　电渗析还可以用于草浆造纸黑液处理，从黑液中回收碱；在铝业生产中，电渗析可以从赤泥废液中回收碱；在感光胶片洗印行业中，电渗析可用于彩色感光胶片漂白废液的处理；使用双级膜的电渗析可由盐直接制取酸和碱。国内用双极膜电渗析制取维生素 C。

第五节　微　　滤

微滤是一种类似于粗滤的膜过程，微孔滤膜具有比较整齐、均匀的多孔结构，孔径的范围为 $0.05\sim10\mu m$，使过滤从一般只有比较粗糙的相对性质过渡到精密的绝对性质，微滤主要用于对悬浮液和乳液进行分离。膜组件从单一的膜片滤器到褶筒式、板式、中空纤维式和卷式等；应用范围从实验室的微生物检验迅速发展到制药、医疗、饮料、生物工程、高纯水、石化、污水处理和分析检测等广阔领域。

一、微滤原理

微滤又称精过滤，其基本原理属于筛网状过滤，在静压差的作用下，利用膜的"筛分"作用，小于膜孔的粒子通过滤膜，大于膜孔的粒子则被截留到膜面上，使大小不同的组分得以分离，其作用相当于"过滤"。由于每平方厘米滤膜中约含有 1000 万至 1 亿个小孔，孔隙率占总体积的 $70\%\sim80\%$，阻力很小，过滤速度较快。微滤膜各种截留作用如图 7-34 所示。

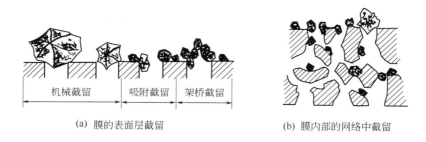

|机械截留|吸附截留|架桥截留|

（a）膜的表面层截留　　　　　　　（b）膜内部的网络中截留

图 7-34　微滤膜各种截留作用示意

微滤与反渗透和超滤一样，均属于压力驱动型膜分离技术。微滤主要从气相或液相物质中截留微米及亚微米级的细小悬浮物、微生物、微粒、细菌、红细胞、污染物等以达到净化、分离和浓缩的目的。

微滤过滤时介质不会脱落，没有杂质溶出、无毒、使用方便和更换方便，使用寿命长。同时，滤孔分布均匀，可将大于孔径的微粒、细菌、污染物截留在滤膜表面，滤液质量高，也称为绝对过滤。

二、影响微滤膜分离效果的因素

（1）孔堵塞　微滤膜孔被微粒和溶质堵塞和变小，造成从膜表面向料液主体的扩散通量

244

减少，膜表面的溶质浓度显著增高形成不可流动的凝胶层。使分离效果降低。

微孔膜堵塞原因有三种：①机械堵塞；②架桥；③吸附。机械堵塞是固体颗粒把膜孔完全塞住，吸附是颗粒在孔壁上使孔径变小，架桥也不完全堵塞孔道，这三种原因联合作用的结果，形成了滤饼过滤。

（2）浓差极化　浓差极化使膜表面上溶质的局部浓度增加，即边界层流体阻力增加（或局部渗透压的升高），将使传质推动力下降和渗透通量降低。

（3）溶质吸附　一旦料液与膜接触，大分子、胶体或细菌与膜相互作用而吸附或粘附在膜面上，从而改变膜的特性。

（4）生物污染　生物污染是指用微滤膜分离含有蛋白质的液体时，由于蛋白质在表面孔上架桥形成表面层而造成分离效果的降低。

三、微滤的操作流程

（1）无流动操作　如图 7-35 所示，原料液置于膜的上方，在压力差的推动下，溶剂和小于膜孔径的颗粒透过膜，大于膜孔的颗粒则被膜截留，该压差可通过原料液侧加压或透过液侧抽真空产生。在这种无流动操作中，随着时间的延长，被截留颗粒会在膜表面形成污染层，使过滤阻力增加，随着过程的进行，污染层将不断增厚和压实，过滤阻力将进一步加大，如果操作压力不变，膜渗透通量将降低，如图 7-35 所示。因此无流动操作只能是间歇的，必须周期性地停下来清除膜表面的污染层或更换膜。

（2）错流操作　对于含固量高于 0.5% 的料液通常采用错流操作，这种操作类似于超滤和反渗透，如图 7-36 所示，料液以切线方向流过膜表面，在压力作用下透过膜，料液中的颗粒则被膜截留而停留在膜表面形成一层污染层，与无流动操作不同的是料液流经膜表面时产生的高剪切力可以使沉积在膜表面的颗粒扩散返回主体流，从而被带出微滤组件，由于过滤导致的颗粒在膜表面的沉积速度与流体流经膜表面时由速度梯度产生的剪切力引发的颗粒返回主体流速度达到平衡，可以使该污染层不会无限增厚而保持在一个相对较薄的稳定水平。因此一旦污染层达到稳定，膜的渗透通量将在较长的时间内保持在相对高的水平上，如图 7-36 所示。当处理量大时，宜采用错流设计。

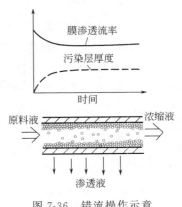

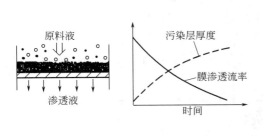

图 7-35　无流动操作示意

图 7-36　错流操作示意

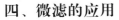

245

四、微滤的应用

1. 微滤膜的特点

（1）孔径的均一性　微孔滤膜的孔径十分均匀，只有孔径的高度均匀，才能提高滤膜的过滤精度，例如核微滤膜的孔径尺寸能严格控制，故可截留大于孔径的任何微粒，分离效率达100%。

（2）空隙率高　微孔滤膜表面有无数微孔，空隙率一般可达80%左右。膜的空隙率越高，意味着过滤所需的时间越短，即通量越大。

（3）材薄　大部分微滤膜的厚度在$150\mu m$左右，对于过滤一些高价液体或少量贵重液体来说，由于液体被过滤介质吸收而造成的液体损失将非常少。此外，由于膜薄，所以它质量轻，占地小。

2. 微滤的应用

微滤是所有膜过程中应用最普遍、销售额最大的一项技术，其年销售额大于其他所有膜过程销售额的总和。它的最大市场是制药行业的除菌过滤和电子工业的高纯水的制备，此外在食品工业、生物制剂的分离，以及空气过滤、生物及微生物的检查分析等方面得到了成功的运用。

（1）实验室中的应用　在实验室中，微孔滤膜是检测有形微细杂质的重要工具。

① 微生物检测　例如对饮用水中大肠菌群、游泳池水中假单胞族菌和链球菌、啤酒中酵母和细菌、软饮料中酵母、医药制品中细菌的检测和空气中微生物的检测等。

② 微粒子检测　例如注射剂中不溶性异物，石棉粉尘，航空燃料中的微粒子，水中悬浮物和排气中粉尘的检测，锅炉用水中铁分的分析，放射性尘埃的采样等。

（2）工业上的应用　制药行业的过滤除菌是其最大的市场，电子工业用高纯水制备次之。

① 制药工业　医药工业中，注射液及大输液中微粒污染（是不可代谢物质）引起的病理现象可分为四种情况。

a. 较大微粒直接造成血管阻塞，引起局部缺血和水肿，如纤维容易引起肺水肿。

b. 红细胞聚集在微粒上形成血栓，导致血管阻塞和静脉炎。

c. 微粒引起的过敏性反应。

d. 微粒侵入组织，由于巨噬细胞的包围和增殖导致血管肉芽肿。

上述情况的各种微粒均可以用微滤技术去除。此外，医院中手术用水及洗手的水也要去除悬浊物和微生物，也可应用微滤过滤技术。

目前，应用微滤技术生产的西药品种有葡萄糖大输液、右旋糖酐注射液、维生素C、维生素（B_1、B_2、B_6、B_{12}、K）、复合维生素、肾上腺素、硫酸阿托品、盐酸阿托品、硫酸庆大霉素、硫酸卡那霉素、维丙胺、阿尼利定（安痛定）等注射剂。此外，还用于获取昆虫细胞，分离大肠杆菌、制取阿米多无菌注射液和用于组织液培养及抗生素、血清、血浆蛋白质等多种溶液的灭菌。

② 电子工业　在电子元件生产中，纯水主要是用于清洗和配制各种溶液，因而纯水的质量对半导体器件、显像管及集成电路（SI）的成品率和产品质量有极大的影响。例如，目前生产的SI线条宽度和线条间的间距只有几微米或零点几微米，如果纯水不纯，水中的微粒吸附在硅片表面，就会形成针孔、小岛和缺陷，导致电路断线、短路和电气特性的改变。集成电路的集成度越高，对纯水水中微粒的要求也越高（见表7-7）。水中的细菌除具有微粒的作用外，细菌本身还含有多种有害元素，如P、Na、K、Ca、Mg、Fe、Cu、Cr等，在高温工序中进入硅片，造成电路失效或性能改变。

表 7-7　集成电路集成度对高纯水中微粒的要求

微 粒 规 格	集 成 度					
	4K	16K	64K	256K	1M	4M
线宽及间距/μm	6	4	2.2	1.2	0.8	0.5
水中微粒直径/μm	<0.6	<0.4	<0.22	<0.12	<0.08	<0.05
水中微粒数/个·mL^{-1}	<300	<150	<80	<40	<20	<10

微孔滤膜在纯水制备中的主要用处有二：一是在反渗透或电渗析前用作保安过滤器，用以清除细小的悬浮物质，一般用孔径为 $3\sim20\mu m$ 的卷绕式的微孔滤芯；二是在阳、阴或混合离子交换柱后，作为最后一级终端过滤手段，用它滤除树脂碎片或细菌等杂质。此时，一般用孔径为 $0.2\sim0.5\mu m$ 的滤膜，对膜材料强度的要求应十分严格，而且，要求纯水经过膜后不得再被污染、电阻率不得下降、微粒和有机物不得增加。

（3）其他领域　在生物化学和微生物研究中，常利用不同孔径的微孔滤膜收集细菌、酶、蛋白、虫卵等以提供检查分析。利用滤膜进行微生物培养时，可根据需要，在培养过程中更换培养基，以达到多种不同目的，并可进行快速检验。因此这种方法已被用于水质检验、临床微生物标本的分离，食品中细菌的监察；用孔径小于 $0.5\mu m$ 的微孔滤膜对啤酒和酒进行过滤后，可脱除其中的酵母、霉菌和其他微生物。经这样处理后的产品清澈、透明、存放期长，且成本低。微滤还可用于脱除废油中的水分和碳，进行废润滑油的再生等方面。

目前，微滤正被引入更广泛的领域：在食品工业领域许多应用已实现工业化；饮用水生产和城市污水处理是微滤应用潜在的两大市场；用于工业废水处理方面的研究正在大量开展；随着生物技术工业的发展，微滤在这一领域的市场也将越来越大。

 阅读材料

水 资 源

一、世界的水资源

地球上水的总储量约 $13.8\times10^8 km^3$，其中 97% 为海水。而占地球总水量的 3% 淡水中 70% 分布在南北两极地带及高山高原以冰川、冰帽状态存在，30% 以地下水或土壤水形式存在，湖泊、沼泽水占 0.35%，河水占 0.01%，大气水占 0.04%，便于人们取用的淡水只有河水、淡水湖水和浅层地下水，其量估计约 $3\times10^6 km^3$，占地球总水量的 0.2% 左右，为人类和生物生存的淡水是一种珍贵且极为有限的资源（见表 7-8 和表 7-9）。如果这些水没有被严重污染，则能用传统方法来生产安全的饮用水，而事实并非如此。此外，如果今天世界上所有人口的用水量都与发达国家的人均用水量相当的话，则地球上淡水的用量要增加 100 倍才能满足需要。

地球上的淡水和雨水分布又是极不均匀的，结果是一些地方经常遭受严重与连续的干旱，而另外一些地方经常遭受水灾。如非洲的撒哈拉沙漠年降雨量几乎为零，而夏威夷的威利尔山曾在一年中有 11.5m 的降雨量。另外由于缺乏用水计划以及不负责任的开发行为，人类严重污染了并继续污染着可饮用的淡水，因此更造成了高质量水的缺乏。

表 7-8　自然环境中水量的分布

水体类型	水量/km³	占全球水量比例/%	平均滞留时间
海洋	1338000000	96.5	2500 年
地下水 其中淡水	23400000 10530000	1.70 0.76	1400 年
土壤水	16000	0.001	1 年
冰雪水	24064000	1.74	1000～9700 年
湖泊 其中淡水	176400 91000	0.013 0.007	10～17 年
沼泽水	11470	0.0008	—
河水	2120	0.0002	16～20d
大气水	12900	0.001	8～10d
生物水	1120	0.0001	7d
总储水量 其中淡水	1385984610 35029210	100000 2.53	—

注：摘自世界资源研究所，世界资源报告，1985，449 页。

表 7-9　地球上的水量平衡

表面	面积 /×10⁶km²	降水 /mm	降水 /×10⁸m³	蒸发 /mm	蒸发 /×10⁸m³	径流（入海） 地表水 /mm	径流（入海） 地表水 /×10⁸m³	径流（入海） 地下水 /mm	径流（入海） 地下水 /×10⁸m³	径流（入海） 总计 /mm	径流（入海） 总计 /×10⁸m³
地球	510	1130	5770000	1130	5770000	—	—	—	—	—	—
海洋	361	1270	45800000	1400	5050000	124	4470000	6	22000	130	470000
陆地	149	800	1190000	485	720000	300	4470000	15	22000	315	470000
外流区	119	924	1100000	529	630000	376	4470000	9	22 000	395	470 000
内陆区	30	300	90000	300	90000						

注：摘自世界资源研究所，世界资源报告，1995，450 页。

二、中国水资源现状与水污染

中国长期平均年降雨量为 26.7 万立方米/km²，是世界平均值的 81%，占世界第三位，而且大约以每年 12.7mm 的速度减少。人均水资源约为全世界人均量的 1/4，尤其是我国的北方，可用的水资源每年人均不到全国平均值的 1/2。此外，占 38% 耕地的南方拥有全国 83% 的水资源，而黄河、淮河、海河、辽河流域占有 42% 的耕地，却只有 9% 的水资源。由于地表水不足，只能过量开采地下水。中国平地的地下水位几乎都在逐渐下降。华北平原的地下水水位每年平均下降 1.5m。在中国的大河中，黄河在1972 年的夏天出现了断流，这是在它长达 3000 年悠久历史中的首次断流，从此以后，这条中国文明的摇篮河在十多年中断断续续出现断流情况。从 1985 年以后，黄河每年必定发生断流，而且断流的时间越来越长，1997 年断流的时间长达 226 天。可以说，这是我们能够看到的反映中国水资源不足现状的一个最具代表性的事例。但是，中国断流的河川不只是黄河，淮河在 1997 年也出现了 90 天的断流。新疆塔里木河下游300km 河段干涸，流域面积萎缩，土地沙漠化、盐碱化不断发展。全国的地下水漏斗区已超过 80000km²，还产生了地面下沉。河流干涸、地下水位下降，引起了沿海地带普遍存在海水倒灌问题，辽宁、河北、山东等省海水入侵面积1433km²，导致90万人、24万头牲畜饮水困难，每年粮食减产1.26亿千克。

预计到2030年，我国总人口将达到16亿顶峰。水资源供应面临着有史以来最为严峻的考验，届时，居民需水量将由1995年的310亿立方米增加到1340亿立方米，工业用水将由520亿立方米增加到6650亿立方米。水资源缺口将由现在的400亿立方米扩大到4000亿立方米。水资源危机将是21世纪影响我国经济可持续增长的第一制约因素。

我国600多个城市中，有300个城市缺水，50多个城市严重缺水。有180个城市平均日缺水1200万立方米，相当于全国城市公共自来水供水能力的1/5，也就是说需要增加25％的年供水能力才能满足需要，这意味着需投资80亿元。

同时，我国污水总量1997年为416亿吨，其中工业污水为227亿吨，生活污水为189亿吨。工业污水的处理率为78.9％，达标率为54.4％，生活污水的处理率只有20％。全国约有1/3的工业污水和4/5的生活污水未经处理就直接排入江、河、湖和海，使水环境遭到严重的污染。据环保部门监测，全国城镇每天至少有1亿吨污水未经处理就直接排入水体。长江流域面积1800000km²，年径流量10000亿吨，但每年向它排放的污水多达130多亿吨，形成了800km的污染带；黄河，符合一、二类水质标准的仅占13％，符合三类标准的占18％，四、五类标准的占69％；淮河，每年排入污水21亿吨，在枯水期中上游部分几乎成为死水，污染严重河区水的色度近100，氨氮超过饮用水标准数十倍；海河，40.9％的河段受到有机物的严重污染；松花江，属于四五类水质标准的河段占62％；辽河是七大水系中污染最严重的，仅其支流浑河、太子河每年就接纳污水20亿吨，实际上成了排污河。而且由于沿岸重工业城市多，水源短缺，辽河污染呈发展趋势。

就湖泊而言，我国主要的16个湖泊每日排入的污水有600万吨之多。湖北的二里七湖因污染而彻底报废，白洋淀有1/3水域遭到不同程度的污染，滇池因污染而出现严重的富营养化，太湖成了污染治理的重点。

海洋的污染也很严重，我国仅沿海工厂和城市直接排入的污水每年达86亿吨，主要有害物质146万吨，海洋成了巨大的垃圾场。以渤海为例，每年向渤海排入的各种废水达28亿吨，污染超标的面积1995年为43000km²，渤海的富营养化也很严重，赤潮事件频发，从1990年到1997年发生赤潮数十次，影响面积达数千平方公里，造成数10亿元的经济损失。东海、南海近年也都发生了赤潮，1999年在珠江口出现的赤潮导致经济损失达4000多万元。赤潮是海洋生态系统的一种异常现象，赤潮的频频发生意味着人类对海洋污染的升级。

三、膜法水处理应用

在解决水资源缺乏的问题上，膜分离过程起到了非常重要的作用。在废水或污水排放之前，膜分离过程可以用于废水或污水处理；在污水进入污水系统之前，膜分离过程可以用于回收工业上有用的物质；当然膜分离过程也可以用于生产饮用水。在生产饮用水方面，使用膜技术可以利用大量的海水资源。此外，在水与污水循环回用方面，膜的特殊作用显得十分重要，尤其在水供应缺乏的地区。

（1）海水和苦咸水脱盐　在干旱的中东地区，拥有世界上2/3的脱盐水生产能力，经脱盐的海水及地下苦咸水已成为当地主要的水资源。在1970年以前，蒸馏法是主要的脱盐方法；直到1970年以后，反渗透和电渗析技术的改进导致膜技术应用显著

249

增加。

由于饮用水标准的提高和高质量水的缺乏，发达国家已经推广使用膜技术来进行饮用水处理。

（2）污水回用和循环　在水资源缺乏的地区，将处理的市政污水用于间接饮用与直接工业回用，以及工业用水循环再利用，已成为拓展现有水供应的有效方法。这些应用给膜技术公司提供了许多机遇。饮用水直接回用已在纳米比亚首都温得和克实现。以二级市政污水生产高质量饮用水的技术也有各种中试规模和示范性的水处理工厂，其中最有名的工厂设在美国科罗拉多州的丹佛，在其处理系统中有反渗透装置，用来减少总溶固体和有机污染物。

工业用水的循环不仅是拓展水供应的有效方法，而且也限制了污染物的排放，以及回收有用物质。目前，工业发达国家将它们的管理精力从污水排放控制转移到减少污水源头，这更引起人们对膜分离技术应用于资源回收和污染防治的极大关注。

本章主要内容及知识主线

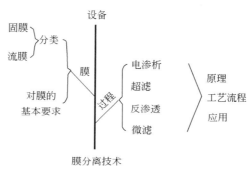

膜分离技术

① 膜是分离两相和作为选择性传递物质的屏障；膜分离是借助于膜，在某种推动力的作用下，利用流体中各组分对膜的渗透速率的差别而实现组分分离的单元操作。

② 反渗透、超滤、电渗析、微滤的基本原理；各种膜分离过程的影响因素及在工业生产中的应用是本章重点。

③ 浓差极化是导致膜污染，影响膜分离效率的现象。其产生的原因都是被膜阻挡的组分积累在膜表面上，造成由膜表面到溶液主体之间的具有浓度梯度的边界层，它将引起溶质从膜表面通过边界层向溶液主体扩散，致使膜分离过程无法进行较长时间的稳定操作。通常，采取的控制措施有：

a. 料液预处理（通常有过滤、化学絮凝、pH值调节、消毒、活性炭吸附等）；

b. 增加料液流速，在组件内设置湍流促进装置；

c. 选取适当的操作压力；

d. 对膜进行化学修饰，提高抗污染性；

e. 定时反向冲洗；

f. 滤饼机械刮除；

g. 错流过滤等。

在电渗析过程中，防止极化现象和沉淀产生的最有效的方法是控制操作条件，使电渗析器在极限电流下进行运行。由于极限电流限制了电渗析器的生产能力和生产效率，如何提高极限电流就成为电渗析器在应用中的一个重要问题。影响极限电流的因素很多，如膜的种类、水中离子的种类、离子的浓度、流量以及隔板的结构形式等。在前两个因素固定不变的条件下，一般来说，提高温度、增加水中离子的浓度、加快流速、适当减薄隔板厚度、选择良好的布水槽和填充网，都能在一定程度上提高极限电流，从而提高电渗析器的性能。

④ 在应用膜法进行水处理时往往是几种膜分离技术联合使用，以提高分离精度。

复习与思考题

1. 什么是膜分离操作？按推动力和传递机理的不同，膜分离过程可分为哪些类型？
2. 根据膜组件的形式不同，膜分离设备可分为哪几种？
3. 什么叫反渗透？其分离机理是什么？
4. 什么叫浓差极化？它对反渗透过程有哪些影响？
5. 常见的反渗透工艺流程有哪几种？各有哪些特点？
6. 反渗透技术有哪些方面的应用？
7. 什么叫超滤？影响超滤通量的因素有哪些？
8. 超滤流程有哪几种？各有什么特点？
9. 超滤技术有哪些方面的应用？
10. 什么叫电渗析？其基本原理是什么？
11. 电渗析过程的影响因素有哪些？
12. 电渗析流程有哪几种？各有什么特点？
13. 电渗析技术有哪些方面的应用？
14. 简述微滤原理和微滤膜的特点。
15. 举例说明微滤的应用。
16. 欲处理含有重金属的废水，采用微滤法是否可行，为什么？
17. 制备高纯水，可采用何种膜分离方法？
18. 海水淡化，采用什么方法最经济？
19. 谈谈你对中国水资源问题的认识。

英文字母

A——传质系数；

c——溶质的浓度，$kmol/m^3$；

J——渗透通量，$kmol/(m^2 \cdot s)$ 或 $m^3/(m^2 \cdot s)$；

p——压力，Pa；

R——截留率。

希腊字母

π——渗透压，Pa；

ρ——密度，kg/m^3。

第
八
章

其他传质分离方法

其他传质分离方法

学习目标

● 了解离子交换分离、气浮分离、电解分离及生物处理技术等环境工程中常见的分离方法的基本概念，在环境工程中的应用。

● 掌握离子交换分离、气浮分离、电解分离及生物处理技术的基本原理，各种常用设备选用。

第一节　离子交换分离

离子交换分离是利用固相离子交换剂功能基团所带的可交换离子，与接触交换剂的溶液中相同电性的离子进行交换反应，以达到粒子的置换、分离、去除、浓缩等目的。按照所交换粒子带电的性质，离子交换反应可分为阳离子交换和阴离子交换两种类型。下面以阳离子交换为例来说明离子交换的基本原理。

一、离子交换的基本原理

（1）离子交换剂　可用作离子交换剂的物质有离子交换树脂、无机离子交换剂（如天然与合成沸石）和某些天然有机物质经化学加工制得的交换剂（如磺化煤等），其中离子交换树脂是应用最广泛的离子交换剂。

离子交换树脂通常为球状凝胶颗粒，是带有可交换离子的不溶性固体高聚物电解质，实质上是高分子酸、碱或盐，其中可交换离子的电荷与固定在高分子骨架上的离子基团的电荷相反，故称之为反离子。根据可交换的反离子的电荷性质，离子交换树脂可分为阳离子交换树脂与阴离子交换树脂两类。每一类中又可根据其电离度的强弱分为强型和弱型两种。

强酸性阳离子交换树脂和强碱性阴离子交换树脂的固体骨架多为苯乙烯和二乙烯基苯的共聚物，它具有三维交联结构，其中二乙烯基苯为交联剂，其交联度取决于共聚时二乙烯基苯与苯乙烯的分子比，如图 8-1(a)所示。弱酸性阳离子交换树脂的固体骨架为丙烯酸或与二乙烯基苯的共聚物，如图 8-1(b)所示。这两种具有交联结构的共聚物可在有机溶剂存在下溶胀，但无离子交换性能，可以用化学反应的方法，将某些离子功能基

253

团加到聚合物骨架上，将其转变成具有离子交换性能的水溶胀性的凝胶。例如，将苯乙烯与二乙烯基苯共聚物磺化，可将 SO_3^- 集团联结到聚合物的骨架上，从而获得了带负电荷的骨架并带可交换的迁移 H^+ 的阳离子交换树脂，如图 8-2(a)、图 8-2(b)所示。H^+ 可以等当量地与其他阳离子如 Na^+、Ca^{2+}、K^+、Mg^{2+} 等进行离子交换。如果苯乙烯与二乙烯基苯共聚物先进行氯甲基化再进行氨基化反应，则得到一个强碱性阴离子交换树脂，如图 8-2(c)所示，树脂中的 Cl^- 可以交换其他阴离子如 OH^-、HCO_3^-、SO_4^{2-} 和 NO_3^- 等。

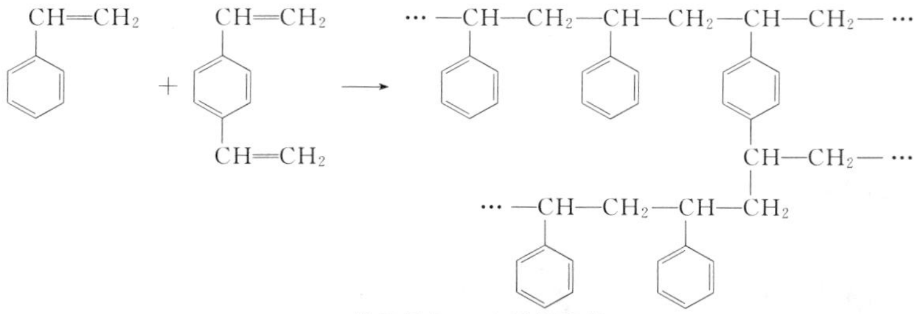

(a)苯乙烯与二乙烯共聚物

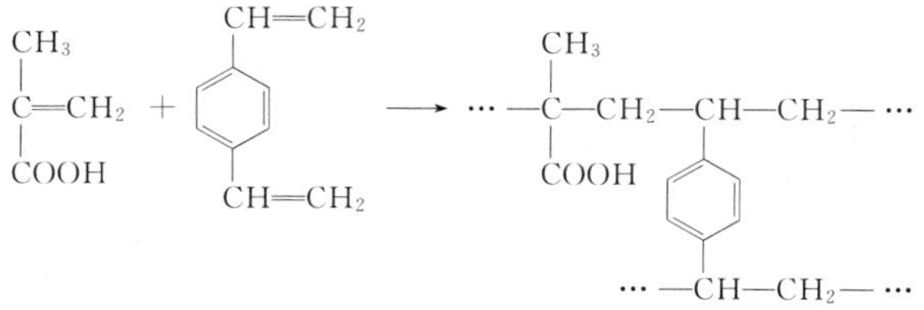

(b) 丙烯酸与二乙烯共聚物

图 8-1　离子交换树脂固体骨架物结构示意

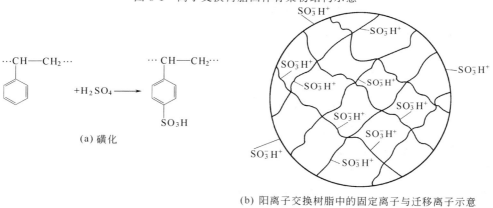

(a) 磺化

(b) 阳离子交换树脂中的固定离子与迁移离子示意

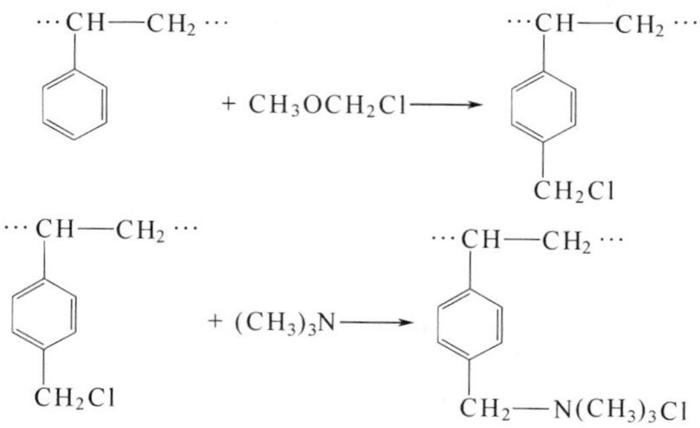

(c) 氯甲基化和氨基化

图 8-2　离子交换树脂示意

环境工程原理

离子交换树脂交换能力的大小以交换容量来衡量，它表示树脂所能吸着（交换）的离子数量。

强酸阳离子或强碱阴离子交换树脂的最大交换容量是树脂内可迁移离子的物质的量与其电荷数之比。例如 1mol H^+ 可交换 0.5mol 的 Ca^{2+}。通常交换容量以单位质量或体积的树脂所能交换的离子的物质的量除以该离子的电荷数表示。

离子交换树脂的选择性是树脂对不同反离子亲和力差别的反映，与树脂亲和力强的离子选择性高，在树脂上的相对含量高，可取代树脂上亲和力弱的离子。

（2）离子交换平衡 离子交换平衡规律的理论依据为质量作用定律。以下以阳离子交换为例进行分析，若 R^-A^+ 代表阳离子交换树脂，R^- 表示固定在树脂上的阴离子基团，A^+ 为活动离子，电解质溶液中的阳离子以 B^{n+} 来表示，则离子交换反应为

$$nR^-A^+ + B^{n+} \Longrightarrow R_n^-B^{n+} + nA^+ \tag{8-1}$$

若电解质溶液为稀溶液，各种离子的活度系数接近于 1；又假定离子交换树脂中离子活度系数的比值为一常数，则交换反应的平衡关系可用式(8-2)表示。

$$K = \frac{[A^+]^n[R_n^-B^{n+}]}{[B^{n+}][R^-A^+]^n} \tag{8-2}$$

式中，右边各项为离子浓度，由于上述对活度系数的假定，所以 K 值不为常数，因此把它称为平衡系数。但在稀溶液条件下，可近似地看做常数。

上式表明，K 值越大，吸着量越大，即溶液中的 B^{n+} 的去除率越高。根据 K 值的大小，可以判断交换树脂选择性的强弱，故又把 K 值称为离子交换平衡选择系数。表 8-1 所列为磺酸型苯乙烯阳离子交换树脂对某些离子的选择系数。根据 K 值的大小，可排出各种树脂对某些离子的交换顺序如下。

磺酸型阳离子交换树脂：$Fe^{3+} > Al^{3+} > Ca^{2+} > Ni^{2+} > Cd^{2+} > Cu^{2+} > Co^{2+} > Zn^{2+} > Mg^{2+} > Na^+ > H^+$。

羧酸型阳离子交换树脂：$H^+ > Fe^{3+} > Al^{3+} > Ba^{2+} > Sr^{2+} > Ca^{2+} > Ni^{2+} > Cd^{2+} > Cu^{2+} > Co^{2+} > Zn^{2+} > Mg^{2+} > UO_2^{2+} > K^+ > Na^+$。

401 螯合型树脂（相当于 DowexA-1）：$Cu^{2+} > Pb^{2+} > Fe^{3+} > Al^{3+} > Cr^{3+} > Ni^{2+} > Zn^{2+} > Ag^+ > Co^{2+} > Cd^{2+} > Fe^{2+} > Mn^{2+} > Ba^{2+} > Ca^{2+} > Na^+$。

强酸性阴离子交换树脂：$Cr_2O_7^{2-} > SO_4^{2-} > NO_3^- > CrO_4^{2-} > Br^- > SCN^- > OH^- > Cl^-$

强碱性阴离子交换树脂：$OH^- > Cr_2O_7^{2-} > SO_4^{2-} > CrO_4^{2-} > NO_3^- > PO_4^{3-} > MoO_4^{2-} >$

表 8-1 磺酸型苯乙烯阳离子交换树脂的选择系数

离子种类	二乙烯苯含量			离子种类	二乙烯苯含量		
	4%	8%	16%		4%	8%	16%
Li^+	1.00	1.00	1.00	Zn^{2+}	3.13	3.47	3.78
H^+	1.32	1.27	1.47	Co^{2+}	3.23	3.74	3.81
Na^+	1.58	1.98	2.37	Cu^{2+}	3.29	3.85	4.46
NH_4^+	1.90	2.55	3.34	Cd^{2+}	3.37	3.88	4.95
K^+	2.27	2.90	4.50	Ni^{2+}	3.45	3.93	4.06
Rb^+	2.46	3.16	4.62	Ca^{2+}	4.15	5.16	7.27
Cs^+	2.67	3.25	4.66	Sr^{2+}	4.70	6.51	10.1
Ag^+	4.73	8.51	22.9	Pb^{2+}	6.56	9.91	18.0
Ti^+	6.71	12.4	28.5	Ba^{2+}	7.47	11.5	20.8
Mg^{2+}	2.95	3.29	3.51				

255

$HCO_3^- \geqslant Br^- > Cl^- > F^-$。

影响离子交换平衡的主要因素有：交换树脂的性质、溶液中平衡离子（交换离子）的性质、溶液的 pH 值、溶液的浓度和温度等。在交换的过程中，应注意掌握控制这些因素，以达到预期的交换效果。

（3）传质速率　作为液固相间的传质过程，离子交换与液固相间的吸附过程相似。在离子交换过程中，同样存在着两个主要的传质阻力。一是离子交换剂粒子附近的边界层中产生的外部传质阻力；二是在粒子内部的扩散传质阻力。传质的控制步骤需要根据具体情况进行分析。一般来说，溶液中交换离子的浓度很低时，外部传质是控制步骤，在分离因数或选择性系数很高时，倾向于外部扩散控制；二价离子在树脂内的扩散明显慢于单价离子。通常在离子交换剂表面进行的离子交换反应很快，因而不是传质的限定步骤。

二、离子交换设备

最常用的离子交换设备有固定床、移动床和流动床三种。

固定床离子交换器床层固定不变，水流由上而下流动。根据料层的组成，又分为单层床、双层床和混合床三种。单层床中只装一种树脂，可以单独使用，也可以串联使用。双层床是在同一个柱中装两种同性不同型的树脂，由于相对密度不同而分为两层。混合床是把阴、阳两种树脂混合装成一床使用。固定床交换柱的上部和下部设有配水和集水装置，中部装填 1.0～1.5m 厚的交换树脂。这种交换器的优点是设备紧凑、操作简单、出水水质好；但缺点是再生费用较大、生产效率不高，但目前仍然是应用比较广泛的一种设备。

移动床交换设备主要由交换柱和再生柱两部分组成。工作时，定期从交换柱排出部分失效树脂，送到再生柱再生，同时补充等量的新鲜树脂。它是一种半连续式的交换设备，整个交换树脂在间断移动中完成交换和再生。移动床交换器的优点是效率较高，树脂用量较少。

流动床交换设备是交换树脂在连续移动中实现交换和再生的。

移动床和流动床与固定床相比，具有交换速度快、生产能力大和效率高等优点。但是由于设备复杂、操作麻烦、对水质水量变化的适应性差，以及树脂磨损大等缺点，使其应用范围受到一定限制。

三、离子交换技术的应用

离子交换技术在水质净化与水污染控制工程中得到广泛应用。以下仅就离子交换技术在污水处理中的应用作一简要介绍。

（1）含汞污水的处理　当汞在污水中呈 Hg^{2+}、$HgCl^+$ 或 CH_3Hg^+ 等阳离子形态存在时，含巯基（—SH）的树脂如聚硫代苯乙烯阳离子交换树脂，对它们的分离十分有效，其反应如下。

$$2RSH + Hg^{2+} \Longrightarrow (RS)_2Hg + 2H^+ \tag{8-3}$$

$$RSH + HgCl^+ \Longrightarrow RSHgCl + H^+ \tag{8-4}$$

$$RSH + CH_3Hg^+ \Longrightarrow RSHgCH_3 + H^+ \tag{8-5}$$

有关资料介绍，用大孔巯基树脂进行交换，在 pH＝2 的条件下，处理含汞 20～50mg/L 的氯碱污水，出水含汞在 0.002mg/L 以下。我国一些研究部门用国产大孔巯基树脂处理甲基汞污水的研究取得了良好的结果。该法的流程是：将甲基汞污水通入巯基树脂交换柱进行

256

交换，然后用盐酸-氯化钠溶液洗脱，洗脱液经紫外光照射迅速分解后，再用铜屑还原回收金属汞。经过处理，出水中含甲基汞 1ppb(10^{-9})以下，汞得以回收。

当汞在污水中呈带负电荷的氯化汞络合离子 $HgCl_x^{(x-2)-}$ 时，则采用阴离子交换树脂处理。用 201×7 强碱性阴离子交换树脂，几乎可以完全将污水中的汞吸着，然后用 HCl 洗脱呈氯化汞形式回收。

（2）含镉污水的处理　在污水中镉也有两种离子形态。氰化镀镉淋洗水中的镉为四氰镉阴离子 $Cd(CN)_4^{2-}$，它可以用 D370 大孔叔胺型弱碱性阴离子交换树脂来处理，出水含镉低于国家排放标准，镉还可以回收利用。另外一种污水中的镉以 Cd^{2+} 或 $Cd(NH_3)_2^{2+}$ 配离子形态存在，例如镀镉漂洗水，含镉约 20mg/L，pH 值为 7 左右，采用 Na 型 DK110 阳离子交换树脂处理，得到很好的效果。据有关资料介绍，已有许多除镉的特效树脂可用于污水处理或回收镉。当处理含镉 50～250mg/L 的污水时，回收镉的价值可使离子交换装置的投资在半年到两年内得到补偿。

在欧美通常是用离子交换法来去除饮用水中的硝酸根离子。用氯型阴离子交换树脂对污水二级处理出水进行处理时，一个工作周期的处理水量约为树脂量的 170 倍，硝酸根离子的去除率为 77%，处理出水的硝酸根离子浓度降到 1.3mg/L。

（3）除磷脱氮　在城市污水的深度处理中，也可用离子交换法去除常规二级处理中难以除去的营养物质磷和氮，使水质达到受纳水体或某具体回用目的的水质标准。

氯型强碱性阴离子交换树脂吸着磷酸的反应如下。

$$2RCl + HPO_4^{2-} \longrightarrow R_2HPO_4 + 2Cl^-$$

树脂的选择性次序为：$PO_4^{3-} > HPO_4^{2-} > H_2PO_4^-$，但吸着量以一价 $H_2PO_4^-$ 的为最大。三价铁离子型的强酸性阳离子交换树脂也能吸着磷酸，这种树脂对污水二级处理出水进行深度处理时，磷酸的吸附量为 2.75kg（磷）/m³（树脂），处理后出水的磷酸浓度在 0.01mg/L（磷）以下。再生时使用三氯化铁溶液。

第二节　气浮分离

气浮分离就是在污水中产生大量的微小气泡作为载体去粘附在污水中微细的疏水性悬浮固体和乳化油，使其随气泡浮升到水面，形成泡沫层，然后用机械方法撇除，从而使得污染物从污水中分离出来。

疏水性的物质易气浮，而亲水性的物质不易气浮。因此需投加浮选剂改变污染物的表面特性，使某些亲水性物质转变为疏水物质，然后气浮除去，这种方法称为"浮选"。

一、气浮分离原理

气浮分离法主要是根据表面张力的作用原理，当液体和空气相接触时，液体表面收缩至最小，使得液珠总是呈圆球形存在。这种企图缩小表面积的力，称之为液体的表面张力，其单位为 N/m。如欲增大液体的表面积，就需对其做功，以克服分子间的引力。同样，在相界面上也存在界面张力。

当空气通入污水时，污水中存在细小颗粒物质，共同组成三相系统。由于细小颗粒粘附到气泡上时，使气泡界面发生变化，引起界面能的变化。在颗粒粘附于气泡之前和粘附于气泡之后，气泡的单位界面面积上的界面能之差以 ΔE 表示。如果 $\Delta E > 0$，说明界面能减少

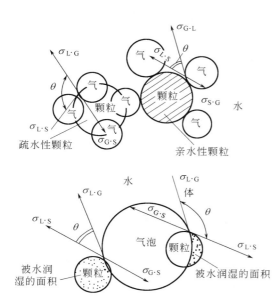

了，消耗了能量，而使颗粒粘附在气泡上；反之，如果 $\Delta E < 0$，则颗粒不能粘附于气泡上，所以 ΔE 又称为可浮性指标。

另外，可浮性指标 ΔE 值的大小直接与水和气相界面的界面张力 σ 及颗粒对水之间的润湿性有关，易被水润湿的颗粒，水对它有较大的附着力，气泡不易把水排开取而代之，因此，这种颗粒不易附着在气泡上。相反，不易被水润湿的颗粒，就容易附着在气泡上。这种物质对水的润湿性，可以用颗粒与水的接触角 θ 表示，$\theta < 90°$ 者为亲水性物质，$\theta > 90°$ 者为疏水性物质。图 8-3 所示为不同悬浮颗粒与水的润湿情况。

可浮性指标的表达式为

$$\Delta E = \sigma(1 - \cos\theta)$$

从上式可见，当颗粒完全被水润湿时，$\theta \to 0°$，$\cos\theta \to 1$，$\Delta E \to 0$，颗粒不能与气泡相粘附，因此也就不能用气浮分离法处理；当颗粒完全不被水润湿时，$\theta \to 180°$，$\cos\theta \to -1$，$\Delta E \to 2\sigma$，颗粒与气泡粘附紧密，最易于用气浮分离法去除；对于 σ 值很小的体系，虽然有利于形成气泡，但 ΔE 很小，不利于气泡与颗粒的粘附。

图 8-3　不同悬浮颗粒与水的润湿情况

二、气浮分离设备——气浮池

气浮池可分为平流式和竖流式两种基本形式，如图 8-4 所示，两者都用隔墙分为接触室和分离室两个区域。接触室也称捕捉区，是溶气水与污水混合、微气泡与悬浮物粘附的区域。分离室也称气浮区，是悬浮物以微气泡为载体上浮分离的区域。

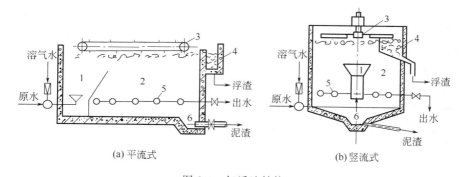

(a) 平流式　　　　　　　　　　　(b) 竖流式

图 8-4　气浮池结构

1—接触室；2—分离室；3—刮渣机；4—浮渣槽（室）；5—集水管；6—集泥斗（坑）

平流式气浮池的设计计算如下。

（1）接触室面积 A_c

$$A_c = \frac{Q + Q_r}{v_c} \tag{8-6}$$

式中　A_c——接触室面积，m^2；

Q，Q_r——分别为污水和溶气水流量，m^3/s；

v_c——接触室内水流上升速度，m/s，一般取 $15\sim20mm/s$。

气浮池有效水深一般取 $2.0\sim2.5m$，接触室水力停留时间应大于 $1min$。

（2）分离室面积 A_s

$$A_s=\frac{Q+Q_r}{v_s} \tag{8-7}$$

式中　A_s——分离室面积，m^2；

v_s——分离室内水流平均速度，m/s，一般取 $1.5\sim2.0mm/s$。

（3）核算　以下式进行核算

$$\frac{V}{Q+Q_r}=t\geqslant20min$$

式中　V——总体积，m^3。

气浮池个数以 $2\sim4$ 座为宜，以并联方式运行。确定单池表面积 A 后，按 $L/B=1.5\sim2.0$ 确定池有效长 L 和池宽 B。当采用机械刮渣时，池宽应与刮渣机的跨度相匹配，在 $1\sim5.5m$ 的范围内按 $0.5m$ 的整数倍选取。另外，接触室的长度 L_1 一般与池宽 B 相同，其宽度 B_1 则由 $B_1=A_c/L_1$ 确定。

（4）气浮池总高 $H(m)$

$$H=h_1+h_2+h_3 \tag{8-8}$$

式中　H——气浮池总高，m；

h_1——保护高度，取 $0.4\sim0.5m$；

h_2——有效水深，m；

h_3——池底安装集水管所需高度，取 $0.4m$。

气浮池底应以 $0.01\sim0.02$ 的坡度坡向排污口（或由两端坡向中央），排污管进口处应设集泥坑。浮渣槽应以 $0.03\sim0.05$ 的坡度坡向排渣口。穿孔集水管常用 $\phi200$ 的铸铁管，管中心线距池底 $250\sim300mm$，相邻两管中心距为 $1.2\sim1.5m$，沿池长方向排列。每根集水管应单独设出水阀，以便调节出水量和在刮渣时提高池内水位。

三、气浮分离在环境工程中的应用

气浮分离就是利用高度分散的微小气泡作为载体去粘附污水中的污染物以实现固-液和液-液分离的目的。在污水处理中，气浮分离法已广泛应用于：①分离地面水中的细小悬浮物、藻类以及微絮体；②回收工业污水中的有用物质，如造纸厂污水中的纸浆纤维及填料等；③代替二次沉淀池，分离和浓缩剩余活性污泥，特别适用于那些易于产生污泥膨胀的生化处理工艺中；④分离回收油污水中的悬浮油和乳化油；⑤分离回收以分子或离子状态存在的目的物，如表面活性剂和金属离子等。

第三节　电解分离技术

一、电解分离原理

电解是利用直流电进行溶液氧化还原反应的过程。电解时，把电能转变为化学能的装置为电解槽。在电解槽中，与电源正极相连接的极称为阳极，与电源负极相连接的极称为阴极。当接通直流电源后，电解槽的阴极和阳极之间发生了电位差，驱使正离子移向阴极，在阴极取得电子，进行还原反应；负离子移向阳极，在阳极放出电子，进行氧化反应。从而使得污水中的污染物在阳极被氧化，在阴极被还原，或者与电极反应产物作用，转化为无害成分被分离除去。目前对电解还没有统一的分类方法，一般按照污染物的净化机理可以分为电解氧化法、电解还原法、电解凝聚法和电解浮上法；也可以分为直接电解法和间接电解法。按照阳极材料的溶解特性可分为不溶性阳极电解法和可溶性阳极电解法。

二、电解设备——电解槽

电解槽一般多为矩形。按污水的流动方式分为回流式和翻腾式。电解槽的结构形式如图8-5所示。回流式水流流程长，离子易于向水中扩散，容积利用率高，但施工和检修比较困难。翻腾式的极板采用悬挂式固定，极板与池壁不接触而减少了漏电的可能，更换极板也比较方便。

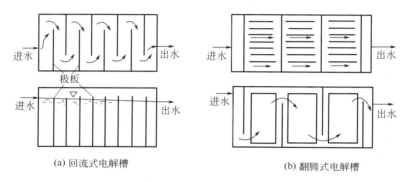

(a) 回流式电解槽　　　　　　　(b) 翻腾式电解槽

图 8-5　电解槽的结构形式

极板电路也有两种：单极板电路和双极板电路，如图8-6所示。生产上双极板电路应用比较普遍，因为双极板电路具有极板腐蚀均匀，相邻极板的接触机会少，即使接触也不至于发生电路短路而引起事故，因此双极板电路便于缩小极板间距，提高极板的有效利用率，从而减少投资和节省运营费用等。

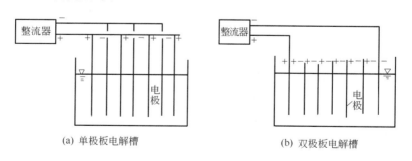

(a) 单极板电解槽　　　　　　　(b) 双极板电解槽

图 8-6　电解槽极板电路结构形式

三、电解分离在环境工程中的应用

电解凝聚气浮法的基本原理是将需处理的污水作为电解质溶液，在直流电源的作用下发生电化学反应，在电解过程中，一般可产生三种效应，即电解氧化反应、电解絮凝和电解气浮。利用电解絮凝和电解气浮，可以处理多种含有机物、重金属污水。表 8-2 所列为各类污水处理的工艺参数。

表 8-2　电解凝聚气浮法对各类污水处理的工艺参数

污水来源	pH	电量消耗 /A·h·L^{-1}	电流密度 /A·min·dm^{-2}	电能消耗 /kW·h·m^{-3}	电解电压 (单极式)/V	电极金属消耗 /g·m^{-3}	电极材料	极距/mm	污水电解时间/min
制革厂	8～10	0.3～0.8	0.5～1.0	1.5～3.0	3～5	250～700	钢板	20	20～25
毛皮厂	8～10	0.1～0.3	1～2	0.6～1.5	3～5	150～200	钢板	20	20
肉类加工厂	8～9	0.08～0.12	1.5～2.0	0.15～1.0	8～12	70～110	钢板	20	40
电镀厂	9～10.5	0.3～0.15	0.3～0.5	0.4～2.5	9～12	45～150	钢板	10	20～30

制革污水与毛皮厂污水的悬浮物、COD，经电解凝聚处理后，分别降低 90% 和 50% 左右；肉类加工厂含油脂、悬浮物、COD 分别平均为 800mg/L、1100mg/L 和 960mg/L，经电解凝聚处理后，上述水质指标分别降低 90%、95%、70% 和 70%。电镀污水经过氧化、还原和中和处理后，再用电解凝聚做补充处理，可使各项指标均达到排放与回收标准。

电解凝聚气浮法比起投加凝聚剂的化学凝聚来，具有一些独特的优点：可去除的污染物广泛，反应迅速（如阳极溶蚀产生 Al^{3+} 并形成絮凝体只需 15～45s），适用的 pH 范围宽，所形成的沉渣密实，效果好。

第四节　生物处理技术

生物处理法是利用自然环境中微生物的生物化学作用来氧化分解污水中的有机物和某些无机毒物（如氰化物、硫化物），并将其转化为稳定无害的无机物的一种污水处理方法，具有投资少、效果好、运行费用低等优点，在城市污水和工业污水的处理中得到最广泛的应用。

现代的生物处理法根据微生物在生化反应中是否需要氧气分为好氧生物处理和厌氧生物处理两类。

一、好氧生物处理

好氧生物处理是好氧微生物和兼性微生物参与，在有溶解氧的条件下，处理污水中有机物的过程。好氧生物处理主要有活性污泥法和生物膜法两种。

1. 活性污泥法

（1）活性污泥法的基本原理　向生活污水中不断的注入空气，维持水中有足够的溶解氧，经过一段时间后，污水中即生成一种絮凝体。这种絮凝体是由大量繁殖的微生物构成，易于沉淀分离，使污水得到澄清，这就是"活性污泥"。活性污泥法就是以悬浮在水中的活性污泥为主体，在微生物生长有利的环境条件下和污水充分接触，使污水净化的一种方法。

活性污泥去除水中有机物，主要经历三个阶段。

① 生物吸附阶段　污水与活性污泥接触后的很短时间内水中有机物（BOD）迅速降低，这主要是吸附作用引起的。由于絮状的活性污泥表面积很大（约 2000～10000m^2/m^3 混合液），表面具有多糖类黏液层，污水中悬浮的和胶体的物质被絮凝和吸附迅速去除。活性污泥的初期吸附性能取决于污泥的活性。

② 生物氧化阶段　在有氧的条件下，微生物将吸附阶段吸附的有机物一部分氧化分解

获取能量，一部分则合成新的细胞。从污水处理的角度看，不论是氧化还是合成都能从水中去除有机物，只是合成的细胞必须易于絮凝沉淀而能从水中分离出来。这一阶段比吸附阶段慢得多。

③ 絮凝体形成与凝聚沉淀阶段 氧化阶段合成的菌体有机体絮凝形成絮凝体，通过重力沉淀从水中分离出来，使水得到净化。

活性污泥的吸附凝聚性能，有机物的去除速率及活性污泥增长速率和活性污泥中微生物的生长期有关。在对数增长期，微生物活动能力强，有机物氧化和转换成新细胞的速率最大，但不易形成良好的活性污泥絮凝体；在减速增长期，有机物去除速率与残存有机物呈一级反应，速率有所降低，但污泥絮凝体易于形成；内源呼吸期，有机物迅速耗尽，污泥量减少，絮凝体形成速率高，吸附有机物的能力显著。

（2）活性污泥法的基本流程 采用活性污泥法，处理工业污水的流程如图8-7所示。

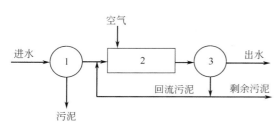

图8-7 活性污泥法的基本流程
1—初次沉淀池；2—曝气池；3—二次沉淀池

流程中的主体设备是曝气池，污水必须先进行沉淀预处理后，除去某些大的悬浮物及胶状颗粒等，然后进入曝气池与池内活性污泥混合成混合液，并在池内充分曝气，一方面使活性污泥处于悬浮状态，污水与活性污泥充分接触；另一方面，通过曝气，向活性污泥提供氧气，保持好氧条件，保证微生物的正常生长和繁殖。而水中的有机物被活性污泥吸附、氧化分解。处理后的污水和活性污泥一同流入二次沉淀池进行分离，上层净化后的污水排出。沉淀的活性污泥部分回流通过曝气池进口，与进入曝气池的污水混合。由于微生物的新陈代谢作用，不断有新的原生质合成，所在系统中活性污泥量会不断增加，多余的活性污泥应从系统中排出，这部分污泥称为剩余污泥量，回流使用的污泥称为回流活性污泥。通常参与分解污水中有机物的微生物的增殖速度，都慢于微生物在曝气池内的平均停留时间。因此，如果不将浓缩的活性污泥回流到曝气池，则具有净化功能的微生物将会逐渐减少。除污泥回流外，增殖的细胞物质将作为剩余污泥排入污泥处理系统。

（3）曝气池装置 曝气池装置又分为两类。

① 鼓风曝气式曝气池 曝气池常采用长方形的池子。采用定型的鼓风机供给足够的压缩空气，并使它通过布设在池侧的散气设备进入池内与水流接触，使水流充分充氧，并保持活性污泥呈悬浮状态。根据横断面上水流情况，又可分为平面和旋转推流式两种。

② 机械曝气式曝气池 机械曝气式曝气池又称曝气沉淀池，是曝气池和沉淀池合建的形式，如图8-8所示。它利用曝气器内叶轮的转动剧烈翻动水面使空气中的氧溶入水中，同时造成水位差使回流污泥循环。

叶轮通常安装在池中央水表面。池子多呈圆形或方形，由曝气区、导流区、沉淀区和回流区

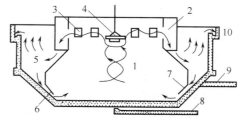

图8-8 机械曝气法装置简图
1—曝气区；2—导流区；3—回流区；4—曝气叶轮；
5—沉淀区；6—回流圈；7—回流缝；
8,9—进水管；10—出水槽

四部分组成。污水入口在中心，出口在四周。在曝气区内污水与回流污泥和混合液得到充分的混合，然后经导流区流入沉淀区。澄清后的污水经出水槽排出，沉淀下来的污泥则沿回流区底部的回流缝流回曝气区。此种结构布置紧凑、流程缩短，有利于新鲜污泥及时地得到回流，并省去一套回流污泥的设备。由于新进入的污水和回流污泥同池内原有的混合液可快速混合，池内各点的水质比较均匀，好氧菌和进水的接触保证相对稳定，能承受一定程度的冲击负荷。

该法的主要缺点是，由于曝气池和沉淀池合建于一个构筑物，难于分别控制和调节，连续的进出水有可能发生短流现象（即污水未经处理直接流向出口处），据分析，出水中约有0.7％的进水短流，使其出水水质难以保证，国外已趋淘汰。

另外还有借压力水通过水射器吸取空气以充氧混合的新型曝气系统，国内尚在试验阶段。

2. 生物膜法

生物膜法是另一种好氧生物处理法。是依靠固着于固体介质表面的微生物来净化有机物的，因而这种方法亦称为生物过滤法。

生物膜法有以下几个特点：固着于固体表面上的微生物对污水水质、水量的变化有较强的适应性；和活性污泥法相比，管理较方便；由于微生物固着于物体表面，即使增殖速度慢的微生物也能生息，从而构成了稳定的生态系。高营养级的微生物越多，污泥量自然就越少。一般认为，生物过滤法比活性污泥法的剩余污泥量要少。

（1）基本原理　生物膜法净化污水的机理如图8-9所示。

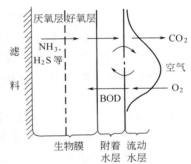

图8-9　生物膜对污水的净化作用

生物膜具有很大的表面积。由于生物膜的吸附作用，在膜外附着一层薄薄的缓慢流动的水层，叫附着水层。在生物膜内外、生物膜与水层之间进行着多种物质的传递过程。污水中的有机物由流动水层转移到附着水层，进而被生物膜所吸附。空气中的氧溶解于流动水层中，通过附着水层传递给生物膜，供微生物呼吸之用。在此条件下，好氧菌对有机物进行氧化分解和同化合成，产生的 CO_2 和其他代谢产物一部分溶入附着水层，一部分析出到空气中（即沿着相反方向从生物膜经过水层排到空气中去）。如此循环往复，使污水中的有机物不断减少，从而净化污水。

当生物膜较厚、污水中有机物浓度较大时，空气中的氧很快地被表层的生物膜所消耗，靠近滤料的一层生物膜就会得不到充足的氧的供应而使厌氧菌发展起来。并且产生有机酸、甲烷（CH_4）、氨（NH_3）及硫化氢（H_2S）等厌氧分解产物。它们中有的很不稳定，有的带有臭味，将大大影响出水的水质。生物膜的厚度一般以 0.5～1.5mm 为佳。

（2）生物膜法设备　生物膜法设备又分为以下几种类型。

① 生物滤池　生物滤池从其构造特征和净化功能看可分为普通生物滤池、高负荷生物滤池和塔式生物滤池三种。

a. 普通生物滤池　普通生物滤池由池体、滤料、布水装置和排水系统四部分组成，如图 8-10 所示。

普通生物滤池多为方形或矩形，池体用砖石砌筑，用于围护的滤料一般应高出滤

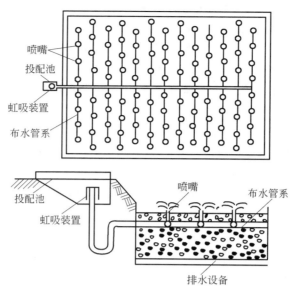

图 8-10　普通生物滤池构造

料0.5～0.9m。

滤料是生物滤池的主体部分，对生物滤池净化功能影响很大。理想的滤池应具有较大的表面积和空隙率，并有一定的强度和耐腐蚀能力。普通生物滤池一般采用碎石、卵石、炉渣和焦炭等作滤料，分成工作层和承托层两层，粒径要求均匀一致，以保证较高的空隙率。

布水装置的主要任务是向滤池表面均匀布水，普通生物滤池大多采用固定喷嘴式布水装置系统。固定喷嘴式布水系统由投配池、布水管道和喷嘴三部分组成。投配池设在滤池一端，布水管道设在滤池表面下 0.5～0.8m 处，布水管道上装一系列伸出池表面 0.15～0.20m 的竖管，竖管顶安装喷嘴。

滤池的排水系统设于底部，用于排除处理后出水和保证滤池通风良好，包括渗水装置，汇水沟和总排水沟等。常用的是混凝土板式渗水装置。

普通生物滤池 BOD_5 去除率高，一般在 95% 以上，工作稳定易于管理，运转费用低。但负荷较低，占地面积大，滤料易堵塞，影响周围环境卫生。这种方法一般适用于处理污水量小于 1000m³/d 的小城镇污水和有机工业污水。

b. 高负荷生物滤池　高负荷生物滤池是解决和改善普通生物滤池在净化功能和运行中存在问题的基础上发展起来的。高负荷生物滤池的 BOD 容积负荷是普通生物滤池的 6～8 倍，水力负荷则为 10 倍，因此滤池的处理能力得到大幅度提高；又由于水力负荷的加大可以及时冲刷过厚和老化生物膜，促进生物膜更新，防止滤料堵塞。但出水水质不如普通生物滤池，出水 BOD_5 常大于 30mg/L。高负荷生物滤池结构如图8-11所示。

在构造上它与普通生物滤池相似。不

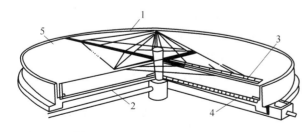

图 8-11　高负荷生物滤池剖面图

1—池壁；2—池底；3—布水器；4—排水沟；5—滤料

同的地方有以下几点。

（a）高负荷生物滤池多为圆形，为防止堵塞，滤料粒径较大（4～10cm），空隙率较高。近年来，高负荷生物滤池开始使用由聚氯乙烯、聚苯乙烯和聚酰胺为原料的波形板式、列管式和蜂窝式塑料滤料，这种滤料质轻、高强、耐蚀，比表面积和空隙率大，可提高滤池的处理能力和处理效率。

（b）高负荷滤池多使用旋转布水器，污水以一定压力流入池中央的进水竖管，再流入可绕竖管旋转的布水横管（一般为2～4根）。布水横管的同一侧开有间距不等的孔口（自中心向外逐渐变密），污水从孔口喷出，产生反作用力，使横管沿喷水的反方向旋转。这种布水器布水均匀，使用较广。

c. 塔式生物滤池　塔式生物滤池是以加大滤层的高度来提高处理能力的，其总高度在8～24m之间。它的主要特征是滤料分层，每层滤床用栅板和格栅承托在池壁上。池断面一般呈矩形或圆形。它的主要部分包括塔体、滤料、布水设备、通风装置及排水系统。塔式生物滤池构造如图8-12所示。

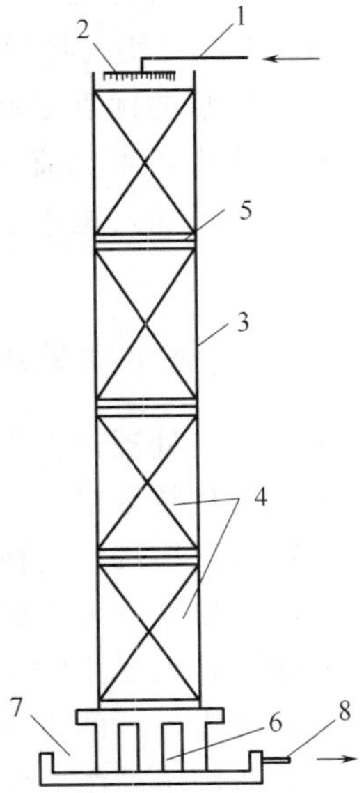

塔式生物滤池一般采用焦炭、炉渣、碎石等作滤料。为了增大滤料表面积、提高处理能力、减少质量及造价，也可采用蜂窝状、波纹状的塑料人工滤料（其单位体积表面积可达80～220m^2/m^3）。人工滤料结构均匀，有利于布水和通风。近年来轻质滤料的采用，使生物滤池平面尺寸可以扩大，由塔式向高层建筑发展。

通风装置有自然通风和机械通风两种：自然通风的塔式滤池，在塔底设进风孔，风孔总面积不能太小，使空气畅通无阻；机械通风时，按气水比为（100～150）:1的要求选择风机。

当被处理污水含有易挥发的有毒物质时（如硫化物在低pH值时放出H_2S等），应对塔内逸出的毒气进行净化。

塔式滤池也是一种高负荷滤池，其负荷比普通高负荷滤池还要高。它具有以下特点：水力负荷和有机物负荷都很高；淋水均匀、通风良好、污水与生物膜接触时间长；生物膜的生长、脱落和更新快。

② 生物转盘　生物转盘又称做浸没式生物滤池，其结构如图8-13所示。

生物转盘工作原理和生物滤池基本相同，主要的区别是它以一系列绕水平轴转动的盘片

图 8-12　塔式生物滤池构造

1—进水管；2—布水器；
3—塔体；4—滤料；
5—滤料支撑；6—塔体进风口；
7—集水器；8—出水管

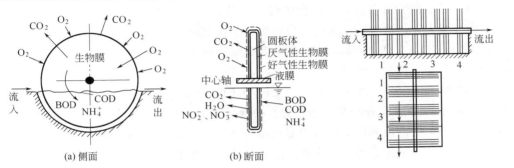

（a）侧面　　　　　（b）断面

图 8-13　生物转盘工作情况示意

（直径一般为 2～3m）代替固定的滤料，盘片半浸没在水中。当转动时，盘面依次通过水和空气，吸取水中的有机物并溶入空气中的氧。生物转盘投入运行经 1～2 周左右，在盘片表面即会形成约 0.5～2mm 厚的生物膜。

运行时，污水在池中缓慢流动，盘片在水平轴带动下缓慢转动（0.8～3r/min）。当盘片某部分浸入污水时，生物膜吸附污水中的有机物，使好氧菌获得丰富的营养；当转出水面时，生物膜又从大气中直接吸收所需的氧气。转盘转动还带进空气，并引起槽内污水中溶解氧的均匀分布。如此反复循环，使污水中的有机物在好氧菌的作用下氧化分解。盘片上的生物膜会不断地自行脱落，被转盘后设置的二次沉淀池除去。一般污水的 BOD 负荷保持在低于 15mg/L，可使生物膜维持正常厚度，很少形成厌氧层。

生物转盘的优点是操作简单，生物膜与污水接触的时间可以通过调整转盘转速加以控制，所以适应污水负荷变化的能力强。其缺点是转盘材料造价高，机械转动部件容易损坏，投资较高。目前，国内主要用在处理水量不大而含有有机物浓度较高的场合，如处理印染污水等。

二、厌氧生物处理

厌氧生物处理是在无氧的条件下，利用兼性菌和厌氧菌分解有机物的一种生物处理法。厌氧生物处理技术最早仅用于城市污水处理厂污泥的稳定处理。由于有机物厌氧生物处理的最终产物是以甲烷为主体的可燃性气体（沼气），可以作为能源回收利用；处理过程产生的剩余污泥量较少且易于脱水浓缩，可作为肥料使用；运转费也远比好氧生物处理低。因此，在当前能源日趋紧张的形势下，厌氧生物处理作为一种低能耗，并可回收资源的处理工艺，重新受到世界各国的重视。最近的研究结果表明，厌氧生物处理技术不仅适用于污泥稳定处理，而且适用于高浓度和中等浓度的有机污水处理，有的国家还对低浓度城市污水进行厌氧生物处理研究，并取得了显著进展。

1. 厌氧生物处理的基本原理

厌氧生物处理（或称厌氧消化），是在无氧条件下，通过厌氧菌和兼性菌的代谢作用，对有机物进行生化降解的处理方法。用作生物处理的厌氧菌需有数种菌种接替完成，整个生化过程分为两个阶段，如图 8-14 所示。

第一阶段是酸性发酵阶段。在分解初期，厌氧菌活动中的分解产物为有机酸（如甲酸、醋酸、丙酸、丁酸、乳酸等）、醇、CO_2、NH_3、H_2S 以及其他一些硫化物，这时污水发出臭气。如果污水中含铁质，则生成硫化铁等黑色物质，使污水呈黑色。此阶段内有机酸大量积累，pH 值随即下降，故称为酸性发酵阶段。参与此阶段作用的细菌称为产酸细菌。

第二阶段是碱性发酵阶段，又称做甲烷发酵阶段。由于所产生的 NH_3 的中和作用，废水的 pH 值逐渐上升，这时另一群统称甲烷细菌的厌氧菌开始分解有机酸和醇，产物主要为 CH_4（甲烷）和 CO_2（二氧化碳），此时随着甲烷细菌的繁殖，有机酸迅速分解，pH 值迅速上升，所以又称做碱性发酵阶段。

厌氧生物处理的最终产物为气体，以 CH_4 和 CO_2 为主，另有少量的 H_2S 和 NH_3。

厌氧生物处理必须具备的基本条件是：隔绝氧气；pH 值维持在 6.8～7.8 之间；温度应保持在适宜于甲烷菌活动的范围（中温细菌为 30～35℃；高温细菌为 50～55℃）；要供给细菌所需要的 N、P 等营养物质；并要注意在有机污染物中的有毒物质的浓度不得超过细菌的忍受极限。

266

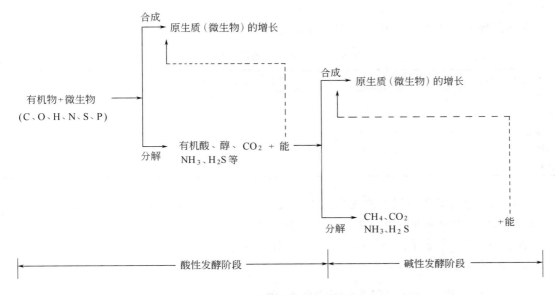

图 8-14　厌氧处理的生化过程

2. 常用的厌氧处理设备

（1）厌氧消化池　用于稳定污泥的带有固定盖的厌氧消化池如图 8-15 所示。池内有进泥管、排泥管，还有用于加热污泥的蒸汽管和搅拌污泥用的水射器。投料与池内污泥充分混合，进行厌氧消化处理。产生的沼气聚集于池的顶部，从集气管排走，送往用户。

（2）上流式厌氧污泥床反应器（UASB）　此种反应器的结构如图 8-16 所示。

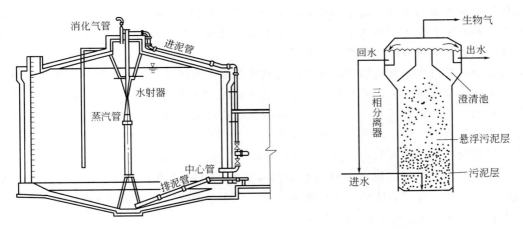

图 8-15　固定盖式厌氧消化池的构造　　　　图 8-16　上流式厌氧污泥床反应器

在反应器底部装有大量厌氧污泥，污水从器底进入，在穿过污泥层时进行有机物与微生物的接触。产生的生物气附着在污泥颗粒上，使其悬浮于污水中，形成下密上疏的悬浮污泥层。气泡聚集变大脱离污泥颗粒而上升，能起一定的搅拌作用。有些污泥颗粒被附着的气泡带到上层，撞在三相分离器上使气泡脱离，污泥固体又沉降到污泥层，部分进入澄清区的微小悬浮固体也由于静沉作用而被截留下来，滑落到反应器内。这种反应器的污泥浓度可维持在 $40\sim80g/L$，容积负荷达（COD）$5\sim15kg/(m^3 \cdot d)$，有时还要高。水力停留时间一般为4～24h。

国外部分 UASB 装置的设计数据见表 8-3。

表 8-3　UASB 装置的设计数据

污水类型	进水 COD/mg·L^{-1}	设计流量/m³·d^{-1}	水力停留时间/h	COD 负荷率/kg·m^{-3}·d^{-1}	COD 去除率/%
甜菜制糖	7500	2400	15.0	12.0	86
淀粉加工	22000	910	47.0	11.0	85
土豆加工	4300	3000	17.5	6.0	80
啤酒	2500	23000	4.9	14.1	86
酒精	5300	2090	8.0	10.0	90

在 UASB 顶部必需设置性能优良的水、气、固三相分离器，以防止污泥固体流失，但由此也造成构造的复杂化，并占去了一定的容积。

近年，出现了在悬浮泥层上部安装一薄层软性或半软性填料以强化处理效能的装置，填料还在一定程度上起气固分离的作用。

三、生物处理技术在环境工程中的应用

引起水体富营养化的营养元素有 C、P、N、K、Fe 等，其中 N 和 P 是引起藻类大量繁殖的主要因素。要控制富营养化就必须限制 N、P 的排放，对出流污水进行脱氮除磷的处理。

(1) 生物法除磷　城市污水中磷的主要来源是粪便、洗涤剂和某些工业污水，以正磷酸盐、聚磷酸盐和有机磷的形式溶解于水中。常用的除磷方法有化学法和生物法。

采用厌氧和好氧技术联用的生物法除磷是近 20 年来发展起来的新工艺。生物法除磷是利用微生物在好氧条件下对污水中的溶解性磷酸盐的过量吸收，然后沉淀分离而除磷。整个处理过程分为厌氧放磷和好氧吸磷两个阶段。

含有过量磷的污水和含磷活性污泥进入厌氧状态后，活性污泥中的聚磷菌在厌氧状态下将体内积聚的聚磷分解为无机磷释放回污水中。这就是"厌氧放磷"。聚磷菌在分解聚磷时产生的能量除一部分供自己生存外，其余供聚磷菌吸收污水中的有机物，并在厌氧发酵产酸菌的作用下转化成乙酸苷，再进一步转化为 PHB(聚 β-羟基丁酸) 贮存于体内。

进入好氧状态后，聚磷菌将贮存于体内的 PHB 进行好氧分解，并释放出大量能量，一部分供自己繁殖，另一部分供其吸收污水中的磷酸盐，以聚磷的形式积聚于体内。这就是"好氧吸磷"。在此阶段，活性污泥不断繁殖。除了一部分含磷活性污泥回流到厌氧池外，其余的作为剩余污泥排出系统，达到了除磷的目的。

由此可见，在厌氧状态下放磷越多，合成 PHB 越多，则在好氧状态下合成的聚磷量越多，除磷效果也越好。

生物法除磷的基本类型有两种：A/O 法和 Phostrip 工艺。

① A/O 法（厌氧-好氧法）　是由厌氧池和好氧池组成的可同时去除污水中有机污染物和磷的处理系统。

② Phostrip 除磷工艺　在常规的活性污泥工艺的回流污泥过程中增设厌氧放磷池和上清液的化学沉淀池后组成了 Phostrip 除磷工艺，此法是生物法和化学法协同的除磷方法，工艺操作稳定性好，除磷效果好。

268

（2）生物法脱氮　生活污水中各种形式的氮占的比例比较恒定：有机氮50％～60％，氨态氮40％～50％，亚硝酸盐与硝酸盐中的氮0～5％。它们均来源于人们食物中的蛋白质。脱氮的方法有化学法和生物法。

生物脱氮是在微生物作用下，将有机氮和氨态氮转化为N_2气体的过程，其中包括硝化和反硝化两个反应过程。

硝化反应是在好氧条件下，污水中的氨态氮被硝化细菌（亚硝酸菌和硝酸菌）转化为亚硝酸盐和硝酸盐。反硝化反应是在无氧条件下，反硝化菌将亚硝酸盐氮（NO_2^-）和硝酸盐氮（NO_3^-）还原为氮气。因此，整个脱氮过程经过了好氧和缺氧两个阶段。

目前常用的脱氮工艺为前置式反硝化生物脱氮系统。缺氧池中的反硝化反应以污水中的有机物为碳源（能源），将曝气池回流液中大量的硝酸盐还原脱氮。在反硝化反应中产生的碱度用于补偿硝化反应中所消耗的碱度的50％左右。该工艺流程简单，无需外加碳源，基建与运行费用较低，脱氮效率可达70％。但由于出水中含有一定浓度的硝酸盐，在二次沉淀池中可能会发生硝化反应而影响出水水质。

 阅读材料

生化处理法的技术进展

随着生化法在处理各种工业污水中的广泛应用，对生化处理技术改进方面的研究特别活跃。尤其是活性污泥法的技术改进，取得了一系列新的进展。

1. 活性污泥法的新进展

几十年来，人们对普通活性污泥法（或称传统活性污泥法）进行了许多工艺方面的改革和净化功能方面的研究。在污泥负荷率方面，按照污泥负荷率的高低，分成了低负荷率法、常负荷率法和高负荷率法；在进水点位置方面，出现了多点进水和中间进水的阶段曝气法和生物负荷法、污泥再曝气法；在曝气池混合特征方面，改革了传统法的推流式，采用了完全混合法；为了提高溶解氧的浓度、氧的利用率和节省空气量，研究了渐减曝气法、纯氧曝气法和深井曝气法。

近十多年来，为了提高进水有机物浓度的承受能力，提高污水处理的能力，提高污水处理的效能，强化和扩大活性污泥法的净化功能，人们又研究开发了两段活性污泥法、粉末炭-活性污泥法、加压曝气法等处理工艺；并开展了脱氮、除磷等方面的研究与实践；同时，对采用化学法与活性污泥法相结合的处理方法，净化含难降解有机物污水等方面也进行了探索。目前，活性污泥法正在朝着快速、高效、低耗等方面发展。主要进展如下。

（1）纯氧曝气法　优点是水中溶解氧的增加，可达6～10mg/L，氧的利用率可提高到90％～95％，而一般的空气曝气法仅为4％～10％；由于可以提高更多的氧气，故为增加活性污泥的浓度创造了条件。活性污泥浓度提高，则污水处理效率也得以提高。一般曝气时间相同，纯氧曝气法比空气曝气法的BOD_5及COD的去除率可以分别提高3％和5％，而且成本降低，耗电量也比空气曝气法节省30％～40％。

（2）深层曝气法　增加曝气池的深度，可以提高池水的压力，从而使水中氧的溶解度提高，氧的溶解速度也相应加快，因此深层曝气池水中的溶解氧要比普通曝气池的高，而且采用深层曝气法可提高氧的转移效率和减少装置的占地面积。

（3）深井曝气池　也可称为超深层曝气法。井内水深 50～150m，因此溶解氧浓度高，生化反应迅速。适用于处理场地有限、工业污水浓度高的情况。

（4）投加化学混凝剂及活性炭法　在活性污泥法的曝气池中，投加化学混凝剂及活性炭，这样相当在进行生化处理的同时，进行物化处理。活性炭又可作为微生物的载体并有协助固体沉降的作用，使 BOD$_5$ 及 COD 的去除率提高，使水质净化。

（5）生物接触氧化法　近年来出现的生物接触氧化法是兼有活性污泥法和生物膜法特点的生物处理法，它是以接触氧化池代替一般的曝气池，以接触沉淀池代替常用的沉淀池。其流程如图所示。

初次沉淀后的污水 → 一次接触氧化池 → 一次接触沉淀池 → 二次接触氧化池 → 二次接触沉淀池 →出水

这个方法空气用量少，动力消耗也比较低，电耗可比活性污泥法减少 40%～50%。可以说生物接触氧化法具有活性污泥法和生物膜法两者的许多优点，因此越来越受到人们的重视。

2. 生物膜法的新进展

早期出现的生物滤池（普通生物滤池）虽然处理污水效果较好，但其负荷比较低，占地面积大，易堵塞，其应用受到了限制。后来人们对其进行了改进，如将处理后的水回流等，从而提高了水力负荷和 BOD 负荷，这就是高负荷生物滤池。

生物转盘出现于 20 世纪 60 年代。由于它具有净化功能好、效果稳定、能耗低等优点，因此在国际上得到了广泛的应用。在构造形式、计算理论等方面均得到了较大发展，如改进转盘材料性能和增加转盘的直径，可使转盘的表面积增加，有利于微生物的生长。近年来，人们开发了采用空气驱动的生物转盘、藻类转盘等；在工艺形式上，进行了生物转盘与沉淀池或曝气池等优化组合的研究；据转盘的工作原理，新近又研制成生物转筒，即将转盘改成转筒，筒内可以增加各种滤料从而使生物膜的表面积增大。

20 世纪 70 年代初期，一些国家将化工领域中的流化床技术应用于污水生物处理中，出现了生物流化床。生物流化床主要有两相流化床和三相流化床。多年来的研究和运行结果表明，生物流化床具有 BOD 容积负荷大、处理效率高、占地面积小、投资省等特点，其缺点是运行不够稳定，操作困难。

生物活性炭法是近年发展起来的新型水处理工艺，已在世界上许多国家采用，尤其在西欧更为广泛。该工艺的研究在我国已有十多年的历史，目前已进入使用阶段。应用实践证实，生物活性炭的吸附容量与单纯活性炭容量对比，前者比后者提高 2～30 倍，具有微生物和活性炭的叠加和协同作用。该工艺对城市污水的深度处理完全适用，对难以生物降解但是可吸附性好的污染物有很好的去除效果。

总之，随着研究与应用的不断深入，污水生物处理的方法、设备和流程不断发展与革新，与传统法相比，在适用的污染物种类、浓度、负荷、规模以及处理效果、费用和稳定性等方面都大大改善了。酶制剂及纯种微生物的应用、酶和细胞的固定化技术等又会将现有的生化处理水平提高到一个新的高度。

本章主要内容及知识内在联系

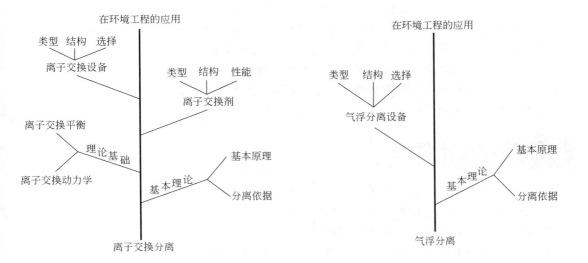

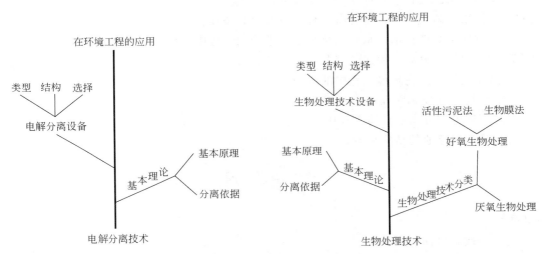

1. 离子交换树脂的结构特征：由骨架和活性基团两部分组成。其中，骨架是形成离子交换树脂的结构主体。它是以高分子有机化合物为主，加上一定数量的交联剂构成空间网状结构。活性基团由固定离子和活动离子组成。

2. 离子交换平衡规律的理论依据是质量作用定律。平衡常数 K 值越大，吸着量越大，根据 K 值的大小，可判断交换树脂对某种粒子吸着选择性的强弱。

3. 影响离子交换平衡的主要因素有：交换树脂的性质、溶液中平衡离子（交换离子）的性质、溶液的 pH 值、溶液的浓度和温度等。

4. 离子交换技术在水质净化与水污染控制工程中得到广泛的应用。

5. 气浮分离是利用污水中产生的微小气泡为载体粘附污水中微细的疏水性悬浮固体和乳化油，使其随气泡上浮到水面，然后用机械法排除。因亲水性的物质不易气浮，需投加浮选剂使其转变成疏水性物质，然后气浮除去。这种方法又称为"浮选"。

6. 电解分离是利用直流电进行溶液氧化还原反应的过程。目前，为统一分类方法，通常按照污染物的净化机理分为电解氧化法、电解还原法、电解凝聚法和电解浮上法。

271

7. 生物处理法是利用自然环境中微生物的生物化学作用来氧化分解污水中的有机物和某些无机毒物并将其转化为稳定无害的无机物的一种污水处理方法，分为好氧生物处理和厌氧生物处理两类。好氧生物处理是好氧微生物和兼性微生物参与，在有溶解氧的条件下，处理污水中有机物的过程。好氧生物处理主要有活性污泥法和生物膜法两种。厌氧生物处理是在无氧的条件下，利用兼性菌和厌氧菌分解有机物的一种生物处理法。

复习与思考题

1. 什么叫离子交换分离？离子交换反应有哪几种类型？
2. 什么叫离子交换选择性系数？它有什么重要意义？
3. 影响离子交换树脂交换能力的因素有哪些？
4. 离子交换剂有哪些类型？其中，应用最广泛的离子交换剂是哪种？
5. 在离子交换过程中，存在哪些主要的传质阻力？
6. 最常用的离子交换设备有哪几种？各有什么特点？
7. 简述离子交换技术在水质净化与水污染控制工程中的应用。
8. 什么叫气浮分离？简述气浮分离的机理。
9. 简述气浮分离在环境工程中的应用。
10. 简述电解分离原理
11. 简述电解分离在环境工程中的应用。
12. 简述气浮池的结构特点。

符号说明

英文字母

A_c——接触室面积，m^2；

A_s——分离室面积，m^2；

H——气浮池总高，m；

h_1——保护高度，m；

h_2——有效水深，m；

h_3——池底安装集水管所需高度，m；

Q，Q_r——分别为污水和溶气水流量，m^3/s；

V——总体积，m^3；

v_c——接触室内水流上升速度，m/s；

v_s——分离室内水流平均速度，m/s。

希腊字母

σ——界面张力；

Q——接触角。

附　录

附录一　法定计量单位及单位换算

1. 常用单位

基本单位			具有专门名称的导出单位				允许并用的其他单位			
物理量	单位名称	单位符号	物理量	单位名称	单位符号	与基本单位关系式	物理量	单位名称	单位符号	与基本单位关系式
长度	米	m	力	牛[顿]	N	$1N=1kg \cdot m/s^2$	时间	分	min	$1min=60s$
质量	千克(公斤)	kg	压强、应力	帕[斯卡]	Pa	$1Pa=1N/m^2$		时	h	$1h=3600s$
时间	秒	s	能、功、热量	焦[耳]	J	$1J=1N \cdot m$		日	d	$1d=86400s$
热力学温度	开[尔文]	K	功率	瓦[特]	W	$1W=1J/s$	体积	升	L(l)	$1L=10^{-3}m^3$
物质的量	摩[尔]	mol	摄氏温度	摄氏度	℃	$1℃=1K$	质量	吨	t	$1t=10^3 kg$

2. 常用十进倍数单位及分数单位的词头

词头符号	M	k	d	c	m	μ	n	p
词头名称	兆	千	分	厘	毫	微	纳	皮
表示因数	10^6	10^3	10^{-1}	10^{-2}	10^{-3}	10^{-6}	10^{-9}	10^{-12}

3. 单位换算表
（1）质量

kg	t(吨)	lb(磅)
1	0.001	2.20462
1000	1	2204.62
0.4536	$4.536×10^{-4}$	1

（2）长度

m	in(英寸)	ft(英尺)	yd(码)
1	39.3701	3.2808	1.09361
0.025400	1	0.073333	0.02778
0.30480	12	1	0.33333
0.9144	36	3	1

（3）力

N	kgf	lbf	dyn
1	0.102	0.2248	$1×10^5$
9.80665	1	2.2046	$9.80665×10^5$
4.448	0.4536	1	$4.448×10^5$
$1×10^{-5}$	$1.02×10^{-6}$	$2.248×10^{-6}$	1

（4）流量

L/s	m³/s	gl(美)/min	ft³/s
1	0.001	15.850	0.03531
0.2778	2.778×10^{-4}	4.403	9.810×10^{-3}
1000	1	1.5850×10^{-4}	35.31
0.06309	6.309×10^{-5}	1	0.002228
7.866×10^{-3}	7.866×10^{-6}	0.12468	2.778×10^{-4}
28.32	0.02832	448.8	1

（5）压力

Pa	bar	kgf/cm²	atm	mmH₂O	mmHg	lbf/in²[磅(力)/英寸²]
1	1×10^{-5}	1.02×10^{-5}	0.99×10^{-5}	0.102	0.0075	14.5×10^{-5}
1×10^5	1	1.02	0.9869	10197	750.1	14.5
98.07×10^3	0.9807	1	0.9678	1×10^4	735.56	14.2
1.01325×10^5	1.013	1.0332	1	1.0332×10^4	760	14.697
9.807	9.807×10^{-5}	0.0001	0.9678×10^{-4}	1	0.0736	1.423×10^{-3}
133.32	1.333×10^{-3}	0.136×10^{-2}	0.00132	13.6	1	0.01934
6894.8	0.06895	0.703	0.068	703	51.71	1

（6）功、能及热

J(即 N·m)	kgf·m	kW·h	hp·h(英制马力·时)	kcal	Btu_th(英热单位)	lbf·ft[英尺·磅(力)]
1	0.102	2.778×10^{-7}	3.725×10^{-7}	2.39×10^{-4}	9.485×10^{-4}	0.7377
9.8067	1	2.724×10^{-6}	3.653×10^{-6}	2.342×10^{-3}	9.296×10^{-3}	7.233
3.6×10^6	3.671×10^5	1	1.3410	860.0	3413	2655×10^3
2.685×10^6	273.8×10^3	0.7457	1	641.33	2544	1980×10^3
4.1868×10^3	426.9	1.1622×10^{-3}	1.5576×10^{-3}	1	3.963	3087
1.055×10^3	107.58	2.930×10^{-4}	3.926×10^{-4}	0.2520	1	778.1
1.3558	0.1383	0.3766×10^{-6}	0.5051×10^{-6}	3.239×10^{-4}	1.285×10^{-3}	1

（7）动力黏度

Pa·s	P	cP	lbf·s/ft²[磅(力)·秒/英尺²]	kgf·s/m²
1	10	1×10^3	0.672	0.102
1×10^{-1}	1	1×10^2	0.6720	0.0102
1×10^{-3}	0.01	1	6.720×10^{-4}	0.102×10^{-3}
1.4881	14.881	1488.1	1	0.1519
9.81	98.1	9810	6.59	1

274

（8）运动黏度

m²/s	cm²/s	ft²/s(英尺²/秒)
1	1×10^4	10.76
10^{-4}	1	1.076×10^{-3}
92.9×10^{-3}	929	1

（9）功率

W	kgf·m/s	ft·lbf/s[英尺·磅（力）/秒]	hp(英制马力)	kcal/s	Btu_th/s(英热单位/秒)
1	0.10197	0.7376	1.341×10^{-3}	0.2389×10^{-3}	0.9486×10^{-3}
9.8067	1	7.23314	0.01315	0.2342×10^{-2}	0.9293×10^{-2}
1.3558	0.13825	1	0.0018182	0.3238×10^{-3}	0.12851×10^{-2}
745.69	76.0375	550	1	0.17803	0.70675
4186.8	426.85	3087.44	5.6135	1	3.9683
1055	107.58	778.168	1.4148	0.251996	1

附录二　某些气体的重要物理性质

名　称	分子式	密度 (0℃， 101.3kPa) /kg·m⁻³	比热容 /kJ· kg⁻¹·℃⁻¹	黏度 $\mu \times 10^5$ /Pa·s	沸点 (101.3kPa) /℃	汽化热 /kJ·kg⁻¹	临界点 温度/℃	临界点 压力/kPa	热导率 /W· m⁻¹·℃⁻¹
空气		1.293	1.009	1.73	−195	197	−140.7	3768.4	0.0244
氧	O_2	1.429	0.653	2.03	−132.98	213	−118.82	5036.6	0.0240
氮	N_2	1.251	0.745	1.70	−195.78	199.2	−147.13	3392.5	0.0228
氢	H_2	0.0899	10.13	0.842	−252.75	454.2	−239.9	1296.6	0.163
氦	He	0.1785	3.18	1.88	−268.95	19.5	−267.96	228.94	0.144
氩	Ar	1.7820	0.322	2.09	−185.87	163	−122.44	4862.4	0.0173
氯	Cl_2	3.217	0.355	1.29(16℃)	−33.8	305	+144.0	7708.9	0.0072
氨	NH_3	0.771	0.67	0.918	−33.4	1373	+132.4	11295	0.0215
一氧化碳	CO	1.250	0.754	1.66	−191.48	211	−140.2	3497.9	0.0226
二氧化碳	CO_2	1.976	0.653	1.37	−78.2	574	+31.1	7384.8	0.0137
硫化氢	H_2S	1.539	0.804	1.166	−60.2	548	+100.4	19136	0.0131
甲烷	CH_4	0.717	1.70	1.03	−161.58	511	−82.15	4619.3	0.0300
乙烷	C_2H_6	1.357	1.44	0.850	−88.5	486	+32.1	4948.5	0.0180
丙烷	C_3H_8	2.020	16.5	0.795(18℃)	−42.1	427	+95.6	4355.0	0.0148
正丁烷	C_4H_{10}	2.673	1.73	0.810	−0.5	386	+152	3798.8	0.0135
正戊烷	C_5H_{12}	—	1.57	0.874	−36.08	151	+197.1	3342.9	0.0128
乙烯	C_2H_4	1.261	1.222	0.935	+103.7	481	+9.7	5135.9	0.0164
丙烯	C_3H_8	1.914	2.436	0.835(20℃)	−47.7	440	+91.4	4599.0	—
乙炔	C_2H_2	1.171	1.352	0.935	−83.66(升华)	829	+35.7	6240.0	0.0184
氯甲烷	CH_3Cl	2.303	0.582	0.989	−24.1	406	+148	6685.8	0.0085
苯	C_6H_6	—	1.139	0.72	+80.2	394	+288.5	4832.0	0.0088
二氧化硫	SO_2	2.927	0.502	1.17	−10.8	394	+157.5	7879.1	0.0077
二氧化氮	NO_2		0.315	—	+21.2	712	+158.2	10130	0.0400

附录三　某些液体的重要物理性质

名　称	化学式	密度ρ (20℃) /kg·m⁻³	沸点T_b (101.3kPa) /℃	汽化焓Δh_v (101.3kPa) /kJ·kg⁻¹	比热容c_p (20℃) /kJ·kg⁻¹·℃⁻¹	黏度μ (20℃) /mPa·s	热导率λ (20℃) /W·m⁻¹·℃⁻¹	体积膨胀 系数 (20℃) $\beta \times 10^4$/℃⁻¹	表面张力σ (20℃) $/\times 10^3$N·m⁻¹
水	H_2O	998	100	2258	4.183	1.005	0.599	1.82	72.8
氯化钠盐水 (25%)	—	1186 (25℃)	10	—	3.39	2.3	0.57 (30℃)	(4.4)	

名称	化学式	密度 ρ (20℃) /kg·m^{-3}	沸点 T_b (101.3kPa) /℃	汽化焓 Δh_v (101.3kPa) /kJ·kg^{-1}	比热容 c_p (20℃) /kJ·kg^{-1}·℃$^{-1}$	黏度 μ (20℃) /mPa·s	热导率 λ (20℃) /W·m^{-1}·℃$^{-1}$	体积膨胀系数 (20℃) $\beta \times 10^4$ /℃$^{-1}$	表面张力 σ (20℃) /$\times 10^3$N·m^{-1}
氯化钙盐水(25%)	—	1228	170	—	2.89	2.5	0.57	(3.4)	
硫酸	H_2SO_4	1831	340(分解)	—	1.47(98%)	23	0.38	5.7	
硝酸	HNO_3	1513	86	481.1		1.17(10℃)			
盐酸(30%)	HCl	1149			2.55	2(31.5%)	0.42		
二硫化碳	CS_2	1262	46.3	352	1.005	0.38	0.16	12.1	32
戊烷	C_5H_{12}	626	36.07	357.4	2.24 (15.6℃)	0.229	0.113	15.9	16.2
己烷	C_6H_{14}	659	68.74	335.1	2.31 (15.6℃)	0.313	0.119		18.2
庚烷	C_7H_{16}	684	98.43	316.5	2.21 (15.6℃)	0.411	0.123		20.1
辛烷	C_8H_{18}	703	125.67	306.4	2.19 (15.6℃)	0.540	0.131		21.8
三氯甲烷	$CHCl_3$	1489	61.2	253.7	0.992	0.58	0.138 (30℃)	12.6	28.5 (10℃)
四氯化碳	CCl_4	1594	76.8	195	0.850	1.0	0.12		26.8
1.2-二氯乙烷	$C_2H_4Cl_2$	1253	83.6	324	1.260	0.83	0.14(50℃)		30.8
苯	C_6H_6	879	80.10	393.9	1.704	0.737	0.148	12.4	28.6
甲苯	C_7H_8	867	110.63	363	1.70	0.675	0.138	10.9	27.9
邻二甲苯	C_8H_{10}	880	144.42	347	1.74	0.811	0.142		30.2
间二甲苯	C_8H_{10}	864	139.10	343	1.70	0.611	0.167	0.1	29.0
对二甲苯	C_8H_{10}	861	138.35	340	1.704	0.643	0.129		28.0
苯乙烯	C_8H_9	911 (15.6℃)	145.2	(352)	1.733	0.72			
氯苯	C_6H_5Cl	1106	131.8	325	1.298	0.85	0.14(30℃)		32
硝苯基	$C_6H_5NO_2$	1203	210.9	396	1.47	2.1	0.15		41
苯胺	$C_6H_5NH_2$	1022	184.4	448	2.07	4.3	0.17	8.5	42.9
酚	C_6H_5OH	1050 (50℃)	181.8 (熔点 40.9℃)	511		3.4 (50℃)			
萘	$C_{10}H_8$	1145 (固体)	217.9 (熔点 80.2℃)	314	1.80 (100℃)	0.59 (100℃)			
甲醇	CH_3OH	791	64.7	1101	2.48	0.6	0.212	12.2	22.6
乙醇	C_2H_5OH	789	78.3	846	2.39	1.15	0.172	11.6	22.8
乙醇(95%)		804	78.2			1.4			
乙二醇	$C_2H_4(OH)_2$	1113	197.6	780	2.35	23			47.7
甘油	$C_3H_5(OH)_3$	1261	290(分解)	—		1499	0.59	5.3	63
乙醚	$(C_2H_5)_2O$	714	34.6	360	2.34	0.24	0.140	16.3	18
乙醛	CH_3CHO	783 (18℃)	20.2	574	1.9	1.3 (18℃)			21.2
糠醛	$C_5H_4O_2$	1168	161.7	452	1.6	1.15 (50℃)			43.5

名　称	化学式	密度 ρ (20℃) /kg·m⁻³	沸点 T_b (101.3kPa) /℃	汽化焓 Δh_v (101.3kPa) /kJ·kg⁻¹	比热容 c_p (20℃) /kJ·kg⁻¹·℃⁻¹	黏度 μ (20℃) /mPa·s	热导率 λ (20℃) /W·m⁻¹·℃⁻¹	体积膨胀系数 (20℃) $\beta \times 10^4$ /℃⁻¹	表面张力 σ (20℃) /×10³N·m⁻¹
丙酮	CH_3COCH_3	792	56.2	523	2.35	0.32	0.17		23.7
甲酸	$HCOOH$	1220	100.7	494	2.17	1.9	0.26		27.8
醋酸	CH_3COOH	1049	118.1	406	1.99	1.3	0.17	10.7	23.9
醋酸乙酯	$CH_3COOC_2H_5$	901	77.1	368	1.92	0.48	0.14 (10℃)		
煤油		780~820				3	0.15	10.0	
汽油		680~800				0.7~0.8	0.19 (30℃)	12.5	

附录四　空气的重要物理性质

温度 T /℃	密度 ρ /kg·m⁻³	比热容 c_p /kJ·kg⁻¹·℃⁻¹	热导率 $\lambda \times 10^2$ /W·m⁻¹·℃⁻¹	黏度 $\mu \times 10^5$ /Pa·s	普朗特数 Pr
−50	1.584	1.013	2.035	1.46	0.728
−40	1.515	1.013	2.117	1.52	0.728
−30	1.453	1.013	2.198	1.57	0.723
−20	1.395	1.009	2.279	1.62	0.716
−10	1.342	1.009	2.360	1.67	0.712
0	1.293	1.005	2.442	1.72	0.707
10	1.247	1.005	2.512	1.77	0.705
20	1.205	1.005	2.591	1.81	0.703
30	1.165	1.005	2.673	1.86	0.701
40	1.128	1.005	2.756	1.91	0.699
50	1.093	1.005	2.826	1.96	0.698
60	1.060	1.005	2.896	2.01	0.696
70	1.029	1.009	2.966	2.06	0.694
80	1.000	1.009	3.047	2.11	0.692
90	0.972	1.009	3.128	2.15	0.690
100	0.946	1.009	3.210	2.19	0.688
120	0.898	1.009	3.338	2.29	0.686
140	0.854	1.013	3.489	2.37	0.684
160	0.815	1.017	3.640	2.45	0.682
180	0.779	1.022	3.780	2.53	0.681
200	0.746	1.026	3.931	2.60	0.680
250	0.674	1.038	4.268	2.74	0.677
300	0.615	1.047	4.605	2.97	0.674
350	0.566	1.059	4.908	3.14	0.676
400	0.524	1.068	5.210	3.30	0.678
500	0.456	1.093	5.745	3.62	0.687
600	0.404	1.114	6.222	3.91	0.699
700	0.362	1.135	6.711	4.18	0.706
800	0.329	1.156	7.176	4.43	0.713
900	0.301	1.172	7.630	4.67	0.717
1000	0.277	1.185	8.071	4.90	0.719
1100	0.257	1.197	8.502	5.12	0.722
1200	0.239	1.206	9.153	5.35	0.724

附录五　水的重要物理性质

温度 T/℃	饱和蒸气压 p /kPa	密度 ρ /kg·m^{-3}	焓 H /kJ·kg^{-1}	比热容 c_p /kJ·kg^{-1}·℃$^{-1}$	热导率 $\lambda \times 10^2$ /W·m^{-1}·℃$^{-1}$	黏度 $\mu \times 10^5$ /Pa·s	体积膨胀 系数 $\beta \times 10^4$ /℃$^{-1}$	表面张力 $\sigma \times 10^3$ /N·m^{-1}	普朗特数 Pr
0	0.608	999.9	0	4.212	55.13	179.2	−0.63	75.6	13.67
10	1.226	999.7	42.04	4.191	57.45	130.8	+0.70	74.1	9.52
20	2.335	998.2	83.90	4.183	59.89	100.5	1.82	72.6	7.02
30	4.247	995.7	125.7	4.174	61.76	80.07	3.21	71.2	5.42
40	7.377	992.2	167.5	4.174	63.38	65.60	3.87	69.6	4.31
50	12.31	988.1	209.3	4.174	64.78	54.94	4.49	67.7	3.54
60	19.92	983.2	251.1	4.178	65.94	46.88	5.11	66.2	2.98
70	31.16	977.8	293	4.178	66.76	40.61	5.70	64.3	2.55
80	47.38	971.8	334.9	4.195	67.45	35.65	6.32	62.6	2.21
90	70.14	965.3	377	4.208	68.04	31.65	6.95	60.7	1.95
100	101.3	958.4	419.1	4.220	68.27	28.38	7.52	58.8	1.75
110	143.3	951.0	461.3	4.238	68.50	25.89	8.08	56.9	1.60
120	198.6	943.1	502.7	4.250	68.62	23.73	8.64	54.8	1.47
130	270.3	934.8	546.4	4.266	68.62	21.77	9.19	52.8	1.36
140	361.5	926.1	589.1	4.287	68.50	20.10	9.72	50.7	1.26
150	476.2	917.0	632.2	4.312	68.38	18.63	10.3	48.6	1.17
160	618.3	907.4	675.3	4.346	68.27	17.36	10.7	46.6	1.10
170	792.6	897.3	719.3	4.379	67.92	16.28	11.3	45.3	1.05
180	1003.5	886.9	763.3	4.417	67.45	15.30	11.9	42.3	1.00
190	1225.6	876.0	807.6	4.460	66.99	14.42	12.6	40.8	0.96
200	1554.8	863.0	852.4	4.505	66.29	13.63	13.3	38.4	0.93
210	1917.7	852.8	897.7	4.555	65.48	13.04	14.1	36.1	0.91
220	2320.9	840.3	943.7	4.614	64.55	12.46	14.8	33.8	0.89
230	2798.6	827.3	990.2	4.681	63.73	11.97	15.9	31.6	0.88
240	3347.9	813.6	1037.5	4.756	62.80	11.47	16.8	29.1	0.87
250	3977.7	799.0	1085.6	4.844	61.76	10.98	18.1	26.7	0.86
260	4693.8	784.0	1135.0	4.949	60.43	10.59	19.7	24.2	0.87
270	5504.0	767.9	1185.3	5.070	59.96	10.20	21.6	21.9	0.88
280	6417.2	750.7	1236.3	5.229	57.45	9.81	23.7	19.5	0.90
290	7443.3	732.3	1289.9	5.485	55.82	9.42	26.2	17.2	0.93
300	8592.9	712.5	1344.8	5.736	53.96	9.12	29.2	14.7	0.97

附录六　水在不同温度下的黏度

温度/℃	黏度/mPa·s	温度/℃	黏度/mPa·s	温度/℃	黏度/mPa·s
0	1.7921	5	1.5188	10	1.3077
1	1.7313	6	1.4728	11	1.2713
2	1.6728	7	1.4284	12	1.2363
3	1.6191	8	1.3860	13	1.2028
4	1.5674	9	1.3462	14	1.1709

温度/℃	黏度/mPa·s	温度/℃	黏度/mPa·s	温度/℃	黏度/mPa·s
15	1.1404	44	0.6097	74	0.3849
16	1.1111	45	0.5988	75	0.3799
17	1.0828	46	0.5883	76	0.3750
18	1.0559	47	0.5782	77	0.3702
19	1.0299	48	0.5683	78	0.3655
20	1.0050	49	0.5588	79	0.3610
20.2	1.0000	50	0.5494	80	0.3565
21	0.9810	51	0.5404	81	0.3521
22	0.9579	52	0.5315	82	0.3478
23	0.9359	53	0.5229	83	0.3436
24	0.9142	54	0.5146	84	0.3395
25	0.8937	55	0.5064	85	0.3355
26	0.8737	56	0.4985	86	0.3315
27	0.8545	57	0.4907	87	0.3276
28	0.8360	58	0.4832	88	0.3239
29	0.8180	59	0.4759	89	0.3202
30	0.8007	60	0.4688	90	0.3165
31	0.7840	61	0.4618	91	0.3130
32	0.7679	62	0.4550	92	0.3095
33	0.7523	63	0.4483	93	0.3060
34	0.7371	64	0.4418	94	0.3027
35	0.7225	65	0.4355	95	0.2994
36	0.7085	66	0.4293	96	0.2962
37	0.6947	67	0.4233	97	0.2930
38	0.6814	68	0.4174	98	0.2899
39	0.6685	69	0.4117	99	0.2868
40	0.6560	70	0.4061	100	0.2838
41	0.6439	71	0.4006		
42	0.6321	72	0.3952		
43	0.6207	73	0.3900		

附录七　饱和水蒸气表

1. 按温度排列

温度 T/℃	绝对压强 p/kPa	蒸汽密度 ρ/kg·m^{-3}	比焓 h/kJ·kg^{-1}		比汽化焓/kJ·kg^{-1}
			液　体	蒸　汽	
0	0.6082	0.00484	0	2491	2491
5	0.8730	0.00680	20.9	2500.8	2480
10	1.226	0.00940	41.9	2510.4	2469
15	1.707	0.01283	62.8	2520.5	2458
20	2.335	0.01719	83.7	2530.1	2446
25	3.168	0.02304	104.7	2539.7	2435
30	4.247	0.03036	125.6	2549.3	2424

温度 $T/℃$	绝对压强 p/kPa	蒸汽密度 $\rho/kg \cdot m^{-3}$	比焓 $h/kJ \cdot kg^{-1}$		比汽化焓/$kJ \cdot kg^{-1}$
			液 体	蒸 汽	
35	5.621	0.03960	146.5	2559.0	2412
40	7.377	0.05114	167.5	2568.5	2401
45	9.584	0.06543	188.4	2577.8	2389
50	12.34	0.0830	209.3	2587.4	2378
55	15.74	0.1043	230.3	2596.7	2366
60	19.92	0.1301	251.2	2606.3	2355
65	25.01	0.1611	272.1	2615.5	2343
70	31.16	0.1979	293.1	2624.3	2331
75	38.55	0.2416	314.0	2633.5	2320
80	47.38	0.2929	334.9	2642.2	2307
85	57.88	0.3531	355.9	2651.1	2295
90	70.14	0.4229	376.8	2659.9	2283
95	84.56	0.5039	397.8	2668.7	2271
100	101.33	0.5970	418.7	2677.0	2258
105	120.85	0.7036	440.0	2685.0	2245
110	143.31	0.8254	461.0	2693.4	2232
115	169.11	0.9635	482.3	2701.3	2219
120	198.64	1.1199	503.7	2708.9	2205
125	232.19	1.296	525.0	2716.4	2191
130	270.25	1.494	546.4	2723.9	2178
135	313.11	1.715	567.7	2731.0	2163
140	361.47	1.962	589.1	2737.7	2149
145	415.72	2.238	610.9	2744.4	2134
150	476.24	2.543	632.2	2750.7	2119
160	618.28	3.252	675.8	2762.9	2087
170	792.59	4.113	719.3	2773.3	2054
180	1003.5	5.145	763.3	2782.5	2019
190	1255.6	6.378	807.6	2790.1	1982
200	1554.8	7.840	852.0	2795.5	1944
210	1917.7	9.567	897.2	2799.3	1902
220	2320.9	11.60	942.4	2801.0	1859
230	2798.6	13.98	988.5	2800.1	1812
240	3347.9	16.76	1034.6	2796.8	1762
250	3977.7	20.01	1081.4	2790.1	1709
260	4693.8	23.82	1128.8	2780.9	1652
270	5504.0	28.27	1176.9	2768.3	1591
280	6417.2	33.47	1225.5	2752.0	1526
290	7443.3	39.60	1274.5	2732.3	1457
300	8592.9	46.93	1325.5	2708.0	1382

280

2. 按压力排列

绝对压强 p /kPa	温度 T /℃	蒸汽密度 ρ /kg·m^{-3}	比焓 h/kJ·kg^{-1}		比汽化焓 /kJ·kg^{-1}
			液　体	蒸　汽	
1.0	6.3	0.00773	26.5	2503.1	2477
1.5	12.5	0.01133	52.3	2515.3	2463
2.0	17.0	0.01486	71.2	2524.2	2453
2.5	20.9	0.01836	87.3	2531.8	2444
3.0	23.5	0.02179	98.4	2536.8	2438
3.5	26.1	0.02523	109.3	2541.8	2433
4.0	28.7	0.02867	120.2	2546.8	2427
4.5	30.8	0.03205	129.0	2550.9	2422
5.0	32.4	0.03537	135.7	2554.0	2418
6.0	35.6	0.04200	149.1	2560.1	2411
7.0	38.8	0.04864	162.4	2566.3	2404
8.0	41.3	0.05514	172.7	2571.0	2398
9.0	43.3	0.06156	181.2	2574.8	2394
10.0	45.3	0.06798	189.5	2578.5	2389
15.0	53.5	0.09956	224.0	2594.0	2370
20.0	60.1	0.1307	251.5	2606.4	2355
30.0	66.5	0.1909	288.8	2622.4	2334
40.0	75.0	0.2498	315.9	2634.1	2312
50.0	81.2	0.3080	339.8	2644.3	2304
60.0	85.6	0.3651	358.2	2652.1	2394
70.0	89.9	0.4223	376.6	2659.8	2283
80.0	93.2	0.4781	39.01	2665.3	2275
90.0	96.4	0.5338	403.5	2670.8	2267
100.0	99.6	0.5896	416.9	2676.3	2259
120.0	104.5	0.6987	437.5	2684.3	2247
140.0	109.2	0.8076	457.7	2692.1	2234
160.0	113.0	0.8298	473.9	2698.1	2224
180.0	116.6	1.021	489.3	2703.7	2214
200.0	120.2	1.127	493.7	2709.2	2205
250.0	127.2	1.390	534.4	2719.7	2185
300.0	133.3	1.650	560.4	2728.5	2168
350.0	138.8	1.907	583.8	2736.1	2152
400.0	143.4	2.162	603.6	2742.1	2138
450.0	147.7	2.415	622.4	2747.8	2125
500.0	151.7	2.667	639.6	2752.8	2113
600.0	158.7	3.169	676.2	2761.4	2091
700.0	164.7	3.666	696.3	2767.8	2072
800.0	170.4	4.161	721.0	2773.7	2053
900.0	175.1	4.652	741.8	2778.1	2036
1×10^3	179.9	5.143	762.7	2782.5	2020
1.1×10^3	180.2	5.633	780.3	2785.5	2005
1.2×10^3	187.8	6.124	797.9	2788.5	1991
1.3×10^3	191.5	6.614	814.2	2790.9	1977
1.4×10^3	194.8	7.103	829.1	2792.4	1964
1.5×10^3	198.2	7.594	843.9	2794.5	1951
1.6×10^3	201.3	8.081	857.8	2796.0	1938
1.7×10^3	204.1	8.567	870.6	2797.1	1926

绝对压强 p /kPa	温度 T /℃	蒸汽密度 ρ /kg·m^{-3}	比焓 h/kJ·kg^{-1}		比汽化焓 /kJ·kg^{-1}
			液　体	蒸　汽	
1.8×10^3	206.9	9.053	883.4	2798.1	1915
1.9×10^3	209.8	9.539	896.2	2799.2	1903
2×10^3	212.2	10.03	907.3	2799.7	1892
3×10^3	233.7	15.01	1005.4	2798.9	1794
4×10^3	250.3	20.10	1082.9	2789.8	1707
5×10^3	263.8	25.37	1146.9	2776.2	1629
6×10^3	275.4	30.85	1203.2	2759.5	1556
7×10^3	285.7	36.57	1253.2	2740.8	1488
8×10^3	294.8	42.58	1299.2	2720.5	1404
9×10^3	303.2	48.89	1343.5	2699.1	1357

附录八　液体黏度共线图和密度

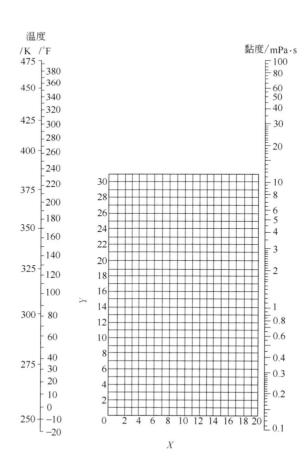

液体黏度共线图的坐标值及液体的密度

序号	液 体	X	Y	密度(293K)/kg·m⁻³	序号	液 体	X	Y	密度(293K)/kg·m⁻³
1	醋酸100%	12.1	14.2	1049	26	氟里昂-11	14.4	9.0	1494(290K)
2	70%	9.5	17.0	1069		(CCl$_3$F)			
3	丙酮100%	14.5	7.2	792	27	氟里昂-21	15.7	7.5	1426(273K)
4	氨100%	12.6	2.0	817(194K)		(CHCl$_2$F)			
5	氨26%	10.1	13.9	904	28	甘油100%	2.0	30.0	1261
6	苯	12.5	10.9	880	29	盐酸31.5%	13.0	16.6	1157
7	氯化钠盐水25%	10.2	16.6	1186(298K)	30	异丙醇	8.2	16.0	789
8	溴	14.2	13.2	3119	31	煤油	10.2	16.9	780~820
9	丁醇	8.6	17.2	810	32	水银	18.4	16.4	13546
10	二氧化碳	11.6	0.3	1101(236K)	33	萘	7.8	18.1	1145
11	二硫化碳	16.1	7.5	1263	34	硝酸95%	12.8	13.8	1493
12	四氯化碳	12.7	13.1	1595	35	硝酸80%	10.8	17.0	1367
13	间(甲酚)	2.5	20.8	1034	36	硝基苯	10.5	16.2	1205(288K)
14	二溴乙烷	12.7	15.8	2495	37	酚	6.9	20.8	1071(298K)
15	二氯乙烷	13.2	12.2	1258	38	钠	16.4	13.9	970
16	二氯甲烷	14.6	8.9	1336	39	氢氧化钠50%	3.2	26.8	1525
17	乙酸乙酯	13.7	9.1	901	40	二氧化硫	15.2	7.1	1434(273K)
18	乙醇100%	10.5	13.8	789	41	硫酸110%	7.2	27.4	1980
19	乙醇95%	9.8	14.3	804	42	硫酸98%	7.0	24.8	1836
20	乙醇40%	6.5	16.6	935	43	硫酸60%	10.2	21.3	1498
21	乙苯	13.2	11.5	867	44	甲苯	13.7	10.4	866
22	氯乙烷	14.8	6.0	917(279K)	45	醋酸乙烯酯	14.0	8.8	932
23	乙醚	14.6	5.3	708(298K)	46	水	10.2	13.0	998.2
24	乙二醇	6.0	23.6	1113	47	对二甲苯	13.9	10.9	861
25	甲酸	10.7	15.8	220					

附录九　气体黏度共线图

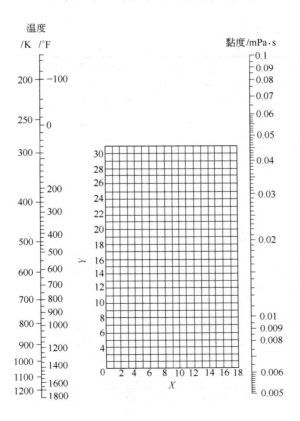

气体黏度共线图的坐标值

序 号	气 体	X	Y	序 号	气 体	X	Y
1	醋酸	7.7	14.3	21	氨	10.9	20.5
2	丙酮	8.9	13.0	22	己烷	8.6	11.8
3	乙炔	9.8	14.9	23	氢	11.2	12.4
4	空气	11.0	20.0	24	$3H_2+N_2$	11.2	17.2
5	氨	8.4	16.0	25	溴化氢	8.8	20.9
6	苯	8.5	13.2	26	氯化氢	8.8	18.7
7	溴	8.9	19.2	27	硫化氢	8.0	18.0
8	丁烯	9.2	13.7	28	碘	9.0	18.4
9	二氧化碳	9.5	18.7	29	水银	5.3	22.9
10	一氧化碳	11.0	20.0	30	甲烷	9.9	15.5
11	氯	9.0	18.4	31	甲醇	8.5	15.6
12	乙烷	9.1	14.5	32	一氧化氮	10.9	20.5
13	醋酸乙酯	8.5	13.2	33	氮	10.6	20.0
14	乙醇	9.2	14.2	34	氧	11.0	21.3
15	氯乙烷	8.5	15.6	35	丙烷	9.7	12.9
16	乙醚	8.9	13.0	36	丙烯	9.0	13.8
17	乙烯	9.5	16.1	37	二氧化硫	9.6	17.0
18	氟	7.3	23.8	38	甲苯	8.6	12.4
19	氟里昂-11	10.6	15.1	39	水	8.0	16.0
20	氟里昂-21	10.8	15.3				

附录十 管子规格

1. 无缝钢管（摘自 YB 231—70）

公称直径 DN/mm	实际外径 /mm	管 壁 厚 度/mm						
		$PN=15$	$PN=25$	$PN=40$	$PN=64$	$PN=100$	$PN=160$	$PN=200$
15	18	2.5	2.5	2.5	2.5	3	3	3
20	25	2.5	2.5	2.5	2.5	3	3	4
25	32	2.5	2.5	2.5	3	3.5	3.5	5
32	38	2.5	2.5	3	3	3.5	3.5	6
40	45	2.5	3	3	3.5	3.5	4.5	6
50	57	2.5	3	3.5	3.5	4.5	5	7
70	76	3	3.5	3.5	4.5	6	6	9
80	89	3.5	4	4	5	6	7	11
100	108	4	4	4	6	7	12	13
125	133	4	4	4.5	6	9	13	17
150	159	4.5	4.5	5	7	10	17	—
200	219	6	6	7	10	13	21	—
250	273	8	7	8	11	16	—	—
300	325	8	8	9	12	—	—	—
350	377	9	9	10	13	—	—	—
400	426	9	10	12	15	—	—	—

注：表中的 PN 为公称压力，指管内可承受的流体表压力，单位为 kgf/cm^2，$1kgf/cm^2=98kPa$。

2. 水、煤气输送钢管（有缝钢管）（摘自 YB 234—63）

公 称 直 径		外径/mm	壁 厚/mm	
/in(英寸)	/mm		普通级	加强级
1/4	8	13.50	2.25	2.75
3/8	10	17.00	2.25	2.75
1/2	15	21.25	2.75	3.25
3/4	20	26.75	2.75	3.60
1	25	33.50	3.25	4.00
1¼	32	42.25	3.25	4.00
1½	40	48.00	3.50	4.25
2	50	60.00	3.50	4.50
2½	70	75.00	3.75	4.50
3	80	88.50	4.00	4.75
4	100	114.00	4.00	6.00
5	125	140.00	4.50	5.50
6	150	165.00	4.50	5.50

3. 承插式铸铁管（摘自 YB 428—64）

公称直径/mm	内径/mm	壁厚/mm	公称直径/mm	内径/mm	壁厚/mm
低压管,工作压力≤0.44MPa					
75	75	9	300	302.4	10.2
100	100	9	400	403.6	11
125	125	9	450	453.8	11.5
150	151	9	500	504	12
200	201.2	9.4	600	604.8	13
250	252	9.8	800	806.4	14.8
普通管,工作压力≤0.735MPa					
75	75	9	500	500	14
100	100	9	600	600	15.4
125	125	9	700	700	16.5
150	150	9	800	800	18.0
200	200	10	900	900	19.5
250	250	10.8	1100	997	22
300	300	11.4	1100	1097	23.5
350	350	12	1200	1196	25
400	400	12.8	1350	1345	27.5
450	450	13.4	1500	1494	30

附录十一　常用离心泵规格（摘录）

1. IS 型单级单吸离心泵

泵 型 号	流量	扬程	转速	汽蚀余量	泵效率	功率/kW	
	/m³·h⁻¹	/m	/r·min⁻¹	/m	/%	轴功率	配带功率
IS 50-32-125	7.5	22	2900		47	0.96	2.2
	12.5	20	2900	2.0	60	1.13	2.2
	15	18.5	2900		60	1.26	2.2
	3.75		1450				0.55
	6.3	5	1450	2.0	54	0.16	0.55
	7.5		1450				0.55

泵型号	流量 /m³·h⁻¹	扬程 /m	转速 /r·min⁻¹	汽蚀余量 /m	泵效率 /%	功率/kW 轴功率	功率/kW 配带功率
IS 50-32-160	7.5	34.3	2900		44	1.59	3
	12.5	32	2900	2.0	54	3.02	3
	15	29.6	2900		56	2.16	3
	3.75		1450				0.55
	6.3	8	1450	2.0	48	0.28	0.55
	7.5		1450				0.55
IS 50-32-200	7.5	525	2900	2.0	38	2.82	5.5
	12.5	50	2900	2.0	48	3.54	5.5
	15	48	2900	2.5	51	3.84	5.5
	3.75	13.1	1450	2.0	33	0.41	0.75
	6.3	12.5	1450	2.0	42	0.51	0.75
	7.5	12	1450	2.5	44	0.56	0.75
IS 50-32-250	7.5	82	2900	2.0	28.5	5.67	11
	12.5	80	2900	2.0	38	7.16	11
	15	78.5	2900	2.5	41	7.83	11
	3.75	20.5	1450	2.0	23	0.91	15
	6.3	20	1450	2.0	32	1.07	15
	7.5	19.5	1450	2.5	35	1.14	15
IS 65-50-125	15	21.8	2900		58	1.54	3
	25	20	2900	2.0	69	1.97	3
	30	18.5	2900		68	2.22	3
	7.5		1450				0.55
	12.5	5	1450	2.0	64	0.27	0.55
	15		1450				0.55
IS 65-50-160	15	35	2900	2.0	54	2.65	5.5
	25	32	2900	2.0	65	3.35	5.5
	30	30	2900	2.5	66	3.71	5.5
	7.5	8.8	1450	2.0	50	0.36	0.75
	12.5	8.0	1450	2.0	60	0.45	0.75
	15	7.2	1450	2.5	60	0.49	0.75
IS 65-40-200	15	63	2900	2.0	40	4.42	7.5
	25	50	2900	2.0	60	5.67	7.5
	30	47	2900	2.5	61	6.29	7.5
	7.5	13.2	1450	2.0	43	0.63	1.1
	12.5	12.5	1450	2.0	66	0.77	1.1
	15	11.8	1450	2.5	57	0.85	1.1
IS 65-40-250	15		2900				15
	25	80	2900	2.0	63	10.3	15
	30		2900				15
IS 65-40-315	15	127	2900	2.5	28	18.5	30
	25	125	2900	2.5	40	21.3	30
	30	123	2900	3.0	44	22.8	30
IS 80-65-125	30	22.5	2900	3.0	64	2.87	5.5
	50	20	2900	3.0	75	3.63	5.5
	60	18	2900	3.5	74	3.93	5.5
	15	5.6	1450	2.5	55	0.42	0.75
	25	5	1450	2.5	71	0.48	0.75
	30	4.5	1450	3.0	72	0.51	0.75

泵型号	流量 /m³·h⁻¹	扬程 /m	转速 /r·min⁻¹	汽蚀余量 /m	泵效率 /%	功率/kW	
						轴功率	配带功率
IS 80-65-160	30	36	2900	2.5	61	4.82	7.5
	50	32	2900	2.5	73	5.97	7.6
	60	29	2900	3.0	72	6.59	7.5
	15	9	1450	2.5	66	0.67	1.5
	25	8	1450	2.5	69	0.75	1.5
	30	7.2	1450	3.0	68	0.86	1.5
IS 80-50-200	30	53	2900	2.5	55	7.87	15
	50	50	2900	2.5	69	9.87	15
	60	47	2900	3.0	71	10.8	15
	15	13.2	1450	2.5	51	1.06	2.2
	25	12.5	1450	2.5	65	1.31	2.2
	30	11.8	1450	3.0	67	1.44	2.2
IS 80-50-160	30	84	2900	2.5	52	13.2	22
	50	80	2900	2.5	63	17.3	
	60	75	2900	3	64	19.2	
IS 80-50-250	30	84	2900	2.5	52	13.2	22
	50	80	2900	2.5	63	17.3	22
	60	75	2900	3.0	64	19.2	22
IS 80-50-315	30	128	2900	2.5	41	25.5	37
	50	125	2900	2.5	54	31.5	37
	60	123	2900	3.0	57	35.3	37
IS 100-80-125	60	24	2900	4.0	67	5.86	11
	100	20	2900	4.5	78	7.00	11
	120	16.5	2900	5.0	74	7.28	11
IS 100-80-160	60	36	2900	3.5	70	8.42	15
	100	32	2900	4.0	78	11.2	15
	120	28	2900	5.0	75	12.2	15
	30	9.2	1450	2.0	67	1.12	2.2
	50	8.0	1450	2.5	75	1.45	2.2
	60	6.8	1450	3.5	71	1.57	2.2
IS 100-65-200	60	54	2900	3.0	65	13.6	22
	100	50	2900	3.5	78	17.9	22
	120	47	2900	4.8	77	19.9	22
	30	13.5	1450	2.0	60	1.84	4
	50	12.5	1450	2.0	73	2.33	4
	60	11.8	1450	2.5	74	2.61	4
IS 100-65-250	60	87	2900	3.5	81	23.4	37
	100	80	2900	3.8	72	30.3	37
	120	74.5	2900	4.8	73	33.3	37
	30	21.3	1450	2.0	55	3.16	5.5
	50	20	1450	2.0	68	4.00	5.5
	60	19	1450	2.5	70	4.44	5.5
IS 100-63-315	60	133	2900	3.0	55	39.6	75
	100	125	2900	3.5	66	51.6	75
	120	118	2900	4.2	67	57.5	75

287

2. Sh型单级双吸离心泵

型 号	流量/m³·h⁻¹	扬程/m	转速/r·min⁻¹	汽蚀余量/m	泵效率/%	功率/kW 轴功率	功率/kW 配带功率	泵口径/mm 吸入	泵口径/mm 排出
100 S90	60	95	2950	2.5	61	23.9	37	100	70
	80	90			65	28			
	95	82			63	31.2			
150 S100	126	102	2950	3.5	70	48.8	75	150	100
	160	100			73	55.9			
	202	90			72	62.7			
150 S78	126	84	2950	3.5	72	40	55	150	100
	160	78			75.5	46			
	198	70			72	52.4			
150 S50	130	52	2950	3.9	72.0	25.4	37	150	100
	160	50			80	27.6			
	220	40			77	27.2			
200 S95	216	103	2950	5.3	62	86	132	200	125
	280	95			79.2	94.4			
	324	85			72	96.6			
200 S95A	198	94	2950	5.3	68	72.2	110	200	125
	270	87			75	82.4			
	310	80			74	88.1			
200 S95B	245	72	2950	5	74	65.8	75	200	125
200 S63	216	69	2950	5.8	74	55.1	75	200	150
	280	63			82.7	59.4			
	351	50			72	67.8			
200 S63A	180	54.5	2950	5.8	70	41	55	200	150
	270	46			75	48.3			
	324	37.5			70	51			
200 S42	216	48	2950	6	81	34.8	45	200	150
	280	42			84.2	37.8			
	342	35			81	40.2			
200 S42A	198	43	2950	6	76	30.5	37	200	150
	270	36			80	33.1			
	310	31			76	34.4			
250 S65	360	71	1450	3	75	92.8	160	250	200
	485	65			78.6	108.5			
	612	56			72	129.6			
250 S65A	342	61	1450	3	74	76.8	132	250	200
	468	54			77	89.4			
	540	50			65	98			

3. D型节段式多级离心泵

型 号	流量/m³·h⁻¹	扬程/m	转速/r·min⁻¹	汽蚀余量/m	泵效率/%	功率/kW 轴功率	功率/kW 配带功率	泵口径/mm 吸入	泵口径/mm 排出
D 6-25×3	3.75	76.5	2950	2	33	2.37	5.5	40	40
	6.3	75		2	45	2.86			
	7.5	73.5		2.5	47	3.19			

型　号	流量/m³·h⁻¹	扬程/m	转速/r·min⁻¹	汽蚀余量/m	泵效率/%	功率/kW		泵口径/mm	
						轴功率	配带功率	吸入	排出
D 6-25×4	3.75	102	2950	2	33	3.16	7.5	40	40
	6.3	100		2	45	3.81			
	7.5	98		2.5	47	4.26			
D 6-25×5	3.75	127.5	2950	2	33	3.95	7.5	40	40
	6.3	12.5		2	45	4.77			
	7.5	122.5		2.5	47	5.32			
D 12-25×2	12.5	50	2950	2.0	54	3.15	5.5	50	40
D 12-25×3	7.5	84.6	2950	2.0	44	3.93	7.5	50	40
	12.5	75		2.0	54	4.73			
	15.0	69		2.5	53	5.32			
D 12-25×4	7.5	112.8	2950	2.0	44	5.24	11	50	40
	12.5	100		2.0	54	6.30			
	15	92		2.5	53	7.09			
D 12-25×5	7.5	141	2950	2.0	44	6.55	11	50	40
	12.5	125		2.0	54	7.88			
	15.0	115		2.5	53	8.86			
D 12-50×2	12.5	100	2950	2.8	40	8.5	11	50	50
D 12-50×3	12.5	150	2950	2.8	40	12.75	18.5	50	50
D 12-50×4	12.5	200	2950	2.8	40	17	22	50	50
D 12-50×5	12.5	250	2950	2.8	40	21.7	30	50	50
D 12-50×6	12.5	300	2950	2.8	40	25.5	37	50	50
D 16-60×3	10	186	2950	2.3	30	16.9	22	65	50
	16	183		2.8	40	19.9			
	20	177		3.4	44	21.9			
D 16-60×4	10	248	2950	2.3	30	22.5	37	65	50
	16	244		2.8	40	26.6			
	20	236		3.4	44	29.2			
D 16-60×5	10	310	2950	2.3	30	28.2	45	65	50
	16	305		2.8	40	33.3			
	20	295		3.4	44	36.5			
D 16-60×6	10	372	2950	2.3	30	33.8	45	65	50
	16	366		2.8	40	39.9			
	20	354		3.4	44	43.8			
D 16-60×7	10	434	2950	2.3	30	39.4	55	65	50
	16	427		2.8	40	46.6			
	20	413		3.4	44	51.1			

4. F 型耐腐蚀离心泵

型　号	流量/m³·h⁻¹	扬程/m	转速/r·min⁻¹	汽蚀余量/m	泵效率/%	功率/kW		泵口径/mm	
						轴功率	配带功率	吸入	排出
25F-16	3.60	16.00	2960	4.30	30.00	0.523	0.75	25	25
25F-16A	3.27	12.50	2960	4.30	29.00	0.39	0.55	25	25
25F-25	3.60	25.00	2960	4.30	27.00	0.91	1.50	25	25
25F-25A	3.27	20.00	2960	4.30	26	0.69	1.10	25	25
25F-41	3.60	41.00	2960	4.30	20	2.01	3.00	25	25
25F-41A	3.27	33.50	2960	4.30	19	1.57	2.20	25	25

型　号	流量/m³·h⁻¹	扬程/m	转速/r·min⁻¹	汽蚀余量/m	泵效率/%	功率/kW 轴功率	功率/kW 配带功率	泵口径/mm 吸入	泵口径/mm 排出
40F-16	7.20	15.70	2960	4.30	49	0.63	1.10	40	25
40F-16A	6.55	12.00	2960	4.30	47	0.46	0.75	40	25
40F-26	7.20	25.50	2960	4.30	44	1.14	1.50	40	25
40F-26A	6.55	20.00	2960	4.30	42	0.87	1.10	40	25
40F-40	7.20	39.50	2960	4.30	35	2.21	3.00	40	25
40F-40A	6.55	32.00	2960	4.30	34	1.68	2.20	40	25
40F-65	7.20	65.00	2960	4.30	24	5.92	7.50	40	25
40F-65A	6.72	56.00	2960	4.30	24	4.28	5.50	40	25
50F-103	14.4	103	2900	4	25	16.2	18.5	50	40
50F-103A	13.5	89.5	2900	4	25	13.2		50	40
50F-103B	12.7	70.5	2900	4	25	11		50	40
50F-63	14.4	63	2900	4	35	7.06		50	40
50F-63A	13.5	54.5	2900	4	35	5.71		50	40
50F-63B	12.7	48	2900	4	35	4.75		50	40
50F-40	14.4	40	2900	4	44	3.57	7.5	50	40
50F-40A	13.1	32.5	2900	4	44	2.64	7.5	50	40
50F-25	14.4	25	2900	4	52	1.89	5.5	50	40
50F-25A	13.1	20	2900	4	52	1.37	5.5	50	40
50F-16	14.4	15.7	2900	4	62	0.99		50	40
50F-16A	13.1	12	2900	4	62	0.69		50	40
65F-100	28.8	100	2900	4	40	19.6		65	50
65F-100A	26.9	89	2900	4	40	15.9		65	50
65F-100B	25.3	77	2900	4	40	13.3		65	50
65F-64	28.8	64	2900	4	57	9.65	15	65	50
65F-64A	26.9	55	2900	4	57	7.75	18.5	65	50
65F-64B	25.3	48.5	2900	4	57	6.43	18.5	65	50

5. Y 型离心油泵

型　号	流量/m³·h⁻¹	扬程/m	转速/r·min⁻¹	功率/kW 轴	功率/kW 电机	效率/%	汽蚀余量/m	泵壳许用应力/Pa	结构形式	备注
50Y-60	12.5	60	2950	5.95	11	35	2.3	1570/2550	单级悬臂	泵壳许用应
50Y-60A	11.2	49	2950	4.27	8			1570/2550	单级悬臂	力内的分子表
50Y-60B	9.9	38	2950	2.39	5.5	35		1570/2550	单级悬臂	示第Ⅰ类材料
50Y-60×2	12.5	120	2950	11.7	15	35	2.3	2158/3138	两级悬臂	相应的许用应
50Y-60×2A	11.7	105	2950	9.55	15			2158/3138	两级悬臂	力数，分母表
50Y-60×2B	10.8	90	2950	7.65	11			2158/3138	两级悬臂	示Ⅱ、Ⅲ类材
50Y-60×2C	9.9	75	2950	5.9	8			2158/3138	两级悬臂	料相应的许用
65Y-60	25	60	2950	7.5	11	55	2.6	1570/2550	单级悬臂	应力数
65Y-60A	22.5	49	2950	5.5	8			1570/2550	单级悬臂	
65Y-60B	19.8	38	2950	3.75	5.5			1570/2550	单级悬臂	
65Y-100	25	100	2950	17.0	32	40	2.6	1570/2550	单级悬臂	
65Y-100A	23	85	2950	13.3	20			1570/2550	单级悬臂	
65Y-100B	21	70	2950	10.0	15			1570/2550	单级悬臂	
65Y-100×2	25	200	2950	34	55	40	2.6	2942/3923	两级悬臂	
65Y-100×2A	23.3	175	2950	27.8	40			2942/3923	两级悬臂	
65Y-100×2B	21.6	150	2950	22.0	32			2942/3923	两级悬臂	

型　号	流量/m³·h⁻¹	扬程/m	转速/r·min⁻¹	功率/kW 轴	功率/kW 电机	效率/%	汽蚀余量/m	泵壳许用应力/Pa	结构形式	备　注
65Y-100×2C	19.8	125	2950	16.8	20			2942/3923	两级悬臂	
80Y-60	50	60	2950	12.8	15	64	3.0	1570/2550	单级悬臂	
80Y-60A	45	49	2950	9.4	11			1570/2550	单级悬臂	
80Y-60B	39.5	38	2950	6.5	8			1570/2550	单级悬臂	
80Y-100	50	100	2950	22.7	32	60	3.0	1961/2942	单级悬臂	
80Y-100A	45	85	2950	18.0	25			1961/2942	单级悬臂	
80Y-100B	39.5	70	2950	12.6	20			1961/2942	单级悬臂	
80Y-100×2	50	200	2950	45.4	75	60	3.0	2942/3923	单级悬臂	
80Y-100×2A	46.6	175	2950	37.0	55	60	3.0	2942/3923	两级悬臂	
80Y-100×2B	43.2	150	2950	29.5	40				两级悬臂	
80Y-100×2C	39.6	125	2950	22.7	32				两级悬臂	

注：1. 与介质接触的且受温度影响的零件，根据介质的性质需要采用不同性质的材料，所以分为三种材料，但泵的结构相同。第Ⅰ类材料不耐腐蚀，操作温度在-20～200℃之间；第Ⅱ类材料不耐硫腐蚀，操作温度在-45～400℃之间；第Ⅲ类材料耐硫腐蚀，操作温度在-45～200℃之间。

2. 中国泵业网（http://www.pump-trade.com/techdata.htm）有各种型号泵的介绍，中国上海伊盛泵业有限公司网（http://www.11488.com/liansheng/page1.htm）有各种泵的实物照，读者可以根据需要学习选用。

附录十二　4-72-11 型离心式通风机的规格

机　号	转速/r·min⁻¹	全风压 /mmH₂O	全风压 /Pa	流量/m³·h⁻¹	效率/%	所需功率/kW
6C	2240	248	2432.1	15800	91	14.1
	2000	198	1941.8	12950	91	9.65
	1800	160	1569.1	12700	91	7.3
	1250	77	755.1	8800	91	2.53
	1000	49	480.5	7030	91	1.39
	800	30	294.2	5610	91	0.73
8C	1800	285	2795	29900	91	30.8
	1250	137	1343.6	20800	91	10.3
	1000	88	863.0	16600	91	5.52
	630	35	343.2	10480	91	1.5
10C	1250	227	2226.2	41300	94.3	32.7
	1000	145	1422.0	32700	94.3	16.5
	800	93	912.1	26130	94.3	8.5
	500	36	353.1	16390	94.3	2.34
6D	1450	104	1020	10200	91	4
	950	45	441.3	6720	91	1.32
8D	1450	200	1961.4	20130	89.5	14.2
	730	50	490.4	10150	89.5	2.06
16B	900	300	2942.1	121000	94.3	127
20B	710	290	2844.0	186300	94.3	190

参 考 文 献

[1] 天津大学化工原理教研室. 化工原理. 天津：天津科学技术出版社，1992.

[2] 陆美娟. 化工原理：上册. 北京：化学工业出版社，1995.

[3] 陆美娟. 化工原理：下册. 北京：化学工业出版社，2001.

[4] 冷士良. 化工单元过程及操作. 北京：化学工业出版社，2002.

[5] 汤金石，赵锦全. 化工过程及设备. 北京：化学工业出版社，1996.

[6] 陈敏恒，丛德滋，方图南等. 化工原理：下册. 北京：化学工业出版社，2000.

[7] 王志魁. 化工原理. 北京：化学工业出版社，2005.

[8] 贾绍义，柴诚敬. 化工传质与分离过程. 北京：化学工业出版社，2001.

[9] 周立雪，周波. 传质与分离技术. 北京：化学工业出版社，2001.

[10] 袁惠新. 分离工程. 北京：中国石化出版社，2002.

[11] 戴猷元，张瑾. 有机废水处理技术. 北京：化学工业出版社，2003.

[12] 黄英等. 化工环保，2002，22（4）：221.

[13] 北京水环境技术与设备研究中心等. 三废处理工程技术手册：废水卷. 北京：化学工业出版社，2002.

[14] 史季芬等. 多级分离过程. 北京：化学工业出版社，1991.

[15] 吴忠标. 实用环境工程手册. 北京：化学工业出版社，2001.

[16] 叶振华. 化学吸附分离过程. 北京：中国石化出版社，1992.

[17] 蒲恩奇. 大气污染治理工程. 北京：高等教育出版社，1999.

[18] 陈洪钫，刘家祺. 化工分离过程. 北京：化学工业出版社，2002.

[19] 刘景良. 大气污染控制工程. 北京：中国轻工业出版社，2002.

[20] 冯孝庭. 吸附分离技术. 北京：化学工业出版社，2003.

[21] 姚玉英等. 化工原理：下册. 天津：天津大学出版社，1999.

[22] 郭静，阮宜纶. 大气污染控制工程. 北京：化学工业出版社，2001.

[23] 马光等. 环境与可持续发展导论. 北京：科学出版社，2000.

[24] 王湛. 膜分离技术基础. 北京：化学工业出版社，2006.

[25] 许振良. 膜法水处理技术. 北京：化学工业出版社，2001.

[26] 蒋展鹏. 环境工程学. 北京：高等教育出版社，2001.

[27] 汪大翚，徐新华，杨岳平. 化工环境工程概论. 北京：化学工业出版社，2001.

[28] 马光. 环境与可持续发展导论. 北京：科学出版社，2000.

[29] 林肇信，刘天齐. 环境保护概论. 北京：高等教育出版社，2001.

[30] 贡长生，张克立. 新型功能材料. 北京：化学工业出版社，2001.

[31] 盛义平. 环境工程技术基础. 北京：中国环境科学出版社，2001.

[32] 王猛，施宪法，柴晓利. 膜生物反应器处理生活污水无泡供氧研究. 环境污染与防治，2002. 12（6）.

[33] 柴诚敬，张国亮. 化工流体流动与传热. 北京：化学工业出版社，2000.

[34] 化工部人教司. 化工用泵. 北京：化学工业出版社，1997.

[35] 催继哲，陈留拴. 化工机械检修技术问答. 北京：化学工业出版社，2001.

[36] 童志权. 工业废气净化与利用. 北京：化学工业出版社，2001.

[37] 陈性永. 化工单元操作技术. 北京：化学工业出版社，1992.

[38] 谭天恩. 化工原理. 北京：化学工业出版社，2006.

[39] 陈性永. 操作工. 北京：化学工业出版社，1999.

[40] 赵汝溥，管国锋. 化工原理. 北京：化学工业出版社，1995.

[41] 张希衡. 水污染控制工程. 北京：冶金工业出版社，2002.

[42] 姚玉英，陈常贵，柴诚敬. 化工原理. 天津：天津大学出版社，1996.

[43] 王燕飞. 水污染控制技术. 北京：化学工业出版社，2002.

[44] 李广超. 大气污染控制技术. 北京：化学工业出版社，2001.

[45] 王建龙. 环境工程导论. 北京：清华大学出版社，2002.

[46] 张洪流. 流体流动与传热. 北京：化学工业出版社，2002.

[47] 朱崔丽. 环境工程概论. 北京：科学出版社，2001.

[48] 祁存谦，丁楠，吕树申. 化工原理. 北京：化学工业出版社，2006.

[49] 王湛等. 化工原理 800 例. 北京：国防工业出版社，2007.

[50] 张国泰. 环境保护概论. 北京：中国轻工业出版社，2006.

[51] 钱易，唐孝文. 环境保护与可持续发展. 北京：高等教育出版社，2004.

[52] 胡小玲. 化学分离原理与技术. 北京：化学工业出版社，2006.

[53] 刘叶青. 生物分离工程试验. 北京：高等教育出版社，2007.

[54] 王志祥. 制药化工原理. 北京：化学工业出版社，2005.

附　录